延安市园林植物资源与应用

YANANSHI YUANLIN ZHIWU ZIYUAN YU YINGYONG

主　编：李俊玲　罗　乐

参　编：高飞雁　张乐乐　焦　转　张庆宏

顾　问：呼世慧　杜新宙

西北农林科技大学出版社

图书在版编目（CIP）数据

延安市园林植物资源与应用 / 李俊玲, 罗乐主编.
-- 杨凌：西北农林科技大学出版社, 2021.11
ISBN 978-7-5683-1046-8

Ⅰ.①延…　Ⅱ.①李…②罗…　Ⅲ.①园林植物—植物资源—研究—延安　Ⅳ.①S68

中国版本图书馆CIP数据核字(2021)第235448号

延安市园林植物资源与应用

李俊玲　罗乐　主编

出版发行	西北农林科技大学出版社		
地　　址	陕西杨凌杨武路3号	邮　编：	712100
电　　话	总编室：029-87093195	发行部：	029-87093302
电子邮箱	press0809@163.com		
印　　刷	陕西天地印刷有限公司		
版　　次	2021年11月第1版		
印　　次	2021年11月第1次印刷		
开　　本	787 mm×1 092 mm　1/16　彩印		
印　　张	33.75		
字　　数	700千字		

ISBN 978-7-5683-1046-8

定价：152.00元

本书如有印装质量问题，请与本社联系

生物种质资源在 21 世纪的今天已经被提到国家重要的战略资源位置，园林植物种质资源一样也直接影响到我国的城市绿化美化水平和花卉苗木产业的可持续发展。目前我们的城市园林普遍存在着植物种类单一、配置不合理、景观同质化严重等问题，园林苗圃也存在着苗木种类雷同、自主培育新品种缺乏、质量参差不齐等问题，而要解决这些问题，就必须充分发掘不同区域的特色园林植物种质资源，形成以乡土植物为主、引种植物为辅的园林植物开发利用体系，结合地域特点进行科学的育种、繁育与创新，打造鲜明的地方园林特色和花卉苗木品牌。

延安市位于陕西省北部，地处黄河中游，黄土高原的中南地区，土地辽阔，但丰富的园林植物种质资源却一直存在家底不清、乡土植物利用不足等问题，亟待开展系统的调查与评价。《延安市植物资源与应用》系统整理了 73 科 214 属 401 种（含品种）景观价值较高的园林植物资源，此书的出版正好解决了以上问题，具有很高的应用价值。全书编写主要有以下三个特色：

（1）种类涵盖面广。全书既有木本植物，也有草本植物；既有抗性强、观赏性好的乡土植物，也有部分好的引种植物。可为读者尤其是一线工作人员提供充分的参考和使用空间。

（2）全书结构应用性强。全书以园林应用为导向，主要分为乔、灌、藤、竹、草五大类及若干小类，有选择、有重点地结合植物分类学基础进行布局，科学性与实用性兼具。

（3）信息全面、图文并茂。全书凝练了适用于延安及同类地区的重要园林植物基础信息，从形态描述、分布、生态适应性、观赏特点、应用特色、繁育及栽培特点，甚至一些重要的文化价值、药用价值都有涉及，并配有典型的实地调查图片，真正为"应用"奠定了基础。

本书在对延安市市域范围内乡土植物及部分引种资源科学调查与评价的基础上，筛选出了适宜当地城市园林绿化应用种类，并进行了科学、系统的论述，这为当地园林植物种质资源保护和利用提供了理论基础，也为陕北园林绿化规划设计、养护管理及苗木生产培育商提供了专业性的指导手册。在某种意义上说，本书的出版既在理论上能为当地园林绿化行业起到技术引领与指导作用，又为实现当地园林绿化提质增效及又好又快地发展奠定了坚实基础。

2021 年 11 月

　　近年来，延安市在新城建设和旧城改造的推动下，园林绿化建设得到了蓬勃发展。高标准的市政公共园林、休闲游憩园林、生态湿地和地产景观园林如雨后春笋般大量涌出，一些先进的园林技术和园林建设理念也在其中得到彰显；可同时也暴露出了延安城市绿化行业中存在的一些问题：一是城市园林绿化植物的应用过度注重对外来品种的引入，致使城市园林绿化的地域文化特色和植物多样性均得不到凸显；二是从事园林技术工作者的专业水平和数量与城市园林绿化的发展不匹配，使城市园林绿化发展后劲不足；三是本地苗木的自给率偏低，不利于园林绿化的高质量发展。究其原因，主要是园林技术及本地乡土植物的研究和推广应用尚处于空白，致使大量观赏价值较高的乡土植物被"埋没"在深山中，本地苗木生产商一味地跟风培育引入新品种，可由于其无论在技术上还是时效性上，都不占优势，无法与外地的苗木公司竞争（延安95%以上的绿化苗木来源于外地，本地苗木商盈利少或存在亏损问题）生产积极性不高。这种不注重地方文化底蕴挖掘、沉淀及科技力量培育的以短频快为主的城市绿化发展模式，终将制约本行业的高质量发展。

　　放眼全球，许多发达国家很早就开始重视乡土植物的培育和应用，国外有很多城市虽然植物资源相对贫乏，但由于十分重视对乡土树种的保护和利用，应用乡土树种营造的地带性森林植被城市植物景观内容丰富，城市色彩十分迷人。目前，世界范围内兴起了以乡土植物为主体的园林绿化活动，特别是在一些发达国家，人们已经认识到利用乡土植物进行园林绿化的重要性。新西兰等国家已制定了相应的政策法规，以确保乡土植物在园林建设中的应用。日本在园林绿化的各个环节都重视乡土植物的应用，例如：2003年，日本生态系统协会为减少外来植物对环境产生不良影响，保护城市绿化生物多样性，特向在屋顶绿化建设方面处于全国领先地位的兵库县知事提交了"关于在屋顶绿化中使用乡土树种的建议书"。而美国城市树种选择的成功经验得到证明：科学的树种选择观应是以乡土树种为基础，引种与遗传改良种相结合，缺一不可。因此，无论从短期利益出发还是从长远角度考虑，乡土植物对当地来说是最适宜生长的，也是最能体现当地特色的（不仅能维持城市绿化长久稳定，还能免遭自然气候变化及病虫害的严重损害）。

综上所述，出于责任、使命和担当所致，延安市城市管理执法局依托其下属单位延安市园林技术推广中心，提出了对延安市园林植物资源进行调研和推广应用的科研课题，得到了市委、市政府和各级各部门（特别是林业局和科技局）的大力支持和鼎力相助。2019年4月，与北京林业大学达成合作意向，启动了对本市范围内乡土植物的调查和研究工作。历时两年多，较为详细地完成了延安市域范围内乡土植物和引入品种的调查研究，最后筛选出景观价值较高的乡土植物340种，引进植物81种汇编写成书。

本书的分类方法是从实际应用出发，将编写的植物资源分为常绿植物和落叶植物两大类，落叶植物又分为乔木、灌木、藤本、竹类和草本五大类。其中，草本植物中，由于适宜延安市生长的引入品种较多，所以未进行全部编写，只对在调研过程中发现的景观价值较高的本地草本植物进行了重点的编写。在各论中主要是对每种植物的形态特征、分布区、生态习性、观赏特点、园林应用价值、繁殖与培育特点和园林养护技术七个方面进行了阐述。

该书的出版，在理论上为延安市乃至陕北从事园林绿化规划的设计者、养护管理工作者及苗木生产商提供了专业性指导，实现了技术引领、研究与推广并举；在实践上，既为下一步引种驯化、培育优良品种及将延安市园林技术推广中心的科研基地打造成陕北"园林植物资源库"奠定了坚实基础，又为实现延安市城市景观多样性、地域性及苗木培育多样性、科学性和规范性提供了有力的保障。

编者

2021年11月

灌 木

常绿针叶树

CHANGLVZHENYESHU

1 ▶ 云杉

▶ 名 称

中文名：云杉

学 名：*Picea asperata* Mast.

别 名：茂县云杉、茂县杉

科属名：松科 云杉属

▶ 形态特征

小枝有疏生或密生的短柔毛或无毛，一年生时淡褐黄色，叶枕有白粉，二三年生枝灰褐色；冬芽圆锥形，有树脂，基部膨大，小枝基部宿存芽鳞的先端多少向外反卷。主枝之叶辐射伸展，侧枝之叶向上伸展，下面及两侧之叶向上方弯伸，四棱状条形微弯曲，先端微尖或急尖，横切面四棱形，四面有气孔线。花期4~5月，球果9~10月成熟，成熟前绿色。

▶ 分布区

云杉为中国特有树种，以华北山地分布为广，东北的小兴安岭等地也有分布。产于陕西西南部、甘肃东部及白龙江流域、洮河流域、四川岷江流域上游及大小金川流域。

▶ 生态习性

云杉耐阴、耐寒、喜欢凉爽湿润的气候和肥沃深厚、排水良好的微酸性沙质土壤，生长缓慢，属浅根性树种。

▶ 观赏特点

云杉枝叶苍翠常绿、枝叶紧密、树形端直整齐为规则式的塔形。

▶ 园林应用价值

其树形无需修剪可常年保持规则式塔形，故在园林上多用于庄重肃穆的场合或规则式的配置中，可孤植、片植或列植作为园景树应用；其枝叶紧凑，小苗也可片植，做造型。亦可盆栽作为室内的观赏树种或移动树箱，常在饭店、宾馆和一些家庭中做圣诞树装饰。

▶ 繁殖与培育特点

可采用播种、扦插繁殖。水杉一般采用播种育苗或扦插育苗。硬枝扦插在2~3月进行，落叶后剪取，捆扎、沙藏越冬，翌年春季插入苗床，喷雾保湿，30~40天生根。嫩枝扦插在

5～6月进行，选取半木质化枝条，长12～15 cm，插后20～25天生根。播种期以土温在12℃以上为宜，在种子萌发及幼苗阶段要注意经常浇水，保持土壤湿润，并适当遮阴。常作为单干苗培育，容器苗作为圣诞树。

▶ 园林养护技术

结合园林应用适当进行。注意松天牛、松毒蛾袋、蛾蚜虫、叶枯病、茎枯病、赤枯病等病虫害。

2 ▶ 青 杆

▶ 名 称

中文名：青杆

学 名：*Picea wilsonii* Mast.

别 名：华北云杉、魏氏云杉、细叶云杉

科属名：松科 云杉属

▶ 形态特征

乔木，高达50 m。树皮灰色，裂成不规则鳞状块片脱落。枝条近平展，树冠塔形；一年生枝淡黄绿色，二三年生枝淡灰色。冬芽卵圆形，无树脂，芽鳞排列紧密，淡黄褐色，先端钝，光滑无毛，背部无纵脊。叶排列较密，在小枝上部向前伸展，小枝下面之叶向两侧伸展，四棱状条形，微具白粉。球果卵状圆柱形或圆柱状长卵圆形，成熟前绿色，熟时黄褐色或淡褐色。

▶ 分布区

青杆为中国特有树种，产于内蒙古、河北、山西、陕西、湖北、甘肃中部及南部等地，北京、太原、西安等地城市园林中常见栽培。

▶ 生态习性

性强健，适应力强，耐阴性强，耐寒，喜凉爽湿润气候，在500～1 000 mm降水量地区均可生长，喜排水良好，适当湿润之中性或微酸性土壤，但在微碱性土中亦可生长。

▶ 观赏特点

树形整齐，树姿美观，叶较白杆细密，为优美园林观赏树之一，青扦初春叶色呈蓝绿色，观赏价值极高，是一种极为优良的园林绿化观赏树种。

◉ 园林应用价值

青杆树姿美观，树冠茂密翠绿，园林上常作为行道树、园景树种植。可植于庭园、街路或广场，孤植、对植、列植或丛植均可，但不适于公路、铁路绿化。

◉ 繁殖与培育特点

常使用播种和扦插繁殖。圃地应选择在向阳、地势平坦、水源方便、交通便利、土壤肥沃的沙质壤土或沙壤质草甸土、微酸性土壤地带。圃地要做到全面整地，全面秋翻1次，深30 cm，不耙越冬，到早春解冻后耙地或再翻1次，深20 cm，随翻随耙。作床时要充分打碎土块，拣出草根、石块、杂物，使土层细碎疏松。常作为单干苗培育，容器苗可做圣诞树。

◉ 园林养护技术

苗木出土后要根据不同生育期及时做好追肥、浇水、除草、间苗、病虫害防治。要注意防治云杉八齿小蠹和云杉球果病虫，白杆亦同。

③ ▶ 白杆

◉ 名　称

中文名：白杆
学　名：*Picea meyeri* Rehd.
别　名：毛枝云杉、刺儿松、红杆云杉
科属名：松科　云杉属

◉ 形态特征

乔木，高达30 m。树皮灰褐色，裂成不规则的薄块或片脱落。大枝近平展，树冠塔形；一年生枝黄褐色，二三年生枝淡黄褐色、淡褐色或褐色。主枝之叶常辐射伸展，侧枝上面之叶伸展，两侧及下面之叶向上弯伸，四棱状条形，微弯曲，横切面四棱形，四面有白色气孔线。冬芽圆锥形，褐色，微有树脂，光滑无毛，基部芽鳞有背脊。球果矩圆状圆柱形；种子倒卵圆形，种翅淡褐色。花期4月，球果9月下旬至10月上旬成熟，幼时常紫红。

▶分布区

为我国特有树种，产于山西、河北、内蒙古西乌珠穆沁旗。

▶生态习性

白杆为阴性树，耐阴性较强，幼苗尤为喜阴。耐寒性较强，对土壤要求不严，喜中性土和微酸性土，在轻度盐碱土中可正常生长。

▶观赏特点

白杆为常绿乔木，树冠塔形或尖塔形，枝叶浓密，叶四棱状条形，暗绿色，表面被有白粉，使整株树呈青白色，枝叶茂密，树姿挺拔、美观大方，是北方优良的绿化树种。

▶园林应用价值

可作行道树，园景树种植。树形端正，枝叶茂密，下枝能长期存在，最适合孤植，丛植时亦能长期保持郁闭。城市可较多应用，庐山等南方风景区亦有引种栽培。

▶繁殖与培育特点

常使用播种和扦插繁殖。10月中旬球果成熟后，将果实采集后放置于强光处晾晒，干燥开裂后用棍棒进行敲击，种子脱出后进行净种，用干净的布包装盛放置于通风处进行保存。下一年3月初进行催芽，将种子用40℃温水浸泡1天，然后层积沙藏，放置于背风向阳处催芽，半个月后种子开始露白，即可播种。常作为单干苗培育。

▶园林养护技术

苗木出土后要根据不同生育期及时做好追肥、浇水、除草、间苗、病虫害防治。白杆常见病害有叶枯病、叶锈病、落叶病和根腐病。

4 ▶ 白皮松

▶ 名　称

中文名：白皮松

学　名：*Pinus bungeana* zucc.

别　名：白骨松、三针松、白果松

科属名：松科　松属

▶ 形态特征

大乔木，高达 30 m。树冠阔圆锥形、卵形或圆头形。树皮淡灰绿色或粉白色，呈不规则鳞片状剥落。一年生枝灰绿色，无毛；大枝自近地面外斜出。针叶 3 针一束。球果通常单生，初直立，后下垂，成熟前淡绿色，熟时淡黄褐色，卵圆形或圆锥状卵圆形。种鳞矩圆状宽楔形，鳞盾近菱形，鳞脐生于鳞盾的中央；种子大，灰褐色，近倒卵圆形。花期 4 ～ 5 月，球果第二年 10 ～ 11 月成熟。

▶ 分布区

白皮松为我国特有树种，是东亚唯一的三针松，在陕西蓝田有成片纯林，产于山西、河南西部、陕西秦岭、甘肃南部及天水麦积山、四川江油北部观雾山及湖北西部等地，生于海拔 500 ～ 1 800 m 地带。

▶ 生态习性

喜光树种，稍耐阴，幼树略耐半阴，喜生于排水良好又适当湿润的土壤上，对土壤要求不严，在土层深厚、肥润的钙质土和黄土上生长良好。亦能耐干旱土地，耐干旱能力较油松为强。

▶ 观赏特点

白皮松是特产中国的珍贵树种，其树干皮呈斑驳状的乳白色，极为显目，衬以青翠的树冠，可谓独具奇观。

▶ 园林应用价值

园林上常作为园景树和行道树栽植。白皮松在中国古代多植于皇家园林、帝王陵寝以及寺庙等处。白皮松宜孤植，也宜群植成林，或列植成行，或对植堂前。

▶ 繁殖与培育特点

白皮松一般多用播种繁殖，育苗地应选择排水良好，地势平坦、土层深厚的沙壤土为好。早春解冻后立即播种，可减少松苗立枯病。由于怕涝，应采用高床播种，播前浇足底水。撒播后覆土1～1.5 cm，罩上塑料薄膜，可提高发芽率。播种后幼苗带壳出土，约20天自行脱落，这段时间要防止鸟害。幼苗期应搭棚遮阴，防止日灼，入冬前要埋土防寒。小苗主根长，侧根稀少，故移栽时应少伤侧根，否则易枯死。常作为单干苗培育，亦可丛干式3～5分枝培育。

▶ 园林养护技术

白皮松之主根长，侧根稀少，故移植时应少伤根。白皮松对病虫害的抗性较强，较易管理，对主干较高的植株，需注意避免干皮受日灼伤害。根腐病也是早春苗木重要的病害之一。病菌不仅能在土壤中和病残体上过冬，也可以在苗木上过冬。春季开始苗木开始枯萎，直至死亡。

5 ▶ 油 松

▶ 名 称

中文名：油松
学　名：*Pinus tabuliformis* Carrière
别　名：短叶马尾松、东北黑松、紫翅油松
科属名：松科　松属

▶ 形态特征

乔木，高达25 m。树皮灰褐色或褐灰色。小枝褐黄色，幼时微被白粉。针叶2针一束。雄球花圆柱形，在新枝下部聚生成穗状。球果卵形或圆卵形，向下弯垂，常宿存；中部种鳞近矩圆状倒卵形，鳞盾肥厚，扁菱形或菱状多角形，鳞脐凸起有尖刺；种子卵圆形或长卵圆形，淡褐色有斑纹；子叶8～12枚；初生叶窄条形，边缘有细锯齿。花期4～5月，球果第二年10月成熟。

▶ 分布区

为我国特有树种，产吉林南部、辽宁、

陕西、甘肃、宁夏、青海及四川等省区。

◎ 生态习性

为喜光、深根性树种，喜干冷气候，在土层深厚、排水良好的酸性、中性或钙质黄土上均能生长良好。

◎ 观赏特点

油松四季常绿，不畏风雪严寒，幼年树端直为塔形，老年油松的树型为伞形，苍劲挺拔，是良好的园林观赏树种。其主干挺直，分枝弯曲多姿，树冠层次有别，树色变化多。

◎ 园林应用价值

可作行道树和园景树或与速生树成行混交植于路边。在古典园林中常作为主景树，以一株即成一景者极多，至于三五株组成景者更多；其他作为配景、背景、框景等用着屡见不鲜。在现代园林配植中，除了适于作孤植、丛植、纯林群植、混交种植外，由于其针叶浓绿，树姿古雅，亦宜用盆景式苗与岩石配置或孤植、对植、群植，可自成一景。

◎ 繁殖与培育特点

油松以种子繁殖为主。多采用春播。宜早不宜迟，在 3 月下旬至 4 月上旬播种。用 0.5% 福尔马林溶液消毒 20 分钟后，用始温 50 ～ 70℃温水浸种一昼夜，然后取出放在温暖处，保持湿润状态，每天用 25℃左右温水淘洗一次，约经 3 ～ 4 天即可萌动，此时播种，约经 7 ～ 10 天可出土。常作为单干苗培育，或盆栽式造景（云片状或悬崖状）。

◎ 园林养护技术

油松在管理过程中，需注意整形和

换头工作，油松在生长过程中，有的重枝，头会损坏或处于弱势，须用强健的侧枝拉上、捆好，以后成为中心优势。病虫害防治应遵循"及时发现，积极防治、治小治了"的原则，在生长季发现病虫害后，要及时组织用药防治。冬季树干要涂白或喷石硫合剂，消灭树干虫卵及蛹。

6 ▶ 华山松

▶ 名 称

中文名：华山松

学 名：*Pinus armandii* Franch.

别 名：白松、五须松、果松

科属名：松科 松属

▶ 形态特征

乔木，高达 35 m。幼树树皮灰绿色或淡灰色，平滑，老则呈灰色，裂成方形或长方形厚块片固着于树干上，或脱落。针叶 5 针一束，稀 6 ～ 7 针一束；叶鞘早落。球果圆锥状长卵圆形，种鳞张开，种子脱落；中部种鳞近斜方状倒卵形，鳞盾近斜方形；种子黄褐色、暗褐色或黑色，倒卵圆形，无翅，稀具极短的木质翅。花期 4 ～ 5 月，球果第二年 9 ～ 10 月成熟。

▶ 分布区

华山松产于中国山西南部中条山、河南西南部及嵩山、陕西南部秦岭、甘肃南部、四川、湖北西部、贵州中部及西北部、云南及西藏雅鲁藏布江下游。江西庐山、浙江杭州等地有栽培。

▶ 生态习性

喜光，耐寒力强，不耐炎热，喜排水良好，能适应多种土壤，最宜深厚、湿润、疏松的中性或微酸性壤土。不耐盐碱土。

▶ 观赏特点

华山松高大挺拔，树皮灰绿色，叶 5 针一束，冠形优美，姿态奇特，为良好的绿化风景树。

▶ 园林应用价值

华山松在园林中可用作园景树、庭荫树、行道树及林带树，亦可用于丛植、群植，并系高山风景区之优良风景林树

种。为点缀庭院、公园、校园的珍品。植于假山旁、流水边更富有诗情画意。针叶苍翠，生长迅速，是优良的庭院绿化树种。

▶ 繁殖与培育特点

以播种繁殖为主。一般在 4 月份播种。种皮坚硬，播前应进行种子处理。播后应覆盖稻草或松针，以保持土壤湿润。并加强管护，防止鸟兽为害。一般情况下，成苗期不必搭棚遮阴。常作为单干苗培育。

▶ 园林养护技术

结合园林生产适当进行。华山松还要注意防治大袋蛾、金龟子，黄化病和斑点病等病虫害。

7 ▶ 樟子松

▶ 名　称

中文名：樟子松
学　名：*Pinus sylvestris* var. *mongolica* Litv.
别　名：海拉尔松
科属名：松科　松属

▶ 形态特征

乔木，高达 25 m。干皮薄片状开裂。枝斜展或平展。针叶 2 针一束，硬直，常扭曲，边缘有细锯齿，两面均有气孔线。雄球花圆柱状卵圆形，聚生新枝下部；雌球花有短梗，淡紫褐色，当年生

小球果下垂。球果卵圆形或长卵圆形，成熟前绿色，熟时淡褐灰色，熟后开始脱落；种子黑褐色，长卵圆形或倒卵圆形，微扁。花期 5 ～ 6 月，球果第二年 9 ～ 10 月成熟。

◉分布区

产于黑龙江大兴安岭海拔 400 ～ 900 m 山地及海拉尔以西、以南一带沙丘地区。陕西、内蒙古也有分布。

◉生态习性

樟子松喜光、耐寒，是深根性树种，能适应土壤水分较少的山脊及向阳山坡，以及较干旱的砂地及石砾砂土地区，抗逆性较强。

◉观赏特点

树干端直高大，树皮发红，枝条开展，枝叶四季常青，为优良的庭园观赏绿化树种。

◉园林应用价值

可作为园景树、行道树等。还可用于荒漠绿化等生态保护用途。

◉繁殖与培育特点

播种繁殖。种子催芽处理，在播种前 15 ～ 20 天，选择地势高燥、排水良好且背风向阳的地方，挖宽、深各 50 ～ 60 cm，长度视种子多少而定的沙藏坑，在坑底铺上席子，然后将经消毒处理的种子拌混 2 ～ 3 倍湿沙放入坑内，上盖草帘，夜盖昼揭，并于白天上下翻动混沙种子，并适量浇水。经 15 ～ 20 天后，绝大部分种子裂口，即可将种子筛出进行播种。如不能及时播种，则应停止翻动，并加覆盖物或移于背阴凉处，降低温度抑制发芽。常作为单干苗培育。

◉园林养护技术

幼苗生长初期灌水时应掌握量少次多的原则。速生期 7 ～ 8 月份应每隔 3 ～ 5 天灌 1 次透水，到 8 月中下旬后，为促进苗林质化，使之顺利越冬，一般不进行灌水。追肥应在苗木旺盛生长期进行。7 月中旬将过密细弱的小苗间掉。松土在 7 ～ 8 月份进行，及时防治病虫害。移栽苗成活后适时管理，促进生长，培育成规格苗木。常见病虫害有松苗立枯病、油松球果螟、落叶松毛虫等。

8 ▶ 雪 松

◉名 称

中文名：雪松

学　名：*Cedrus deodara* (Roxb.) G. Don

科属名：松科　雪松属

◉形态特征

乔木，高达 50 m；树皮深灰色，裂成不规则的鳞状块片；枝平展、微斜展或微下垂，一年生长枝淡灰黄色，密生短茸毛，二三年生枝呈灰色、淡褐灰色或深灰色。叶在长枝上辐射伸展，短枝之叶成簇生状，针形，坚硬，淡绿色或深绿色，长 2.5 ～ 5 cm，宽 1 ～ 1.5 mm。雄球花长卵圆形或椭圆状卵圆形，长 2 ～ 3 cm；雌球花卵圆形，长约 8 mm。球果成熟前淡绿色，微有白粉，熟时红褐色，卵圆形或宽椭圆形，长 7 ～ 12 cm，径 5～9 cm，顶端圆钝，有短梗；种子近三角状，种翅宽大，较种子长，连同种子一般长 2.2～3.7 cm。

◉ 分布区

全国各地广泛栽植。在延安栽植需选择背风向阳的环境。

◉ 生态习性

喜阳光充足，也稍耐阴。在酸性土和微碱性土壤上均可生长，喜温和凉润气候和排水良好的土壤。

◉ 观赏特点

雪松树体高大、树形优美，最适宜孤植于草坪中央、建筑前庭之中心、广场中心或主要建筑物的两旁及园门的入口等处。

◉ 园林应用价值

雪松在园林上常作为行道树、园景树应用，常使用对植、列植、散点植、孤植等种植形式。

◉ 繁殖与培育特点

一般用播种和扦插繁殖。扦插繁殖在春、夏两季均可进行。春季宜在 3 月 20 日前，夏季以 7 月下旬为佳。春季，剪取幼龄母树的一年生粗壮枝条，用生根粉或多或 500 mg/L 萘乙酸处理，能促进生根。然后将其插于透气良好的沙壤土中，充分浇水，搭双层荫棚遮阴。夏季宜选取当年生半木质化枝为插穗。在管理上除加强遮阴外，还要加盖塑料薄膜以保持湿度。插后 30～50 天，可形成愈伤组织，这时可以用 0.2% 尿素和 0.1% 的磷酸二氢钾溶液，进行根外施肥。

◉ 园林养护技术

雪松树体高大耸直，侧枝平垂舒展。雪松盆景的加工造型以攀扎为主，结合修剪为辅。攀扎以冬春为宜，多采用棕丝进行攀扎。雪松主干耸立，侧枝平展，故多将侧枝做弯成"S"形状，主干一般不做弯，自然向上成大树型，姿态极为朴实美观。也可取当年生小苗 5～7

棵,高低错落,合栽成丛林式,枝叶婆娑,别具韵味。雪松常见病虫害有灰霉病、枯病等。

9 ▶ 红豆杉

▶ 名 称

中文名:红豆杉

学 名:*Taxus wallichiana* var. *chinensis*
　　　　(Pilger) Florin

别 名:卷柏、扁柏、红豆树

科属名:红豆杉科　红豆杉属

▶ 形态特征

乔木,高达 30 m。树皮灰褐色、红褐色或暗褐色,裂成条状脱落。叶排列成两列,条形,微弯或较直,有两条气孔带。雄球花淡黄色。种子生于杯状红色肉质的假种皮中,间或生于近膜质盘状的种托之上,常呈卵圆形,上部渐窄,稀倒卵状,微扁或圆,上部常具二钝棱脊,稀上部三角状具三条钝脊,先端有突起的短钝尖头,种脐近圆形或宽椭圆形,稀三角状圆形。

▶ 分布区

为我国特有树种,产于甘肃南部、陕西南部、四川、云南东北部及东南部、贵州西部及东南部、湖北西部、湖南东北部、广西北部和安徽南部。

▶ 生态习性

红豆杉在中国南北各地均适宜种植,具有喜阴、耐旱、抗寒的特点,要求土壤 pH 在 5.5 ~ 7.0。喜湿润但怕涝,适于在疏松湿润排水良好的沙质壤土上种植。

▶观赏特点

红豆杉造型古朴典雅，枝叶紧凑而不密集，舒展而不松散，红茎、红枝、绿叶、红豆使其具有观茎、观枝、观叶、观果的多重观赏价值。

▶园林应用价值

可作园景树种植，在室内盆景应用方面也具有十分广阔的发展前景，如：利用珍稀红豆杉树制作的高档盆景。

▶繁殖与培育特点

采用播种繁殖和扦插繁殖。扦插繁殖在树木休眠萌动期进行，选择砂土、锯末、珍珠岩混合基质作扦插土。选取1～4年生的木质化实生枝，将插条剪为10 cm、15 cm或30 cm长的小段，在剪枝时要求切口平滑、下切口马耳形，2/3以下去叶。常作为单干或丛生苗培育。

▶园林养护技术

绿地内栽植的红豆杉养护简单，只要生境适合即可。盆栽红豆杉由于树小要注意光照的调节，需要光。但不能太长时间放在强光处，一般夏秋季每天上午十点以前或五点以后晒两小时左右就可以。平时多接受散射阳光。否则会因强光灼伤叶片而出现叶尖焦黄，并保持室内的通风换气，不至于因室内空气太干燥而出现萎蔫，下垂等生长不良现象。红豆杉茎腐病是红豆杉扦插苗生长期危害最重的病害之一。

10 ▶ 矮紫杉

▶名 称

中文名：矮紫杉

学 名：*Taxus cuspidata* 'Nana'

科属名：红豆杉科 红豆杉属

▶形态特征

半球状密纵灌木，树形矮小，树姿秀美，终年常绿。叶螺旋状着生，呈不规则两列，与小枝约成45°斜展，条形，基部窄，有短柄，先端凸尖，上面绿色有光泽，下面有两条灰绿色气孔线。

该树种具有较强的耐阴性、浅根性，侧根发达，生长迟缓。假种皮鲜红色，异常亮丽。花期 5～6 月，种子 9～10 月成熟。

▶ 分布区

原产日本。中国北京地区，吉林省，辽宁部分地区以及青岛、上海、杭州等地有栽培。

▶ 生态习性

不耐光照直射，喜散射光照，耐阴性强，亦非常耐寒，耐修剪，怕涝；喜生长在富含有机质之湿润土壤中；在空气湿度较高处生长良好。

▶ 观赏特点

矮紫杉是名贵的观赏植物，姿态秀雅，叶片细小，排列呈羽毛状，枝叶婆娑，浓密翠绿，堪与五针松、雀舌罗汉松相媲美，观赏价值很高。

▶ 园林应用价值

可作园景树种植，在室内盆景种植方面也具有十分广阔的发展前景。

▶ 繁殖与培育特点

采用播种繁殖和扦插繁殖。扦插繁殖在树木休眠萌动期，选择砂土、锯末、珍珠岩混合基质作扦插土。常作为单干或丛生苗培育。

▶ 园林养护技术

由于其喜阴性，无论是室外栽植还是室内盆栽都宜配置于半阴半阳、空气流通且湿润的场所。矮紫杉不耐光照直射，喜散射光照。夏季高温时须置于庇荫之地，不能在强光下曝晒，冬季除较浅盆外都可在室外越冬。观赏时不宜久放室内，容易引起叶黄脱落而生长不良。矮紫杉生长能力较强，病虫害较少，如置于闷热不通风的地方，易遭介壳虫危害。

11 ▶ 侧 柏

▶ 名 称

中文名：侧柏

学 名：*Platycladus orientalis* (L.) Franco

别 名：黄柏、香柏、扁柏

科属名：柏科 侧柏属

▶ 形态特征

乔木，高达 20 m。树皮薄，浅灰褐色，纵裂成条片。生鳞叶的小枝细，向上直展或斜展，扁平，排成一平面。叶鳞形。雄球花黄色，卵圆形。雌球花近球形，蓝绿色，被白粉；球果近卵圆形，成熟前近肉质，蓝绿色，被白粉，成熟后木质，开裂，红褐色；中间两对种鳞倒卵形或椭圆形。种子卵圆形或近椭圆形，顶端微尖，灰褐色或紫褐色，稍有棱脊。花期 3～4 月，球果 10 月成熟。

▶ 分布区

在我国广泛分布。

◉ 观赏特点

侧柏在园林绿化中，有着不可或缺的地位。其夏绿冬青，不遮光线，不碍视野，尤其在雪中更显生机。侧柏配植于草坪、花坛、山石、林下，可增加绿化层次，丰富观赏美感。

园林应用价值

常作为行道树、园景树、绿篱种植，可用于行道、亭园、绿地周围、路边花坛及墙垣内外。受中国文化的影响，侧柏是中国应用最广泛的园林绿化树种之一，自古以来就常栽植于寺庙、陵墓和庭园中。

◉ 繁殖与培育特点

主要以种子繁育为主，也可扦插或嫁接。侧柏适于春播，但因各地天气条件的差异，播种时间也不相同。侧柏生长缓慢，为延长苗木的生长养护期，应依据本地天气条件适期早播为宜，如华北地区 3 月中、下旬，西北地区 3 月下旬至 4 月上旬，而东北地区则以 4 月中、下旬为好。可作为单干苗丛干苗以及特殊造型培育。

◉ 生态习性

喜光，幼时稍耐阴，适应性强，对土壤要求不严，在酸性、中性、石灰性和轻盐碱土壤中均可生长。耐干旱瘠薄，萌芽能力强，耐寒力中等，耐强太阳光照射，耐高温，浅根性，抗风能力较弱。

◉ 园林养护技术

移植后苗木养护，主要是及时注水，每次灌透，待墒情适宜时及时采取中耕松土、除草、追肥等措施。除依据园林绿化的要求进行整形修剪外，其他措施与其他针叶树种大苗培养基本相同。注意叶枯病和叶凋病防治。

12 ▶ 洒金侧柏

▶ 名 称

中文名：洒金侧柏

学　名：*Platycladus orientalis*
　　　　'Beverleyensis'

别　名：洒金柏、金塔侧柏

科属名：柏科　侧柏属

▶ 形态特征

为侧柏的金叶品种。常绿灌木或小乔木，最高达5.5 m。树皮红褐色，具纵裂。树冠呈圆锥形或塔形。树皮淡褐色。小枝向上伸展，具鳞叶，二列状排列。小叶金黄色，渐变为淡黄绿色。雌雄异株。球果椭圆形，2年果实成熟，果实成熟时深褐色。种子椭圆形。

▶ 分布区

中国各地均有栽植。

▶ 生态习性

洒金柏为侧柏的变种，喜光，稍耐阴，耐干旱瘠薄，对土壤适应性较强，在腐殖质丰富和排水良好的沙壤土生长良好，耐寒力一般。

▶ 观赏特点

树冠塔形，新叶新枝金黄色，景观效果较好。

▶ 园林应用价值

常作为园景树，是园林绿化不可多

得的彩色柏科树种，可配植于草坪、花坛、山石、林下，增加绿化层次，丰富观赏美感。在延安宜小气候较好的环境点缀、点植。

▶ 繁殖与培育特点

主要有播种繁殖、扦插繁殖、压条繁殖。扦插繁殖主要选择生长健壮的二年生枝条，剪取插条，插条长20 cm。剪取后用ABT生根粉处理插条，待用。北方地区选择8月进行扦插。秋季扦插露出地面的部分要有2~3个芽。常作为丛干苗培育或作为造型绿篱培育。

▶ **园林养护技术**

主要病虫害有梨胶锈菌与天牛。防治方法主要选择健康苗木进行栽培，并加强田间的水肥管理。结合修剪，及时清除和剪除病菌枝条，并集中烧毁。早春及时喷施五氯酚钠以杀除传到植株上的病菌，秋季用五氯酚钠和石硫合剂混用，可有效抑制冬孢子萌发产生担孢子。

13 ▶ 圆 柏

▶ **名 称**

中文名：圆柏

学 名：*Sabina chinensis* (L.) Ant.

别 名：刺柏、柏树、桧

科属名：柏科　圆柏属

▶ **形态特征**

常绿乔木，高达 20 m。树皮灰褐色，纵裂，裂成不规则的薄片脱落。小枝通常直或稍成弧状弯曲，生鳞叶的小枝近圆柱形或近四棱形。叶二型，即刺叶及鳞叶；刺叶生于幼树之上，三叶交

互轮生。雌雄异株，雄球花黄色，椭圆形。球果近圆球形，两年成熟，熟时暗褐色，被白粉或白粉脱落。花期 4 月至 5 月，果期为次年结果，成熟于 10 月至 11 月。

▶ **分布区**

在我国广泛分布。

▶ **生态习性**

喜光树种，较耐阴，喜温凉、温暖气候及湿润土壤。忌积水，耐修剪，易整形。耐寒、耐热，对土壤要求不严，能生于酸性、中性及石灰质土壤上，对土壤的干旱及潮湿均有一定的抗性。但以在中性、深厚而排水良好处生长最佳。

◉ 观赏特点

圆柏幼龄树树冠成整齐，圆锥形，树形优美，老干枝扭曲，姿态奇古，可以独树成景，呈现清"奇""古""怪"不同幽趣，是中国传统的园林树种。

◉ 园林应用价值

圆柏青年期呈整齐之圆锥形，老树则干枝扭曲，故在庭园中用途极广，可作行道树、孤植、丛植或片植，还可作桩景、盆景材料。亦可群植草坪边缘作背景，或丛植片林、镶嵌树丛的边缘、建筑附近等。其性耐修剪又有很强的耐阴性，故作绿篱或造型比侧柏优良，下枝不易枯，冬季颜色不变褐色或黄色，亦可植于建筑之北侧阴处。中国古来多配置于庙宇陵墓作墓道树或柏林，现古庭院、古寺庙等风景名胜区多有前年古柏。

◉ 繁殖与培育特点

圆柏可以采用播种、扦插和压条繁殖，扦插繁殖可用软材（6月播）或硬材（10月插）扦插法繁殖，于秋末用50 cm长粗枝用泥浆扦插法，成活率颇高。插条要用侧枝上的正头，长约15 cm。种子有隔年发芽的习性，播种前需沙藏。圆柏苗可作单干、丛干或造型苗等栽培。

◉ 园林养护技术

圆柏耐干旱，浇水不可偏湿，不干不浇，做到见干见湿。梅雨季节要注意盆内不能积水，夏季高温时，要早晚浇水，保持盆土湿润即可，常喷叶面水，可使叶色翠绿。要避免在苹果、梨园等附近种植，以免发生梨锈病。

14 ▶ 龙 柏

◉ 名 称

中文名：龙柏

学 名：*Sabina chinensis* 'Kaizuca'

别 名：铺地龙柏

科属名：柏科 圆柏属

◉ 形态特征

常绿乔木，是圆柏的人工栽培变种。树冠圆柱状或柱状塔形。枝条向上直展，常有扭转上升之势，小枝密集、叶密生，全为鳞叶，幼叶淡黄绿色，老后为翠绿色。球果蓝色，微被白粉。

▶ 分布区

主要产于长江流域、淮河流域，经过多年的引种，在中国山东、河南、河北等地也有龙柏的栽培。

▶ 生态习性

喜阳，稍耐阴。喜温暖、湿润环境，抗寒。抗干旱，忌积水，排水不良时易产生落叶或生长不良。适生于干燥、肥沃、深厚的土壤，对土壤酸碱度适应性强，较耐盐碱。在延安其存活容易受春寒的影响，故宜栽植在背风向阳，小气候较好的环境中。

▶ 观赏特点

龙柏树形优美，枝叶碧绿青翠，是公园篱笆绿化首选苗木，多被种植于庭园作美化用途。

▶ 园林应用价值

常作为园景树、行道树应用于公园、庭园、绿墙和高速公路中央隔离带。其枝叶致密耐修剪，也常常和其他植物搭配做各种造型用，亦可将整株树进行整形，修剪成各种形状。

▶ 繁殖与培育特点

常使用嫁接与扦插繁殖。嫁接常用2年生侧柏或圆柏作砧木，接穗选择生长健壮的母树侧枝顶梢。露地嫁接于3月上旬进行，室内嫁接则可提前至1～2月，但接后须假植保暖，3月中下旬再移栽圃地，嫁接方法采用腹接，接穗剪去下半部之鳞叶，腹接于砧木根颈部，砧木枝叶全部保留，接后培土近接穗部或用塑料薄膜覆盖于床面，使保持较高的空气湿度。成活后可施薄肥，并修去砧木顶梢，第二年春将砧木上部齐接口剪除。常作为单干苗培育。

▶ 园林养护技术

龙柏喜欢大肥大水，栽植成活后，结合灌溉，第一年追肥2至3次，入秋后停止施肥。第二年早春，结合浇灌返青水，条沟式追施一次含氮量稍高的复合肥。因龙柏根系浅且水平根多，应随开沟随施肥随埋土，尽量避免伤根。夏季再追施2至3次尿素。龙柏易发生立枯病、枯枝病、红蜘蛛，等病虫害。

15 ▶ 沙地柏

▶ 名　称

中文名：沙地柏

学　名：*Sabina vulgaris* Ant. (J.sabina L.)

别　名：叉子圆柏、天山圆柏、双子柏

科属名：柏科　圆柏属

▶ 形态特征

葡匐灌木，高不及 1 m。枝皮灰褐色，裂成薄片脱落。叶二型，刺叶常生于幼一树上，常交互对生或兼有三叶交叉轮生；鳞叶交互对生，排列紧密或稍疏，斜方形或菱状卵形。雌雄异株，稀同株；雄球花椭圆形或矩圆形；雌球花曲垂或初期直立而随后俯垂。球果生于向下弯曲的小枝顶端，熟前蓝绿色，熟时褐色至紫蓝色或黑色。花期 4～5 月，果期 9～10 月。

▶ 分布区

产于新疆天山至阿尔泰山、宁夏贺兰山、内蒙古、青海东北部、甘肃祁连山北坡及古浪、景泰、靖远等地以及陕西北部榆林。

▶ 生态习性

喜光，喜凉爽干燥的气候，耐寒、耐旱、耐瘠薄，对土壤要求不严，不耐涝。适应性强、生长较快、扦插宜活、栽培管理简单。

◎ 观赏特点

常绿针叶灌木，叶色浓绿，枝条细密。

◎ 园林应用价值

在北方园林绿地中常在草坪边缘或造型前缘片植做前景树观赏；由于其还是一种优良的保持水土和固沙常绿植物，故常被作为护坡绿化植物大量应用。

◎ 繁殖与培育特点

播种、扦插繁殖。主要用扦插，亦可压条繁殖。栽培一般可采取露地压条法。压条取自天然生沙地柏，采取 2～3 年生嫩枝，条粗 5～7 mm，修剪成 50～60 cm 长的压条。压条季节以土壤解冻后 1～1.5 个月内和结冰前 1～2 个月内两个时期为好。压枝条前须先整地，灌足底水，将枝条平置于 10 cm 左右深土中，埋土踏实，不得露条。压条埋土后一周左右开始生根，2 个月以内应保持土壤湿润，以利成活。常作为丛干苗培育。

◎ 园林养护技术

苗木栽植成活后，管理简单，只要注意清除杂草，在小苗生长期间用 1000 倍久效磷、50% 的甲胺磷混合对松梢螟、侧柏毒蛾、红蜘蛛等虫害进行防治即可。

16 ▶ 蜀 桧

◎ 名 称

中文名：蜀桧

学　名：*Juniperus komarovii* Florin

别　名：灰桧、巴柏木、塔枝圆柏

科属名：柏科　刺柏属

◎ 形态特征

小乔木，高达 10m。枝近直立向上，小枝四棱形（先端近圆形）。全为鳞叶，在小枝上交互对生，紧贴小枝，偶见三叶轮生，三角形至卵形，基部有腺体，少刺叶。生鳞叶的二回或三回分枝均从下部到上部逐渐变短，使整个分枝的轮廓成塔形。球果近球形，长约 1 cm，深褐色至蓝黑色，含 1 粒种子。

◎ 分布区

多生于中性土、钙质土及微酸性土上，各地亦多栽培，西藏也有栽培。朝鲜、日本也有分布。华北及长江流域各地多栽培作园林树种。

▶ 生态习性

喜光，耐寒，生长快速，不耐水湿，对土壤的要求不严，以温暖湿润之气候和深厚肥沃之土壤生长最为良好。

▶ 观赏特点

株形笔直峭立，树冠整齐塔形，树形优美，是优良的园林景观树。

▶ 园林应用价值

可列植、对植、孤植，亦可群植草坪边缘作背景或丛植片林、镶嵌树丛的边缘、建筑附近等，在庭园中用途极广。小苗可做造型、绿篱、隔离带围墙点缀。

▶ 繁殖与培育特点

常使用扦插繁殖。采集插穗时应自十年生以下的健壮母株之各部位侧枝顶梢上正头剪（采），基部带有2年生枝条容易生根，其长度15 cm，剪去下端1/2枝叶，下端切口斜形，或带踵，再用萘乙酸或吲哚丁酸溶液浸插穗基部3～5秒钟后扦插，扦插深度为插穗基部一半，插后浇透水。也可用容器扦插育苗，插后排放在遮阴的棚室或塑料小棚内，浇透水，每天定时喷雾保持相对湿度在80%以上，适时通风换气，约60天后生根。常作为单干苗或丛干苗培育。

▶ 园林养护技术

蜀桧耐干旱，浇水不可偏湿。雨季要注意不能积水，夏季高温时，要早晚浇水。不宜多施肥，以免徒长影响树形美观。每年春季3～5月份施稀薄腐熟的饼肥水或有机肥2～3次，秋季施1～2次，保持枝叶鲜绿浓密，生长健壮。整形上以摘心为主，对徒长枝可进行打梢，剪去顶尖，促生侧枝。在生长旺盛期，尤应注意及时摘心打梢，保持树冠浓密，姿态美观。常见的病虫害有桧柏梨锈病、黄化病、黑茎病，蚜虫等。

17 ▶ 刺 柏

▶ 名 称

中文名：刺柏
学 名：*Juniperus formosana* Hayata
别 名：山刺柏、台桧、山杉
科属名：柏科 刺柏属

▶ 形态特征

乔木，高达12 m。树皮褐色，纵裂成长条薄片脱落；枝条斜展或直展，树冠塔形或圆柱形；小枝下垂，三棱形。三叶轮生，条状披针形或条状刺形。雄球花圆球形或椭圆形，药隔先端渐尖，背有纵脊。球果近球形或宽卵圆形，熟时淡红褐色，被白粉或白粉脱落，间或顶部微张开。种子半月形，具3～4棱脊，顶端尖，近基部有3～4个树脂槽。

▷分布区

为我国特有树种，在我国广泛分布。

▷生态习性

喜光，耐寒，耐旱；主侧根均发达；阳性树种，稍耐阴；对气候、土壤要求不严。

▷观赏特点

刺柏小枝下垂，针叶细密油绿，树形美观，老树干苍劲，叶片苍翠，四季常青。

▷园林应用价值

树姿优美，为优良的园林绿化树种，适于公园、风景区及道路两边对植、列植和群植，亦可孤植、丛植或片植作园景树，也可制作盆景观赏。其针叶致密耐修剪，多作绿篱或造型用，也可为水土保持的造林树种。

▷繁殖与培育特点

用播种、扦插、嫁接方法繁殖均可。种子有较长的后熟休眠期，往往隔年始能发芽，一般收得种子后，随即沙藏，经250天左右进行秋播，或于第三年春季再播。幼苗生长较慢，4年后始能供绿篱栽植，以后生长逐渐加快。播种苗常出现类型分化，应在移植时分别移栽。常作为单干苗和丛干苗培育，亦可作绿篱化栽培。

▷园林养护技术

移植或定植植株，要注意浇水，以保持土壤湿润；移植时要带好土坨，以保证成活。干旱酷热最易发生小蠹蛾蛀蚀主干，除注意浇水保湿外，可于发现时在树干上注射1/1000的敌敌畏乳剂；另因它可在苹果、梨及海棠等锈病的中间寄主，早春宜喷洒波尔多液或石硫合剂抑制冬孢子堆遇雨膨裂产生担孢子，以防止扩散。

落叶乔木

LUOYE QIAOMU

18 ▶ 落叶松

▶ 名 称

中文名：落叶松

学 名：*Larix gmelinii* (Rupr.) Kuzen.

别 名：兴安落叶松、一齐松、意气松

科属名：松科 落叶松属

▶ 形态特征

落叶乔木，高达 35 m。老树树皮灰色，纵裂成鳞片状剥离，剥落后内皮呈紫红色。枝斜展或近平展，树冠卵状圆锥形。叶倒披针状条形，先端尖或钝尖。球果幼时紫红色，成熟前卵圆形或椭圆形，成熟时上部的种鳞张开；中部种鳞五角状卵形，先端截形、圆截形或微凹，

鳞背无毛，有光泽；苞鳞近三角状长卵形或卵状披针形；种子斜卵圆形。花期 5 ～ 6 月，球果 9 月成熟。

▶ 分布区

为我国东北林区的主要森林树种，分布于大、小兴安岭海拔 300 ～ 1 200 m 地带。

▶ 生态习性

喜光性强，对水分要求较高，在各种不同环境均能生长，但不耐高温，当超过 28 度时停止生长，生于土层深厚、肥润、排水良好的北向缓坡及丘陵地带生长旺盛。

▶ 观赏特点

落叶松高大挺拔，树干通直，枝叶清秀，冠形优美，姿态奇特，秋季变成金黄色，为良好的绿化风景树。

▶ 园林应用价值

常作为行道树、景观树种植，宜在公园、绿地、庭院、风景区栽植、孤植、成片栽植等。

▶ 繁殖与培育特点

常播种种植。出圃第二年春季土壤解冻出圃移栽。起苗前 3 至 5 天浇水一次，使土壤湿润疏松，起苗时不易伤根。对主根适当修剪，注意起苗时不要伤顶芽。常作为单干苗培育。

▶ 园林养护技术

结合园林应用适当进行。注意防治褐锈病，松皮小卷蛾等病虫害。

19 ▶ 日本落叶松

▶ 名　称

中文名：日本落叶松
学　名：*Larix kaempferi* (Lamb.) Carr.
科属名：松科　落叶松属

▶ 形态特征

乔木，高达 30 m；枝平展，树冠塔形。叶倒披针状条形，先端微尖或钝。雄球花淡褐黄色，卵圆形；雌球花紫红色。球果卵圆形或圆柱状卵形，熟时黄褐色；苞鳞紫红色，窄矩圆形，基部稍

宽，上部微窄，先端三裂，中肋延长成尾状长尖，不露出；种子倒卵圆形，种翅上部三角状，中部较宽。花期 4～5 月，球果 10 月成熟。

▶ 分布区

原产日本。我国黑龙江、陕西、吉林、辽宁、河北、山东、河南、江西等地引种栽培。

▶ 生态习性

喜光、喜肥沃、湿润、排水良好的沙壤土或壤土，浅根树种。在风大、土层浅薄、排水不良的黏质土上生长不良。

▶ 观赏特点

日本落叶松树干端直，姿态优美，叶色翠绿，是良好的绿化风景树。

◉ **园林应用价值**

同落叶松。

◉ **繁殖与培育特点**

常用播种繁殖。播种前将种子用高锰酸钾溶液浸泡消毒 4 h，用清水洗净后再倒入 45℃的温水中浸泡 24 h，捞出稍微晾干后与 3 倍于种子体积的河沙混合，然后置于发芽坑内催芽。发芽坑应挖在背风向阳处。坑深 50 cm，宽 50 cm，坑上覆盖塑料薄膜，晚上加盖草帘，每天将种子均匀翻动一次，待有 30% 的种子裂嘴后即可播种。常作为单干苗培育。

园林养护技术

同落叶松。

20 ▶ 水 杉

◉ **名 称**

中文名：水杉

学 名：*Metasequoia glyptostroboides*
　　　　Hu et Cheng

别 名：梳子杉

科属名：杉科　水杉属

◉ **形态特征**

乔木，高达 35 m；树干基部常膨大；枝斜展，小枝下垂。侧生小枝排成羽状，冬季凋落。叶条形，沿中脉有两条较边带稍宽的淡黄色气孔带，叶在侧生小枝上列成二列，羽状，冬季与枝一同脱落。球果下垂，近四棱状球形或矩圆状球形，成熟前绿色，熟时深褐色。种子扁平，倒卵形、圆形或矩圆形，周围有翅，先端有凹缺。花期 2 月下旬，球果 11 月成熟。

◉ **分布区**

水杉这一古老稀有的珍贵树种为我国特产，原产于四川、湖北及湖南西北部等地海拔 750 ～ 1 500 m 地区。现全国各地广泛应用。

▶ 生态习性

喜光,喜气候温暖湿润。耐寒性强,耐水湿能力强,不耐瘠薄和干旱。根系发达,移栽容易成活。生长得快慢,常受土壤水分影响,在长期积水或排水不良的地方生长缓慢。

▶ 观赏特点

水杉树冠呈圆锥形,树姿优美挺拔,叶色翠绿鲜明,秋色叶黄褐色,是非常优良的园林景观树种。

▶ 园林应用价值

常作为行道树、园景树应用,在园林中最适于列植,也可丛植、片植,可用于堤岸、湖滨、池畔、庭院等绿化,也可盆栽,也可成片栽植营造风景林并适配常绿地被植物。水杉对二氧化硫有一定的抵抗能力,是工矿区绿化的优良树种。

▶ 繁殖与培育特点

常采用播种与扦插繁殖。播种繁殖球果成熟后即采种,经过曝晒,筛出种子,干藏。春季3月份播种。亩播种量0.75～1.5 kg,采用条播(行距20～25 cm)或撒播,播后覆草不宜过厚,需经常保持土壤湿润。扦插繁殖采用硬枝扦插和嫩枝扦插均可。一般作为单干苗培育。

▶ 园林养护技术

水杉养护要注意清除杂草,疏松土壤增强透气性,改善理化性能,创造舒适良好的土壤环境空间,提高根系生命功能,促进其健壮快速生长。片植成林后进行适度修枝,宜选在水杉落叶后至立春前进行,修枝强度为树冠总长度的1/4～1/3,具体视树木生长情况而定。常见病虫害有咖啡蠹蛾、蔷薇叶蜂、锈病、叶蝉。

21 ▶ 银 杏

▶ 名 称

中文名:银杏

学 名:*Ginkgo biloba* L.

别 名:白果、公孙树、鸭掌树

科属名:银杏科 银杏属

▶ 形态特征

落叶大乔木,高可达40 m。幼树树皮浅纵裂。主枝斜出,近轮生,枝有长枝、短枝之分。叶扇形,有长柄,有多数叉状并列细脉,在一年生长枝上螺旋状散生,在短枝上簇生,秋叶黄色。球花雌雄异株,单性,生叶腋,呈簇生状;雄球花荑荑花序状,下垂,具短梗;

雌球花具长梗，梗端常分两叉。种子具长梗、下垂，常为卵圆形或近圆球形，外种皮肉质，熟时黄色或橙黄色，外被白粉，有臭味。花期4～5月，落叶期10～11月。

▶ 分布区

银杏为中生代孑遗的稀有树种，系我国特产，仅浙江天目山有野生状态的树木。银杏的栽培区甚广，北自东北沈阳，南达广州，东起华东，西南至贵州、云南西部均有栽培。

▶ 生态习性

银杏为喜光树种，深根性，对气候、土壤的适应性较宽，能在高温多雨及雨量稀少、冬季寒冷的地区生长，但生长缓慢或不良；能生于酸性、石灰性及中性土壤上，但不耐盐碱土及过湿的土壤。

▶ 观赏特点

观叶植物，春夏季叶色嫩绿，秋季变成黄色，颇为美观；银杏树形优美，夏天遒劲葱绿，秋季金黄可掬，给人以峻峭雄奇、华贵优雅之感。

▶ 园林应用价值

银杏的繁殖方法很多，大致有播种、分蘖、扦插、嫁接4种方法。可作行道树、园景树。露地栽培可孤植、对植、列植或丛植。银杏树体雄伟，在造景中可作为视线的中心点，种植在比较明显、较开阔的地方，能更加突出银杏的庄重地位。现代银杏还可以与其他树木配成以银杏为主题的银杏园，也可以只用各类型的现代银杏形成具有银杏特色的银杏专类园。银杏还是制作盆景的珍稀树种。

▶ 繁殖与培育特点

银杏银杏的繁殖方法很多，大致有播种、分蘖、扦插、嫁接4种方法。一般采用播种繁殖，经过一段时间低温层积沙藏，让种子在适宜的环境下发育一段时间，种胚达到形态上的后熟，再进行播种繁殖；常进行单干苗、丛干苗与造型式培育。

园林养护技术

选择育苗土地，应择地势平坦且土壤湿度适中的土地，地势低洼、土壤湿度高的土地容易引发病害的产生。施肥种植时，应保持树穴中基肥充足。最好选取充分腐熟的有机肥。分上下两层施肥。做好种植区域土地管理工作，在雨后及时进行排水，定期清除银杏种植范围内的杂草、落叶。常见的银杏病害主要有茎腐病、叶枯病、霉烂病、干涸病等。

色，粗糙开裂。叶纸质，倒卵形，叶上深绿色，网脉明显；托叶痕为叶柄长的1/4～1/3。花蕾卵圆形、花先叶开放，直立，芳香；花被片9片，白色，基部常带粉红色，近相似，长圆状倒卵形；雌蕊淡绿色，无毛，圆柱形。聚合果圆柱形；蓇葖果厚木质，褐色，具白色皮孔；种子心形，侧扁，外种皮红色，内种皮黑色。花期2～3月，（在延安常3～4月）果期8～9月。

22 ▶ 玉 兰

▶ 名 称

中文名：玉兰

学 名：*Yulania denudata* (Desr.) D. L. Fu

别 名：木兰、玉堂春、迎春花

科属名：木兰科 玉兰属

▶ 形态特征

落叶乔木，高达25 m。树皮深灰

▶ 分布区

产于江西、浙江、湖南、贵州。现全国各大城市园林广泛栽培。

▶ 生态习性

玉兰性喜光，稍耐阴，较耐寒，可露地越冬。喜高燥，根肉质，忌低湿，栽植地渍水易烂根。喜肥沃、排水良好而带微酸性的沙质土壤，在弱碱性的土壤上亦可生长，不耐碱及瘠薄。在延安可生长在避风向阳小气候较好的环境内，否则春寒会导致不开花或开花就凋落。

◉ 观赏特点

玉兰花是名贵的观赏植物，其叶花均有一定的观赏价值，特别是其花朵大，花外形极像莲花，盛开时花瓣展向四方，花形俏丽。早春白花满树，艳丽芳香、沁人心脾，为驰名中外的庭院观赏树种。

◉ 园林应用价值

玉兰常作为行道树、园景树和盆花种植。古典园林常在庭园路边、草坪角隅、亭台前后或漏窗内外、洞门两旁等处种植，孤植、对植、丛植或群植均可。现代园林绿化中玉兰广泛用于公园、居住区等各种类型的绿地中，可孤植、列植、丛植或片植。

◉ 繁殖与培育特点

玉兰的繁殖可采用嫁接、压条、扦插、播种和组织培育等方法，以播种、嫁接法最为普遍。播种繁殖时应当选择 25 至 50 年健壮无病虫害的母树所结的籽粒饱满的种子，采下的种子需经过脱粒、清洗、阴干、层积贮藏等一系列加工处理，播种时间一般为春季 2 ～ 3 月，不晚于清明。常作为单干苗培育。

◉ 园林养护技术

玉兰花较喜肥，但忌大肥；生长期一般施两次肥即花前肥和花后肥，有利于花芽分化和促进生长。玉兰的根系肉质根，不耐积水。开花生长期宜保持土壤稍湿润，入秋后应减少浇水，延缓玉兰生根，促使枝条成熟，以利越冬。此外，玉兰枝干伤口愈合能力较差，故一般不进行修剪，只在花谢后，如不留种还应将残花和蓇葖果穗剪掉，以免消耗养分，影响来年开花。

23 ▶ 望春玉兰

◉ 名　称

中文名：望春玉兰

学　名：*Magnolia biondii* (Pamp.)D. L. Fu

别　名：辛夷

科属名：木兰科　玉兰属

◉ 形态特征

落叶乔木，高可达 12 m。树皮淡灰色，光滑。叶椭圆状披针形、卵状披针

形，狭倒卵或卵形。花先叶开放，芳香；花梗顶端膨大，具3苞片脱落痕；花被9，外轮3片紫红色，近狭倒卵状条形，中内两轮近匙形，白色，外面基部常紫红色，内轮的较狭小。聚合果圆柱形；蓇葖果浅褐色，近圆形，侧扁，具凸起瘤点；种子心形，外种皮鲜红色。花期3月，果熟期9月。

▶ 分布区

产于陕西、甘肃、河南、湖北、四川等省。山东青岛有栽培。

▶ 生态习性

望春玉兰适应性强，喜光，稍耐阴，较耐寒，可露地越冬。喜高燥，忌低湿，栽植地渍水易烂根。喜肥沃、排水良好而带微酸性的沙质土壤。

▶ 观赏特点

玉兰树干光滑，枝叶茂密，树形优美，花色素雅，气味浓郁芳香，早春开放，花瓣白色，外面基部紫红色，十分美观。

▶ 园林应用价值

望春玉兰常作为行道树、园景树和盆花种植。夏季叶大浓绿，有特殊香气，可逼驱蚊蝇；仲秋时节，长达20 cm的聚合果，由青变黄红，露出深红色的外种皮，令人喜爱；初冬时报蕾满树十分壮观，为美化环境、绿化庭院的优良树种。

▶ 繁殖与培育特点

望春玉兰的繁殖可采用嫁接、压条、扦插、播种和组织培育等方法。播种繁殖应选15年生以上健壮母株采种，用层积法贮藏种子，3月中、下旬，在苗床上按行距33 cm开深约3～4 cm的沟，将种子按株距 3 cm 播入沟内，覆土与沟面平，轻轻压实。幼苗期要遮阴，经常喷水，及时中耕除草，结合浇水适量施稀薄人畜粪水或尿素等。常作为单干苗培育。

▶园林养护技术

定植后至成林前，每年在夏、秋两季各中耕除草 1 次，并将杂草覆盖根际。定植时应施足基肥，在冬季适施堆肥，或在春季施人畜粪水，促进苗木迅速成林。始花后，每年应在冬季增施过磷酸钙，使蕾壮花多。为了控制树形高大，矮化树干，主干长至 1 m 高时打去顶芽，促使分枝。在植株基部选留 3 个主枝，向四方发展，各级侧生短、中枝条一般不剪，长枝保留 20 ～ 25 cm。每年修剪的原则是，以轻剪长枝为主，重剪为辅，以截枝为主，疏枝为辅，在 8 月中旬还要注意摘心，控制顶端优势，促其翌年多抽新生果枝。

24 ▶ 二乔玉兰

▶名 称

中文名：二乔玉兰

学　名：*Magnolia soulangeana* (Soul.
　　　　-Bod.)D. L. Fu

科属名：木兰科　玉兰属

▶形态特征

小乔木，高 6 ～ 10 m。叶纸质，倒卵形，叶柄被柔毛，托叶痕约为叶柄长

的 1/3。花蕾卵圆形，花先叶开放，浅红色至深红色，花被片 6 ～ 9，外轮 3 片花被片常较短，约为内轮长的 2/3。聚合果；蓇葖卵圆形或倒卵圆形，熟时黑色，具白色皮孔；种子深褐色，宽倒卵圆形或倒卵圆形，侧扁。花期 2 ～ 3 月，果期 9 ～ 10 月。

▶分布区

本种是玉兰与辛夷的杂交种，杭州、

广州、昆明有栽培，本种的花被片大小形状不等，紫色或有时近白色，芳香或无芳香。在园艺栽培约有 20 个栽培种。

▶ 生态习性

耐旱，耐寒。喜光，适合生长于气候温暖地区，不耐积水和干旱。喜中性、微酸性或微碱性的疏松肥沃的土壤以及富含腐殖质的沙质壤土，可耐 –20℃的短暂低温。

▶ 观赏特点

二乔玉兰是早春色、香俱全的观花树种，花大色艳，观赏价值很高，是城市绿化的极好花木。

▶ 园林应用价值

二乔玉兰常作为行道树、园景树和盆花种植。同玉兰。

▶ 繁殖与培育特点

二乔玉兰的繁殖可采用嫁接、压条、扦插、播种和组织培育等方法。播种方法：2～3 月播种，发芽率 70%～80%。二乔玉兰实生苗的株形好，适宜于地栽，但由于它为杂交种，后代性状不稳定，不能保持优良品种的所有习性，在良种繁殖时较少使用，多用于选育新品种。常作为单干苗培育。

▶ 园林养护技术

二乔玉兰较喜肥，但忌大肥。新栽植的树苗可不必施肥，待落叶后或翌年春天再施肥。生长期一般施 2 次肥即可，有利于花芽分化和促进生长，可分别于花前与花后追肥，前者促使鲜花怒放，后者有利于孕蕾，追肥时期为 2 月下旬与 5～6 月。肥料多用充分腐熟的有机肥。除重视基肥外，酸性土壤应适当多施磷肥。修剪期应选在开花后及大量萌芽前，应剪去病枯枝、过密枝、冗枝、并列枝与徒长枝，平时应随时去除萌蘖。此外，花谢后如不留种，还应将残花和蓇葖果穗剪掉，以免消耗养分，影响翌年开花。

25 ▶ 杂种鹅掌楸

▶ 名 称

中文名：杂种鹅掌楸

学　名：*Lilriodendron chinense × Lilriodendron tulipifera*

别　名：杂种马褂木

科属名：木兰科　鹅掌楸属

▶ 形态特征

落叶乔木，高达 60 m。主干通直，叶形似马褂，先端略凹，两中裂片长小于宽，近似北美鹅掌楸，叶背面白粉点小，近似中国鹅掌楸。小枝紫褐色，树皮褐色，树皮浅纵裂。花较大，黄色，具清香，单生枝顶，萼片 3，花瓣 6，形似郁金香。聚合果纺锤形，先端钝或尖，由多个顶端具 1.5～3 cm 长翅的小坚果组成，10 月成熟，自花托脱落。花期 5～6 月。

▶ 分布区

中国浙江、安徽、江苏及长江流域以南地区以及青岛、西安等地均能栽植，北京能露地生长，并已开花。河南许昌市、鄢陵县、遂平县和禹州市等均有引种栽培。

▶ 生态习性

抗寒性强，成年大树能耐 -25℃低温，在北京露地栽培生长良好，适应平原能力强，河南引种栽培无早期落叶现象。

▶ 观赏特点

夏季枝繁叶茂，冠大浓郁、绿荫如盖，秋季叶变金黄，冬季落叶迟，是不可多得的彩叶树种。

▶ 园林应用价值

杂种鹅掌楸常作为行道树、园景树种植。可孤植于草坪区，给人以幽静、祥和之感；可群植成林。

▶ 繁殖与培育特点

杂种鹅掌楸必须通过无性繁殖的方式才能保持其优良性状。3 月中下旬可进行硬枝扦插。首先要选择生根能力相对较强的母株，其次应尽可能在幼龄母株上采穗，并要尽可能利用母株主干下部的生长发育良好、腋芽饱满的侧枝，最好是用根茎萌芽枝，或采用采穗圃内的插穗，以便于提高插穗的质量。常作为单干苗培育。

▶ 园林养护技术

在苗木出苗圃前，植株树干下半部侧枝如未干枯，尽量不要剪除，以利于苗木增粗生长。另外，为提高大规格苗木栽植成活率，在起苗年份的前 1～2 年进行苗木断根，扩大侧根生长数量。一般 5～7 cm 规格苗可提前 1 年进行一次性断根处理，对 8～10 cm 及以上规格苗，分 2 年进行断根处理。通过断根处理，可大幅度提高栽植成活率。

26 ▶ 三桠乌药

▶ 名 称

中文名：三桠乌药

学　名：*Lindera obtusiloba* Bl.

别　名：山姜、崂山棍

科属名：樟科　山胡椒属

▶ 形态特征

落叶乔木或灌木，高 3～10 m。树皮黑棕色。小枝黄绿色。叶互生，近圆形至扁圆形，先端急尖，全缘或 3 裂；三出脉，偶有五出脉，网脉明显。雄花花被片 6，长椭圆形，外被长柔毛，内面无毛。雌花花被片 6，长椭圆形；子房椭圆形，无毛。果广椭圆形，成熟时红色，后变紫黑色，干时黑褐色。花期 3～4 月，果期 8～9 月。

▶ 分布区

中国产辽宁千山以南、山东昆箭山以南、安徽、江苏、河南、陕西渭南和宝鸡以南及甘肃南部、浙江、江西、福建、湖南、湖北、四川、西藏等省区。

▶ 生态习性

其适应性强、病虫害少，喜光，较耐阴，耐寒。多生于山谷的溪边、杂木林中或林缘、乱石缝，对温度敏感。从北向南生于海拔 20～3000 m，在南方生于高海拔，北方生于低海拔。

◗ 观赏特点

其树干端直，早春开花，春天有黄花开放于枝头，秋叶亮黄色也颇美丽，黄色花朵揉碎后，有很浓的生姜味，故又称"山姜"。花耐寒，在江浙一带立春即开花，如遇寒流，雨后结冰，还可以形成黄色的冰灯笼，美观耐看，是一种具有开发价值的木本野生花卉。

◗ 园林应用价值

三桠乌药可作为园景树，早春开花，在园林上亦可作为花灌木进行孤植或丛植，会得到良好的观赏效果。还可作为插花素材，既能当主花材用于切花和盆花材料，又能当其他鲜花的配材使用。

◗ 繁殖与培育特点

用种子繁殖，6～7年开花结实。也可以分株繁殖。大量繁殖用嫁接法，用种子实生苗作砧木，采用优良的植株枝条作接穗，进行嫁接、枝接或芽接均可。常作为单干苗和丛生苗培育。

◗ 园林养护技术

播种后要根据气候条件、土壤状况和苗木大小，做到适时适量灌溉。并要注意排涝，做到外水不侵，内水不积，水停沟干的合理程度。20～25天左右苗木出齐，当苗高达到6～8 cm时进行第1次除草，并要掌握除早、除小、除了的原则，防止杂草丛生与苗木争光、夺肥，严重影响苗木生长。在苗木生长进入速生期，即6月下旬～7月上旬，苗高25 cm左右时，追施1次氮肥，施尿素15～20 kg/亩，施肥后要及时浇水。

27 ▶ 杜 仲

◗ 名 称

中文名：杜仲

学 名：*Eucommia ulmoides* Oliver

别 名：丝楝树皮、丝棉皮、棉树皮

科属名：杜仲科　杜仲属

◗ 形态特征

落叶乔木，高达20 m。树皮灰褐色，粗糙，内含橡胶，折断拉开有多数细丝。叶椭圆形、卵形或矩圆形，薄革质；上面暗绿色，初时有褐色柔毛，不久变秃净，老叶略有皱纹，下面淡绿，初时有褐毛，以后仅在脉上有毛；边缘有锯齿。花生于当年枝基部，雄花无花被；苞片倒卵状匙形。雌花单生，苞片倒卵形。翅果扁平，长椭圆形；坚果位于中央。种子扁平，线形。早春开花，秋后果实成熟。

▶分布区

中国特有种。分布于陕西、甘肃、河南、湖北、四川、云南、贵州、湖南及浙江等省区，现各地广泛栽种。

▶生态习性

喜温暖湿润气候和阳光充足的环境，能耐严寒，适应性很强，对土壤没有严格要求，在瘠薄的红土或岩石峭壁均能生长，但以土层深厚、疏松肥沃、湿润、排水良好的壤土最宜。根系较浅而侧根发达，萌蘖性强。

▶观赏特点

树干端直，冠大荫浓。

▶园林应用价值

做庭荫树或行道树。可孤植、列植或对植。

▶繁殖与培育特点

播种、嫩枝扦插、根插、嫁接、压条。春夏之交，剪取一年生嫩枝，剪成长 5～6 cm 的插条，插入苗床，入土深 2～3 cm，在土温 21～25℃下，经15～30 天即可生根。如用 0.05 mL/L。奈乙酸处理插条 24 小时，插条成活率可达 80% 以上。常作为单干苗培育。

园林养护技术

管护较粗放，结合景观适当进行修剪（病枝、弱枝）。主要病虫害有立枯病、根腐病、叶枯病和豹纹木蠹蛾。

28 ▶ 榆 树

▶ 名 称

中文名：榆树

学　名：*Ulmus pumila* L.

别　名：白榆、家榆、榆

科属名：榆科　榆属

▶ 形态特征

落叶乔木，高达 25 m。叶椭圆状卵形、长卵形、椭圆状披针形或卵状披针形，先端渐尖或长渐尖，基部偏斜或近对称；叶面平滑无毛，边缘具重锯齿或单锯齿。花先叶开放，在去年生枝的叶腋成簇生状。翅果近圆形，稀倒卵状圆形，果核部分位于翅果的中部，上端不接近或接近缺口，宿存花被无毛，4浅裂，裂片边缘有毛，果梗较花被为短，被短柔毛。花果期3～6月。

▶ 分布区

全国各地均有分布。长江下游各省有栽培。也为华北及淮北平原农村的常见树木。朝鲜、苏联、蒙古也有分布。

▶ 生态习性

属阳性树种，喜光，耐旱，耐寒，耐瘠薄，不择土壤，生长快，适应性很强。根系发达，抗风力、保土力强。萌芽力强耐修剪。生长快，寿命长。能耐干冷气候及中度盐碱，但不耐水湿。具抗污染性，叶面滞尘能力强。

▶ 观赏特点

树干通直，树形高大，绿荫较浓，适应性强，是城市绿化、行道树、庭荫树、工厂绿化、营造防护林的重要树种。

▶ 园林应用价值

常作为行道树、园景树种植。在干瘠、严寒之地常呈灌木状，有用作绿篱者。又因其老茎残根萌芽力强，可自野外掘取制作盆景。在林业上也是营造防风林、水土保持林和盐碱地造林的主要树种之一。

▶ 繁殖与培育特点

主要采用播种繁殖，也可用嫁接、分蘖、扦插法繁殖。播种宜随采随播，

千粒重 7.7 g，发芽率 65% ～ 85%。扦插繁殖成活率高，达 85% 左右，扦插苗生长快。管理粗放。常作为单干苗或造型苗培育。

▶ 园林养护技术

榆树的萌发力很强，生长较快，生长季节要经常修剪，剪去过长、过乱的枝条，以保持树型的优美。榆树盆景的最佳观赏期是新叶刚出时，若在 8 月上、中旬将叶片全部摘除，以后加强水肥管理，到 9 月下旬就会再次长出新叶，提高观赏价值。榆树病虫害少，常见的食叶害虫有榆毒蛾、绿尾大蚕蛾、榆凤蛾、金花虫、介壳虫、天牛等。

29 ▶ 榔 榆

▶ 名 称

中文名：榔榆

学　名：*Ulmus parvifolia* Jacq

别　名：小叶榆、秋榆、掉皮榆

科属名：榆科　榆属

▶ 形态特征

落叶乔木，高达 25 m。树冠广圆形，树皮灰色或灰褐，裂成不规则鳞状薄片剥落，露出红褐色内皮，近平滑。叶质极厚，披针状卵形或窄椭圆形，基部偏斜，边缘从基部至先端有钝而整齐的单锯齿，稀有重锯齿。花 3 ～ 6 数在叶腋簇生或排成簇状聚伞花序，花被上部杯状，下部管状，花被片 4，深裂至杯状花被的基部或近基部，花梗极短，被疏毛。翅果椭圆形或卵状椭圆形，花被片脱落或残存。花果期 8 ～ 10 月。

▶ 分布区

全国各地均有分布。日本、朝鲜也有分布。

▶ 生态习性

喜光，耐干旱，在酸性、中性及碱性土壤中均能生长，但以气候温暖，土壤肥沃、排水良好的中性土壤为最适宜的生境。

▶ 观赏特点

整体树形优美、姿态潇洒、树皮斑驳、枝叶细密，观赏价值较高，是园林中常用树种。

▶ 园林应用价值

常作为园景树、行道树、盆景应用。在城市公园里，榔榆树通常作为景观树，主要在公园入口处，往往会种植高大雄壮的榔榆树来突出气势，同时，发挥做标志的指示效用。在亭台水榭、池塘边等处栽植，能柔化这些园林景观，增强观赏性。

▶ 繁殖与培育特点

繁殖方法主要是扦插繁殖、嫁接繁殖和播种繁殖。但榔榆的种子获取比较困难，用一般的扦插方法成活率也仅为20%～40%。扦插繁殖剪取1～2年生的枝条进行扦插。由于其不易生根，插条需用吲哚丁酸或奈乙酸处理，扦插后浇透水，要注意保湿。扦插后每天观察基质的干湿度，适时补充水分；10天后扦插床两头定时掀开薄膜通风，湿度控制在80%左右；60天后将小拱棚塑料布揭开进行光照育苗。可作为丛干苗、单干苗和造型苗培育。

▶ 园林养护技术

结合生产适当进行。粗放管理。

30 ▶ 金叶榆

名　称

中文名：金叶榆

学　名：*Ulmus pumila* 'Jin Ye'

别　名：中华金叶榆，'美人'榆

科属名：榆科　榆属

▶ 形态特征

落叶乔木，高25 m，树冠圆球形。小枝金黄色，细长，排成二列状。叶卵状长椭圆形，金黄色，先端尖，基部稍歪，边缘有不规则单锯齿。早春先叶开花，簇生于上一年生枝上。花簇状花序；花被钟形，裂片膜质，先端宿存，花丝细直，扁平，花药矩圆形；花柱极短，柱头2，条形，柱头面被毛，胚珠横生；花后数周果即成熟。果核部分位于翅果的中部至上部，翅果膜质。花期3～4月，果期4～6月。

▶ 分布区

中国河北、河南、陕西等地均有分布，现我国广大的东北、西北地区均可栽培。

▶ 生态习性

喜光，耐寒，耐旱，能适应干凉气候。喜肥沃、湿润而排水良好的土壤，不耐水湿，但能耐干旱瘠薄和盐碱土。抗风、保土能力强，对烟尘及氟化氢有毒气体的抗性强。

中会受到六星黑点豹蠹蛾、桃红颈天牛、榆树黑斑病等病虫害的危害，夏季还会发现金叶榆长开的叶片被太阳灼伤。

◉ 观赏特点

金叶榆树干通直，树形高大，叶色亮黄，有自然光泽，色泽艳丽，是乔、灌皆宜的城乡绿化重要彩叶树种。

◉ 园林应用价值

金叶榆常作为园景树、行道树与盆栽应用。培育的乔木苗可孤植、列植、片植栽植，亦可培育成球形栽植或培育成小苗与其他彩叶树种搭配使用，做绿篱、色带、拼图、造型等应用。

◉ 繁殖与培育特点

主要用嫁接繁殖和扦插繁殖。扦插时春季、秋季均可，随采随插。选 0.5 cm 以上的壮条，剪成 15 ～ 20 cm 长的插穗，上剪口剪平，下剪口在靠近芽眼处剪成马耳形。扦插行距 30 cm，株距 20 cm。随开沟随扦插，接穗微露地面，覆土踏实，灌透水。可作为单干苗、丛干苗和造型苗培育。

◉ 园林养护技术

金叶榆栽植后要进行整形修剪，去除冗繁枝、干缩枝、垂下枝、病虫枝，不仅可以培养冠形提升观赏效果，还可以强壮植株的萌发力，促进其生长态势，避免在多风、寒冷的春季出现枝条抽干现象。金叶榆对炭疽病、白粉病、枯叶病等病害有极强的抗性，但是在日常养护过程

31 ▶ 春 榆

◉ 名 称

中文名：春榆

学 名：*Ulmus davidiana* Planch. var. *japonica*(Rehd.) Nakai

别 名：日本榆、白皮榆、光叶春榆

科属名：榆科 榆属

◉ 形态特征

落叶乔木或灌木状，高达 15 m。叶倒卵形或倒卵状椭圆形，稀卵形或椭圆

形，先端尾状渐尖，基部歪斜，边缘具重锯齿，侧脉每边 12～22 条，全被毛或仅上面有毛。花在去年生枝上排成簇状聚伞花序。翅果倒卵形或近倒卵形，宿存花被无毛，裂片 4，果梗被毛。花果期 4～5 月。春榆与黑榆的区别在于翅果无毛，树皮色较深。

▶分布区

全国各地均有分布。

▶生态习性

属阳性树种，其对气候适应性较强，在寒温带、温带及亚热带地区均能生长。同时又耐旱，耐瘠薄，对土壤要求不严，不过以深厚肥沃、湿润、排水良好的沙壤土、轻壤土上长势最好。

▶观赏特点

春榆四季枝条灰白，质感强烈。可与四季常绿的常绿树种一起配置。

▶园林应用价值

可作为行道树、景观树种植。种植时宜孤植在比较明显或比较开阔的草坪等地方不仅需有足够的生长空间，而且要有比较合适的观赏视距和观赏点。对植可应用于建筑、道路、广场的入口。因其枝干独特，树皮斑驳，质感沧桑朴拙。可选择在肃穆、典雅或清幽的建筑前栽植，互为衬托、掩映。

▶繁殖与培育特点

以播种繁殖为主，分蘖也可。常作为单干苗培育。

▶园林养护技术

管理较粗放，结合应用适当进行。

32 ▶ 大果榆

▶ 名 称

中文名：大果榆

学 名：*Ulmus macrocarpa* Hance

别 名：芜荑、姑榆、山松榆

科属名：榆科 榆属

▶ 形态特征

落叶乔木或灌木，高达 20 m。树皮暗灰色或灰黑色，纵裂，粗糙。叶宽倒卵形、倒卵状圆形、倒卵状菱形或倒卵形，稀椭圆形，厚革质，基部渐窄至圆，偏斜或近对称，边缘具大而浅钝的重锯齿，或兼有单锯齿。花自花芽或混合芽抽出，在去年生枝上排成簇状聚伞花序

或散生于新枝的基部。翅果宽倒卵状圆形、近圆形或宽椭圆形，宿存花被钟形，外被短毛或几无毛，上部 5 浅裂，裂片边缘有毛。花果期 4 ～ 5 月。

▶ 分布区

在中国分布于黑龙江、吉林、辽宁、内蒙古、河北、山东、江苏北部、安徽北部、河南、山西、陕西、甘肃及青海东部。

▶ 生态习性

大果榆喜光，根系发达，侧根萌芽性强。耐寒冷及干旱瘠薄。阳性树种，耐干旱，能适应碱性、中性及微酸性土壤。

▶ 观赏特点

大果榆树叶秋季变红，树冠大。

▶ 园林应用价值

常作为行道树、园景树种植或于城市及乡村四旁绿化。在植被恢复比较困难的干旱半干旱山区，应充分利用和发挥大果榆的固土保水作用，改善立地条件。尤其是人工造林困难的地段，应保

护好大果榆，以防退化为草地、裸露地。

▶繁殖与培育特点

大果榆从播种繁殖为主，少量也可嫁接繁殖。春秋两季均可栽植，春季在土壤解冻后至苗木萌发前，秋季在苗木落叶后至土壤封冻前。常作为单干苗或造型苗培育。

▶园林养护技术

大果榆病害较少，受榆紫金花虫危害较轻，易受黑绒金龟子、榆天社蛾、榆毒蛾等危害。大果榆在幼龄期发枝较多，应及时修剪整枝，不同季节修剪侧重点不同。冬季幼树落叶后至翌春发芽前，将当年生主枝剪去 1/2，剪口下 3～4 个侧枝剪去，其余侧枝剪去 2/3。夏季生长期剪去直立强壮侧枝，以促进主枝生长。还应掌握"轻修枝，重留冠"的原则，不断调整树冠和树干比例。2～3 年幼树，树冠要占全树高度的 2/3。根据培育材种不同，确定树干的高度，达到定干高度后，不再修枝，使树冠扩大，可加速生长。

33 ▶ 黑 榆

▶名　称

中文名：黑榆

学　名：*Ulmus davidiana* Planch.

科属名：榆科　榆属

▶形态特征

落叶乔木或灌木状，高达 15 m；树皮浅灰色或灰色，纵裂成不规则条状，幼枝被或密或疏的柔毛。叶倒卵形或倒卵状椭圆形，稀卵形或椭圆形，基部歪斜，边缘具重锯齿。花在去年生枝上排成簇状聚伞花序。翅果倒卵形或近倒卵形，长 10～19 mm，宽 7～14 mm，果翅通常无毛，稀具疏毛。宿存花被无毛，裂片 4，果梗被毛，长约 2 mm。花果期 4～5 月。

▶分布区

产华北及辽宁山区，延安也有栽植。

▶生态习性

喜光，耐寒，耐干旱；深根性，萌芽力强。

◎ **观赏特点**

树形高大，枝叶浓密，质感朴拙，小枝红褐色有一定的观赏价值。

◎ **园林应用价值**

黑榆在园林上常用作庭荫树或列植作行道树。可植于庭园、街路或广场，孤植、对植、均可。亦可制作盆景。

◎ **繁殖与培育特点**

常使用扦插和压条繁殖。压条法除休眠期外全年都可进行。压条繁殖可得到良好的造型枝干，但桩头和根系则不如根条繁殖好，多作为商品盆景使用。扦插主要以插根法为主。取在每年小寒到大寒期间挖掘的榆树桩头时所截剪下来的根条，剪成长度 10 cm 左右，即时栽插在充分疏水透气的泥中输足定根水之后，一个月左右，便会萌芽生长。

◎ **园林养护技术**

黑榆喜光，如光照不足，其生长缓慢，所以必须有充足的光照。生长期 4～10 月（梅雨天除外）每 15～10 天施一次稀薄有机肥或饼肥水。氮磷钾配合使用，修剪后 2 天左右，叶喷尿素，冬季入室前 10 天左右，浇一次以磷钾肥为主的有机肥或饼肥水，入室后施一次饼肥屑。生长期经常修剪应剪去细密枝、交叉枝，全年可修剪，但雨天不能剪，以防流液枯枝。黑榆常见的害虫有红蜘蛛、榆蛎蚧、吹绵蚧等。

34 ▶ 朴 树

◎ **名 称**

中文名：朴树

学 名：*Celtis sinensis* Pers.

别 名：小叶朴、黄果朴、白麻子

科属名：榆科 朴属

◎ **形态特征**

落叶乔木，树皮平滑，灰色；一年生枝被密毛。叶互生，叶柄长，叶片革质，宽卵形至狭卵形，基部偏斜，中部以上边缘有浅锯齿，三出脉，下面沿脉及脉腋疏被毛。花杂性，生于当年枝的叶腋。核果近球形，红褐色，果柄较叶柄近等长，单生或 2 个并生，熟时红褐色；果核有穴和突肋。花期 3～4 月。花白色，果期 9～10 月。

◎ **分布区**

产山东、河南、江苏、安徽、浙江、福建、江西、湖南、湖北、四川、贵州、广西、广东、陕西、台湾。

◉生态习性

喜光，稍耐阴。耐水湿，亦有一定的抗寒能力。对土壤的要求不严，喜肥沃湿润而深厚的土壤，耐轻盐碱土。深根性，抗风力强。寿命较长。抗烟尘及有毒气体。

◉观赏特点

朴树树体高大、雄伟，树冠宽广，树形美观，绿荫浓郁，成年后颇能显出古朴的树姿风貌，朴树枝叶青翠，春季荫浓，树性强健，秋冬季落叶后能尽展生命的劲力，而新春时的嫩叶则带来明亮的色彩。

◉园林应用价值

朴树可作为行道树和园景树种植。可孤植、群植，也可造型制作成树桩及盆景，具有较高的观赏价值。

◉繁殖与培育特点

朴树通常用播种繁殖。种子9～10月成熟，果实呈红褐色，应及时采收，摊开阴干，去除杂物，与沙土混拌贮藏。次年春季3月播种，播种前要进行种子处理，用木棒敲碎种壳，或用沙子擦伤外种皮方可播种，这样有利于种子发芽。苗期要做好养护管理工作。常作为单干苗和造型苗培育。

◉园林养护技术

朴树种子发芽或扦插苗成活后，要根据圃地及大棚中的实际情况进行除草。对播种苗床、围沟、中沟、厢沟中的杂草可用锄头直接铲除，以增加土壤的透气性，防止土壤板结。一般情况下，4～7月份朴树苗田每月需除杂草两次，8～10月每月除杂草1次。以阻止杂草与朴树幼苗争肥、争水、争光的机会，利于幼苗生长。

35 ▶ 小叶朴

▶ 名　称

中文名：小叶朴

学　名：*Celtis bungeana* Bl.

别　名：小叶朴、黑弹朴

科属名：榆科　朴属

▶ 形态特征

　　落叶乔木，高达 10 m，树皮灰色或暗灰色。叶厚纸质，狭卵形、长圆形、卵状椭圆形至卵形，基部宽楔形至近圆形，稍偏斜，先端尖至渐尖，中部以上疏具不规则浅齿，有时一侧近全缘，无毛。花黄白色，着生在叶腋处。核果近球形，单生叶腋处，果柄较细长，无毛，果成熟时紫黑色。花期 5 ～ 6 月，果期 10 ～ 11 月。

▶ 分布区

　　分布于中国和朝鲜，在中国产于东北南部、华北，经长江流域至西南、西北各地。

▶ 生态习性

　　喜光耐阴，耐寒、耐旱，喜肥厚湿润疏松的土壤，耐轻度盐碱，耐水湿；深根性，萌蘖力强，生长慢，寿命长。

▶ 观赏特点

　　以观姿韵为主，枝叶繁茂，树形美观，树皮光滑，树冠圆满宽广，绿荫浓郁，是城乡绿化的良好树种，果实熟时紫黑色，坚硬如弹丸，得名"黑弹树"。

▶ 园林应用价值

　　可作为行道树、园景树种植。小叶朴树叶大、质厚、色浓绿，树形端正，

树冠整齐，树荫浓郁，遮阴好，是优良的庭荫树和行道树，可做学校、医院、居民区及厂区及农村"四旁"绿化树种。尤其具有很强的抗有毒气体能力，耐粉尘和烟尘，是名副其实的"城市清道夫"。

繁殖与培育特点

　　小叶朴常用种子繁殖或扦插繁殖。播种时间一般为4月上旬，通常采用条播，播后用筛子筛细土覆盖，以不见种子为度，然后在苗床上盖上稻草或搭盖薄膜低棚保墒。常作为单干苗和造型苗培育。

园林养护技术

　　小叶朴为合轴分枝，发枝力强，梢部弯曲，顶部常不萌发，在自然生长下多形成庞大的树冠，干性不强。特别是幼苗树干较柔软，易弯曲，因此，从苗木期就要防止主干弯曲，注重扶架养干，注意整形修剪，修除侧枝，培育成干形通直、冠形美观的大苗。小叶朴常见病虫害有煤污病、白粉病、红蜘蛛、木虱等。

36 ▶ 大叶朴

名　称

中文名：大叶朴

学　名：*Celtis koraiensis* Nakai

别　名：大叶白麻子、白麻子

科属名：榆科　朴属

形态特征

　　大叶朴为落叶乔木，高达 15 m；冬芽深褐色。叶椭圆形或倒卵状椭圆形，

稍微宽卵形，先端尾尖，长尖头由平截状顶端伸出，具粗锯齿，两面无毛，或下面疏被柔毛或中脉侧脉被毛，在萌发枝上的叶较大，且具较多和较硬的毛。花小且无花被，观赏价值不高。果小，肉质核果，单生叶腋，近球形或球状椭圆形，成熟时橙黄或深褐色。花期 4 ~ 5 月，果期 9 ~ 10 月。

◉ 分布区

国内产辽宁（沈阳以南）、河北、山东、安徽北部、山西南部、河南西部、陕西南部和甘肃东部。

◉ 生态习性

阳性树种，喜光和温暖湿润气候，且耐阴、耐水湿，非常耐寒；抗瘠薄干旱，抗风，抗轻度盐碱，耐烟尘，抗污染，抗有毒气体，固水保土能力强。

◉ 观赏特点

树干端直，树形端正，树冠紧凑且浑圆；叶大、质厚、叶形奇特、颜色浓绿，秋天变为亮黄色，具有观叶效果；核果为橘黄色或深褐色，具有观赏价值。

◉ 园林应用价值

大叶朴是良好的遮阴和观叶树种和重要的城乡绿化的乡土树种，常被用作庭荫树、庭园风景树、观赏树、行道树；在园林中最适合孤植或簇植，常孤植于草坪或空旷地内。

◉ 繁殖与培育特点

大叶朴通常采用播种繁殖。种子成熟后立即采收，将其摊开后去掉杂物待阴干，然后与湿沙拌匀或层积贮藏，来年 3 月春季即可播种。播种前，首先要对种子进行处理，可用沙揉搓将外种皮擦伤，也可用木棒敲碎种壳，有利于种子发芽。播种后覆盖一层约 2.0 cm 厚的细土，再盖一层稻草，浇一次透水，约 10 天后即可见到种子发芽。常作为单干苗双干苗或多干苗培育。

◉ 园林养护技术

播种苗床土壤要求疏松且肥沃、排水透气良好，最好是沙质壤土。幼苗期加强管理，注意除草、松土、追肥，适当间苗，当年生的苗木高可达 30 ~ 40 cm。第二年春天，对苗木进行分床培育，注意苗木树形修剪，养成干形通直、冠形圆满的大苗。病虫害：受黑脉蛱蝶幼虫侵食，其次还有沙朴棉蚜、沙朴木虱等害虫。

37 ▶ 桑

◉ 名 称

中文名：桑

学　名：*Morus alba* L.

别　名：桑树、家桑、蚕桑

科属名：桑科　桑属

▶ 形态特征

乔木或为灌木，高3～10 m或更高。叶卵形或广卵形，先端急尖、渐尖或圆钝，基部圆形至浅心形，边缘锯齿粗钝；托叶披针形。花单性，腋生或生于芽鳞腋内；雄花序下垂；花被片宽椭圆形，淡绿色；雌花序长1～2 cm，被毛；花被片倒卵形，顶端圆钝，无花柱，柱头2裂，内面有乳头状突起。聚花果卵状椭圆形，成熟时红色或暗紫色。花期4～5月，果期5～8月。

▶ 分布区

本种原产我国中部和北部，现由东北至西南各省区，西北直至新疆均有栽培。

▶ 生态习性

喜温暖湿润气候，稍耐阴。气温12℃以上开始萌芽，生长适宜温度25～30℃，超过40℃则受到抑制，降到12℃以下则停止生长。耐旱，不耐涝，耐瘠薄。对土壤的适应性强。

▶ 观赏特点

桑树树冠宽阔，树叶茂密，秋季叶色变黄，颇为美观。

▶ 园林应用价值

常作为行道树、景观树和绿篱应用。可孤植、列植或片植。桑树可以抗烟尘及有毒气体，适于城市、工矿区及农村四旁绿化。适应性强，为良好的绿化及经济树种。

▶ 繁殖与培育特点

常通过播种、嫁接和扦插繁殖。采收紫色成熟桑椹，搓去果肉，洗净种子，随即播种或湿沙贮藏。春播、夏播、秋播均可。夏播、秋播可用当年新种子。播前用50℃温水浸种，待自然冷却后，再浸泡12小时，放湿沙中贮藏催芽，经常保持湿润，待种皮破裂露白时即可播种。常作为单干苗和丛生苗培育。

▶园林养护技术

可根据需要培育成低干树形、中干树形或高干树形。一般是在种植次年春离地 35 cm 左右进行伐条，每株留 2～3 个树桩，以后每年以此剪口为均进行伐条，培养成低干有拳式或无拳式树型。每年养蚕结束后进行一次中耕，除草根据杂草生长情况，一般每年进行 2～3 次。每年进行四次施肥。桑树生长中出现的主要虫害有：华北蝼蛄、桑天牛、桑尺蠖、桑螟。桑树的主要病害有：桑干枯病、桑芽枯病、霉根病。

38 ▶ 龙爪桑

▶名 称

中文名：龙爪桑

学　名：*Morus alba CV* 'Tortuosa'

别　名：

科属名：桑科　桑属

▶形态特征

乔木或为灌木，株高可达 3 m，树冠开张。枝条圆柱形，呈"S"形扭曲。叶互生，叶片阔卵形，锯齿缘，叶卵形或广卵形，先端急尖、渐尖或圆钝，边缘锯齿粗钝。花单性，腋生或生于芽鳞腋内，与叶同时生出；雄花序下垂，密被白色柔毛，雄花；花被片宽椭圆形，淡绿色。花丝在芽时内折，球形至肾形，纵裂；雌雄异株，雌花序直立。果实成熟时紫黑色。5 月开花，6 月中旬结果。

▶分布区

原产中国中北部，分布辽宁以南地区，全国广泛栽培。

▶生态习性

属阳性植物。性喜温暖至高温、湿润、向阳之地，生长适宜温度 18～30℃，生性强健，成长快速，耐热也耐寒，耐旱、耐湿。

▶观赏特点

龙爪桑树大而茂密，枝条扭曲如游龙，具有一定的观赏价值。

◉园林应用价值

因其造型独特，园林上常作为园景树和盆景应用。

◉繁殖与培育特点

通过嫁接繁殖，一般采用芽接。首先通过播种繁殖培育实生苗，然后每年春季或夏季进行嫁接。常作为丛生苗或单干苗培育。

◉园林养护技术

嫁接苗初期注意剪砧，去杂草。龙爪桑苗根系发达，枝条木质程度较高，越冬前一般不必进行越冬埋土防寒、防旱，特殊寒冷地区应简易防寒，出苗后的生长季保持土壤不干即可，及时多次拔掉或铲除杂草，7月下旬至8月初向床面均匀撒施磷酸二铵肥料。

39▶蒙桑

◉名　称

中文名：蒙桑

学　名：*Morus mongolica* (Bureau)*Schneid*

别　名：崖桑、刺叶桑

科属名：桑科　桑属

◉形态特征

小乔木或灌木，树皮灰褐色，纵裂。叶长椭圆状卵形，先端尾尖，基部心形，边缘具三角形单锯齿，稀为重锯齿，齿尖有长刺芒。雄花序长3 cm，雄花花被暗黄色、外面及边缘被长柔毛；雌花序短圆柱状，总花梗纤细，雌花花被片外面上部疏被柔毛，或近无毛；花柱长，柱头2裂，内面密生乳头状突起。聚花果成熟时红色至紫黑色。花期3～4月，果期4～5月。

◉分布区

产黑龙江、吉林、辽宁、内蒙古、新疆、青海、河北、山西、河南、山东、陕西、安徽、江苏、湖北、四川、贵州、云南等地区，蒙古和朝鲜也有分布。

◉ 生态习性

耐旱；喜温；喜肥；速生；喜混交。

◉ 观赏特点

植株高大，枝繁叶茂，叶形奇特秀丽、秋色叶美丽。

◉ 园林应用价值

常作为园景树种植，可孤植、列植。由于蒙桑生长快，植株高大，枝繁叶茂，防风固沙效果很好。

◉ 繁殖与培育特点

常通过播种和嫁接繁殖，方法同前述桑及龙爪桑，也可采用组织培养的方式，需要选取长势良好、无病虫害、生长健壮的植株，剪切健康的枝条剪掉叶片后用流水冲洗干净，消毒后，获得无菌的外植体。在超净工作台，剪成 2 ～ 3 cm 的茎段或茎尖，接种到诱导培养基上。诱导培养基为 MS 基础培养基，萌芽率约为 83.3%，生根率为 85.6%。可培养单干或丛干苗。

◉ 园林养护技术

发芽前剪去苗木上部枯死部分，留下苗长 25 ～ 30 cm，有利发芽，待发芽后新条长至 15 cm 左右时，选定两个长势好的枝条，其余全部疏去。适量施浇清水粪，以利根部吸收、成活。在 6 月下旬至 8 月上旬追肥 2 ～ 3 次；做好除草、松土、病虫害防治、排灌等工作，特别是防止前期积水。

40 ▶ 鸡 桑

◉ 名 称

中文名：鸡桑

学 名：*Morus australis* Pori.a

别 名：小细叶桑、裂叶桑

科属名：桑科 桑属

◉ 形态特征

落叶乔木或灌木，无刺。叶互生、卵形，先端急尖或尾尖，基部楔形或心形，边缘具粗锯齿，不分裂或 3–5 裂，表面粗糙，密生短刺毛，背面疏被粗毛，基生叶脉三至五出，侧脉羽状；托叶侧生，早落。花雌雄异株或同株，或同株

异序，雌雄花序均为穗状；雄花，花被覆瓦状排列，雄蕊与花被片对生，在花芽时内折，退化雌蕊陀螺形；雌花，花被片覆瓦状排列，结果时增厚为肉质，种子近球形。花期3～4月，果期4～5月。

◖分布区

鸡桑分布较广，全国大部分地区有栽培。

◖生态习性

鸡桑是阳性树种，其耐旱，耐寒，怕涝，抗风。

◖观赏特点

鸡爪桑因为叶子很像鸡爪子，所以得名鸡桑，其叶形奇特，秋叶金黄，可作观赏。

◖园林应用价值

常作为园景树应用，可群植、片植、列植于庭园中，也可用于岩石园的背景点缀。

◖繁殖与培育特点

常采用扦插繁殖。繁殖较容易。常作为单干苗或丛干苗培育。

◖园林养护技术

鸡桑园林中养护简单，冬季落叶休眠后，进行清园清树，剪除枯枝落叶，保留所需的健壮枝条，并进行冬耕，施肥，除草、除虫等常规管理。常见病虫害有桑树花叶病、桑树疫病，桑螟等。

41 ▶ 柘

◖名 称

中文名：柘

学 名：*Maclura tricuspidata* (Carr.) Bur. ex Lavalle)

别 名：柘树、棉柘、黄桑

科属名：桑科 柘属

◖形态特征

落叶灌木或小乔木，高1～7 m；树皮灰褐色，小枝有棘刺。叶卵形或菱状卵形，偶为三裂，基部楔形至圆形。雌雄异株，雌雄花序均为球形头状花序，单生或成对腋生；雄花有苞片2枚，花被片4，肉质，内卷，雄蕊4，与花被片对生，花丝在花芽时直立，退化雌蕊锥形；雌花花被片先端盾形，内卷，子房埋于花被片下部。聚花果近球形，肉

质，成熟时橘红色。花期 5～6 月，果期 6～7 月。

◎ 分布区

产华北、西北、华东、中南、西南各省区，分布生境广泛。

◎ 生态习性

喜光、耐半阴，适应性强，耐贫瘠，耐浅水湿，抗污染。

◎ 观赏特点

树姿优美，果实鲜红似荔枝，秋叶黄。

◎ 园林应用价值

常作为园景树、绿篱种植。可孤植、列植、片植或丛植。

◎ 繁殖与培育特点

春季土壤解冻后，可用柘树播种苗或扦插苗造林，也可采挖幼树栽植。栽植中要做好苗根部保湿防护。多株造林株距不低于 3 m。常作为单干苗或丛干苗培育。

◎ 园林养护技术

柘树生长旺盛期和入秋前，对选定的单株目标树、小片目标林或新造幼林

适时松土除草，除去林内和植株周边杂草、灌丛。松土深度应适当，不伤根。在山地条件下，合理施肥可以改善土壤养分状况，促进林木生长。可结合整地加施适量有机肥。生长期，根据植株大小，每株穴施尿素 0.2～1.0 kg。

42 ▶ 核桃楸

◎ 名 称

中文名：核桃楸

学 名：*Juglans mandshurica* Maxim

别 名：胡桃楸、山核桃

科属名：胡桃科 胡桃属

▶ 形态特征

乔木，树冠扁圆形；树皮灰色，具浅纵裂；幼枝被有短茸毛。奇数羽状复叶生于萌发条上者可达 80 cm，生于孕性枝上者集生于枝端长达 40 ～ 50 cm，基部膨大，叶柄及叶轴被有短柔毛或星芒状毛；小叶 9 ～ 17 枚，椭圆形至长椭圆形或卵状椭圆形至长椭圆状披针形，边缘具细锯齿；顶生小叶基部楔形。雄性菜黄花序轴被短柔毛。雄花具短花柄；雄蕊黄色；雌性穗状花序轴被有茸毛。果实球状、卵状或椭圆状，顶端尖，密被腺质短柔毛，内果皮壁内具多数不规则空隙。花期 5 月，果期 8 ～ 9 月。

▶ 分布区

产于黑龙江、吉林、辽宁、河北、山西、陕西等地。

▶ 生态习性

胡桃楸树种喜光，在土层深厚、肥沃、排水的土壤上生长良好，在过于干燥或常年积水过湿的立地条件下，则生长不良；耐寒，能耐零下40℃的低温。

▶ 观赏特点

胡桃楸枝干粗壮，叶片较大，果实多，可作为观果树木应用于园林中，既可以起到美化环境的作用，果实成熟后又可以产生经济价值。

▶ 园林应用价值

可作为园景树，可孤植或列植作为庭荫树和行道树。胡桃楸枝干粗壮，可作为绿化树种，但更多用于食用、材用、药用。

▶ 繁殖与培育特点

常通过播种、扦插和嫁接繁殖。播种繁殖待 9 月果实成熟自然脱落于地上时采集小堆堆放，沤掉外皮，去除杂质、水秕粒。装入容器，放干燥通风的室内保存。需翌春播种的，可不经干燥，直接混沙进行种子处理。翌年春播时，筛出种子，摊放翻晒，待种子有多数裂口时，于 4 月下旬至 5 月上旬播种。秋播不需催芽，可直接播种。常作为单干苗。

▶ 园林养护技术

本种苗木主根深长，侧根、须根甚少，移植时不易成活。胡桃楸的田间管理较为简单，进行正常管理即可，在田间管理过程中由于核桃楸的叶长且大，要细心操作，不要弄伤叶片。胡桃楸的病虫害较少，近年来野生核桃楸，常遭受食叶虫害的危害，严重时将全部树叶吃成网状，虽然未见苗圃发生此类虫害的报道，但也应引起注意。

43 ▶ 栓皮栎

▶ 名　称

中文名：栓皮栎

学　名：*Quercus variabilis* Bl.

别　名：软木栎、粗皮青冈

科属名：壳斗科　栎属

▶ 形态特征

落叶乔木，高达 30 m，树皮黑褐色，深纵裂，木栓层发达。小枝灰棕色，无毛。叶片卵状披针形或长椭圆形，顶端渐尖，基部圆形或宽楔形，叶缘具刺芒状锯齿。雄花序轴密被褐色茸毛，花被 4～6 裂，叶背密被灰白色星状茸毛，雄蕊 10 枚或较多；雌花序生于新枝上端叶腋，花柱 30 壳斗杯形，包着坚果 2/3；小苞片钻形，反曲，被短毛。坚果近球形或宽卵形，顶端圆，果脐突起。花期 3～4 月，果期翌年 9～10 月。

▶ 分布区

产辽宁、河北、山西、陕西、甘肃、

山东、江苏、安徽、浙江、江西、福建、台湾、河南、湖北、湖南、广东、广西、四川、贵州、云南等省区。

▶ 生态习性

栓皮栎属喜光树种，幼苗能耐阴。深根性，根系发达，萌芽力强。适应性强，抗风、抗旱、耐火耐瘠薄，在酸性、中性及钙质土壤均能生长，尤以在土层深厚肥沃、排水良好的壤土或沙壤土生长最好。抗污染、抗尘土能力都较强。寿命长。

▶ 观赏特点

栓皮栎树干通直，枝条广展，树冠雄伟，浓荫如盖，秋季叶色转为橙褐色，季相变化明显。

▶ 园林应用价值

可作庭荫树、行道树，是良好的绿化观赏树种，孤植、丛植或与其他树混

交成林均宜。可作防风林、水源涵养林
或防火林。

▶ 繁殖与培育特点

常通过播种、嫁接和扦插繁殖。其
种子成熟期一般为8月下旬至10月上
旬，种熟时种壳呈棕褐色或黄色。选择
30年以上树龄、干形通直圆满、生长健
壮、无病虫害的母树采种。良好的种子
呈棕褐色或灰褐色，有光泽、饱满个大、
粒重。常作为单干苗培育。

▶ 园林养护技术

为培育主干通直的树体，在造林初
期对主干不明显或萌蘖成伞状的丛生植
株可采取平茬措施；造林2～4年后，
用利刀平地面砍去，抽出的萌条1年便
可达到或超过原有高度。栓皮栎具主枝
扩展特性，需修枝，修枝宜小、宜早、
宜平。使用锋利刀具，以保证截面小、
结巴小、愈合快。修枝季节以冬末春初
较好，修去下部的枯死枝、下垂枝、遮
阴枝，以培养主干圆满的树形。

44 ▶ 麻栎

▶ 名　称

中文名：麻栎

学　名：*Quercus acutissima* Carr.

别　名：橡椀树、栎、橡子

科　属：壳斗科　栎属

▶ 形态特征

落叶乔木，高达30 m，胸径达1 m，
树皮深灰褐色，深纵裂。幼枝被灰黄色
柔毛，后渐脱落，老时灰黄色，具淡黄
色皮孔。冬芽圆锥形，被柔毛。叶片形
态多样，通常为长椭圆状披针形，基部
圆形或宽楔形，叶缘有锯齿，叶片两面
同色，幼时被柔毛，老时无毛或叶背面
脉上有柔毛；叶柄幼时被柔毛，后渐脱
落。雄花序常数个集生于当年生枝下部
叶腋，有花1～3朵；壳斗杯形，包着
坚果1/2；坚果卵形或椭圆形，果脐突起。
花期3～4月，果期翌年9～10月。

▶ 分布区

自然分布广泛，在辽宁、河北、山
东、山西、河南等省均有分布，西至贵州、

四川、广东、广西、云南、西藏东部等省区都有生长，以长江流域及黄河中下游较多。

▶ 生态习性

阳性树种，喜光，喜湿润气候。耐寒，耐干旱瘠薄，不耐水湿。在湿润肥沃深厚、排水良好的中性至微酸性沙壤土上生长最好，排水不良或积水地不宜种植，亦适石灰岩钙质土。

▶ 观赏特点

树干通直高大，树冠伸展雄伟，枝叶繁茂浓荫。

▶ 园林应用价值

麻栎因其根系发达，适应性强，可作庭荫树、行道树，园景树。若与常绿树、水杉等混植，可构成城市风景林，其抗火、抗烟能力较强，也是营造防风林、防火林、水源涵养林的乡土树种。

▶ 繁殖与培育特点

麻栎一般采用播种繁殖，主要分春播和秋播两个播种时期。春播，收集种子后，一般采用水选法进行选种，挑选没有病虫害和无异常颜色的饱满种子，在3月初播种。秋播在种子成熟采收后，经净种和灭虫处理。育苗地土壤建议选择深厚肥沃、排水良好的沙质壤土。可作乔木或单干式容器大苗培育。

▶ 园林养护技术

追肥以速效氮肥为主，可在6月中旬、8月上旬各追肥1次；麻栎种植应选择排水良好的缓坡或平坡荒地，不宜选择常年耕作的熟土；易发生苗木病虫害，麻栎的主要虫害有栎褐天社蛾和栗实象鼻虫，主要病害为苗木立枯病。

45 ▶ 槲 树

▶ 名 称

中文名：槲树

学 名：*Quercus dentata* Thunb.

别 名：柞栎、橡树、青岗

科 属：壳斗科 栎属

▶ 形态特征

落叶乔木，高达25 m，树皮暗灰褐色，深纵裂。小枝粗壮，有沟槽，密被灰黄色星状茸毛。叶片倒卵形或长倒卵形，叶面深绿色，叶缘波状裂片或粗锯齿，叶背面密被灰褐色星状茸毛。雄花序生于新枝叶腋，花序轴密被淡褐色茸毛。壳斗杯形，包着坚果1/2～1/3；小苞片革质，窄披针形，反曲或直立，红棕色，外面被褐色丝状毛。

坚果卵形至宽卵形。花期 4 ～ 5 月，果期 9 ～ 10 月。

> **◑ 分布区**

在中国广泛分布，东北至黑龙江，西南至四川、云南等省均有分布。生于海拔 50 ～ 2 700 m 的杂木林或松林中。朝鲜、日本有分布。

> **◑ 生态习性**

槲树为强阳性树种，喜光、耐旱、抗瘠薄，适宜生长于排水良好的砂质壤土，在石灰性土、盐碱地及低湿涝洼处生长不良。

> **◑ 观赏特点**

树干挺直，叶片宽大，叶形奇特，树冠扩展，树荫浓密，叶片入秋呈橙黄色且经久不落，也是优良的秋色叶树种。

> **◑ 园林应用价值**

可作行道树和园景树，可孤植、片植或与其他树种混植，季相色彩极其丰富，也是水源涵养林和水土保持林优良乡土的树种。槲树耐寒冷、耐干旱、耐火力，还耐病害和风害，尤其是烟尘。常作为工厂、矿区、景点及庭院绿化的优良树种，具有很高的应用价值。

◎ 繁殖与培育特点

槲树常采用种子实生苗繁殖，不宜用扦插无性繁殖，在大面积造林中，最为简便、经济有效的方法是采用种子直播造林，不仅省工、省时而且能提高造林出苗率和保存率，成林效果较好。可作乔木或单干式容器大苗培育，亦可通过修剪嫁接培育丛干苗。

◎ 园林养护技术

槲树的病虫害主要有栎实象和栎实蛾。一般情况下，槲树种实被害率达到70%，个别年份达到100%。因此要想获得大量种实。必须进行采前的栎实象和栎实蛾防治。

46 ▶ 槲栎

◎ 名 称

中文名：槲栎
学 名：*Quercus aliena* Bl.
别 名：大叶栎树、白栎树、虎朴
科 属：壳斗科 栎属

◎ 形态特征

落叶乔木，高达 30 m；树皮暗灰色，深纵裂。小枝灰褐色，近无毛，具圆形

淡褐色皮孔；芽卵形，芽鳞具缘毛。叶片长椭圆状倒卵形至倒卵形，顶端微钝或短渐尖，基部楔形或圆形，叶缘具波状钝齿，叶背被灰棕色细茸毛。雄花单生或数朵簇生于花序轴，微有毛；雌花序生于新枝叶腋。壳斗杯形，包着坚果约 1/2；坚果椭圆形至卵形。花期 4～5 月，果期 9～10 月。

◎ 分布区

产陕西、山东、江苏、安徽、浙江、江西、河南、湖北、湖南、广东、广西、四川、贵州等地。生于海拔 100～2 000 m 的向阳山坡，常与其他树种组成混交林或成小片纯林。

▶ 生态习性

喜光、耐寒、耐干旱贫瘠，对土壤适应能力强，萌芽力强，对有害气体抗性强。

▶ 观赏特点

槲栎叶形奇特，秋叶转红，枝叶丰满，是美丽的观叶树种。

▶ 园林应用价值

槲栎叶片大且肥厚，叶形奇特、美观，叶色翠绿油亮、枝叶稠密，属于美丽的观叶树种，可作行道树，也可作园景树。适宜浅山风景区造景之用，也可作为庭荫树。

▶ 繁殖与培育特点

一般采用播种繁殖，播种前将种子放在水中浸泡1天，捞出后摊放在阴凉处晾干。春播为3月下旬，秋播在种子成熟后随采随播。土层深厚的山坡、梯田翻耕后，也可整平作畦育苗。可作乔木或单干式容器大苗培育，亦可通过修剪嫁接培育丛干苗。

▶ 园林养护技术

槲栎要及时修枝，以培养优良干形，提高木材品质。在树木休眠期间进行修枝，把枯死枝、弱枝、虫害枝及竞争枝修剪掉。切口要平滑，不伤树皮，不要留桩，伤口愈合快。修枝强度不能过大，避免影响林木生长量。

47 ▶ 锐齿槲栎

▶ 名 称

中文名：锐齿槲栎

学 名：*Quercus aliena* Bl. var. *acuteserrata* Maxim.

别 名：孛孛栎、尖齿槲栎、锐齿栎

科 属：壳斗科 栎属

▶ 形态特征

落叶乔木，高达30 m；树皮暗灰色，深纵裂。小枝具槽，无毛。叶片长椭圆状倒卵形至倒卵形，长9～20 cm，宽5～9 cm；叶先端渐尖，基部窄楔形或圆形，叶缘具粗大锯齿，齿端尖锐、内弯，叶背密被灰色细茸毛，叶片形状变异较大。雄花单生或数朵簇生于花序轴，微有毛。壳斗杯型，包裹约1/3；坚果椭圆状卵形至卵形，顶端有梳毛。花期3～4月，果期10～11月。

▶ 分布区

产辽宁、山西、甘肃以南，浙江、湖南，西至四川、贵州、云南等省区，朝鲜、日本也有分布。

▶生态习性

喜光，耐寒，能耐零下 24℃极端低温，较喜阴湿的土壤，在湿润、肥沃、深厚、排水良好的土壤上生长最好。

▶观赏特点

树形高大，树势雄伟，秋天红叶艳丽持久，果实饱满，具有一定观赏性。在欧洲、北美和澳大利亚，锐齿槲栎是城市森林的主要树种，是著名的高价值树种和文化树种，被称为"圣灵橡树"。

▶园林应用价值

可作行道树、园景树；可孤植、丛植或群植在草坪空间，通过展示该属植物的个体美或群体美，在观赏季节能够成为视觉焦点。

▶繁殖与培育特点

锐齿槲栎采用播种法繁殖，秋播或春播均可。播后要加强管理，初期松土宜浅，锄深 2～3 cm 即可，苗木生长期需松土除草 4～5 次。当幼苗 5 cm 高时间苗，按照株距留苗。可作乔木或单干式容器大苗培育，亦可通过嫁接培育丛干苗。

▶园林养护技术

栎类主根发达，垂直主根生长很快，而侧根往往很少，因此，当苗木生长 2～3 月后应进行切根。播种后发芽期间应注意防治病虫害，出苗后及时追肥、排灌、除杂草、防病虫害；锐齿槲栎常见虫害有栗实象、栎掌舟蛾等。

48 ▶ 蒙古栎

▶名 称

中文名：蒙古栎

学 名：*Quercus mongolica* Fisch. ex Lebeb.

别 名：蒙栎、柞栎、柞树

科 属：壳斗科 栎属

▶形态特征

落叶乔木，高达 30 m，树皮灰褐色，纵裂。幼枝紫褐色，有棱，无毛。顶芽长卵形，微有棱，芽鳞紫褐色，有缘毛。叶片倒卵形至长倒卵形，顶端短钝尖或短突尖，基部窄圆形或耳形，叶缘 7～10 对钝齿或粗齿。雄花序生

于新枝下部；花被 6～8 裂，雄蕊通过 8～10；雌花序生于新枝上端叶腋。壳斗杯形，包着坚果 1/3～1/2，壳斗外壁小苞片三角状卵形，坚果卵形至长卵形，无毛，果脐微突起。花期 4～5 月，果期 9 月。

▶ **分布区**

原产于中国黑龙江、吉林、辽宁、内蒙古、河北、山东、陕西等省区。俄罗斯、朝鲜、日本也有分布，世界多地有栽种。

▶ **生态习性**

喜温暖湿润气候，也能耐一定寒冷和干旱。对土壤要求不严，酸性、中性或石灰岩的碱性土壤上都能生长，耐瘠薄，不耐水湿。根系发达，有很强的萌蘖性。

▶ **观赏特点**

树形优美，树体高大，叶形、果实奇特。秋叶由黄变红，是优良的秋色叶树种，观赏性较强。

◉园林应用价值

蒙古栎是营造防风林、水源涵养林及防火林的优良树种，孤植、丛植或与其他树木混交成林均甚适宜。园林中可植作园景树或行道树，树形好者可孤植树观赏。

◉繁殖与培育特点

蒙古栎采用播种繁殖，种子催芽后采用垄播，播种量为 150 g/m。因种实大、覆土厚，就需要一定的湿度，湿度一般保持地表下 1 cm 处土壤湿润即可，不是特别干旱的不必天天灌水，苗木出土前不必浇水，防止土壤板结，造成顶土困难或种子腐烂而失败；当年生苗高 20 ～ 30 cm。3 年生苗可出圃栽培。可作乔木或单干式容器大苗培育，亦可通过修剪培育丛干苗。

◉园林养护技术

抗性较强，需肥量少，正常管理，丛干型注意对内膛枝的梳理。蒙古栎常见的虫害为栗实象鼻虫。

49 ▶ 辽东栎

◉名　称

中文名：辽东栎
学　名：*Quercus wutaishansea* H. Mayr.
别　名：辽东柞、柴树、杠树
科属名：壳斗科　栎属

◉形态特征

落叶乔木，高达 15 m。叶片倒卵形至长倒卵形，顶端圆钝或短渐尖，基部窄圆形或耳形，叶缘有 5 ～ 7 对圆齿。雄花序生于新枝基部，雄蕊通常 8；雌花序生于新枝上端叶腋，花被通常 6 裂。壳斗浅杯形，包着坚果约 1/3；小苞片长三角形，扁平微突起，被稀疏短茸毛。坚果卵形至卵状椭圆形。花期 4 ～ 5 月，果期 9 月。

◉分布区

产黑龙江、吉林、辽宁、内蒙古、河北、山西、陕西、宁夏、甘肃、青海、山东、河南、四川等省区。

◉生态习性

喜温暖气候，耐寒、耐旱、耐瘠薄。生于山地阳坡、半阳坡、山脊上。

▶ 观赏特点

辽东栎树形高大，冠大荫浓，秋叶黄色或黄褐色，有很高的观赏价值。

▶ 园林应用价值

可作为园景树、行道树。其树木形态高大，作为庭园绿化观赏树种，可孤植、丛植或群植。

▶ 繁殖与培育特点

播种繁殖。秋季随采随播，不需贮藏，亦可防止虫蛀。作为单干苗或丛干苗培育。

▶ 园林养护技术

造林后的抚育管理主要是松土除草和扩穴连带，当年的6～7月间进行1次。第2年和第3年，分别在5～6月和7～8月各进行1次，增加营养面积。如培育用材林，可在4～5年后进行平茬，以培育良好干形。对能源林，可每隔4～5年轮伐一次，每穴（丛）可保持5～6根健壮萌条。要及时除去病腐木、被压木、弯曲木。常见虫害有栗实象、栎掌舟蛾、栎黄枯叶蛾等。

50 ▶ 夏栎

▶ 名 称

中文名：夏栎

学　名：*Quercus robur* L.

别　名：夏橡、英国栎、橡树、

科属名：壳斗科　栎属

▶ 形态特征

落叶乔木，树高可达40 m。叶片长倒卵形至椭圆形，顶端圆钝，基部为不甚平整的耳形，叶缘有圆钝锯齿，叶面淡绿色，叶背粉绿色，侧脉每边6～9条。果序纤细，着生果实2～4个。壳斗钟形，包着坚果基部约1/5；小苞片三角形，排列紧密，被灰色细茸毛。坚果当年成熟，卵形或椭圆形，无毛；果脐内陷。花期3～4月，果期9～10月。

◎ 分布区

我国新疆、北京、山东、陕西引栽，在新疆伊宁、塔城、乌鲁木齐生长良好。

◎ 生态习性

夏栎抗性较强，耐寒、高温干旱、耐盐碱、耐一段时间的水湿。

◎ 观赏特点

夏栎树形高大，冠大荫浓，是良好的观叶树种。

◎ 园林应用价值

可作园景树、行道树。

繁殖与培育特点

播种繁殖。选择生长健壮、果实品质优良、无病虫害的成年优良母树采种，9月底～10月初果实开始变黄，风吹大量脱落表明种子已经成熟，即可采收。采回的种子及时在潮湿遮阴处存放，或直接用湿沙子混匀堆放在窖内。待播种地整好后，及时秋播或待来年春播。夏栎种子无休眠期，严禁将种子放在干燥处或阳光直射处贮藏，使种子丧失发芽能力。常作为单干苗培育，未来亦可作丛干苗造型。

◎ 园林养护技术

夏栎移栽后苗木当年生长缓慢，应在6～7月加强水肥管理。移栽断根后侧枝萌发较多，要及时抹除，保持顶芽生长优势，培养干型。移栽后胸径达2～3 cm后可用于大苗培育或造林。夏栎抗病虫害能力较强，常见病虫害有白粉病及蚜虫。

51 ▶ 板栗

◎ 名 称

中文名：板栗

学 名：*Castanea mollissima* Bl.
(C. bungeana Bl.)

别 名：魁栗、毛栗、风栗

科 属：壳斗科 栗属

◎ 形态特征

落叶大乔木，高达20 m，胸径80 cm。叶椭圆至长圆形，顶部短至渐尖，基部近截平或圆，或两侧稍向内弯而呈耳垂状，常一侧偏斜而不对称；新生叶的基部常狭楔尖且两侧对称，叶背被星芒状伏贴茸毛或因毛脱落变为几无毛。雄花序轴被毛，花3～5朵聚生成簇；雌花朵发育结实，花柱下部被毛。成熟壳斗的锐刺有长有短，密时全遮蔽壳斗外壁，疏时则外壁可见。花期4～6月，果期8～10月。

分布区

板栗在我国分布十分广泛，经济栽培区南起海南省黎族苗族自治州（北纬18°31′），北达吉林集安（北纬41°20′），南北距22°50′，跨越亚寒带和亚热带。

生态习性

北方栗较抗旱耐旱，但生长期对水分仍有一定要求。南方栗较耐湿耐热，多雨季节或年份，仍需注意排水防涝。板栗对土壤要求不严格，除极端沙土和黏土外，均能生长。

观赏特点

树冠圆广，枝茂叶大，秋季叶色变褐，适宜在公园草坪及坡地孤植或群植。

园林应用价值

板栗常做园景树，适宜在公园草坪及坡地孤植或群植。亦可用作山区绿化造林和水土保持树种。目前主要作干果生产栽培，是绿化结合生产的良好树种。

繁殖与培育特点

板栗繁殖可采取播种繁殖和嫁接繁殖两种方式。播种前最好采用沙藏法进行前期处理，更有利于来年发芽；嫁接繁殖一般选择生长健壮、径粗1 cm左右的1年生板栗的实生苗为砧木。砧苗健壮，贮藏养分多，有利于嫁接成活，常用带木质芽接和插皮接两种方式，插皮接大约在4月中旬至5月上旬，要求在接穗发芽以前，砧木离皮以后进行。可作乔木或单干式容器大苗培育。

园林养护技术

强化水肥管理，增强树势；要及时砍去病枝并做销毁处理。进入晚秋后，要对树干进行涂白保护。在板栗疫病的发病初期，应及时刮去病部树皮，在刮皮处理后要涂抹抗菌剂，控制病斑进一步扩展。

52 ▷ 白 桦

▷ 名 称

中文名：白桦

学　名：*Betula platyphylla* Suk.

别　名：桦皮树、粉桦

科　属：桦木科　桦木属

▷ 形态特征

白桦树是乔木，高可达 27 m；树皮灰白色，成层剥裂。枝条暗灰色或暗褐色，无毛，具或疏或密的树脂腺体或无；小枝暗灰色或褐色，无毛亦无树脂腺体，有时疏被毛和疏生树脂腺体。叶厚纸质，三角状卵形、三角状菱形或三角形，少有菱状卵形和宽卵形。果序单生，圆柱形或矩圆状圆柱形，通常下垂。小坚果狭矩圆形、矩圆形或卵形。

▷ 分布区

产于中国东北、华北、河南、陕西、宁夏、甘肃、青海、四川、云南、西藏东南部。俄罗斯远东地区及东西伯利亚、蒙古东部、朝鲜北部、日本也有分布。

▷ 生态习性

喜光，不耐阴。耐严寒。对土壤适应性强，喜酸性土，沼泽地、干燥阳坡及湿润阴坡都能生长。深根性、耐瘠薄，常与红松、落叶松、山杨、蒙古栎混生或成纯林。

▶ 观赏特点

白桦枝叶扶疏，姿态优美，尤其是树干修直，洁白雅致，十分引人注目。

▶ 园林应用价值

可作行道树、园景树，也可植于庭园、公园的草坪上、池畔、湖滨或列植于道路旁均为美观。若在山地或丘陵坡地上成片栽植，可组成美丽的风景林。

▶ 繁殖与培育特点

白桦繁殖可采取播种、扦插和压条三种方式。播种最好是选用当年采收的种子，白桦属于小粒种子，抗旱能力弱，播种后要及时浇水，始终要保持床面湿润；扦插常于春末秋初用当年生的枝条进行嫩枝扦插，或于早春用去年生的枝条进行老枝扦插；压条选取健壮的枝条，从顶梢以下大约 15 ～ 30 cm 处把树皮剥掉一圈，剥后的伤口宽度在 1 cm 左右，深度以刚刚把表皮剥掉为限。可作乔木或单干式容器大苗培育，亦可通过修剪培育丛干苗。

▶ 园林养护技术

一般在幼苗的扎根期至生长期多施氮肥，要掌握好施肥浓度，否则会发生"烧苗"现象；木质化期多施磷肥、钾肥；白桦在幼苗期危害最大的病害是立枯病，主要虫害有金龟子、金针虫、象鼻虫。

53 ▶ 黑桦

▶ 名　称

中文名：黑桦

学　名：*Betula dahurica* Pall.

别　名：臭桦、棘皮桦

科属名：桦木科　桦木属

▶ 形态特征

乔木，高 6 ～ 20 m；树皮黑褐色，龟裂；枝条红褐色或暗褐色，光亮，无毛。叶厚纸质，通常为长卵形，边缘具不规则的锐尖重锯齿。果序矩圆状圆柱形，单生，直立或微下垂；果苞背面无毛，边缘具纤毛，基部宽楔形，上部三裂，中裂片矩圆形或披针形。小坚果宽椭圆形，两面无毛，膜质翅宽约为果的 1/2。

◉分布区

产于陕西、黑龙江、辽宁北部、吉林东部、河北、山西、内蒙古。生于海拔 400 ～ 1 300 m 干燥、土层较厚的阳坡、山顶石岩上、潮湿阳坡、针叶林或杂木林下。

◉生态习性

喜光，稍耐阴，喜冷凉，喜土壤深厚，耐干旱，耐寒。

◉观赏特点

黑桦以它斜生的树干、棕褐色的枝条和弯曲匍匐的姿态，给人一种直击灵魂的壮美。

◉园林应用价值

可作为园景树、行道树。可孤植、对植或群植于公园中观赏其形，也可用于生态绿化。

◉繁殖与培育特点

播种繁殖。常作为单干苗或丛干苗培育。

◉园林养护技术

适应性较强但不耐热，平原地区应用应结合植物和建筑配置。其他相对粗放，可结合园林应用适当进行修剪。

54 ▶ 鹅耳枥

◉名　称

中文名：鹅耳枥

学　名：*Carpinus turczaninowii* Hance

别　名：千金榆、苗榆、黄扎榆

科　属：桦木科　鹅耳枥属

◉形态特征

乔木，高 5 ～ 10 m；树皮暗灰褐色，粗糙，浅纵裂。枝细瘦，灰棕色，无毛；小枝被短柔毛。叶卵形、宽卵形、卵状椭圆形或卵菱形，有时卵状披针形，边缘具规则或不规则的重锯齿，上面无毛或沿中脉疏生长柔毛，下面沿脉通常疏被长柔毛。果序长 3 ～ 5 cm；序梗长 10 ～ 15 mm，序梗、序轴均被短柔毛；小坚果宽卵形，有时顶端疏生长柔毛。

花期 4 ～ 5 月，果期 8 ～ 9 月。

▶分布区

鹅耳枥主要分布在北半球的温带地区，东亚分布最多，尤其是中国，有 25 种 15 变种，分布于辽宁南部、山西、河北、河南、山东、陕西、甘肃等地区。

▶生态习性

本树种具有稍耐阴、喜肥沃湿润土壤、耐寒、耐旱、适应性强的特点，为重要的园林观赏植物，在立地条件较差或辽西接近北部地区，普遍自然生长为小乔木或灌木。

▶观赏特点

鹅耳枥根系容易外露且古朴美观，枝条柔软茂密耐修剪，叶形秀丽颇美观，秋色叶金黄，其壮阔的树冠和充满新奇特色的花序、果序让人印象深刻，宜庭园观赏种植。

▶园林应用价值

可作为园景树，孤植于庭园观赏，也可做绿篱观赏，是北方制作盆景的好材料。在现代园林中亦可孤植于草坪内、建筑物墙隅或列植、群植，景观效果均佳。

▶繁殖与培育特点

可采用播种、扦插、组织培养的方式繁殖。采用播种繁殖时，由于鹅耳枥在幼苗生长期喜光不耐阴，种子须经生根粉处理后沙藏，提高种子发芽率。欧洲鹅耳枥的一些优良品种，如"倾斜鹅耳枥""垂枝鹅耳枥"主要通过嫁接进行繁殖；组织培养上利用茎段和顶芽作为外植体。欧洲鹅耳枥的离体快速繁殖

获得了成功。可作单干式容器大苗培育，亦可通过嫁接培育丛干苗。

◉ 园林养护技术

栽后浇透水，及时中耕除草，一般情况下，土不干不浇，浇则必透，不浇半水、地皮水。施肥时间在春梢停止生长时，用腐熟肥追肥效果最好，薄肥勤施，一共施两个月即可；修剪工作包括摘心、摘芽、摘叶、修枝等；修剪的时期分为初夏、盛夏、秋天落叶后三个时期；鹅耳枥的病虫害少，偶有食叶害虫发生，一经发现要及时除掉。

55 ▶ 蒙椴

◉ 名 称

中文名：蒙椴

学 名：*Tilia mongolica* Maxim.

别 名：小叶椴、白皮椴、米椴

科 属：椴树科 椴树属

棱；花期7月。

◉ 形态特征

乔木，高10 m。树皮淡灰色，有不规则薄片状脱落。叶阔卵形或圆形，先端渐尖，常出现3裂，基部微心形或斜截形，上面无毛，下面仅脉腋内有毛丛，侧脉4～5对，边缘有粗锯齿，齿尖突出；叶柄纤细。聚伞花序，有花6～12朵，花柄纤细；萼片披针形，外面近无毛；退化雄蕊花瓣状，稍窄小；雄蕊与萼片等长；果实倒卵形，有棱或有不明显的

◉ 分布区

产于陕西、内蒙古、河北、河南、山西及江宁西部。在中国北方山区落叶阔叶混交林中常见。

◉ 生态习性

喜光，也较耐阴，耐寒冷，对土壤要求稍高，喜肥沃潮湿排水良好的沙壤土或壤土。在微酸性、中性和石灰性土壤上均生长良好，但在干瘠、盐渍化或

沼泽化土壤上生长不良。适宜山沟、山坡或平原生长。

▶ 观赏特点

树形优美，花冠秀美、浓郁芳香、分层明显，秋叶黄，深受人们喜爱。此外还是蜜源植物。

▶ 园林应用价值

可作行道树或园景树观赏，可与君迁子、白蜡等植于楼北蔽阴处，或者作为下木使用。因其叶片光亮，分枝层次好，观赏效果佳，在道路绿化中也很受欢迎。可用于孤植、对植、丛植或用于造林。

▶ 繁殖与培育特点

多用播种繁殖，分株、压条也可。采收后需沙藏 1 年，渡过后熟期后开始播种。在种子沙藏的 1 年多时间内要保持一定湿度，并需每隔 1 ～ 1.5 月倒翻1 次，使种子经历"低温—高温—低温—回温"的变温阶段，到第三年 3 月中旬前后有 20% 左右种子发芽时再播种。可作乔木或单干式容器大苗培育。

▶ 园林养护技术

田间管理及时清除杂草，同时进行定期田表层松土，施复合肥，增加土壤透气性。栽培相对简单，种植早期注意适当遮阳及浇水、施肥。后期根系发育完整后每年施肥 1 ～ 2 次，修剪结合分枝分层进行，花期及果期注意防治霉斑病、白粉病、蚜虫等。

56 ▶ 糠椴

▶ 名　称

中文名：糠椴

学　名：*Tillia mandshurica* Rupr. et Maxim

别　名：辽椴

科　属：椴树科　椴树属

▶ 形态特征

乔木，高 20 m。树皮暗灰色。叶卵圆形，边缘有三角形锯齿。聚伞花序有花 6 ～ 12 朵，花序柄有毛；萼片长 5 mm，外面有星状柔毛，内面有长丝毛；花瓣长 7 ～ 8 mm；退化雄蕊花瓣状，稍短小；雄蕊与萼片等长；子房有星状茸毛，花柱长 4 ～ 5 mm，无毛。果实球形，长 7 ～ 9 mm，有 5 条不明显的棱。花期 7 月，果实 9 月成熟。

▶ 分布区

产于陕西、东北各省及河北、内蒙古、山东和江苏北部。

▶ 生态习性

性喜光、较耐阴，喜凉爽湿润气候和深厚、肥沃而排水良好的中性和微酸性土壤，耐寒；不耐干旱瘠薄，不耐盐碱。常单株散生于疏开林内或灌丛中。

▶ 观赏特点

糠椴叶形、树姿美丽，夏日浓荫铺地，黄花满树，是庭荫树、行道树，也是优良的蜜源树种。

▶ 园林应用价值

可作行道树或园景树观赏，糠椴萌芽力强秋叶亮绿色，宜植于庭院观赏。抗污染能力强。可用于植苗造林。

▶ 繁殖与培育特点

多用播种繁殖，分株、压条也可。9月份选择树干高大，冠形均匀，生长健壮，无病虫害的树木，待其果熟时及时采收，过晚则果实易散落。果实采收后，经晾晒筛选得到纯净的种子后装袋并置于冷藏室贮藏，种子贮放安全含水量为 10% ～ 12%。常作为单干苗培育。

▶ 园林养护技术

结合园林应用适当进行。

57 ▶ 木 槿

▶ 名 称

中文名：木槿

学 名：*Hibiscus syriacus* L.

别 名：无穷花、白槿花、榈树花

科 属：锦葵科 木槿属

▶ 形态特征

落叶小乔木或灌木，高 3 ～ 4 m。小枝密被黄色星状茸毛。叶菱形至三角状卵形，具深浅不同的 3 裂或不裂，先

端钝，基部楔形，边缘具不整齐齿缺，花单生于枝端叶腋间，花梗长 4 ～ 14 mm，被星状短茸毛；花钟形，淡紫色，花瓣倒卵形，外面疏被纤毛和星状长柔毛；花柱枝无毛。蒴果卵圆形，密被黄色星状茸毛；种子肾形，背部被黄白色长柔毛；花期 7 ～ 9 月，果期 10 ～ 11 月。

▶ 分布区

台湾、福建、广东、广西、云南、贵州、四川、湖南、湖北、安徽、江西、浙江、江苏、山东、河北、河南、陕西等省区，均有栽培。

▶ 生态习性

喜光和温暖潮润的气候。对环境的适应性很强，较耐干燥和贫瘠，对土壤要求不严格，在重黏土中也能生长。耐热，较耐寒，稍耐阴。在延安地区栽培需保护越冬或选择小气候好的环境栽植。

▶ 观赏特点

观花，其花大，明丽，品种亦较多，色彩丰富。木槿花期非常长，整株植物的花期可达三个月之久，可以弥补盛夏至仲秋没有木本植物开花的缺憾。

园林应用价值

可排成行，作为花篱或绿篱，可做行道树，也可孤植或丛植点缀庭院绿地，也可做盆栽观赏，此外，木槿还对氯气、二氧化硫等有害气体有较强的抗性，还有一定的滞尘功能，是工厂、公路及街道绿化中的优良树种。

▶ 繁殖与培育特点

繁殖方式包括播种、扦插、压条、分株繁殖、组织培养等，较常用的有分株和扦插繁殖。播种繁殖一般在春季 4 月进行；分株繁殖在秋天落叶后或早春发芽之前，挖取植株根际的萌株，另行栽植；扦插繁殖于春季萌芽前进行。木槿为灌木，可作丛干式容器大苗培育，亦可通过修剪或嫁接培育独干苗。

▶ 园林养护技术

当枝条开始萌动时，应及时追肥，以速效肥为主，促进营养生长；新栽植的木槿植株较小，在前 1 ～ 2 年可放任其生长或进行轻修剪，即在秋冬季将枯枝、病虫弱枝、衰退枝剪去；木槿生长期间病虫害较少，病害主要有炭疽病、叶枯病、白粉病等；常见炭疽病，多发于高温高湿天气。虫害主要有红蜘蛛、蚜虫、蓑蛾、夜蛾、天牛、粉虱和金龟子等。

58 ▶ 梧 桐

◐ 名　称

中文名：梧桐

学　名：*Firmiana simplex* (Linnaeus) W. Wight

别　名：青桐

科　属：梧桐科　梧桐属

◐ 形态特征

落叶乔木，高达 16 m。树皮青绿色，平滑。叶心形，掌状 3～5 裂，裂片三角形，顶端渐尖，基部心形，两面均无毛或略被短柔毛，基生脉 7 条，叶柄与叶片等长。圆锥花序顶生，花淡黄绿色；花梗与花几等长；雄花的雌雄蕊柄与萼等长，下半部较粗，无毛；雌花的子房圆球形，被毛。蓇葖果膜质，有柄，成熟前开裂成叶状，每蓇葖果有种子 2～4 个；种子圆球形，表面有纹。花期 6 月。

◐ 分布区

产我国南北各省、陕西、从广东海南岛到华北均产之。也分布于日本。多为人工栽培。

◐ 生态习性

梧桐树喜光，喜温暖湿润气候，耐寒性不强；喜肥沃、湿润、深厚而排水

良好的土壤，在酸性、中性及钙质土上均能生长，但不宜在积水洼地或盐碱地栽种，又不耐草荒。

◐ 观赏特点

树干皮光滑青翠，叶掌状，裂缺如花。夏季开花，淡黄绿色，圆锥花序顶生，盛开时鲜艳而明亮，树姿端雅优美。

◉ 园林应用价值

梧桐为普通的行道树及庭园绿化观赏树。中国梧桐也是一种优美的观赏植物，点缀于庭园、宅前，也种植作行道树。

◉ 繁殖与培育特点

常用播种繁殖，扦插，分根也可。秋季果熟时采收，晒干脱粒后当年秋播，也可干藏或沙藏至翌年春播。沙藏种子发芽较整齐；干藏种子常发芽不齐，故在播前最好先用温水浸种催芽处理。可作乔木或单干式容器大苗培育。

◉ 园林养护技术

积水易烂根，受涝五天即可致死。深根性，植根粗壮；萌芽力弱，一般不宜修剪；病虫害常有梧桐木虱、霜天蛾、刺蛾等食叶害虫，要注意及早防治。在北方，冬季对幼树要包草防寒。如条件许可，每年入冬前和早春各施肥、灌水一次。

59 ▶ 钻天杨

◉ 名 称

中文名：钻天杨

学 名：*Populus nigra* var. *italica* (Moench)

别 名：美国白杨

科 属：杨柳科 杨柳属

◉ 形态特征

乔木，高达 30 m。树皮暗灰褐色，老时沟裂，黑褐色；树冠圆柱形。小枝

圆，光滑，黄褐色或淡黄褐色，嫩枝有时疏生短柔毛。芽长卵形，先端长渐尖，淡红色，富黏质。长枝叶扁三角形，先端短渐尖，基部截形或阔楔形，边缘钝

圆锯齿；短枝叶菱状三角形或菱状卵圆形，先端渐尖，基部阔楔形或近圆形；叶柄上部微扁。雄花序轴光滑；雌花序长10～15 cm；蒴果。花期4月，果期5月。

▶ 分布区

我国长江、黄河流域各地广为栽培，陕西也有栽培。北美、欧洲、高加索、地中海、西亚及中亚等地区均有栽培。

▶ 生态习性

钻天杨喜光，抗寒，抗旱，耐干旱气候，稍耐盐碱及水湿，但在低洼常积水处生长不良；抗病虫能力差；生长寿命短。

▶ 观赏特点

钻天杨树形为圆柱形，其姿态挺拔雄伟，秋叶金黄，有一定的观赏价值。

▶ 园林应用价值

钻天杨树冠狭窄，主要作行道树和护田林树种，行道树应用较多，也可片植于草地、列植堤岸、群植作为园景树或防护林带。

▶ 繁殖与培育特点

钻天杨繁殖以播种、扦插以及压条、繁殖为主。扦插繁殖，常于春末秋初用当年生的枝条进行嫩枝扦插，或于早春用去年生的枝条进行老枝扦插；压条选取健壮的枝条，从顶梢以下大约15～30 cm处把树皮剥掉一圈，剥后的伤口宽度在1 cm左右，深度以刚刚把表皮剥掉为限。可作乔木或单干式容器大苗培育。雌株与雄株同为育种主要亲本之一，应注意繁育保存。

▶ 园林养护技术

钻天杨枝条紧凑，树干部端直，影响树冠的通风，常生木瘤，萌枝叶枯干不落，易滋生病虫害，因此在种植时要对过密枝和干枯枝进行修剪，保证树冠通风；春夏两季依据干旱情况，施用2～4次肥水。

60 ▶ 加拿大杨

▶ 名　称

中文名：加拿大杨
学　名：*Populus × canadensis* Moench.
别　名：加杨
科　属：杨柳科　杨柳属

▶ 形态特征

大乔木，高30多米。干直，树皮粗厚，深沟裂，大枝微向上斜伸，树冠卵形。叶三角形或三角状卵形，无或有1～2腺体，有圆锯齿，上面暗绿色，下面淡绿色。苞片淡绿褐色，不整齐，丝状深裂，花盘淡黄绿色，全缘，花丝细长，白色，超出花盘；雌花序有花45～50朵，柱头4裂。蒴果卵圆形，先端锐尖，2～3瓣裂。雄株多，雌株少。花期4月，果期5～6月。

◐ 分布区

我国除广东、云南、西藏外，各省区均有引种栽培。

◐ 生态习性

喜光，喜温暖湿润气候，耐瘠薄及微碱性土壤；速生。

◐ 观赏特点

加拿大杨生长速度快，冠大荫浓。

◐ 园林应用价值

加拿大杨树冠宽阔，叶片大而有光泽，宜作行道树、庭荫树、公路树及防护林等。

◐ 繁殖与培育特点

加拿大杨繁殖以播种、扦插以及压条繁殖为主。在春末至早秋植株生长旺盛时，选用当年生粗壮枝条作为插穗。插条部位试验表明，以种条中部剪取的插穗繁殖为最好，基部的较差，梢部插穗仍可利用。插穗长度以 17 cm 左右，粗度 1～1.5 cm 为宜。1 cm 粗以下的苗干和梢部条，插后，加强水肥管理，仍可育成壮苗。可作乔木或单干式容器大苗培育。

◐ 园林养护技术

密植的加拿大杨，在水肥条件好的

情况下，一般 3 ～ 4 年生时，就要进行第一次间伐。间伐后的密度，以立地条件，管理措施不同而有区别。一般保留密度为每亩74株（3 m×3 m）为宜。6 ～ 7年时又进行第二次间伐，保留密度为每亩 26 株左右（4 m×6 m，或 5 m×5 m），或者再稀些。20 年生左右，可采伐利用。注意防治杨叶锈病、白粉病、杨白潜叶蛾等病虫害。

61 ▶ 新疆杨

● 名　　称

中文名：新疆杨

学　名：*Populus bolleana* Lauche

（*P. alba* var. *pyramidalis* Bunge）

别　名：白杨、新疆奥力牙苏、帚形银白杨

科属名：杨柳科　杨属

● 形态特征

新疆杨高 15 ～ 30 m，树冠窄圆柱形或尖塔形；树皮为灰白或青灰色，光滑少裂。萌条和长枝叶掌状深裂；短枝叶圆形，有粗缺齿。雄花序花序轴有毛，

柱头 2 ～ 4 裂；雄蕊 5 ～ 20；花药不具细尖。蒴果长椭圆形，通常 2 瓣裂，无毛。仅见雄株。雌花序轴有毛，雌蕊具短柄，花柱短，柱头 2，有淡黄色长裂片。花期 4 ～ 5 月，果期 5 月。

● 分布区

主要分布于中国北方各省区，以新疆等西北地区较为普遍。

● 生态习性

喜光，抗干旱，抗风，抗烟尘，较耐盐碱，但在未经改良的盐碱地、沼泽地、黏土地、戈壁滩等均生长不良。

● 观赏特点

新疆杨生长快，树形挺拔，干形端直，窄冠，适于密植，是优良的园林应用树种。

▶ 园林应用价值

常作为园景树与行道树应用，也是农田防护林、速生丰产林、防风固沙林和四旁绿化的优良树种。

▶ 繁殖与培育特点

常使用扦插繁殖。新疆杨扦插成活率较低，严格选择种条十分重要。育苗多在春季，种条随采随插。只应该采自苗圃一年生苗干或采穗圃的枝条，绝对不能从大树或幼树上采条扦插繁殖。采集种条后，用利刀将种条切成长18～22 cm、粗0.6～2 cm的插穗；上切口距第一个芽1 cm左右，下切口成马耳形。结合耕翻亩施厩肥，耙平作畦。扦插前灌好底水，地膜覆盖苗床，插穗用"抗旱龙"浸泡30分钟。扦插时插穗芽要外露，苗床应踏实，并立即灌水。常作为单干苗培育。

▶ 园林养护技术

新疆杨1～3年幼林年灌水6～8次，以耕代抚，林内可间作豆类、西甜瓜、小麦、苜蓿等作物。常见病虫害有立木腐朽、烂皮病，吉丁虫。

62 ▶ 河北杨

▶ 名　称

中文名：河北杨

学　名：*Populus hopeiensis* Hu et Chow

科属名：杨柳科　杨属

▶ 形态特征

乔木，高达30 m。树皮黄绿色至灰白色，光滑。叶卵形或近圆形，边缘有弯曲或不弯曲波状粗齿。雄花序长约5 cm，花序轴被密毛，苞片褐色，掌状分裂，裂片边缘具白色长毛；雌花序长3～5 cm，花序轴被长毛，苞片赤褐色，边缘有长白毛；子房卵形，光滑，柱头2裂。蒴果长卵形，2瓣裂，有短柄。花期4月，果期5～6月。

▶ 分布区

主要分布于中国华北、西北各省区，为河北省山区常见杨树树种之一，其他各地也有栽培。

▶ 生态习性

耐寒、耐旱，耐贫瘠；喜湿润，但不抗涝。

▶ 观赏特点

树姿优美，干形通直，叶略芳香，也是城市公园、庭院绿化及农村四旁绿化的优良树种。

▶ 园林应用价值

常作为行道树、园景树种植，是西北黄土丘陵、高原沟壑、滩地、沙丘和荒山荒地营造水土保持林、防风固沙林、速生用材林的优良乡土树种。

▶ 繁殖与培育特点

常通过扦插与嫁接繁殖。扦插繁殖时是将一年生种条的中下部剪成 10～20 cm 长的插穗，剪口要平滑，无毛茬、无劈裂。如大田裸根扦插，其插穗长度要 20 cm，采用地膜育苗，容器扦插育苗技术，穗长可缩短至 10～15 cm，种条繁殖系数可由 4.1 提高到 5.1～5.4。常作为单干苗培育。

▶ 园林养护技术

河北杨栽植当年应及时松土除草、扩穴连带、培土壅兜。以后每年抚育 1～2 次，连续 3～4 年。栽后 1～2 年内不宜修枝，从第三年开始修去树干下部侧枝和上部的强竞争枝，保留树冠高度是树高的三分之二。主要病虫害有白杨叶锈病，青杨天牛、蚜虫、蛴螬。

63 ▶ 小叶杨

▶ 名 称

中文名：小叶杨
学　名：*Populus simonii* Car.
别　名：白达木、冬瓜杨、大白树
科属名：杨柳科　杨属

▶ 形态特征

乔木，高达 20 m。树皮沟裂；树冠近圆形。叶菱状卵形、菱状椭圆形或菱状倒卵形，中部以上较宽，边缘平整，细锯齿，无毛，上面淡绿色，下面灰绿或微白，无毛；叶柄圆筒形，黄绿色或带红色。雄花序花序轴无毛，苞片细条裂，雄蕊 8～9（25）；苞片淡绿色，裂片褐色，无毛，柱头 2 裂。蒴果小，无毛。花期 3～5 月，果期 4～6 月。

◎ 分布区

为中国原产树种。在我国分布广泛，东北、华北、华中、西北及西南各省区均产。垂直分布一般多生在 2 000 m 以下，最高可达 2 500 m。

◎ 生态习性

喜光，适应性强，对气候和土壤要求不严，耐旱，抗寒，耐瘠薄或弱碱性土壤，在砂、荒和黄土沟谷也能生长，但在湿润、肥沃土壤的河岸、山沟和平原上生长最好。

◎ 观赏特点

树形高大，优美，叶片秀丽，冠浓密。

◎ 园林应用价值

常作为行道树、园景树应用，也是良好的防风固沙、保持水土、固堤护岸及绿化观赏树种；城郊可选小叶杨作行道树和防护林。

◎ 繁殖与培育特点

常通过嫁接与扦插繁殖。在扦插繁殖时，插穗采集与处理在春、秋两季均可采集。插条应选择发育旺盛的幼、壮龄母株的一年生健壮枝条。粗度 0.80 ～ 1.50 cm，穗长 15 ～ 20 cm。秋季采集的插穗要坑藏、窖藏，沙堆贮藏过冬。常作为单干苗培育。

◎ 园林养护技术

适应性强，管理粗放，结合园林应用修剪。常见病害有灰斑病、黑斑病等。

64 ▶ 垂柳

● 名 称

中文名：垂柳

学　名：*Salix babylonica* L.

别　名：清明柳、垂丝柳、水柳

科　属：杨柳科　柳属

● 形态特征

乔木，高达 12 ～ 18 m，树冠开展而疏散。树皮灰黑色，不规则开裂。枝细，下垂，淡褐黄色、淡褐色或带紫色，无毛。芽线形，先端急尖。叶狭披针形或线状披针形，先端长渐尖，基部楔形，两面无毛或微有毛，上面绿色，下面色较淡，锯齿缘；叶柄有短柔毛；托叶仅生在萌发枝上，斜披针形或卵圆形，边缘有齿牙。

花序先叶开放或与叶同时开放；蒴果带绿黄褐色。花期 3 ～ 4 月，果期 4 ～ 5 月。

● 分布区

产长江流域与黄河流域，陕西也有栽培，为道旁、水边等绿化树种。耐水湿，也能生于干旱处。在亚洲、欧洲、美洲各国均有引种。

● 生态习性

喜光，喜温暖湿润气候及潮湿深厚之酸性及中性土壤。较耐寒，特耐水湿，但亦能生于土层深厚之高燥地区。萌芽力强，根系发达，生长迅速。

● 观赏特点

春季嫩绿色发芽，垂柳枝条细长，柔软下垂，随风飘舞，姿态优美潇洒。

▶园林应用价值

垂柳是植于河岸及湖池的理想植物，柔条依依拂水，别有风致，自古即为重要的庭院观赏树，亦可作庭荫树、行道树、固岸护堤树及平原造林树种。此外，还可用作工厂区的绿化。

▶繁殖与培育特点

垂柳以扦插和嫁接繁殖为主。垂柳雌雄株从表面上很难区分，但从花上很容易区别。为了采到较纯的雄株接穗，花期必须对要采穗的母树进行雌雄辨认；一般常采用芽接、劈接、插皮接和双舌接等方法。可作乔木或单干式容器大苗培育。

▶园林养护技术

植物生长需大量的水分、肥料，所以应勤施肥，多浇水，一般一年可长至2 m左右；垂柳的虫害主要有柳树金花虫和蚜虫，天牛和红蜘蛛，病害主要有腐烂病和溃疡病。防治措施主要是加强管理，增强树势，提高自身的抗病能力。

65 ▶ 旱柳

▶名　称

中文名：旱柳

学　名：*Salix matsudana* Koidz.

别　名：柳树、河柳、江柳

科　属：杨柳科　杨柳属

▶形态特征

乔木，高达18 m，胸径达80 cm。大枝斜上，树冠广圆形；树皮暗灰黑色，有裂沟；枝细长，直立或斜展，浅褐黄色或带绿色，后变褐色，无毛，幼枝有毛。芽微有短柔毛。叶披针形，边缘有细腺锯齿。花序与叶同时开放，雌花序较雄花序短，长达2 cm，粗4 mm，有3～5小叶生于短花序梗上，轴有长毛；子房长椭圆形，近无柄，无毛，无花柱或很短，柱头卵形，近圆裂；苞片同雄花，背生和腹生。花期4月，果期4～5月。

▶分布区

中国分布甚广，产东北、华北平原、西北黄土高原，西至甘肃、青海，南至淮河流域以及浙江、江苏，黄河流域为

其分布中心，是中国北方平原地区最常见的乡土树种之一。

▶ 生态习性

喜光，耐寒，湿地、旱地皆能生长，但以湿润而排水良好的土壤上生长最好；根系发达，抗风能力强，生长快，易繁殖，耐寒性较强。

▶ 观赏特点

枝条柔软，树冠丰满，还有许多姿态的栽培变种，给人亲切优越之感，是园林绿化、城乡绿化、美丽乡村建设的主要树种，更是人们喜欢的乡土树种之一。

▶ 园林应用价值

可在城乡绿化、公园、风景区、水库的沿河、湖岸边及湿地、草地上美化绿化栽植；在城市、乡村可以作行道树、防护林、庭荫树及沙荒造林等用树种，可孤植、列植、片植等。

▶ 繁殖与培育特点

主要采取插条、插干等技术，这些技术方法极易成活。苗圃宜土壤肥沃。种条要选用一年生、无病虫害的优良母树，扦插时间春、夏、秋三季均可。可作乔木或单干式容器大苗培育。

▶ 园林养护技术

旱柳树的主要害虫分别是食叶害虫、蛀干害虫。其中食叶危害严重的害虫为柳蓝叶甲；主要病害为溃疡病、黑斑病等，在4～9月份，交替发生危害树干或叶片，应注意防治。

66 ▶ 绦 柳

▶ 名 称

中文名：绦柳

学　名：*Salix matsudana* 'Pendula'

别　名：无

科　属：杨柳科　柳属

▶ 形态特征

落叶大乔木，柳枝细长，柔软下垂，小枝黄色，高可达20～30 m，生长迅速。树皮组织厚，纵裂，老龄树干中心多朽腐而中空。枝条细长而低垂，褐绿色，无毛；冬芽线形，密着于枝条上。叶互生，

线状披针形，两端尖削，边缘具有腺状小锯齿，表面浓绿色，背面为绿灰白色，两面均平滑无毛，具有托叶。花开于叶后，雄花序为荑黄花序，有短梗，略弯曲。果实为蒴果。本变型小枝黄色，叶为披针形，下面苍白色或带白色，叶柄长 5-8 毫米；而垂柳的小枝褐色，叶为狭披针形或线状披针形，分布区下面带绿色

▶ 分布区

产东北、华北、西北、上海等地，多栽培为绿化树种。

▶ 生态习性

喜光，耐寒性强，耐水湿又耐干旱。对土壤要求不严，干瘠砂地、低湿沙滩和弱盐碱地上均能生长。适合于都市庭园生长，尤其于水池或溪流边。

▶ 观赏特点

主干通常在 2～3 m 处就长出分支，光滑柔软的枝条状若丝绦，纷披下垂。绿期长。

▶ 园林应用价值

可孤植作园景树观赏，枝条下垂，随风飘动，也可作行道树。

▶ 繁殖与培育特点

绦柳以扦插、嫁接繁殖为主。扦插的时间春、秋两季均可，但在北方地区以春季扦插为主而且早春扦插最好。通常当土壤解冻至 18 cm 左右时，即可进行扦插，西北地区在 4 月中旬左右。育苗地应选择地势较平坦，排水良好，灌溉方便，土壤较肥沃、疏松的沙壤土和壤土。北方地区生产上多采取垄作育苗。可作乔木或单干式容器大苗培育。

▶ 园林养护技术

粗放管理，抗性强，夏季可适当修剪。

67 ▶ 中国黄花柳

▶ 名 称

中文名：中国黄花柳

学　名：*Salix sinica* (Hao) C. Wang et C. F. Fang

别　名：寒柳

科　属：杨柳科　柳属

◎ 形态特征

灌木或小乔木。当年生幼枝有柔毛，后无毛，小枝红褐色。叶形多变化，一般为椭圆形、椭圆状披针形、椭圆状菱形、倒卵状椭圆形、稀披针形或卵形、宽卵形；叶柄有毛；托叶半卵形至近肾形。花先叶开放；雄花序无梗，宽椭圆形至近球形，开花顺序，自上往下，黄色；苞片椭圆状卵形或微倒卵状披针形，深褐色或近黑色，两面被白色长毛；雌花序短圆柱形。蒴果线状圆锥形，果柄与苞片几等长。花期4月下旬，果期5月下旬。

◎ 分布区

产内蒙古、河北、山西、河南、山东、江苏、安徽、湖北、贵州、广西、云南、四川、陕西、宁夏、甘肃及青海。

◎ 生态习性

喜光，喜湿，中度喜温，常生于湿润的山坡。群居习性为散生。

◎ 观赏特点

中国黄花柳株型奇特美观，主要观赏期在早春，此时中国黄花柳的花絮呈现鲜黄色，生长于雪地中，非常适合观赏。

◎ 园林应用价值

可作行道树或做背景材料。中国黄花柳株型奇特美观，生长于雪地中，在冰挂雪裹中开出内黄透绿的小花，犹如一树翡翠，成为稀世奇观。也可作园景树观赏。

◎ 繁殖与培育特点

中国黄花柳主要通过人工扦插进行繁殖，也可采用播种繁殖。插穗处理时可在秋季落叶后或春季萌芽前采集插穗，从生长健壮的单株上，剪取木质化程度较高的一年生枝条，剪去枝条两端，取中间粗度均匀部分。可作单干式容器大苗培育。

◎ 园林养护技术

不宜暴晒，不耐干旱，应多浇水，尤其旱季。常见病害主要有锈病、根腐病、梨木虱，这些病害发生之后，如果不能采取有效措施进行防治，很容易造成病虫害快速流行传播，甚至会造成树木死亡。

68 ▶ 绵毛柳

◉ 名 称

中文名：绵毛柳

学　名：*Salix erioclada* Levl. et Vaniot

科属名：杨柳科　柳属

◉ 形态特征

灌木或小乔木。小枝密被白柔毛，后无毛，红栗色或发黄色。叶卵状披针形至椭圆形，长 5 cm，宽 1.5 cm，先端急尖（幼叶钝或圆形），基部狭圆形或楔形，上面暗绿色，下面有白粉或灰蓝色。花先叶开

放或近同时开放，雄蕊 2，花丝离生，基部有柔毛，花药小，球形，黄色；雌花序长 3～6 cm，粗 4～6 mm；花柱明显，约为子房长的 1/3，中裂，柱头 2 浅裂。蒴果狭卵形至卵状圆锥形，长 4～6 mm，近无毛。花期 4 月上中旬，果期 5 月。

◉ 分布区

产贵州、湖南、四川、湖北、陕西等省。生于海拔 600～1 800 m 的山坡林边或沼泽地及路旁。

◉ 生态习性

喜光，喜温暖湿润。

◉ 观赏特点

绵毛柳花序于春季展叶前开放，给人枯枝生花的感觉，是很好的春季观花树种。

◉ 园林应用价值

绵毛柳在园林上常作为行道树、园景树种植。可植于河岸、庭园，常孤植或列植。

◉ 繁殖与培育特点

主要使用扦插繁殖。扦插于早春进行，选择生长快、病虫少的优良植株作为采条母树，在萌芽前剪取 2～3 年生枝条，截成 15 cm～17 cm 长作插穗。扦插株行距 20 cm×30 cm，直插，插后充分浇水，经常保持土壤湿润，及时抹芽和除草，发根后施追肥 3～4 次，幼苗易受象鼻虫、蚜虫、柳叶甲为害。

▶园林养护技术

绵毛柳栽植完毕立即浇一次透水，将树坑浇满。等到水全部渗下去之后，紧接着浇第二次水。第二次也要将树坑全部浇满，并把倒伏的苗木扶正。有时，浇水后会将坑内的土冲走，如发生此类情况，可以再填些土，四周用土压实。实践证明，通过连续两次每隔15天浇水，可供苗木四个月的生长需要。

69 ▶ 柿

▶名　称

中文名：柿

学　名：*Diospyros kaki* Thunb.

别　名：柿子、米果、红柿

科　属：柿科　柿属

▶形态特征

落叶大乔木，通常高达 10 ～ 14 m 以上，胸高直径达 65 cm；树冠球形或长圆球形，老树冠直径达 10 ～ 13 m，有达 18 m 的。枝开展，带绿色至褐色，无毛。冬芽小，卵形，先端钝。叶纸质，卵状椭圆形至倒卵形或近圆形，通常较大，先端渐尖或钝，基部楔形，圆形或近截形，很少为心形，新叶疏生柔毛。花雌雄异株。浆果大，扁球形，成熟时呈黄色或橘红色。花期5 ～ 6月，果期9 ～ 10月。

▶ 分布区

原产我国长江流域，现在全国各省、区多有栽培。品种亦多。在延安市区内栽植需选择小气候较好的环境。

▶ 生态习性

柿树是深根性树种，又是阳性树种，喜温暖气候，适生于阳光充足和深厚、肥沃、湿润、排水良好的、中性土壤，较能耐寒、耐瘠薄、抗旱性强，不耐盐碱土。

▶ 观赏特点

柿树寿命长，可达 300 年以上，叶大荫浓，秋末冬初，霜叶染成红色，果实红、落叶后仍不落，观赏期长。平时老叶亦可观赏。

▶ 园林应用价值

在绿化方面，是优良的风景树，常孤植作园景树，落叶后，柿实殷红不落，一树满挂累累红果，增添优美景色，亦可作为行道树。

▶ 繁殖与培育特点

柿树通常用嫁接法繁殖，还可用播种和扦插法繁殖。北方大多以君迁子为砧木，君迁子种子发芽率高，幼苗生长健壮，嫁接后与柿树亲合力良好，苗木生长迅速，耐寒耐旱性较好，野柿多为南方柿的主要砧木，嫁接后的柿树较能耐湿、耐旱，适宜温暖多雨地区生长，嫁接方法可用切接、腹接、劈接。可作乔木或单干式容器大苗培育。

▶ 园林养护技术

柿树需求量最大的是氮肥，其次是磷钾肥。幼树应多施氮肥，进入结果期后，在施用氮肥的同时，要适当增施磷钾肥；修剪时可根据树龄和长势，分别采取异枝更新和同枝更新的方法；常见病害包括柿白粉病、柿炭疽病，常见虫害包括柿蒂虫、柿棉介壳虫、舞毒蛾、柿斑叶蝉。

70 ▶ 山 楂

▶ 名 称

中文名：山楂

学 名：*Crataegus pinnatifida* Bge.

别 名：山里果、山里红

科属名：蔷薇科 山楂属

▶ 形态特征

落叶乔木。树皮粗糙，暗灰色或灰褐色。叶片宽卵形或三角状卵形，稀菱状卵形，长 5 ～ 10 cm，宽 4 ～ 7.5 cm，通常两侧各有 3 ～ 5 羽状深裂片，裂片卵状披针形或带形，边缘有尖锐稀疏不规则重锯齿；上面暗绿色有光泽，下面沿中脉有疏生短柔毛；叶柄长 2 ～ 6 cm。

伞房花序具多花，直径 4～6 cm；花直径约 1.5 cm；花瓣倒卵形或近圆形，白色；花柱 3～5。果实近球形或梨形，直径 1～1.5 cm，深红色，有浅色斑点。花期 5～6 月，果期 9～10 月。

▶ 分布区

产黑龙江、吉林、辽宁、内蒙古、河北、河南、山东、山西、陕西、江苏。朝鲜和苏联（西伯利亚）也有分布。

▶ 生态习性

喜凉爽、湿润，抗风抗寒，耐旱耐瘠薄，在土层深厚、质地肥沃、疏松、排水良好的微酸性沙壤土中生长良好，具有很强的适应性。

▶ 观赏特点

山楂树冠整齐，花繁叶茂，果实鲜红可爱，是观花、观果的园林绿化优良树种。秋天叶亦可上，果实经久不凋，颇为美观。

▶ 园林应用价值

山楂作为绿篱和观赏树在城市中广为应用。春季观花，秋季观果，此外，其深裂叶也具有一定观赏价值，也可作绿篱栽培，还可用作道路绿化或盆景。

▶ 繁殖与培育特点

种子繁殖、扦插繁殖、嫁接繁殖。一般作单干苗培育，亦可作丛式苗培育或作为造型盆景。

▶ 园林养护技术

选土层深厚肥沃的平地、丘陵和山地缓坡地段栽种时要注意蓄水、排灌与防旱。深翻熟化，改良土壤，翻耕园地或深刨树盘内的土壤，是保蓄水分、消灭杂草、疏松土壤、提高土壤通透性能，改善土壤肥力状况，促使根系生长的有效措施。一般1年浇4次水，春季有灌水条件的在追肥后浇1次水，以促进肥料的吸收利用。冬季及时浇封冻水，以利树体安全越冬。病虫害主要有白粉病，红蜘蛛和桃蛀螟。

71 ▶ 毛山楂

◉ 名　称

中文名：毛山楂

学　名：*Crataegus maximowiczii* Schneid.

科属名：蔷薇科　山楂属

◉ 形态特征

灌木或小乔木，高达7 m。小枝粗壮，圆柱形嫩时密被灰白色柔毛，二年生枝无毛，紫褐色。叶片宽卵形或菱状卵形，长4～6 cm，宽3～5 cm，边缘每侧各有3～5浅裂和疏生重锯齿；上面散生短柔毛，下面密被灰白色长柔毛，沿叶脉较密；叶柄长1～2.5 cm。复伞房花序，多花，直径4～5 cm，花梗长3～8 mm；萼筒钟状；萼片三角卵形或三角状披针形；花瓣近圆形，直径约5 mm，白色。果实球形，直径约8 mm，红色。花期5～6月，果期8～9月。

◉ 分布区

主要产于黑龙江、吉林、辽宁、内蒙古自治区。生于杂木林中或林边、河岸沟边及路边，海拔200～1 000 m处。分布于苏联（西伯利亚东部到萨哈林岛）、朝鲜及日本。

◉ 生态习性

喜光，耐干旱瘠薄，耐寒，对土壤要求不严。

◉ 观赏特点

白花红果，花果量大，春花秋实，秋叶红或黄，具有良好的观赏性。

◉ 园林应用价值

可作庭院树、园景树，也可用于公园观果树种。孤植、片植、列植或丛植均可。

◉ 繁殖与培育特点

播种繁殖。一般作单干苗培育。当苗长出2～4片真叶时，可以间苗移栽亦可作丛式苗培育。

◉ 园林养护技术

栽后需要立即浇水，使土壤沉实，根土结合紧密，有利于苗木成活。栽后

要加强管理，保持土壤疏松无杂草，干旱时要及时浇水，遇到多雨季，需要及时排涝。结合松土、除草，亩追施碳酸氢铵 10 ～ 20 kg。病虫害主要有花腐病、白粉病、红蜘蛛。

72 ▶ 湖北山楂

▷ 名　称

中文名：湖北山楂

学　名：*Crataegus hupehensis* Sarg.

别　名：猴楂子、酸枣、大山枣

科属名：蔷薇科　山楂属

▷ 形态特征

乔木或灌木，高达 3 ～ 5 m。小枝圆柱形，无毛，紫褐色，有疏生浅褐色皮孔，二年生枝条灰褐色；叶片卵形至卵状长圆形，长 4 ～ 9 cm，宽 4 ～ 7 cm，边缘有圆钝锯齿，上半部具 2 ～ 4 对浅裂片，裂片卵形；叶柄长 3.5 ～ 5 cm，无毛。伞房花序，直径 3 ～ 4 cm，具多花；花直径约 1 cm；萼筒钟状；萼片三角卵形，全缘；花瓣卵形，长约 8 mm，宽约 6 mm，白色。果实近球形，直径 2.5 cm，深红色有斑点。花期 5 ～ 6 月，果期 8 ～ 9 月。

分布区

分布于湖北、湖南、江西、江苏、浙江、四川、陕西、山西、河南各省。

▷ 生态习性

喜光，耐干旱瘠薄，耐寒，对土壤要求不严。

▷ 观赏特点

树冠整齐优美，花繁叶茂，仲春放叶，小满始花，中秋果熟。花时洁白清香，果时硕大橙红。

▷ 园林应用价值

可用作庭院、公园的观赏树种。同山楂。

▷ 繁殖与培育特点

可用播种、嫁接和分株法繁殖，生产中多采用播种繁殖。一般作单干苗培育。

▶园林养护技术

加强肥水管理，病虫害主要有花腐病、白粉病、金龟子和刺蛾。

73 ▶ 甘肃山楂

名　称

中文名：甘肃山楂

学　名：*Crataegus kansuensis* Wils.

别　名：面旦子、面丹子、模糊梨

科属名：蔷薇科　山楂属

▶形态特征

灌木或乔木，高 2.5～8 m。枝刺多，锥形。小枝细，圆柱形，无毛，绿带红色，二年生枝光亮，紫褐色；叶片宽卵形，长 4～6 cm，宽 3～4 cm，边缘有尖锐重锯齿和 5～7 对不规则羽状浅裂片，裂片三角卵形；叶柄细，长 1.8～2.5 cm。伞房花序，直径 3～4 cm，具花 8～18 朵；花直径 8～10 mm；萼筒钟状；萼片三角卵形，长 2～3 mm；花瓣近圆形，直径 3～4 mm，白色。果实近球形，直径 8～10 mm，红色或橘黄色。花期 5～6 月，果期 8～9 月。

▶分布区

产甘肃、山西、河北、陕西、贵州、四川。生于杂木林中、山坡阴处及山沟旁，海拔 1 000～3 000 m 处。

▶生态习性

喜光，稍耐阴，有较强的耐寒性和

抗旱性，喜砂壤土，耐瘠薄，适应性强，耐修剪，生长快。

▶观赏特点

花期 5 月，果期 7～9 月。观赏期长，主要观花、观果，亦可观叶。初夏白花满树，秋季红果累累，春夏叶形奇特秀丽，秋叶变黄，非常迷人。

▶园林应用价值

可孤植也可列植，片植可植于风景区、公园、庭园，作园景树。

▶繁殖与培育特点

可采用播种繁殖、嫁接繁殖和分株繁殖，生产中多采用播种繁殖。一般作单干苗或丛干苗培育。

▶园林养护技术

同前。

74 ▶ 山里红

● 名 称

中文名：山里红

学　名：*Crataegus pinnatifida* var. *major*
　　　　N. E. Br.

别　名：酸楂、大山楂、红果

科属名：蔷薇科　山楂属

● 形态特征

落叶乔木，植株生长茂盛。高达 6 m，树皮粗糙，刺长约 1 ～ 2 cm，有时无刺；小枝圆柱形，当年生枝紫褐色，无毛，疏生皮孔，老枝灰褐色；冬芽三角卵形，紫色。叶片宽卵形或三角状卵形，稀菱状卵形，叶片大，分裂较浅；裂片卵状披针形或带形。伞房花序具多花，苞片膜质，线状披针形，萼筒钟状，花瓣倒卵形或近圆形，白色；花药粉红色；果实近球形或梨形，深红色，有浅色斑点，直径可达 2.5 cm。花期 5 ～ 6 月，果期 9 ～ 10 月。

● 分布区

主要分布于河北等地。

● 生态习性

喜光，耐寒，抗风，土壤条件以沙性为好，黏重土则生长较差。

● 观赏特点

夏日花团锦簇，秋日红果累累，鲜艳夺目，是重要的观花、观叶、观果植物。

● 园林应用价值

山里红树冠整齐，花繁叶茂，果实鲜红可爱，是观花、观果的园林绿化优良树种。秋天叶亦可上，果实经久不凋，颇为美观。

▶ 繁殖与培育特点

种子繁殖、扦插繁殖、嫁接繁殖均可。一般作单干苗培育，也可作丛式苗培育或作造型盆景。

▶ 园林养护技术

当幼苗出齐和定苗后，及时松土除草。松土不宜过深，以免伤根。山里红整形要因树制宜，以开心形为主。为害山里红的虫害主要有红蜘蛛、桃小食心虫等，及时修剪、合理使用农药能减少病虫害的发生。

75 ▶ 木 瓜

▶ 名 称

中文名：木瓜

学　名：*Chaenomeles sinensis* (Thouin) Koehne

别　名：木李、海棠、光皮木瓜

科属名：蔷薇科　木瓜属

▶ 形态特征

灌木或小乔木，高达 5 ～ 10 m，树皮成片状脱落。叶片椭圆卵形，长 5 ～ 8 cm，宽 3.5 ～ 5.5 cm，边缘有刺芒状尖锐锯齿；叶柄长 5 ～ 10 mm；托叶膜质，卵状披针形，边缘具腺齿。花单生于叶腋，花梗短粗；花直径 2.5 ～ 3 cm；萼筒钟状外面无毛；萼片三角披针形；花瓣倒卵形，淡粉红色。果实长椭圆形，长 10 ～ 15 cm，暗黄色，木质，味芳香。花期 4 月，果期 9 ～ 10 月。

◆分布区

分布在广东、广西、福建、云南、台湾等地。

◆生态习性

不耐阴，喜温暖，喜半干半湿。对土质要求不严，但在土层深厚、疏松肥沃、排水良好的沙质土壤中生长较好，低洼积水处不宜种植。

◆观赏特点

木瓜树姿优美，干皮斑驳光亮，花簇集中，花量大，花色粉红淡雅，果实大而金黄。

◆园林应用价值

常被作为园景树或作为盆景在庭院或园林中栽培，具有城市绿化和园林造景功能。

◆繁殖与培育特点

可播种繁殖、嫁接繁殖、压条繁殖。播种繁殖时，当果实变为暗黄色成熟后采摘，风干贮藏，翌年的 3 至 4 月剖开果实，取出种子，随即播下，也可在果实成熟后，随采随取随播，或将种子沙藏过冬，翌年春播。播种方法可用盆播、苗床播种，播后覆土 1 cm，覆盖塑料膜保温保湿，约 20 天出苗。一般作单干苗培育。

◆园林养护技术

一般年施肥 3 次，结果后根据生产期情况，及时追施花前肥、花后肥、果实膨大肥和早秋基肥。春季修剪一般在 2 月中下旬至 3 月上旬进行，其方法是对已进入结果期的树进行疏剪和短截。

76 ▶ 西府海棠

◆名　称

中文名：西府海棠

学　名：*Malus × micromalus* Mak.

别　名：重瓣粉海棠、子母海棠、小果海棠

科属名：蔷薇科　苹果属

◆形态特征

小乔木，高达 2.5 ～ 5 m。叶片长椭圆形或椭圆形，边缘有尖锐锯齿。伞形总状花序，花梗长 2 ～ 3 cm；苞片膜质，线状披针形，早落；萼筒外面密被白色长茸毛；萼片三角卵形，三角披针形至长卵形；花瓣近圆形或长椭圆形，基部有短爪，粉红色；雄蕊约 20，花丝长短不等，比花瓣稍短；花柱 5，基部具茸毛，约与雄蕊等长。果实近球形，红色。花期 4 ～ 5 月，果期 8 ～ 9 月。

▶分布区

产辽宁、河北、山西、山东、陕西、甘肃、云南等省区。适宜海拔 100～2400 m。

▶生态习性

喜光，耐寒，忌水涝，忌空气过湿，较耐干旱。

▶观赏特点

西府海棠在海棠花类中树态峭立，花朵繁密，红粉相间，花开似锦，后期落英缤纷，叶子嫩绿可爱。自古以来是雅俗共赏的名花，素有花中神仙、花贵妃、"国艳"之誉，历代文人墨客题咏不绝。

▶园林应用价值

可做行道树与园景树，不论孤植、列植、丛植均极为美观，最宜植于水滨及小庭一隅。在庭园中，以浓绿针叶树为背景，植海棠于前，其色彩尤觉夺目，若列植为花篱，鲜花怒放，蔚为壮观；也可与玉兰、牡丹、桂花相配置，形成"玉堂富贵"的意境。亦可作盆景

▶繁殖与培育特点

主要有嫁接繁殖与扦插繁殖。西府

海棠一般进行枝接或芽接。春季树液流动发芽进行枝接，秋季（7～9月间）可以芽接。枝接可用切接、劈接等法。接穗选取发育充实的 1 年生枝条，取其中段（有 2 个以上饱满的芽），接后上细土盖住接穗，芽接多用"T"字接法。当苗高 80～100 cm 时，养成骨干枝，之后只修剪过密枝、内向枝、重叠枝、保持圆整树冠。常作为单干苗、丛干苗与造型苗培育。

▶园林养护技术

苗木栽植后要加强抚育管理，经常保持疏松肥沃。在落叶后至早春萌芽前进行一次修剪，把枯弱枝、病虫枝剪除。为促进植株开花旺盛，须将徒长枝进行短截，以减少发芽的养分消耗。结果枝、侧枝则不必修剪。在生长期间，如能及时进行摘心，早期限制营养生长，则效果更为显著。要注意防治金龟子、卷叶虫、蚜虫、袋蛾和红蜘蛛等害虫，以及梨锈病、腐烂病、赤星病等，尤其是不要与柏类等寄主植物配置。

77▶ 北京花楸

▶名　称

中文名：北京花楸

学　名：*Sorbus discolor* (Maxim.) Maxim.

别　名：红叶花楸、北平花楸树、白果花楸

科属名：蔷薇科　花楸属

▶ 形态特征

乔木，高达 10 m。小枝圆柱形，二年生枝紫褐色。奇数羽状复叶，连叶柄共长 10～20 cm，叶柄长约 3 cm；小叶片 5～7 对，间隔 1.2～3 cm，基部一对小叶常稍小、长圆形、长圆椭圆形至长圆披针形，边缘有细锐锯齿。复伞房花序较疏松，有多数花朵；萼筒钟状；萼片三角形；花瓣卵形，长 3～5 mm，宽 2.5～3.5 mm，白色。果实卵形，白色或黄色。花期 5 月，果期 8～9 月。

▶ 分布区

产河北、河南、山西、山东、甘肃、内蒙古。普遍生于山地阳坡阔叶混交林中海拔 1 500～2 500 m 处。

▶ 生态习性

喜光也稍耐阴，抗寒力强，适应性强，根系发达，对土壤要求不严，以湿润肥沃的砂质壤土为好。花楸性喜湿润土壤，多沿着溪涧山谷的阴坡生长。

▶ 观赏特点

花楸树干挺拔优美，枝叶秀丽。春天满树白花如雪，吸引彩蝶飞舞；夏末秋初，白果挂满枝头，与秀丽的枝叶相互映衬，愈加显得洁白如玉；晚秋叶色多样，或黄、或红，更衬托出果实红艳之美。冬天枝叶脱落，伟岸的身姿挺拔隽秀。其无论是花、叶、果，还是'姿'均有其独特的观赏价值，故而四季景色各异，更因叶色多变，有秋天魔术师的美称。

▶ 园林应用价值

宜作行道树、园景树；可孤植、列植、片植或与常绿植物配置均可。

▶ 繁殖与培育特点

播种繁殖。水分状况对播种苗的生长至关重要，根据天气和土壤水分状况，适时浇水。幼苗出齐后应及时松土、除草，保持床面干净，土壤疏松，透水透气，促进苗木生长。采取量小次多的原则，在生长期内可追肥 2～3 次，每次每亩追施尿素或磷酸二铵 25 kg，选择雨后或灌水后进行追施。一般作单干苗或丛干苗培育。

◉园林养护技术

园林栽培病虫害少，但夏天忌高温。

78 ▶ 水榆花楸

◉名　称

中文名：水榆花楸

学　名：*Sorbus alnifolia* (Sieb. et Zucc.) K. Koch

别　名：黏枣子、千筋树、枫榆

科属名：蔷薇科　花楸属

◉形态特征

乔木，高达 20 m。小枝圆柱形，具灰白色皮孔，二年生枝暗红褐色，老枝暗灰褐色；叶片卵形至椭圆卵形，边缘有不整齐的尖锐重锯齿。复伞房花序较疏松，总花梗和花梗具稀疏柔毛；花瓣卵形或近圆形，先端圆钝，白色；雄蕊 20，短于花瓣；花柱 2，基部或中部以下合生，光滑无毛，短于雄蕊。果实椭圆形或卵形，红色或黄色，不具斑点或具极少数细小斑点，2 室，萼片脱落后果实先端残留圆斑。花期 5 月，果期 8～9 月。

◉分布区

产黑龙江、吉林、辽宁、河北、河南、陕西、甘肃、山东、安徽、湖北、江西、浙江、四川。

◉生态习性

耐阴，耐寒。生长于湿润、通气良好、含负离子丰富、中性和微酸性，深厚的壤质土及沟谷两侧排水良好，土壤深厚的腐殖质冲积土上。

◉观赏特点

水榆花楸树体高大，干直光滑，树

冠圆锥状，叶形美观。夏季绿叶青青，枝叶秀丽；秋叶先变黄后转红，果实累累，红黄相间，十分美观。

▶ 园林应用价值

水榆花楸是一种优良的观叶、观花、观果型树种，因此在园林种植、绿化美化等多方面是优选树种。可作行道树、园景树。可孤植、对植、列植、片植或群植于山岭形成风景林。

▶ 繁殖与培育特点

播种繁殖。一是将采下的果实放到大缸或其他容器内浸泡，当果皮充分腐烂后捞出，经过搓洗使果肉与种子分离，除去果皮及杂质，便得到纯净的种子。另一种方法是将采集的果实堆积起来，上覆盖草帘或其他覆盖物，促使果肉腐烂，再经过搓洗除去皮渣得到纯净的种子。两种方法调制出来的种子都要放在背阴透风处阴干，而后放入容器内储藏或进行催芽处理。一般作单干或丛干苗培育。

▶ 园林养护技术

为了提高苗木栽植成活率和保存率，促进幼苗生长必须及时进行锄草、割灌等幼林抚育管理。一般要连续抚育2～3年，前2年抚育2次，第1次在6月上旬，第2次在7月上中旬，以后每年在6月下旬至7月上旬抚育1次。并要求检查培土、锄草、松土及病虫害防治等必要的管理措施，使其苗壮成长，早日成林。

79 ▶ 李

▶ 名　称

中文名：李

学　名：*Prunus salicina* Lindl.

别　名：玉皇李、嘉应子、嘉庆子

科属名：蔷薇科　李属

▶ 形态特征

落叶乔木，高 9 ～ 12 m。树冠广圆形，树皮灰褐色。老枝紫褐色或红褐色。冬芽卵圆形，红紫色。叶片长圆倒卵形，边缘有圆钝重锯齿。花通常 3 朵并生；花瓣白色，长圆倒卵形，先端啮蚀状，带紫色脉纹；雄蕊多数，花丝长短不等；雌蕊柱头盘状，花柱比雄蕊稍长。核果球形至近圆锥形；黄色或红色，有时

为绿色或紫色；核卵圆形或长圆形，有皱纹。花期4月，果期7～8月。

▶ 分布区

产我国陕西、甘肃、四川、云南、贵州、湖南、湖北、江苏、浙江、江西、福建、广东、广西和台湾。世界各地均有栽培，为重要温带果树之一。

▶ 生态习性

生于山坡灌丛中、山谷疏林中或水边、沟底、路旁等处，适宜海拔400～2 600 m。对空气和土壤湿度要求较高，极不耐积水。

▶ 观赏特点

李树枝叶隽秀茂密，夏季可观果，秋季红叶可观，景观效果好。

▶ 园林应用价值

李树可作为游园小路及较窄道路的行道树；也宜于建筑物前、园路旁或草坪角隅、庭院中等处栽植，作为园景树，独立成景；李成片栽植营造出较有气势的景观，在公园的山坡地及外围可视范围内选择速生树种红叶李，营造风景林、防护林。

▶ 繁殖与培育特点

播种和嫁接是李常用的繁殖形式。也可作单干式培育。也可培育成盆景。

▶ 园林养护技术

栽植土壤只要土层较深，有一定的肥力，不论何种土质都可以生长。追肥应以勤施薄施，梢期多施为原则。夏剪主要将徒长枝进行摘心或短剪，并疏剪从主干、主枝萌发出来的徒长枝。冬剪主要是剪去枯枝、病虫枝、下垂拖地枝；主要病虫害有炭疽病、流胶病，蚜虫。

---

80 ▶ 紫叶李

▶ 名　称

中文名：紫叶李

学　名：*Prunus cerasifera* 'Pissardii'

别　名：红叶李、樱桃李

科属名：蔷薇科　李属

▶ 形态特征

落叶小乔木，高达4 m。叶卵状椭圆形或倒卵状椭圆形，叶急尖，锯齿钝，叶背脉腋具簇生毛，叶紫红；花单生，罕两朵并生，先花后叶或花叶同放，花梗长，花白色；果球形，熟时黄色、紫

色或红色，微被白霜。花期4月，果期8月。

◐分布区

原产亚洲西南部，中亚、天山、伊朗、小亚细亚、巴尔干半岛均有分布。现在我国华北地区广泛栽植。

◐生态习性

喜光，抗寒性较强；耐干旱，喜湿，但不耐积水，喜肥；对土壤要求不严，喜肥沃、湿润的中性或酸性沙质壤土，耐轻度盐碱，在轻度盐碱土中能正常生长。生长慢，耐修剪。

◐观赏特点

紫叶李幼叶鲜红、老叶紫红，常年异色叶；春季开花，花白色或白中带粉，小巧可爱，果实颜色丰富，黄色、紫色、红色，与紫叶交相辉映，甚是美丽。

◐园林应用价值

紫叶李树干通直，枝叶茂密，红叶终年可观，景观效果好，可作为游园小路及较窄道路的行道树；也宜于建筑物前、园路旁或草坪角隅、庭院中等处栽植，作为园景树，可独立成景；紫叶李成片栽植可营造出较有气势的景观，营造风景林、防护林等；小苗亦可片植做造型与其他植物配置，形成色带；枝叶茂密，对吸收、阻隔工矿区的噪音也有良好作用。

◐繁殖与培育特点

多采用无性繁殖，嫁接、扦插和压条是紫叶李常用的繁殖方法。由于紫叶李结果少，且种子繁殖易变异，因此常采用扦插、嫁接、压条等无性繁殖方法进行繁殖。嫁接和压条繁殖系数少，时间长，难以满足生产需要，而常采用硬枝或嫩枝扦插。可作单干苗、丛生苗培育。

园林养护技术

紫叶李喜光，应种植于光照充足处，切忌种植于背阴处和大树下，光照不足不仅植株生长不良，而且叶片发绿；从施肥的方面来看，紫叶李属于喜肥类植物，紫叶李不耐积水，宜栽种于高燥处；树形修剪时，宜留外枝（芽）扩大树冠，避免内堂枝过密滋生病虫害。紫叶李抗病性较强，常见病害有褐斑穿孔病、叶斑病和炭疽病，紫叶李主要虫害有红蜘蛛、刺蛾、介壳虫等。

81 ▶ 稠 李

◐名 称

中文名：稠李

学 名：*Padus avium* Mill.

别 名：臭耳子、臭李子

科属名：蔷薇科 李属

▶ 形态特征

落叶乔木，高 15 m。树皮粗糙而多斑纹，老枝紫褐色或灰褐色；小枝幼时被短茸毛，以后脱落无毛。叶椭圆形到长圆状倒卵形，先端尾尖，基部圆或宽楔形，有不规则锐锯齿。总状花序，基部有 2～3 片叶；萼筒钟状；萼片三角状卵形，有带腺细锯齿，花瓣白色，长圆形；雄蕊多数；核果卵圆形，红褐色至黑色。花期 4～5 月，果期 5～10 月。有垂枝、花叶、大花、小花、重瓣、黄果和红果等变种，供观赏用。

▶ 分布区

产于中国黑龙江、吉林、辽宁、内蒙古、河北、山西、河南、山东等省。朝鲜、日本、俄罗斯也有分布，在欧洲和北亚长期栽培。

▶ 生态习性

性喜光，尚耐阴，耐寒性极强，喜湿润土壤，在河岸沙壤土上生长良好，常生于山坡、山谷或灌丛中，海拔 880～2 500 m。

▶ 观赏特点

稠李树形优美，花叶精致。春季具有较大型的总状白色花序，花小而量大夏秋枝叶间缀以黑或紫红色的果实，秋季叶为黄红色，是园林中常用的优良树种。

▶ 园林应用价值

稠李可孤植、丛植，作园景树或行道树。稠李的花朵美丽，花序比较长，叶子会变色，果实可以吸引鸟儿。亦可将稠李和其他品种的树木进行搭配栽植，会产生很棒的园林生态效果。

◉ 繁殖与培育特点

可以播种和扦插进行繁殖，播种法繁殖时，春播、秋播均可，幼苗移植多带宿土。扦插容易生根，且一般多采用硬枝扦插。稠李苗木根系发达，栽植成活率可达95%以上。可以进行单干式造型培养。

◉ 园林养护技术

稠李宜选择海拔700 m以上避风向阳、土壤肥沃的山麓、沟谷地带栽植；由于稠李冬芽春季萌动较早，所以春季造林宜早进行，4年后进行适当修枝，保持树冠占树高的三分之二。主要病害有炭疽病、流胶病、红点病，地上虫害为红蜘蛛、蚜虫，以危害叶片为主；地下虫害以蝼蛄为主。

萼筒圆筒形；萼片卵形至卵状长圆形；花瓣圆形至倒卵形，白色或带红色，具短爪；果实球形，稀倒卵形，直径约2.5 cm以上，白色、黄色至黄红色，常具红晕，微被短柔毛。花期3～4月，果期6～7月。

◉ 分布区

原产于中国新疆，现产于全国各地，世界各地均有栽培，在新疆伊犁一带野生成纯林或与新疆野苹果林混生，海拔可达3 000 m。

82 ▶ 杏 树

◉ 名　称

中文名：杏树
学　名：*Prunus armeniaca* L.
别　名：北梅、归勒斯，杏花
科属名：蔷薇科　李属

◉ 形态特征

乔木，高5～12 m；树冠圆形、扁圆形或长圆形；树皮灰褐色，纵裂；多年生枝浅褐色，一年生枝浅红褐色。叶片宽卵形或圆卵形，叶边有圆钝锯齿。花单生，先于叶开放；花萼紫绿色；

◉ 生态习性

喜光，耐旱，抗寒，抗风。喜干燥气候，忌水湿，湿度高时生长不良。对土壤要求不严。成枝力较差，不耐修剪。对氟化物污染敏感。根系发达，寿命可达百年以上。

◉ 观赏特点

杏在早春开花，先花后叶。大面积开花宛若烟霞。

▶园林应用价值

可作行道树、园景树。园林中可植于庭院、墙隅、路旁等，亦可在山坡、池畔、林缘等处作孤植、丛植、群植或片植等，或与苍松、翠柏配植，极具观赏性。亦可作杏花专类园。

▶繁殖与培育特点

杏是重要的经济林果树树种，以种子繁育为主，播种时种子需湿沙层积催芽；也可由实生苗作砧木嫁接繁育。一般作单干苗、丛干苗培育。

▶园林养护技术

幼树每年长枝短剪，密枝疏剪，树冠形成后一般不修剪。老树可截枝更新，移植宜在秋季进行。观赏树形以培养开心形树形为佳，在其生长期要进行修剪整形，避免徒长，影响其观赏性，同时

还要注意肥水管理。病虫害主要有杏褐腐病、杏疮痂病、杏虱子等，要注意防治。

83 ▶ 山 杏

▶名 称

中文名：山杏

学　名：*Prunus sibirica* L.

别　名：西伯利亚杏

科属名：蔷薇科　李属

▶形态特征

灌木或小乔木，高 2 ～ 5 m。小枝灰褐色或淡红褐色，无毛，稀幼时疏生柔毛。叶卵形或近圆形，长 4 ～ 7 cm，宽 3 ～ 5 cm，有细钝锯齿。花单生，先叶开放。花梗长 1 ～ 2 mm；花萼紫红色，萼筒钟形，萼片长圆状椭圆形；花瓣近圆形或倒卵形，白或粉红色；雄蕊几与

花瓣近等长。核果扁球形，熟时黄或橘红色。花期 3 ～ 4 月，果期 6 ～ 7 月。

分布区

主要分布于我国内蒙古、辽宁、北京、河北、陕西、山西、新疆、西藏等地区，多分布在海拔 700 ～ 2 000 m 的半干旱、半湿润的风沙平原、山地和丘陵地区。

生态习性

喜光、抗寒、耐旱、耐瘠薄、耐风沙，在零下 30 ～ 40℃可以安全越冬，在低温和盐渍化土壤上生长不良。常生于干燥向阳山坡上、丘陵草原或与落叶乔灌木混生。

观赏特点

山杏是北方优秀的观赏花木，非常具有地方特色。开花时节，繁花似雪似霞，素雅宜人，落叶后虬枝苍劲、傲立风雪，颇具梅之风骨。

园林应用价值

同杏树。

繁殖与培育特点

山杏通常用播种法繁殖；嫁接、扦插也可。一般作单干苗培育。

园林养护技术

施肥以有机肥为主，复合肥为辅。内部生长的旺枝，要及时疏除或重剪。调整丛状枝密度，把过密者疏除，以保证通风透光。病虫害有杏疔病、腐烂病、细菌性穿孔病、流胶病，天幕毛虫、金龟子、桃小食心虫等。

84 ▶ 桃

名 称

中文名：桃

学 名：*Prunus persica* (L.) Batsh

科属名：蔷薇科 李属

形态特征

落叶小乔木；树冠宽广而平展；小枝细长，绿色，向阳处转变成红色，具大量小皮孔；叶为窄椭圆形至披针形，长 15 cm，宽 4 cm，边缘有细齿，暗绿

色有光泽，叶基具有蜜腺；树皮暗灰色，随年龄增长出现裂缝；花单生，从淡至深粉红或红色，罕为白色，有短柄，直径 4 cm；近球形核果，表面有茸毛，肉质可食，为橙黄色泛红色，直径7.5 cm，有带深麻点和沟纹的核，内含白色种子。花期 3～4 月，果期 7～8 月。

▷分布区

原产中国，各省区广泛栽培。世界各地均有栽植。

▷生态习性

喜光，喜湿润温暖气候，喜疏松肥沃土壤。

▷观赏特点

早春开花，花朵繁密、鲜艳，花型花色较丰满。

▷园林应用价值

可孤植、对植、丛植等。在庭院、草坪、水际、林缘、建筑物前零星栽植也很合适。园林中宜成片植于山坡并以苍松翠柏为背景，可充分显示其娇艳之美。

▷繁殖与培育特点

播种、扦插嫁接繁殖。品种宜用营养繁殖，嫁接为主，可地接山桃。园林绿化用苗一般作开心形单干苗培育为好。

▷园林养护技术

桃花需一年施 2～3 次肥，秋季及早春花前最好施肥。桃花多修剪成自然开心形。病虫害主要有桃细菌性穿孔病、桃疮痂病、桃褐腐病、桃炭疽病、桃流胶病、根癌病、桃蚜、桃蛀螟等。

85 ▶ 山桃

◐ 名　称

中文名：山桃

学　名：*Prunus davidiana* (Carr.) Franch

别　名：花桃

科属名：蔷薇科　李属

◐ 形态特征

乔木，高可达 10 m；树冠开展，小枝细长，直立，老时褐色。叶片卵状披针形，先端渐尖，两面无毛，叶边具细锐锯齿；叶柄无毛，花单生，先于叶开放，花萼无毛；萼筒钟形；萼片卵形至卵状长圆形，紫色，花瓣倒卵形或近圆形，粉红色或白色，果实近球形，淡黄色，果肉薄而干，不可食，成熟时不开裂。花期 3 ～ 4 月，果期 7 ～ 8 月。

◐ 分布区

分布于中国山东、河北、河南、山西、陕西、甘肃、四川、云南等地。生于山坡、山谷沟底或荒野疏林及灌丛内，海拔 800 ～ 3 200 m。

◐ 生态习性

喜光，抗旱耐寒，又耐盐碱土壤，喜疏松肥沃的沙壤土或轻壤土。

◐ 观赏特点

花期很早，花时美丽可观，并有曲枝、白花、柱形等变异类型。夏日里枝繁叶茂，还可观红褐色油光发亮的树干。

◐ 园林应用价值

园林中宜成片植于山坡并以苍松翠柏为背景，方可充分显示其娇艳之美。在庭院、草坪、水际、林缘、建筑物前零星栽植也很合适。

◐ 繁殖与培育特点

播种、扦插繁殖，以播种繁殖为主，宜高垄播种，秋播或春播。一般作单干苗培育。

▶园林养护技术

山桃对氮、磷、钾的需要量比例约为 1：0.5：1，幼年树需注意控制氮肥的施用，否则易引起徒长，盛果期后增施氮肥，以增强树势。一般作自然树单干型或丛干式生长，适当提高分枝修剪。该种抗性强，病虫害较少。

86 ▶ 碧 桃

▶名 称

中文名：碧桃

学 名：Prunus persica 'Duplex'

别 名：千叶桃花、粉红碧桃

科属名：蔷薇科 李属

▶形态特征

落叶小乔木或灌木，高 3 ～ 8 m。树冠宽广而平展，树皮暗红褐色，老时粗糙呈鳞片状。叶片长圆披针形、椭圆披针形，长 7 ～ 15 cm，宽 2 ～ 3.5 cm，叶边具锯齿；花单生或两朵生于叶腋，先于叶开放，直径 2.5 ～ 3.5 cm，花梗极短，萼筒钟形，萼片卵形至长圆形，花瓣长圆状椭圆形，色彩丰富、品种多，雄蕊约 20 ～ 30，花药绯红色；果实卵形、宽椭圆形，淡绿白色至橙黄色。花期 3 ～ 4 月，果期为 8 ～ 9 月。

▶分布区

原产我国，各省区广泛栽培。世界各地均有栽植。

▶生态习性

喜阳光，稍耐阴，不耐潮湿的环境。喜欢气候温暖的环境，耐寒性好，能在 –25℃的自然环境安然越冬。喜排水良好的肥沃土壤。不喜欢积水，如栽植在积水低洼的地方，容易出现死苗。

▶观赏特点

碧桃是桃的变种，属于观赏桃花类的半重瓣及重瓣品种，统称为碧桃。花开满树、花色艳丽、烂漫芳菲，叶片稠密，叶色也因品种不同有深绿、浅绿、褐绿、深紫等；枝姿别致；为春季观花、夏季观叶的优良园林树种，全年均具有较高的观赏价值，在园林中是不可缺少的观赏树种。

◉园林应用价值

在园林绿化中被广泛用于湖滨、溪流、道路两侧和公园等绿地中；亦可点缀庭院、私家花园等。部分品种可用于切花和制作盆景。

◉繁殖与培育特点

嫁接繁殖，一般山桃或单瓣榆叶梅作砧木。一般作单干苗培育。

◉园林养护技术

碧桃喜干燥向阳的环境，栽植时要选择地势较高且无遮阴的地点，不宜栽植于沟边及池塘边，也不宜栽植于树冠较大的乔木旁，以免影响其通风透光。碧桃耐旱，怕水湿，一般除早春及秋末各浇一次开冻水及封冻水外，其他季节不用浇水。碧桃一般在花后修剪。结合整形将病虫枝、下垂枝、徒长枝条剪掉，坚持"随树作形，因枝修剪"的原则。病虫害主要有白锈和流胶病、缩叶病、蚜虫、红蜘蛛、介壳虫等。

87 ▶ 帚 桃

◉名 称

中文名：帚桃

学 名：*Prunus persica* 'Pyramidalis'

别 名：日本丽桃、塔形碧桃、照手桃

科属名：蔷薇科 李属

◉形态特征

落叶小乔木，树形窄塔形或窄圆锥形。树型高大，树冠窄高，枝条直上，分枝角度小。植株直立生长，故又名"直立形桃花"或"扫帚形桃花"，株型紧凑，整齐美观，自然生长，不用精细修剪，管理简单。花重瓣，色彩鲜艳，着花繁密，颜色艳丽，有粉红、绿、大红等。花期3～4月，果期为8～9月。

◉分布区

在中国、日本、美国等地均有栽植。

◉生态习性

喜光，耐旱抗寒，喜沙质土壤，不耐水湿，抗逆性强，宜种植在阳光充足、

土壤沙质的地方。

◎ 观赏特点

花开满树，花色艳丽，叶片稠密，枝姿别致是优良的观赏树木。

◎ 园林应用价值

帚桃观赏价值高，适宜做环境及庭院美化。宜片植或群植，园林绿化中更适合在行道树及高速公路隔离带栽植。也可盆栽。

◎ 繁殖与培育特点

嫁接繁殖。一般作单干苗培育。

◎ 园林养护技术

可植于阳光充足、通风良好处，但不宜植于树冠较大的乔木下面，以免影响通风透光，也不宜种植于低洼积水处，以免因积水造成烂根。开花前后、秋后各施一次腐熟的有机肥。帚桃的抗病害能力较弱，易发生的病虫害主要有褐斑病、缩叶病、蚜虫、介壳虫、红蜘蛛、卷叶蛾等。

88 ▶ '紫叶'桃

◎ 名　称

中文名：'紫叶'桃

学　名：*Prunus persica* 'Atropurpurea'

别　名：红叶碧桃、紫叶碧桃

科属名：蔷薇科　李属

◎ 形态特征

落叶小乔木，株高 3 ～ 5 m，树皮灰褐色，小枝红褐色。单叶互生，卵圆状披针形，幼叶鲜红色。嫩叶紫红色，后渐变为近绿色。花单瓣或重瓣，粉红或大红色。可进一步细分为紫叶桃（单瓣粉花）、紫叶碧桃（重瓣粉花）、紫叶红碧桃（重瓣红花）和紫叶红粉碧桃（重瓣红、粉二色花）等品种。核果球形，果皮有短茸毛。

▶分布区

原产我国，各省区广泛栽培。世界各地均有栽植。

▶生态习性

喜光，喜排水良好的土壤，耐旱怕涝，淹水3～4天就会落叶，甚至死亡；喜富含腐殖质的砂壤土及壤土。

▶观赏特点

花开满树、花色艳丽、烂漫芳菲；叶片春、夏、秋均为紫红色，观赏效果很好。

▶园林应用价值

紫叶桃观赏价值高，主要用作园景树。宜列植、对植、片植或群植。

▶繁殖与培育特点

常采用嫁接繁殖。砧木以山桃为主。

▶园林养护技术

同桃。在阳光充足的地方色泽更加鲜艳。紫叶桃的病害主要有白锈病和缩叶病。

89 ▶ 白花山碧桃

▶名　称

中文名：白花山碧桃

学　名：*Prunus persica* 'Baihua Shanbitao'

科属名：蔷薇科　李属

▶形态特征

树体高大，枝形开展。树皮光滑，深灰色或暗红褐色。小枝细长，黄褐色。叶绿色，椭圆披针形，叶缘细锯齿。花白色，花蕾卵形，花瓣卵形，复瓣，梅花形，花瓣数18枚；雄蕊数平均73.5，雄蕊与花瓣近等长，花药黄色；无雌蕊；着花密；萼片绿色，卵状；花丝和萼片均有瓣化现象。花期在所有桃

花品种中最早，在北京地区 4 月上旬即可盛花。

▶ 分布区

华北及西北地区广泛栽培。

▶ 生态习性

喜光，耐寒，耐旱，较耐盐碱，忌水湿。

▶ 观赏特点

花开满树、洁白如雪，是春季优良的观花树木。

▶ 园林应用价值

可作为园景树种植。可孤植、列植、对植、片植或群植；亦可与苍松翠柏配置效果更佳。

▶ 繁殖与培育特点

采用嫁接的方法进行繁殖，可以保持该品种的性状特征。北京地区可在 6 月进行芽接，以山桃为砧木，成活率可达 95%。宜种植在阳光充足、土壤沙质的地方；不宜进行大规模的修剪，尽可能保留自然的树体结构，只需对残枯枝做及时修剪即可。一般作单干苗培育。

▶ 园林养护技术

同碧桃。

90 ▶ 日本晚樱

▶ 名　称

中文名：日本晚樱

学　名：*Prunus lannersiana* Carri.

别　名：矮樱、重瓣樱花

科属名：蔷薇科　李属

▶ 形态特征

乔木，高 3～8 m，树皮灰褐色或灰黑色，有唇形皮孔。叶片卵状椭圆形或倒

卵椭圆形，长 5 ～ 9 cm，宽 2.5 ～ 5 cm，边有重锯齿，齿尖有小腺体；叶柄无毛，先端有 1 ～ 3 圆形腺体；托叶线形，边有腺齿，早落。伞房花序总状或近伞形，有花 2 ～ 3 朵；总苞片褐红色，倒卵长圆形；苞片褐色或淡绿褐色，边有腺齿；萼筒管状，萼片三角披针形；花瓣粉色，倒卵形。核果球形或卵球形，紫黑色。园艺品种极多，是著名的观赏植物。花期 4 ～ 5 月，果期 6 ～ 7 月。

◎ 分布区

原产于日本，在伊豆半岛有野生，日本庭园中常见栽培；中国引入栽培，主要分布在华北至长江流域。

◎ 生态习性

喜光，既不耐旱也不耐涝，喜湿润而不积水的环境，喜肥沃而不耐瘠薄，有一定的耐盐碱力，适合种植在透水、透气性好的沙质壤土中。

◎ 观赏特点

日本晚樱开花大，并且具有芳香，开花的时候，满树花朵，有种繁花似锦的感觉。一般来讲，将美丽的日本晚樱进行群植，可以充分地发挥它的观赏作用。

◎ 园林应用价值

日本晚樱宜成片种植或大棵的孤植作为园景树，不管是在风景园林中，还是在庭院或者道路旁作行道树，皆可营造不一样的自然风景。

◎ 繁殖与培育特点

日本晚樱可用扦插、嫁接等法繁殖。一般作单干苗培育。

◎ 园林养护技术

在春季种植日本晚樱最好带土球，栽种时要施入适量经腐熟发酵的圈肥做基肥，基肥要与底土充分拌匀，以免发生肥害。萌芽前浇一次返青水，此次浇水必需浇足浇透。入冬前应结合施肥浇足浇透防冻水，具体时间以当年的气温情况来定。危害日本晚樱的常见病虫害有：根瘤病、炭疽病、褐斑穿孔病、茶翅蝽、桃蚜、红肾目盾蚧、朝鲜褐球蚧、黄刺蛾等。

91 ▶ 梅 花

◎ 名 称

中文名：梅花

学 名：*Prunus mume* Sieb.

别 名：酸梅

科属名：蔷薇科 李属

◎ 形态特征

小乔木，稀灌木，高 4 ～ 10 m；树皮浅灰色或带绿色，平滑；小枝绿色，光滑无毛。叶片卵形或椭圆形，长 4 ～ 8 cm，宽 2.5 ～ 5 cm，先端尾尖，基部宽楔形至圆形，叶边常具小锐锯齿，灰绿色，幼嫩时两面被短柔毛，成长时逐渐脱落，或仅下面脉腋间具短柔毛。花单生或有

时2朵同生于1芽内，香味浓，先于叶开放；花瓣倒卵形，白色至粉红色；雄蕊短或稍长于花瓣。果实近球形，黄色或绿白色，被柔毛，味酸。花期冬春季，果期5～6月。

▶ 分布区

我国各地均有栽培。

▶ 生态习性

梅喜温暖、湿润的气候，在光照充足、通风良好条件下能较好生长，对土壤要求不严，耐瘠薄、半耐寒，怕积水。

▶ 观赏特点

梅花的花色有紫红、粉红、淡黄、淡墨、纯白等多种颜色，是中国传统名花之一。赏梅贵在"探"字，品赏梅花一般着眼于色、香、形、韵、时等方面。

▶ 园林应用价值

园林中可植于庭院、墙隅、路旁等，或在山坡、池畔、林缘等处作孤植、丛植、群植或片植等，亦可作梅花专类园。也可作远景树、盆景。

▶ 繁殖与培育特点

梅的繁殖以嫁接为主，也可用扦插法和压条法。嫁接是中国繁殖梅花常用的一种方法，嫁接苗生长发育快，开花早，能保持原种的优良特性。嫁接砧木可选用桃、山桃、杏、山杏及梅的实生苗，一般提倡用杏、山杏、梅三者的种子培育1～2年实生苗，再作为砧木用于嫁接。

▶ 园林养护技术

依据梅花生态习性，露地栽植亦选择土质疏松、排水良好、通风向阳的高燥地，成活后一般天气不旱不必浇水。每年施肥3次，入冬时施基肥，以提高越冬防寒能力及备足明年生长所需养分，花前施速效性催花肥，新梢停止生长后施速效性花芽肥，以促进花芽分化，每次施肥都要结合浇水进行。冬季北方应采取适当措施进行防寒。修剪以疏剪为主，最好整成美观自然的开心形，截枝时以略微剪去枝梢的轻剪为宜，过重易导致徒长，影响来年开花。多于初冬修剪枯枝、病枝和徒长枝，花后对全株进行适当修剪整形。此外，平时应加强管理，注意中耕、灌水、除草、防治病虫害等。

92 ▶ 杏 梅

▶ 名 称

中文名：杏梅

学　名：*Prunus mume* var. *bungo*

别　名：欧梅、丰后梅

科属名：蔷薇科　李属

▶ 形态特征

　　落叶小乔木，小枝细长，绿色光滑；叶卵形或椭圆状卵形，长 4～7 cm，先端尾尖或渐尖，基部广楔形至近圆形，锯齿细尖，无毛；花通常单生，淡粉红色或近白色，花萼 5，反曲，花托肿大，梗短，不香或微香，3～4 月开花。果球形，直径 2～3 cm，具纵沟，黄色或带红晕，近光滑，果核两侧扁，平滑，果期 5～6 月。

▶ 分布区

　　国内华北，华中，西南及西北部分地区有栽培。

▶ 生态习性

　　喜光、具有较强的抗寒性、耐旱、耐瘠薄。

▶ 观赏特点

　　杏梅系的梅花观赏价值高，花径大、花色亮且花期长。品种有单瓣的'北杏梅'，半重瓣或重瓣的'丰后''送春'等。

▶ 园林应用价值

　　杏梅为春季重要的观花植物，它生长强健，病虫害较少，特别是具有较强的抗寒性，能在北京等地安全过冬，故是北方建立梅园的良好梅品。杏梅是一

个值得推广的梅花品系。优点是杏梅的花期大且多介于中花品种与晚花品种之间，若梅园植之，则可在中花与晚花品种间起衔接作用。也可作行道树、园景树。

▶ 繁殖与培育特点

通常用播种法繁殖；嫁接、扦插也可。一般作单干苗、丛干苗培育。

▶ 园林养护技术

施肥以有机肥为主，复合肥为辅。及时疏除或重剪枯枝、病枝和徒长枝。病虫害主要有杏疔病、腐烂病、细菌性穿孔病、流胶病、天幕毛虫等。

93 ▶ 美人梅

▶ 名 称

中文名：美人梅

学 名：*Prunus×blireana* 'Meiren'

别 名：樱李梅

科属名：蔷薇科 李属

▶ 形态特征

落叶小乔木或灌木。园艺杂交种，由重瓣粉型梅花与红叶李杂交而成。叶片卵圆形，长 5 ～ 9 cm，紫红色，叶柄长 1 ～ 1.5 cm，叶缘有细锯齿，叶被生有短柔毛，花色浅紫，重瓣花，先叶开放，萼筒宽钟状，萼片 5 枚，近圆形至扁圆，花瓣 15 ～ 17 枚，小瓣 5 ～ 6 枚，花

梗 1.5 cm，雄蕊多数，紫红色。花粉红色，繁密，先花后叶。花期 3 ～ 4 月，果期 5 ～ 6 月。

▶ 分布区

国内有引种栽培。华北、西北、华中等都有栽培。

▶ 生态习性

喜光，不耐阴，抗寒性强，抗旱性较强，喜空气湿度大，不耐水涝，对土

壤要求不严，以微酸性的黏壤土为好。不耐空气污染，对氟化物、二氧化硫和汽车尾气等比较敏感。

观赏特点

美人梅早春，花先叶开放，猩红色的花朵布满全树，绚丽夺目。作为梅中稀有品种，不仅在于其花色美观，而且还可观赏枝条和叶片，一年四季枝条红色、亮红的叶色和美丽的枝条给少花的季节增添了一道亮丽的风景。

园林应用价值

园林中可植于庭院、墙隅、路旁等，可孤植、片植或与绿色观叶植物相互搭配栽植，亦可作梅花专类园。也可作远景树或盆景。

繁殖与培育特点

采用扦插、压条的方法繁殖。一般作单干苗、丛干苗、造型苗培育。

园林养护技术

美人梅对土壤要求不严，轻黏土、壤土和沙壤土均能正常生长，其中壤土生长最好。美人梅有一定的耐寒力，但也应尽量种植在背风向阳处。不耐水湿，应种于高燥处，不宜植于低洼处和池塘边，在草坪中种植也应适当抬高地势；喜肥。在其花芽分化期可施一些氮磷钾复合肥，此后不再施肥。

94 ▶ 合 欢

名 称

中文名：合欢

学 名：*Albizia julibrissin* Durazz.

别 名：马缨花、绒花树、鸟绒树

科属名：豆科 合欢属

形态特征

落叶乔木，高可达 16 m，树冠开展；小枝有棱角，嫩枝、花序和叶轴被茸毛或短柔毛；二回羽状复叶，总叶柄近基部及最顶一对羽片着生处各有 1 枚腺体；小叶 10 ～ 30 对，线形至长圆形，向上偏斜，先端有小尖头，有缘毛；头状花序于枝顶排成圆锥花序；花粉红色；花萼管状；花冠裂片三角形，花萼、花冠外均被短柔毛；荚果带状，嫩荚有柔毛，老荚无毛。花期 6 ～ 7 月，果期 8 ～ 10 月。

分布区

产我国东北至华南及西南部各省区。非洲、中亚至东亚均有分布；北美亦有栽培。

生态习性

合欢生长迅速。性喜光，喜温暖、耐寒、耐旱、耐土壤瘠薄及轻度盐碱，不耐涝。对二氧化硫、氯化氢等有害气体有较强的抗性。虽喜光，但夏季要遮光以免将树干和叶片晒伤。

▶观赏特点

树形挺拔高大，树冠广阔开张如伞，叶纤细如羽，开花如绒簇，十分可爱。

▶园林应用价值

合欢是优美的庭荫树和行道树，植于房前屋后及草坪、林缘均相宜。可用作园景树、行道树、风景区造景树、滨水绿化树、工厂绿化树和生态保护树等。

▶繁殖与培育特点

可以播种繁殖，于9～10月间采种，采种时要选择籽粒饱满、无病虫害的荚果。开沟条播，沟距60 cm，覆土2～3 cm，播后保持畦土湿润，约10天发芽。1 hm² 用种量约150 kg。苗出齐后，应加强除草松土追肥等管理工作。第2年春或秋季移栽，株距3～5 m。移栽后2～3年，每年春秋季除草松土，以促进生长。春季育苗，播种前将种子浸泡8～10 h后取出播种。合欢作单干苗培养。

▶园林养护技术

合欢耐贫瘠能力比较强，并且具有改善土壤的能力，其根部长着很多的根瘤菌，但最适合它生长的是沙质土壤；具有较强的耐寒能力，可以抵抗 –10℃的低温，喜光，在太阳光充足的环境下，叶片颜色会更鲜艳，且有利于开花，但应避免叶片被灼伤；怕涝，勿频繁浇水；夏、秋间有豆毛虫为害羽叶。

95 ▶ 红花刺槐

◎ 名　称

中文名：红花刺槐

学　名：*Robinia pseudoacacia f. decaisneana*

别　名：毛刺槐、江南槐

科属名：豆科　刺槐属

◎ 形态特征

　　高可达 15 m。奇数羽状复叶，小叶 7 ～ 19 枚，卵形或长圆形。总状花序腋生，花瓣粉红色很少结果。

◎ 分布区

　　广泛分布于全国各地。原产美国。

◎ 生态习性

　　喜光，耐寒，喜排水良好的土壤。红花刺槐系浅根性树种，不耐水湿，有一定抗旱能力，但在久旱不雨的严重干旱环境往往枯梢。对土壤要求不严，适应性很强。

◎ 观赏特点

　　红花刺槐树冠圆满，叶色鲜绿，花朵大而鲜艳，浓香四溢，素雅而芳香，在园林绿地中广泛应用。

◎ 园林应用价值

　　在园林中常作行道树，庭荫树。红花刺槐的适应性强，对二氧化硫、氯气、光化学烟雾等的抗性都较强，亦可作为防护林树种。

◎ 繁殖与培育特点

　　主要采用嫁接繁殖。通常以刺槐大苗作砧木行枝接。选直径 4 ～ 5 cm 的刺槐播种苗，截干后经过移植养根、养干，选做嫁接砧木。

◎ 园林养护技术

　　园林养护技术简单，主要注意除去砧木萌蘖枝及树形修剪即可。

96 ▶ 国槐

▶ 名　称

中文名：国槐

学　名：*Sophora japonicum* L.

别　名：槐、守宫槐，槐花木

科属名：豆科　槐属

▶ 形态特征

乔木，高达 25 m。树皮灰褐色，具纵裂纹；当年生枝绿色，无毛；羽状复叶；小叶对生或近互生、纸质、下面灰白色；圆锥花序顶生，金字塔形；花萼浅钟状；花冠白色或淡黄色，旗瓣近圆形，有紫色脉纹；雄蕊近分离；荚果串珠状，种子具肉质果皮，成熟后不开；种子卵球形，淡黄绿色，干后黑褐色。花期 7 ～ 8 月，果期 8 ～ 10 月。

▶ 分布区

原产中国，现南北各省区广泛栽培，华北和黄土高原地区尤为多见。日本、越南也有分布，朝鲜有野生，欧洲及美洲各国均有引种。

▶ 生态习性

国槐喜阳光，稍耐阴，对土壤要求不严，适应能力强，在石灰性、酸性及轻盐碱土上均能生长，但在干燥、贫瘠的山地及低洼积水处生长不良。

◎ 观赏特点

其树形高大端直、枝叶茂密、绿荫如盖，适作庭荫树；夏秋可观花，花色白或淡黄色。

◎ 园林应用价值

在园林中常用作园景树、行道树等。亦可配植于公园、建筑四周、街坊住宅区及草坪上，也极相宜。因耐修剪，寿命长，对硫污染物具有吸收和富集作用，是北方理想的行道树种，也常用于一些工厂、矿区的绿化。

◎ 繁殖与培育特点

繁殖方式有播种、埋根、枝条扦插。可作单干苗培育。

◎ 园林养护技术

根据需要可以整形修剪成自然开心形、杯状形和自然式合轴主干形3种树形。自然开心形即当主干长到3 m以上时定干，选留3～4个生长健壮、角度适当的枝条做主枝；杯状形即定干后同自然开心形一样留好3大主枝，冬剪时在每个主枝上选留2个侧枝短截，形成"3股6杈12枝"的杯状造型；自然式合轴主干形是指留好主枝后，以后修剪只要保留强壮顶芽、直立芽，养成健壮的各级分枝，使树冠不断扩大。国槐主要病害有白粉病、溃疡病和腐烂病，主要虫害有槐蚜、槐尺蠖、黏虫、美国白蛾、叶柄卷叶蛾等。

97 ▶ 龙爪槐

◎ 名 称

中文名：龙爪槐
学 名：*Sophora japonica* 'Pendula'
别 名：蟠槐、倒栽槐
科属名：豆科 槐属

◎ 形态特征

乔木，高达8 m，为槐的变形种。树皮灰褐色，具纵裂纹；当年生枝绿色，无毛，枝和小枝下垂，并向不同方向弯曲盘旋，形似龙爪；羽状复叶；小叶对生或近互生，纸质，卵状披针形或卵状长圆形；圆锥花序顶生，常呈金字塔形；花萼浅钟状；花冠白色或淡黄色，旗瓣近圆形；雄蕊近分离；荚果串珠状；种子卵球形，淡黄绿色。花期7～8月，果期8～10月。

◎ 分布区

产中国，现南北各省区广泛栽培，华北和黄土高原地区尤为多见。

生态习性

喜光，稍耐阴。能适应干冷气候。喜生于土层深厚，湿润肥沃、排水良好的沙质壤土。

观赏特点

龙爪槐枝叶下垂，枝干遒劲有力，树冠如伞，观赏价值高；花色白或淡黄色，芳香，开花季节，米黄色花序布满枝头，似黄伞蔽目，美丽可爱。可观姿、观花。

园林应用价值

龙爪槐姿态奇特，是优良的园林树种。宜孤植、对植、列植。常作为门庭、墙隅及道旁树或配置于绿地中作观赏树。若采用矮干盆栽观赏，使人感觉柔和潇洒。

繁殖与培育特点

可采用嫁接繁殖。常作单干苗及造型苗培育。

园林养护技术

同红花刺槐。

98 ▶ 蝴蝶槐

名 称

中文名：蝴蝶槐

学 名：*Sophora japonica* 'Oligophylla'

别 名：畸叶槐

科属名：豆科　槐属

▶ 形态特征

小叶 5～7 枚，常簇集在一起，大小和形状均不整齐，顶生小叶常 3 裂，侧生小叶下部常有大裂片，叶背有毛。

▶ 分布区

北京、河北、河南等地有栽培。

▶ 生态习性

蝴蝶槐喜阳光，稍耐阴，对土壤要求不严，适应能力强，在石灰性、酸性及轻盐碱土上均可生长，但在干燥、贫瘠的山地及低洼积水处生长不良。

▶ 观赏特点

树冠浓密，叶形奇特，似飞舞的蝴蝶。

▶ 园林应用价值

宜用做园景树，可孤植、列植、对植，作为景观树观赏。

▶ 繁殖与培育特点

常采用嫁接法繁殖，砧木用国槐，一般采取地接。

▶ 园林养护技术

园林养护技术同红花刺槐。

99 ▶ 皂荚

▶ 名 称

中文名：皂荚
学　名：*Gleditsia sinensis* Lam.
别　名：皂荚树、皂角、猪牙皂
科属名：豆科　皂荚属

▶ 形态特征

落叶乔木或小乔木，高可达 30 m。枝灰色至深褐色；刺粗壮，圆柱形。一回羽状复叶；小叶纸质，卵状披针形至长圆形，上面被短柔毛，下面中脉上稍被柔毛。花杂性，黄白色，总状

花序；花托深棕色，外被柔毛；萼片三角状披针形；花瓣长圆形；荚果带状；果瓣革质，棕红褐色，被白色粉霜。种子长圆形或椭圆形。花期 3～5 月；果期 5～12 月。

▶ 分布区

全国各地均有分布。

▶ 生态习性

皂荚喜光，稍耐阴，在微酸性、石灰质、轻盐碱土甚至黏土或砂土均能正常生长，属于深根性植物，具较强耐旱性，寿命可达六七百年。

▶ 观赏特点

皂荚树高大雄健，冠大荫浓，可观树姿；花型好看，荚果奇特，叶落满树，挂树时间长，可观果、观叶。

▶ 园林应用价值

皂荚由于其独特的观赏特点及耐热、耐寒抗污染等强适应性，适合作庭荫树、行道树；可孤植、列植或群植。其根系发达，耐旱节水，可用做防护林和水土保持林；皂荚树具有固氮、适应性广、抗逆性强等综合价值，是退耕还林的首选树种；用皂荚营造草原防护林能有效防止牧畜破坏，是林牧结合的优选树种。

▶ 繁殖与培育特点

主要为播种繁殖、扦插繁殖或嫁接繁殖金叶品种。可作单干式苗培育。

▶ 园林养护技术

皂荚树养护简单，主要要注意病虫害的防治。常见的病害有煤污病、白粉病。这两种病害，都需要加强水肥管理，特别是不能偏施氮肥，要注意营养平衡，在日常管理中，要注意株行距不能过小，树冠枝条也不能过密，应保持树冠的通风透光，还应注意蚜虫、皂荚幽木虱、蚧壳虫等的防治；可在冬季对植株喷洒 3～5 °Be，杀灭越冬蚧体。

100 ▶ 山皂荚（日本皂荚）

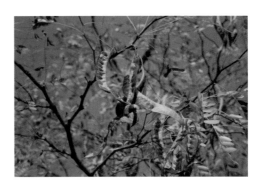

▶ 名 称

中文名：皂荚

学　名：*Gleditsia japonica* Miq.

别　名：日本皂荚、鸡栖子、乌犀树

科属名：豆科　皂荚属

▶ 形态特征

　　落叶乔木或小乔木，高达 25 m。小枝紫褐色或脱皮后呈灰绿色；刺略扁，粗壮。叶为一回或二回羽状复叶，纸质至厚纸质，卵状长圆形或卵状披针形至长圆形。花黄绿色，组成穗状花序；花序腋生或顶生，被短柔毛；雄花：深棕色，外面密被褐色短柔毛；花瓣4，椭圆形，

被柔毛；雌花：萼片和花瓣均为 4～5 枚，形状与雄花相似。子房无毛，花柱短，下弯，柱头膨大，2 裂；胚珠多数。荚果带形；种子多数，椭圆形，深棕色，光滑。花期 4～6 月；果期 6～11 月。

▶ 分布区

　　产辽宁、河北、山东、河南、江苏、安徽、浙江、江西、湖南及陕西等地。

▶ 生态习性

　　山皂荚喜光，稍耐阴，具较强耐旱性。

▶ 观赏特点

　　山皂荚树高大雄健，冠大荫浓，可观树姿；花型好看，荚果奇特，叶落满树，挂树时间长，可观果、观叶。

▶ 园林应用价值

　　同皂荚。

▶ 繁殖与培育特点

　　主要为种子繁殖、扦插繁殖、嫁接繁殖。可作单干式苗培育。

▶园林养护技术

同皂荚，可结合园林应用适当进行修剪。常见病虫害有蝼蛄、蛴螬、地老虎、立枯病、叶枯病等。

101▶ 桂香柳（沙枣）

▶名　称

中文名：沙枣

学　名：*Elaeagnus angustifolia* L.

别　名：沙枣

科属名：胡颓子科　胡颓子属

▶形态特征

落叶乔木，高达 10 m。叶薄纸质，披针形，先端钝尖，基部宽楔形，上面幼时被银白色鳞片，成熟后部分脱落，带绿色，下面灰白色，密被银白色鳞片，有光泽，侧脉不明显；叶柄银白色。花银白色，直立或近直立，芳香；萼筒钟形，裂片宽卵形或卵状长圆形；花盘圆锥形，

无毛，包花柱基部。果椭圆形，粉红色，密被银白色鳞片；果肉乳白色，粉质。花期 5～6 月，果期 9 月。

▶分布区

在我国辽宁、河北、山西、河南、陕西、甘肃、内蒙古、宁夏、新疆、青海有栽培，亦有野生。分布于苏联、中东至欧洲。

▶生态习性

本种适应力强，山地、平原、沙滩、荒漠均能生长；对土壤、气温、湿度要求不甚严格。

▶观赏特点

幼枝叶和花果均密被银白色鳞片，在绿树和其他彩叶树的衬托下更显亮眼。是观花、观果和观叶树种。

▶园林应用价值

沙枣由于其独特的叶色可作园景树。可孤植、丛植或群植，均有极高的观赏性。又因其根蘖性强，能保持水土，抗风沙，防止干旱，调节气候，改良土壤，常用来营造防护林、防沙林、用材林和风景林。

◉ 繁殖与培育特点

可播种繁殖，做单干式或丛干式苗培育。

◉ 园林养护技术

园林管理较粗放，注意加强修剪保持树形美观即可。常见虫害有沙枣木虱。

102 ▶ 翅果油树

◉ 名　称

中文名：翅果油树

学　名：*Elaeagnus mollis* Diels

别　名：毛褶子、贼绿柴、仄棱蛋

科属名：胡颓子科　胡颓子属

◉ 形态特征

落叶直立乔木或灌木，高 2～10 m。幼枝灰绿色，密被灰绿色星状茸毛和鳞片，老枝栗褐色或灰黑色；叶纸质，稀膜质，卵形或卵状椭圆形，上面深绿色，下面灰绿色。花灰绿色，下垂，芳香，密被灰白色星状茸毛；常 1～3(5) 花簇生幼枝叶腋；萼筒钟状，在子房上骤收缩，裂片近三角形或近披针形，顶端渐尖或钝尖；雄蕊 4，花药椭圆形；花柱直立，上部稍弯曲，下部密生茸毛。果实近圆形或阔椭圆形，翅状。花期 4～5 月，果期 8～9 月。

◉ 分布区

主要分布在山西和陕西。生于海拔 700～1 300 m 的阳坡和半阴坡的山沟谷地和潮湿地区。

◉ 生态习性

喜半阴，耐高温，耐寒，耐瘠薄，抗风，不耐水湿，适宜在干旱地区生长，喜生于土层深厚肥沃的沙壤土。根系发达，具根瘤，萌蘖力强。

◉ 观赏特点

翅果油树发芽早，落叶晚，其花为乳白色，在 4 月底至 5 月初盛开，花繁叶茂，可作为城市园林的观赏植物。其果实美观，形似"宫灯"，观赏价值高。

◉ 园林应用价值

翅果油树常作为中层园景树应用，可孤植、片植或与岩石配置均可；它还是一种保持水土，绿化荒山的先锋树种。

▶ 繁殖与培育特点

常通过播种繁殖。翅果油树种子寿命较短，不宜久藏。晚秋地封冻前，选择比较平缓的山地，将水选过后的种子开沟条播，翌年春发芽。一年生苗高可达 50～80 cm，秋季即可出圃造林。用嫩枝扦插亦可繁殖。常作为单干苗或丛干苗培育。

▶ 园林养护技术

为了保证翅果油树苗木栽植以后健康生长，必须要进行科学的土、肥、水综合管理措施，重点做好松土除草、施肥灌溉、病虫害防治等工作。在苗木整个生长期内，要进行 3～6 次中耕松土。灌溉可在树木发芽前后、果实膨大期和土壤封冻前进行，具体次数要结合当地降水和土壤条件确定。翅果油树主要病虫害是金龟子。

103 ▶ 沙棘

▶ 名　称

中文名：沙棘

学　名：*Hippophae rhamnoides* L.

别　名：醋柳、黄酸刺、酸刺柳

科属名：胡颓子科　沙棘属

▶ 形态特征

落叶灌木或乔木，高 1～5 m，棘刺较多，粗壮，顶生或侧生；嫩枝褐绿色，密被银白色而带褐色鳞片，老枝灰黑色，粗糙；芽大，金黄色或锈色；单叶近对生，纸质，狭披针形或矩圆状披针形，上面绿色，下面银白色或淡白色；无花瓣，花萼 2 裂，淡黄色；核果球形，橙黄色或橘红色；种子小，阔椭圆形至卵形，黑色或紫黑色，具光泽。花期 4～5 月，果期 9～10 月。

▶ 分布区

分布于河北、内蒙古、山西、陕西、甘肃、青海、四川西部，中国黄土高原极为普遍。常生于海拔 800～3 600 m 温带地区向阳的山崎、谷地、干涸河床地或山坡，多砾石或沙质土壤或黄土上。

▶ 生态习性

沙棘喜光，耐寒，耐酷热，耐风沙，对土壤适应性强，沙棘极耐干旱，极耐贫瘠，为植物之最。

▶ 观赏特点

枝叶繁茂而有刺，秋季满树橙黄色或橘红色小球果挂满枝头，很美观，具有一定的观赏价值。

▶ 园林应用价值

常作为花灌木、刺篱、果篱应用。也可孤植、群植作园景树。亦是防风固沙，保持水土，改良土壤的优良树种。

▶ 繁殖与培育特点

繁殖方式有播种繁殖、扦插繁殖等。扦插繁殖插条选择中等成熟的生长枝，插期以6月中旬至8月末为好。第2年春移植，用1～2年生无性繁殖苗造林，栽植密度以密植为好。对果实成熟期不同的类型或品种，可分片栽植，便于管理。常作为单干苗、丛干苗培育或造型篱培育。

▶ 园林养护技术

沙棘长到2～2.5 m高时需要剪顶，修剪的要点是：打横不打顺，去旧要留新，密处要修剪，缺空留旺枝，清膛截底修剪好，树冠圆满产量高；要及时清理剪除病枝、死枝，刮除病皮，并在其刀剪伤口处及时涂抹愈伤防腐膜。在花蕾期、幼果期和果实膨大期，可喷施壮果蒂灵，增粗果蒂，加大营养输送量。

沙棘主要病害是干缩病，常见的害虫有春尺蠖、苹小卷叶蛾、沙棘蚜虫和蛀干害虫、柳蝙蛾等。

104 ▶ 紫 薇

▶ 名 称

中文名：紫薇

学 名：*Lagerstroemia indica* L.

别 名：千日红、无皮树、百日红

科属名：千屈菜科　紫薇属

▶ 形态特征

落叶灌木或小乔木，高达7 m。树冠不整齐；树皮灰或淡褐色，薄片状剥落后干特别光滑；枝干多扭曲，小枝纤细。叶对生或近对生、纸质、椭圆形、宽长圆形或倒卵形。花淡红、紫色或白

色，常组成顶生圆锥花序；花梗被柔毛；花萼平滑无棱；花瓣皱缩，具长爪。蒴果椭圆状球形或宽椭圆形。花期 6 ～ 9 月，果期 10 ～ 11 月。

◎ 分布区

全国各地均有分布。原产亚洲，现广植于热带地区。在延安市区，背风向阳小气候较好的环境内有少量分布。

◎ 生态习性

喜暖湿气候，喜光，略耐阴，喜肥，尤喜深厚肥沃的沙质壤土，好生于略有湿气之地或肥沃湿润的碱性土壤上，亦耐干旱，忌涝，忌种在地下水位高的低湿地方，能抗寒，萌蘖性强。具有较强的抗污染能力，对二氧化硫、氟化氢及氯气的抗性较强。寿命长，树龄有达 200 年的。

◎ 观赏特点

紫薇是形、干、花皆美而具很高观赏价值的树种。其树姿优美、树干光滑洁净、花色艳丽，开花时正当夏秋少花季节，花期极长，由 6 月可开至 9 月，固有"百日红"之称；春季新芽嫩叶红润鲜亮，以后逐渐呈绿色，晚秋又转为红色，冬季落叶后枝干虬曲苍劲，富有阳刚之美，可谓一年四季各不同，极富变化。

◎ 园林应用价值

紫薇作为优秀的观花乔木，孤植于园林中，独树亦成景，亦可列植、片植、对植、丛植、群植等。在园林绿化中，被广泛用于公园绿化、庭院绿化、道路绿化、街区城市等，可栽植于建筑物前、院落内、池畔、河边、草坪旁及公园中小径两旁均很相宜。亦可制作盆景观赏。

◎ 繁殖与培育特点

紫薇可用分蘖、扦插和播种等方法繁殖。

◎ 园林养护技术

紫薇栽培管理粗放，但要及时剪除枯枝、病虫枝，并烧毁。合理安排种植密度、加强施肥，注意排水、控制湿度、及时修剪、秋耕，使其透光透风、必要时结合杀虫剂等防治。紫薇病害主要有白粉病、煤污病、紫薇褐斑病、紫薇绒蚧等。

105 ▶ 八角枫

◎ 名　称

中文名：八角枫

学　名：*Alangium chinense* (Lour.) Harms

别　名：枢木、华瓜木、豆腐柴

科属名：八角枫科　八角枫属

◎ 形态特征

落叶乔木或灌木，高 3 ～ 5 m。小枝略呈"之"字形，幼枝紫绿色；叶纸质，近圆形或椭圆形、卵形，顶端短锐尖或钝尖，不分裂或 3 ～ 7 (～ 9) 裂，裂片短锐尖或钝尖，叶上面深绿色，下面淡绿色；基出脉 3 ～ 5 (～ 7)，成掌状，侧脉 3 ～ 5 对。聚伞花序腋生，被稀疏微柔毛；小苞片线形或披针形；花冠圆筒形；花瓣 6 ～ 8，线形，上部开花后反卷，外面有微柔毛，初为白色，后变黄色；花盘近球形；核果卵圆形，幼时绿色，成熟后黑色。花期 5 ～ 7 月，果期 7 ～ 11 月。

◎ 分布区

产我国大部分省区；东南亚及非洲东部各国也有分布，生于海拔 1 800 m 以下的山地或疏林中。

◎ 生态习性

阳性树，稍耐阴，对土壤要求不严，喜肥沃、疏松、湿润的土壤，具一定耐寒性，萌芽力强，耐修剪，根系发达，适应性强。

◎ 观赏特点

八角枫株丛宽阔，叶大且形状较美，花期较长，可供园林观赏。主要观叶。

◎ 园林应用价值

八角枫在园林应用中可孤植、列植、丛植或对植，亦可栽植在建筑物的四周。且因其根部发达，适宜于山坡地段造林，对涵养水源，防止水土流失有良好的作用。

◎ 繁殖与培育特点

繁殖方法有播种和扦插。可作单干式、丛干式苗培育。

◎ 园林养护技术

管护粗放，主要是加强修剪，保持其观赏树形。

106 ▶ 山茱萸

◎ 名　称

中文名：山茱萸

学　名：*Cornus officinalis* Sieb. et Zucc.

别　名：对节子、大山胡椒、红枣皮

科属名：山茱萸科　山茱萸属

▶ 形态特征

落叶乔木或灌木，高 4 ～ 10 m。树皮灰褐色，片状剥裂。冬芽顶生及腋生，卵形至披针形。叶对生，纸质、卵状披针形或卵状椭圆形，先端渐尖，基部宽楔形或近于圆形，全缘，上面绿色，下面浅绿色，中脉在上面明显，下面凸起，侧脉 6 ～ 7 对，弓形内弯。伞形花序生于枝侧，总苞片 4，卵形，带紫色；总

花梗粗壮；花小、两性、先叶开放；花瓣舌状披针形，黄色；花托倒卵形；花梗纤细，密被疏柔毛。核果长椭圆形，红色至紫红色。花期 3 ～ 4 月，果期 9 ～ 10 月。

▶ 分布区

产山西、陕西、甘肃、山东、江苏、浙江、安徽、江西、河南、湖南等省，在四川有引种栽培，朝鲜、日本也有分布。生于海拔 400 ～ 1 500 m，稀达 2 100 m 的林缘或森林中。

▶ 生态习性

山茱萸为暖温带阳性树种，抗寒性强，较耐阴，喜充足的光照，宜栽于排水良好，富含有机质、肥沃的沙壤土中。在自然界多生于山沟、溪旁或向阳山坡灌丛中。

▶ 观赏特点

山茱萸先花后叶，春季黄花挂满枝头，可观花；秋季红果累累，绯红欲滴，艳丽悦目，为秋冬季观果佳品。

▶ 园林应用价值

山茱萸应用于园林绿化很受欢迎，在庭园或其他绿地内可孤植、列植、群植或片植，景观效果十分美丽，亦可与岩石配置。盆栽观果可达 3 个月之久，在花卉市场十分畅销。

▶ 繁殖与培育特点

可采用种子繁殖、压条繁殖、扦插

繁殖和嫁接繁殖。可作单干式或丛干式苗培育。

▶园林养护技术

　　幼树以整形为主，修剪为辅。主要病虫害有角斑病、炭疽病、白粉病、灰色膏药病、蛀果蛾、大蓑蛾、木橑尺蠖、叶蝉、囊蛾、介壳虫类、绿腿腹露蝗和刺蛾类。

107 ▶ 毛梾

▶名　称

中文名：毛梾
学　名：*Swida walteri* Sojak.
别　名：车梁木
科属名：山茱萸科　梾木属

▶形态特征

　　落叶乔木，高 6 ～ 15 m。树皮厚，黑褐色，裂成块状。幼枝对生，绿色，略有棱角，密被贴生灰白色短柔毛，老后黄绿色，无毛。叶对生、纸质、椭圆形至阔卵形，上面深绿色，下面淡绿色，中脉在上面明显，下面凸出，侧脉4(～ 5)对，弓形内弯，在上面稍明显，下面凸起。伞房状聚伞花序顶生，花密；花白色，有香味；花瓣4，长圆披针形；花丝线形，微扁，花药长圆卵形；花盘明显；花托倒卵形；花梗细圆柱形。核果球形，成熟时黑色；核骨质，扁圆球形。花期 5 月；果期 9 月。

▶分布区

　　全国各地均有分布。生于海拔 300 ～ 1 800 m，稀达 2 600 ～ 3 300 m 的杂木林或密林下。

▶生态习性

　　性喜阳光、耐旱、耐寒，喜深厚肥沃土壤，较耐干旱瘠薄，在中性、酸性、微碱性土上均能生长，深根性，萌芽性强。

▶ 观赏特点

枝干挺拔，枝叶秀丽，树形茂密；春末夏初压在枝顶的白色花序繁密如雪，有淡淡的花香在空气中缭绕，美不胜收；夏秋之季，黝黑的果实挂满树枝层层叠叠，自成一景；秋末冬初，叶果落尽，红色的果柄'站'在枝顶，远远望去，好似刚刚吐出的新芽鲜艳欲滴，与疏朗有致的枝条、遒劲有力的树干互相映衬，另有一种美感。

▶ 园林应用价值

毛梾木可作景观树、庭荫树或行道树。可孤植、列植或片植，广泛应用于园林绿化可中。

▶ 繁殖与培育特点

可播种、扦插繁殖，作单干式和多干式苗培育。

▶ 园林养护技术

毛梾木虽然耐旱，但充足的水分可以使其生长旺盛，树干高大。秋季应控制浇水，水大易导致植株徒长，不利于安全越冬；毛梾木喜肥，定植时可施用经腐熟发酵的牛马粪作基肥；毛梾木的常见病害主要有叶斑病，虫害主要有金龟子、蝼蛄等。

108 ▶ 灯台树

▶ 名 称

中文名：灯台树

学 名：*Cornus controversa* Hemsl

别 名：女儿木、六角树、瑞木

科属名：山茱萸科 灯台树属

▶ 形态特征

落叶乔木，高 6～15 m，稀达 20 m。树皮光滑，暗灰色或带黄灰色；枝开展，圆柱形，当年生枝紫红绿色，二年生枝淡绿色。叶互生，纸质，阔卵形、阔椭圆状卵形或披针状椭圆形，先端突尖，基部圆形或急尖，全缘，上面黄绿色，下面灰绿色，中脉在上面微凹陷，下面凸出。顶生伞房状聚伞花序，总花梗淡黄绿色，花小，白色，花瓣4，长圆披针形花梗淡绿色。核果球形，成

熟时紫红色至蓝黑色；核骨质，球形。花期5～6月，果期7～8月。

◉ 分布区

灯台树广泛分布于我国辽宁、陕西、甘肃、华北、华东、华中、华南、西南。朝鲜、日本、印度、尼泊尔、不丹也有分布。生于海拔250～2 600 m的常绿阔叶林或针阔叶混交林中。

◉ 生态习性

喜温暖湿润气候，性喜阳光，稍耐阴，有一定抗寒性，适应性强，生长极快，宜在肥沃、湿润、疏松、排水良好的土壤中生长，深根性，对土壤要求不严。

◉ 观赏特点

灯台树生长迅速，以树姿优美奇特，叶形秀丽，白花素雅，被称为园林绿化珍品。其紫红色的枝条，以及花后绿叶红果，惟妙惟肖的组合，独具特色，亦具有很高的观赏价值。是园林绿化中不可多得的集观花、观叶、观果、观姿为一体的优良树种。

◉ 园林应用价值

同毛梾。亦可在森林公园和自然风景区作秋色叶树种片植或与其他树木混植营造风景林。

◉ 繁殖与培育特点

一般通过扦插和组织培养繁殖。作单干或多干苗培育。

◉ 园林养护技术

灯台树由于自然生长树形优美，一般不需要整形修剪。病虫害少，管理简单、粗放。栽植地选择土层深厚、水分条件好的沟谷地、坡麓灌丛地或临荒山荒地为宜。幼苗期的主要病害是猝倒病、煤烟病和炭疽病；常见虫害有绿翅绢野螟。

109 ▶ 白杜（丝棉木）

◉ 名　称

中文名：白杜

学　名：*Euonymus maackii* Rupr.

别　名：明开夜合、丝棉木

科属名：卫矛科　卫矛属

◉ 形态特征

小乔木，高达6 m。叶卵状椭圆形、卵圆形或窄椭圆形，先端长渐尖，基部阔楔形或近圆形，边缘具细锯齿；叶柄通常细长；聚伞花序3至多朵花，花序梗略扁；花4数，淡白绿或黄绿；雄蕊花药紫红色；蒴果倒圆心状，成熟后果皮粉红色；种子长椭圆状，种皮棕黄色，

假种皮橙红色，全包种子，成熟后顶端常有小口。花期5～6月，果期9月。

◉分布区

全国各地均有分布，但长江以南常以栽培为主；分布达乌苏里地区、西伯利亚南部和朝鲜半岛。

◉生态习性

阳性树种，喜光，稍耐阴、耐寒、对土壤适应性强，耐瘠薄、耐水湿、抗盐，在盐碱土上生长良好，抗旱，病虫害少，深根性，根系发达，萌蘖力强，耐修剪，生长较慢，对风和烟尘有很强的抗性。

◉观赏特点

白杜树体高大，枝叶秀丽下垂，秋冬时节粉红色蒴果悬于枝头，开裂后露出橘红色假种皮，可观'姿'或观果，极具观赏价值。寿命长。

◉园林应用价值

宜孤植、片植或群植于林缘、草坪、路旁、湖边及溪畔，也可用作防护林及厂区绿化等。亦可作行道树。另外，还可以通过截干处理培养成球状的树冠等，以个体为中心展现独有的美态，有效提升观赏效果。丝棉木耐水性较强，所以也可以在水体岸边进行栽植。

◎ 繁殖与培育特点

白杜的繁殖以扦插繁殖和播种繁殖为主。扦插通常在3月份进行，播种繁殖是在秋天果熟时采收，日晒待果皮开裂后收集种子并晾干，收藏至翌年1月初将种子用30℃温水浸种24小时，然后混沙堆置背阴处，上覆湿润草帘防干。3月中土地解冻后将种子倒至背风向阳处，并适当补充水分催芽，4月初即可播种。

◎ 园林养护技术

栽培管理较粗放。生长期一般不需再追肥，可每年入冬时施一次腐熟有机肥作基肥；从春季萌动至开花可灌2~3次水，夏季天旱时可酌情浇水，入冬前灌一次封冻水。秋季落叶后可适当疏剪。主要虫害是丝棉木金星尺蠖，其危害严重时会将整树叶片吃光，极大危害白杜的正常生长。

110 ▶ 鼠李

◎ 名 称

中文名：鼠李

学　名：*Rhamnus davurica* Pall.

别　名：臭李子、大绿、老鹳眼

科属名：鼠李科　鼠李属

◎ 形态特征

灌木或小乔木，高达10 m。幼枝无毛，小枝对生或近对生，褐色或红褐色，枝顶端常有大的芽而不形成刺，或有时仅分叉处具短针刺。顶芽及腋芽较大，卵圆形。叶纸质，对生或近对生，或在短枝上簇生，宽椭圆形或卵圆形，边缘具圆齿状细锯齿，齿端常有红色腺体。花单性，雌雄异株，4基数，有花瓣，雌花1~3个生于叶腋或数个至20余个簇生于短枝端，有退化雄蕊，花柱2~3浅裂或半裂。核果球形，黑色；种子卵圆形，黄褐色。花期5~6月，果期7~10月。

◉分布区

产黑龙江、吉林、辽宁、河北、山西、陕西等地。西伯利亚及远东地区、蒙古和朝鲜也有分布。

◉生态习性

深根性树种，适应性强，喜光，耐寒，耐阴，耐干旱瘠薄，不耐积水。生于山坡林下、灌丛或林缘和沟边阴湿处，海拔1 800 m以下。

◉观赏特点

鼠李树形美观，枝密叶繁，叶色秀丽，秋有累累黑果，具有一定的观赏价值。

◉园林应用价值

适合做园景树和绿篱。鼠李为优良的庭院绿化树种，可孤植、列植或片植，亦可作小路的行道树观赏，亦可作林下耐阴层的优良填充素材。

◉繁殖与培育特点

鼠李一般采用种子繁殖。采集种子要在果实落地前。将收集到的种子放入缸内浸泡，果肉腐烂后经搓洗，便得到纯净种子。选择地势平坦，沙壤土等保墒性能好，具备灌溉条件的地方作苗圃地。土壤解冻后立即整地。种子必须经过混沙贮藏低温催芽，否则大部分种子会失去生活力。可培育单干或丛干苗。

◉园林养护技术

粗放管理，大旱时可以喷水。定株后适时浇水，除草，施肥，土壤要保持湿润，忌积水。

111 ▶ 冻绿

◉名 称

中文名：冻绿

学 名：*Rhamnus utilis* Decne.

别 名：油葫芦子、狗李、黑狗丹

科属名：鼠李科 鼠李属

◉形态特征

落叶灌木或小乔木，高达4 m。小枝褐色或紫红色，稍平滑，对生或近对生，枝端常具针刺。叶纸质、对生或近对生，或在短枝上簇生，长圆形、椭圆形或倒卵状椭圆形，顶端突尖或锐尖，边缘具细锯齿或圆齿状锯齿，叶干时常变黄色，下面沿脉或脉腋被金黄色的疏或密柔毛。花单性，雌雄异株，4基数，具花瓣；雄花数朵至30余朵簇生；雌花2～6朵簇生。果球形，黑色；种子背侧基部有短纵沟。花期4～6月，果期5～10月。

◉分布区

产甘肃、陕西、河南、河北、山西、安徽、江苏、浙江、江西、福建、广东、

广西、湖北、湖南，四川、贵州等地。朝鲜、日本也有分布。

▶ 生态习性

稍耐阴,不择土壤。适应性强,耐寒、耐干旱、瘠薄。常生于海拔 1 500 m 以下的山地、丘陵、山坡草丛、灌丛或疏林下。朝鲜、日本也有分布。

▶ 观赏特点

冻绿枝叶浓密秀丽,花黄绿相间,核果初绿而后紫黑。集叶、花、果、枝的观赏价值于一身,具有较高的观赏价值。

▶ 园林应用价值

冻绿的应用以园景树和绿篱为主,亦可作小型道路的行道树。可孤植、对植、列植、片植或丛植于各类绿地及溪旁、池边等作庭院观赏用,由于其耐阴性强,是优秀的林下空间植物。

▶ 繁殖与培育特点

同鼠李。可做单干苗、丛干苗或和丛干苗培养。

▶ 园林养护技术

管理较粗放,基本不需要过多养护和修剪。花期及夏季易产生蚜虫,但影响不大。

112 ▶ 枣 树

▶ 名 称

中文名: 枣树

学　名: *Ziziphus jujuba* Mill.

别　名: 枣子树、贯枣、老鼠屎

科属名: 鼠李科　枣属

▶形态特征

落叶小乔木，稀灌木，高达10余米。有长枝，短枝和无芽小枝比长枝光滑，紫红色或灰褐色，呈"之字形"曲折，具2个托叶刺；当年生小枝绿色，下垂，单生或2～7个簇生于短枝上。叶纸质，卵形或卵状椭圆形；边缘具圆齿状锯齿，上面深绿色，无毛，下面浅绿色，无毛或仅沿脉多少被疏微毛，基生三出脉。花黄绿色，两性，5基数，无毛，单生或2～8个密集成腋生聚伞花序，花瓣倒卵圆形。核果矩圆形或长卵圆形，成熟时红色，后变红紫色。种子扁椭圆形。花期5～7月，果期8～9月。

▶分布区

本种在我国广泛分布，现在亚洲、欧洲和美洲常有栽培。

▶生态习性

强阳性，抗寒又抗热，喜干燥气候。耐干旱、瘠薄、不耐水涝。能耐盐碱，除黏土和过湿地外，均能生长良好。根系发达，萌蘖力强。结实早，寿命长，可达二三百年。

▶观赏特点

枣树的树叶呈翠绿色，老枝干屈曲苍古，枣叶下垂，果子呈绿色、黄色或红色悬挂于树上，果实色泽美丽，是观赏与果用兼备的庭荫树。且其属于多花树种，花虽小但是浓密，每个结果枝能开数十朵乃至上百朵小花。每年花期花朵相继开放，散发出浓郁芳香。

▶园林应用价值

适合做园景树，行道树。可孤植、对植、列植、片植或群植于庭院、路旁、建筑物周边、水旁、屋隅或其他绿地内。老树干枝古朴，可以孤植作为园景树，老树根可做树桩盆景。也可作为防风林。

▶繁殖与培育特点

主要用播种繁殖、嫁接繁殖、根插法繁殖。砧木可用酸枣或枣树实生苗。有些品种也可播种。常作单干苗培育。

◎ 园林养护技术

其适应性强，但在土壤疏松、土层深厚、肥水充足的条件下生长发育会更好。枣树病虫害主要有枣锈病、枣疯病、缩果病、炭疽病、轮纹病、褐腐病、枣瘿蚊、枣粘虫、介壳虫、蝽象、叶壁虱、红蜘蛛、刺蛾等。

113 ▶ 膀胱果

◎ 名 称

中文名：膀胱果

学 名：*Staphylea holocarpa* Hemsl.

别 名：白凉子、泡泡果、铃子树

科属名：省沽油科 省沽油属

◎ 形态特征

落叶灌木或小乔木。幼枝平滑。3小叶，小叶近革质，无毛，长圆状披针形或窄卵形，基部钝，先端骤渐尖，上面淡白色，边缘有硬细锯齿，侧脉10对，有网脉。伞房花序长5 cm或更长。花白色或粉红色，叶后开放。蒴果梨形膨大，基部窄，顶平截，3裂。种子近椭圆形，灰色有光泽。花期4～5月，果期6～8月。

◎ 分布区

产陕西，甘肃，宁夏，山西，河南，西藏东南部，秦岭南北坡均有稀少分布。

◎ 生态习性

较喜光，喜湿润气候，也能耐一定干旱条件。常生长于海拔1 000～1 800 m疏林中及灌丛内，以开阔的缓坡下部或沟谷多见。

◎ 观赏特点

植株秀丽，花白色有香气，似珍珠簇拥枝头，花期达半个月左右，4月上旬可见整株大量的淡雅花朵开放。花后形成满树的果实，果壳膨胀呈膀胱状，果形奇特，成熟时美观喜人。

◎ 园林应用价值

适合做园景树。有效观果期长，观赏价值高，作为园艺观赏植物开发前景

十分广阔。可在城市园林中孤植造型，也可以与其他乔灌木绿化树种配置栽培，在绿地中或路边、角隅处孤植、列植、片植均可。

▶ 繁殖与培育特点

用播种繁殖。种子后熟期长，需沙藏 3 个月以上，幼苗出土后要防止日灼，适当遮阴，炎夏注意灌水。降低地温，以利于越夏。果实于 8 月中旬采摘，采摘后剥取种子备用。也可做单干苗和丛生苗培育。

▶ 园林养护技术

结合应用进行养护。

114 ▶ 栾 树

名 称

中文名：栾树

学　名：*Koelreuteria paniculata* Laxm.

别　名：木栾、栾华、五乌拉叶

科属名：无患子科　栾树属

▶ 形态特征

落叶乔木或灌木；树皮厚，灰褐色至灰黑色，老时纵裂。叶丛生于当年生枝上，平展，一回、不完全二回或偶有为二回羽状复叶，小叶 (7)11 ～ 18 片，对生或互生，纸质，卵形、阔卵形至卵状披针形，边缘有不规则的钝锯齿。聚伞圆锥花序；苞片狭披针形；花淡黄色，稍芬芳；萼裂片卵形；花瓣 4，瓣片基部的鳞片初时黄色，开花时橙红色。蒴果圆锥形，具 3 棱；种子近球形。花期 6 ～ 8 月，果期 9 ～ 10 月。

▶ 分布区

中国大部分省区，东北自辽宁起经中部至西南部的云南。世界各地有栽培。主要繁殖基地有江苏、浙江、江西、安徽，河南也是栾树生产基地之一。

▶ 生态习性

喜光，耐半荫，耐寒；但不耐水淹，耐干旱和瘠薄，对环境的适应性强，喜欢生长于石灰质土壤中，耐盐渍及短期水涝。深根性，萌蘖力强。有较强的抗烟尘能力。

▶ 观赏特点

栾树适应性强、季相明显，栾树春季嫩叶多为红叶，夏季黄花满树，入秋叶色变黄，果实紫红，形似灯笼，十分美丽；是理想的绿化，观叶、观花和观果树种。

▶ 园林应用价值

宜做庭荫树，行道树及园景树，同时也作为居民区、工厂区及村旁绿化树种应用。也是工业污染区配植的好树种。可孤植、列植或片植。

▶ 繁殖与培育特点

以播种繁殖为主，分蘖或根插亦可。秋季果熟时采收，及时晾晒去壳净种。因种皮坚硬不易透水，如不经处理第二年春播，常不发芽或发芽率很低。故最好当年秋季播种，也可用湿沙层积埋藏越冬春播。移植时适当剪短主根及粗侧根，这样可以促进多发须根，容易成活。可做单干苗和丛干苗培育。

▶ 园林养护技术

栾树病虫害少，栽培管理容易，栽培土质以深厚，湿润的土壤最为适宜。

115 ▶ 文冠果

▶ 名　称

中文名：文冠果

学　名：*Xanthoceras sorbifolia* Bunge

别　名：文官果、木瓜、崖木瓜

科属名：无患子科　文冠果属

▶ 形态特征

灌木或乔木，高可达 2～5 m。树皮灰褐色；嫩枝紫褐色，被短茸毛。奇数羽状复叶，互生，具柄；小叶 9 ～ 19，具短柄或无柄，长圆形至披针形，基部楔形，先端锐尖，边缘具尖锐锯齿，顶生小叶通常 3 深裂，主脉明显。花杂性，总状花序，顶生或腋生；花白色基部紫红色或黄色，有清晰的脉纹。蒴果绿色，分裂为 3 果瓣。种子球形黑色。花期 4 ～ 5 月。果期 7 ～ 8 月。

▶ 分布区

产我国北部和东北部，西至宁夏、甘肃，东北至辽宁，北至内蒙古，南至河南。各地也常栽培。

▶ 生态习性

喜光，也耐半阴；耐寒、耐旱，不耐涝；对土壤要求不严，但以深厚、肥沃、排水良好的微碱性土壤生长为佳。抗旱

能力极强，在年降雨量仅 150 mm 的地区也有散生树木，野生于丘陵山坡等处。

▶ 观赏特点

文冠果树姿秀丽，花序大，花朵稠密白色，内侧基部由黄变红而最后变为紫红色，花期长。春天白花满树又有秀丽的绿叶相衬，颇为美观。

▶ 园林应用价值

可做园景树和蜜源树种，可于公园、庭园、绿地孤植或群植。如果在实生苗中精选可以得到许多重瓣或花色奇异的变型，供园林观赏。

▶ 繁殖与培育特点

主要用种子、嫁接、根插或分株繁殖。播种繁殖采用秋播，或用湿沙层积到翌年春播。果实成熟后，随即播种，次春发芽。若将种子沙藏，次春播种前15 天，在室外背风向阳处，另挖斜底坑，将沙藏于移至坑内，倾斜面向太阳，罩以塑料薄膜，利用阳光进行高温催芽，当种子 20% 裂嘴时播种。也可做单干苗和丛干苗培育。

园林养护技术

育苗地应选择土层深厚、背风向阳、地势高的地方。积水的低洼地、重盐碱地不宜栽植。生长期有间歇性封顶习性，要多施追肥，促使其旺盛生长。病虫害主要有黄化病、立枯病、煤污病、木虱、黑绒金龟子、根结线虫等。

116 ▶ 七叶树

◉ 名　称

中文名：七叶树

学　名：*Aesculus chinensis* Bunge

别　名：梭椤树、梭椤子

科属名：七叶树科　七叶树属

◉ 形态特征

落叶乔木，高达 25 m，树皮深褐色或灰褐色。冬芽大型，有树脂。掌状复叶，由 5 ～ 7 小叶组成，小叶纸质，长圆披针形至长圆倒披针形，边缘有钝尖形的细锯齿。花序圆筒形，花杂性，雄花与两性花同株，花萼管状钟形，花瓣 4 枚，白色，长圆倒卵形至长圆倒披针形。果实球形或倒卵圆形，黄褐色，无刺，具很密的斑点。种子常 1 ～ 2 粒发育，近于球形，栗褐色。花期 4 ～ 5 月，果期 10 月。

◉ 分布区

中国河北、山西、河南、陕西均有栽培，仅秦岭有野生的。

◉ 生态习性

喜光，稍耐阴；喜温暖气候，较耐寒，畏干热；喜深厚、肥沃、湿润而排水良好之土壤。深根性，寿命长，萌芽力不强。七叶树在炎热的夏季叶子易遭日灼。

◉ 观赏特点

七叶树树干耸直，冠大阴浓，叶如掌状，春夏绿意盎然，秋末叶子变红，

满树红叶如华盖静静矗立；初夏繁花满树，硕大的白色花序又似一盏盏华丽的烛台，蔚然可观，是优良的行道树和园林观赏植物。

◉ 园林应用价值

宜作庭荫树及行道树，可配植于公园、广场、大型庭院、小区、机关、学校等。既可孤植、列植，也可群植或与常绿树和阔叶树搭配混植。

◉ 繁殖与培育特点

七叶树以播种繁殖为主。选择树体高大、树干通直、果实较大且结实较多、无病虫害的七叶树作为采种母株。仲秋时节，七叶树果实外皮由绿色变成棕黄色，并有个别果实开裂时就可以采集。果实采集后进行阴干，待果实自然开裂后剥去外皮。最后选个大、饱满、色泽光亮、无病虫害，无机械损伤的种子。

将筛选出的纯净种子按 1 : 3 的比例与湿沙混匀，然后用湿藏层积法在湿润排水良好的土坑贮存，并且留通气孔。无论秋播或春播，在种子出苗期间，均要保持床面湿润。当种苗出土后，要及时揭去覆草。为防止日灼伤苗，还需搭棚遮阴，并经常喷水，使幼苗茁壮生长。

▶ 园林养护技术

七叶树的整形修剪要在每年落叶后冬季或翌春发芽前进行，因七叶树树冠为自然圆头形，故以保持原始冠形为佳。整形修剪主要以保持树冠美观、通风透光为原则，对过密枝条进行疏除，过长枝条进行短截，使枝条分布均匀、生长健壮。还要将干枯枝、病虫枝、内膛枝、纤细枝及生长不良枝剪除，有利于养分集中供应，形成良好树冠。常见的害虫有迹斑绿刺蛾、铜绿异金龟子、金毛虫、桑天牛等。

117 ▶ 元宝槭

▶ 名　称

中文名：元宝槭

学　名：*Acer truncatum* Bunge

别　名：元宝枫、平基槭、五脚树

科属名：槭树科　槭属

▶ 形态特征

落叶乔木，高 8～10 m；树皮纵裂。当年生枝绿色，多年生枝灰褐色，具圆形皮孔。叶纸质，单叶对生，常 5 裂，稀 7 裂，裂片三角卵形或披针形，先端锐尖或尾状锐尖，边缘全缘，主脉 5 条，掌状。伞房花序顶生、花黄绿色、杂性，雄花与两性花同株，常成无毛的伞房花序，4 月花与叶同放。翅果嫩时淡绿色，成熟时淡黄色或淡褐色，翅果扁平，翅长圆形，两侧平行，常与小坚果等长，张开成锐角或钝角，形似元宝。花期在 4～5 月，果期在 8～9 月。

▶ 分布区

产吉林、辽宁、内蒙古、河北、山西、山东、江苏北部（徐州以北地区）、河南、陕西及甘肃等省区。

▶ 生态习性

温带阳性树种，喜阳光充足的环境，但怕高温暴晒，又怕下午西射强光，稍耐阴。能耐 –25℃左右的低温、耐旱，

忌水涝；对土壤要求不严，生长较慢。生于海拔 400～1 000 m 的疏林中。

◉ 观赏特点

元宝槭树形高大美观，其树形优美，枝叶浓密，其春季嫩叶红色秋色叶变色早，且持续时间长，多变为黄色、橙色及红色，为优良的观叶树种。

◉ 园林应用价值

宜作庭荫树、行道树或风景林树种，房地产公司喜爱使用元宝槭做风景树。在城市绿化中，适于建筑物附近、庭院及绿地内孤植、散植；房地产公司喜爱使用元宝槭做风景树。在郊野公园利用坡地与常绿植物搭配成片栽植，也会收到较好的效果。

◉ 繁殖与培育特点

元宝槭主要是用种子播种来进行繁殖，翅果成熟后脱落期较长，逐渐随风飘落，故应及时采集。育苗采种母树林应达到 15～20 年以上的优良壮年植株，在 10 月份翅果由绿变为黄褐色时采集。采后晾晒 3～5 天，去杂后所得纯净翅果即为播种材料。可做单干苗、丛干苗和造型苗培育。

◉ 园林养护技术

元宝槭的树干性较差，在达到定干高度之前的整形修剪非常重要，它将直接对苗木的品质、观赏价值产生重要影响，故应加强在圃内的修剪。病害主要是叶斑病、褐斑病、白粉病。虫害主要有黄刺蛾、尺蠖、天牛等。

118 青榨槭（青皮椴）

◉ 名 称

中文名：青榨槭
学 名：*Acer davidii* Franch.
别 名：青虾蟆、大卫槭
科属名：槭树科 槭属

◉ 形态特征

落叶乔木，高约 10～15 m，稀达 20 m。树皮黑褐色或灰褐色，当年生的嫩枝紫绿色或绿褐色。叶纸质，外貌长圆卵形或近于长圆形，先端锐尖或渐尖，上面深绿色，无毛；下面淡绿色，嫩时沿叶脉被紫褐色的短柔毛。花黄绿色，杂性，雄花与两性花同株，成下垂的总状花序；萼片 5，椭圆形，先端微钝；花瓣 5，倒卵形，先端圆形。翅果嫩时淡绿色，成熟后黄褐色。花期 4 月，果期 9 月。

◉ 分布区

产华北、华东、中南、西南各省区。在黄河流域长江流域和东南沿海各省区，常生于海拔 500～1 500 m 的疏林中。

▶ 生态习性

耐寒、耐瘠薄，适宜中性土。主、侧根发达，萌芽性强，生长快。

▶ 观赏特点

青榨槭树干端直，树形自然开张，树态苍劲挺拔。树皮绿色，似青蛙皮，枝条银白色，枝繁叶茂，秋季叶子变色为黄色、橙色或橙红色，翅果黄褐色，具有很高的绿化和观赏价值。

▶ 园林应用价值

可用作庭荫树、园景树及行道树。可孤植、列植或片植于公园等绿地内。是城市园林风景区等各种园林绿地的优良绿化树种。目前未广泛应用于城市园林绿化建设。

▶ 繁殖与培育特点

主要采用播种繁殖和扦插繁殖。选择树高 10～12 m，树龄在 15 年左右，干形通直、生长健壮、无病虫害危害作为母树进行采种。将采后的果序摊放在室内阴凉通风处，经常翻动，防止发霉，并分离果梗。将收拾好的种子晒干装入麻袋，贮存在干燥通风的室内备用。可做单干苗培育。

▶ 园林养护技术

在应用中要注意采取遮阴的措施，并从增强叶片生长物质的积累，提高叶片的抗性、增大叶片面积和提高观赏性的角度确定遮阴措施。青榨槭幼苗不易发生病害，只发现立枯病。幼苗易受金龟子危害。

119 ▶ 血皮槭

▶ 名　称

中文名：血皮槭

学　名：*Acer griseum* (franch.)Pax

别　名：马梨光

科属名：槭树科　槭属

▶ 形态特征

　　落叶乔木，高 10 ～ 20 m；树皮赭褐色，常呈卵形，纸状的薄片脱落。小枝圆柱形，当年生枝淡紫色，密被淡黄色长柔毛，多年生枝深紫色或深褐色，2 ～ 3 年的枝上尚有柔毛宿存。复叶有 3 小叶；小叶纸质，卵形、椭圆形或长圆椭圆形，先端钝尖，边缘有 2 ～ 3 个钝形大锯齿，上面绿色，下面淡绿色。聚伞花序有长柔毛，常仅有 3 花，花淡黄色，杂性，雄花与两性花异株；萼片 5，长圆卵形，长 6 mm，宽 2 ～ 3 mm；花瓣 5，长圆倒卵形；雄蕊 10，花丝无毛，花药黄色；花盘位于雄蕊的外侧。小坚果黄褐色，凸起，近于卵圆形或球形。花期 4 月，果期 9 月。

▶ 分布区

　　分布于中国河南西南部、陕西南部、甘肃东南部、湖北西部和四川东部。

▶ 生态习性

　　血皮槭是中、高山分布植物，集中分布在 1 000 ～ 1 800 m 之间，几乎全部分布在半阳坡、半阴坡、阴坡以及沟

谷环境中，土壤类型以山地棕壤、黄棕壤、山地褐土为主，土层厚度从裸露的岩石到 30 cm 左右的土层不等，大多在 10 cm 左右，而且部分甚至生长在岩石缝隙中。

▶ 观赏特点

　　树姿优美，树皮色彩奇特薄纸状剥裂，观赏价值极高。秋季叶变色，从黄色、橘黄色至红色。落叶晚，是槭树类中最优秀的树种之一。

◉ 园林应用价值

适宜做园景树，可孤植、丛植或群植。血皮槭特别适合造景，可作为庭园主景树或小型道路的行道树。

◉ 繁殖与培育特点

一般采用播种繁殖，也可采用扦插繁殖。春季进行条播。每个床面横向开5条小沟，沟深 2.5～3.0 cm。将种子均匀撒在沟内，保证每米 40～50 粒种子。每亩播种 15～20 kg，覆土厚度为种子横轴直径的 2～3 倍。用铁磙镇压 2 遍后再均匀覆稻草，以不露床面为宜，浇透水 1 次，可作单干苗培育。

◉ 园林养护技术

血皮槭育苗前应夹好防风障，有利于防风和保温。常见的病虫害为立枯病。

120 ▶ 细裂槭

◉ 名　称

中文名：细裂槭
学　名：*Acer stenlolbum* Rehd.
别　名：细裂枫、大叶细裂槭
科属名：槭树科　槭属

◉ 形态特征

落叶小乔木，高约 5 m。当年生枝紫绿色，多年生枝浅褐色。叶纸质，叶基部近截形，深 3 裂，裂片长圆披针形，两侧近平行，全缘，稀中上部有 2～3 枚粗锯齿，中裂片直伸、侧裂片平展，裂片间的凹缺近于直角；主脉 3，侧脉 8～9 对。花淡绿色，花瓣杂性，雄花与两性花同株；花瓣 5，长圆形或线状长圆形，雄蕊 5。翅果嫩时淡绿色，熟后淡黄色，果翅张开成钝角或近直角。花期 4 月，果期 9 月。

◉ 分布区

产于内蒙古西南部、山西西部、宁夏东南部、陕西北部和甘肃东北部。

◉ 生态习性

喜光，稍耐阴，较耐寒，耐干旱，耐瘠薄土壤。生于海拔 1 000～1 500 m 的比较阴湿的山坡或沟谷。

◉ 观赏特点

细裂槭是一种形色皆美的观叶树种。其叶型十分奇特，叶的 3 裂片与叶柄一起组成十字形，十分优美，秋季叶变色为亮红色，整株树叶如燃烧的火焰，十分壮观。主干树皮为灰色斑驳状的深纵裂，质感沧桑古朴。

◉ 园林应用价值

宜作园景树、行道树或风景林树种。可孤植、列植、丛植或群植。亦可制作盆景观赏。

◉ 繁殖与培育特点

播种或扦插繁殖。槭树育苗应选择微酸、湿润、透水性好，灌溉条件良好的砂壤土。槭树种子没有休眠性，既可进行秋播也可进行春播。播种时间以 3 月中旬～4 月中旬为宜。播前先将种子与湿沙按 1∶3 的比例拌匀，放在 3～5℃ 的条件下进行一个月的低温沙藏处理。层积期间要定期检查和管理，发现有发芽的种子，要及时进行播种。可作单干苗和多干苗培育。

◉ 园林养护技术

整形修剪可在冬季或夏季进行。冬剪是从秋末落叶起至翌春发芽前所进行的修剪，以早春为宜，方法有短截、疏枝、回缩、平茬。发现病叶应及时摘除，秋季结合修剪清除枯落叶及病残体。主要的病害是槭树漆斑病。

121 ▶ 三角槭

◉ 名 称

中文名：三角槭

学　名：*Acer buergerianum* Miq.

别　名：三角枫

科属名：槭树科　槭属

◉ 形态特征

落叶乔木，高 5～10 m，稀达 20 m。树皮褐色或深褐色。叶纸质，基部近于圆形或楔形，外貌椭圆形或倒卵形，通常浅 3，中央裂片三角卵形，急尖；侧裂片短钝尖或甚小，裂片边缘通常全缘，稀具少数锯齿；裂片间的凹缺钝尖；上面深绿色，下面黄绿色或淡绿色，被白粉，略被毛。花多数常成顶生被短柔毛的伞房花序。萼片 5，黄绿色；花瓣 5，淡黄色，狭窄披针形或匙状披针形。翅果黄褐色；小坚果特别凸起，翅果张开成锐角或近于直立。花期 4 月，果期 8 月。

◉ 分布区

产山东、河南、江苏、浙江、安徽、

江西、陕西、湖北、湖南、贵州和广东等省。日本也有分布。

▶ 生态习性

弱阳性树种，稍耐阴。喜温暖、湿润环境及中性至酸性土壤。耐寒、较耐水湿、萌芽力强、耐修剪。树系发达，根蘖性强。生于海拔 300 ～ 1 000 m 的阔叶林中。

▶ 观赏特点

三角枫树姿优雅，叶形奇特秀丽，叶端三浅裂，宛如鸭蹼，颇耐观赏；春季花色黄绿，夏季浓荫覆地，入秋后叶色变成暗黄色、橙色或暗红色，秀色可餐，为秋季彩色观叶树种之一。

▶ 园林应用价值

宜孤植、丛植作庭荫树、园景树，也可作行道树及护岸树。可在湖岸、溪边、谷地、草坪配植或点缀于亭廊及山石间。还可栽作绿篱，数年后枝条劈刺连接密合，别具风味。由于三角枫抗二氧化硫、氟化氢的能力强，亦常用于工厂绿化。其老桩常制成盆景，主干扭曲隆起，颇为奇特。

▶ 繁殖与培育特点

主要采用播种繁殖。秋季采种，去翅干藏，至翌年春天在播种前 2 周浸种、混沙催芽后播种，也可当年秋播，一般采用条播，可作单干苗或丛干苗培养。

▶ 园林养护技术

三角枫根系发达，裸根移栽不难成活，但大树移栽要带土球。危害三角枫的主要病虫害是刺虫、天牛和白粉病。

122 ▶ 五角枫

◉ 名 称

中文名：五角枫

学 名：*Acer mono* Maxim.

别 名：细叶槭、色木槭、弯翅色木槭

科属名：槭树科 槭属

◉ 形态特征

落叶乔木，高达 15～20 m，树皮粗糙，常纵裂。叶纸质，基部截形或近于心脏形，常 5 裂，有时 3 裂及 7 裂的叶生于同一树上；裂片卵形，全缘，裂片间的凹缺常锐尖，深达叶片的中段；主脉 5 条。花多数，杂性，雄花与两性花同株，顶生圆锥状伞房花序，花的开放与叶的生长同时；花瓣 5，淡白色，椭圆形或椭圆倒卵形。翅果嫩时紫绿色，

成熟时淡黄色；小坚果压扁状；翅长圆形，张开成锐角或近于钝角。花期 5 月，果期 9 月。

◉ 分布区

黑龙江、吉林、辽宁、陕西等地。

◉ 生态习性

喜阳，稍耐阴，喜温凉湿润气候，耐寒性强，但过于干冷则对生长不利，在炎热地区也如此。对土壤要求不严，在酸性土、中性土及石灰性土中均能生长，但以湿润、肥沃、土层深厚的土中生长最好。

◉ 观赏特点

五角枫树形优美、叶形秀丽，秋后的霜叶更是红润可人，具有很高的观赏价值。所以被大量应用于园林绿化工程中。

◉ 园林应用价值

适宜做行道树，园景树。一般园林中用作观色叶树种，一棵五角枫，叶片可分出深红、大红、浅红、橘红、橙黄、大黄、鹅黄、嫩绿、深绿等十几种颜色。亦可与其他秋色叶树种或常绿树配植，彼此

衬托掩映，可增加秋景色彩之美。此外五角枫不易燃烧，也是理想的防火树种。

▶ 繁殖与培育特点

采用播种繁殖，扦插繁殖。也可作单干苗或丛干苗培育。

▶ 园林养护技术

五角枫苗期主要病害是猝倒病、褐斑病，多发生于 6 至 8 月的雨季。主要虫害有蚜虫和天牛，前者危害嫩枝叶，后者蛀干。

123 ▶ 银红槭

▶ 名　称

中文名：银红槭

学　名：*Acer rubrum* 'Red Maple'

别　名：美国红枫

科属名：槭树科　槭属

▶ 形态特征

银红槭是槭树科槭树属的落叶大乔木，树高 12 ～ 18 m，高可达 27 m，树

型直立向上，树冠呈椭圆形或圆形，开张优美。单叶对生，叶片 3 ～ 5 裂，手掌状，叶长 10 cm，叶表面亮绿色，叶背泛白，新生叶正面呈微红色，之后变成绿色，直至深绿色，叶背面是灰绿色，部分有白色茸毛。花为红色，稠密簇生，少部分微黄色，先花后叶，叶片巨大。茎光滑，通常为绿色，冬季常变为红色。新树皮光滑，浅灰色。果实为翅果，3 月末至 4 月开花。

▶ 分布区

银红槭分布于美国。在我国主要分布在辽宁、山东、安徽、陕西一带，由于特殊的地理位置使银红槭在北方变色效果很好。

▶ 生态习性

银红槭适应性较强，耐寒、耐旱、耐湿。酸性至中性的土壤使秋色更艳。对有害气体抗性强，尤其对氯气的吸收力强。

▶ 观赏特点

春天开花，花红色。秋季色彩夺目，树冠整洁，是良好的秋色叶树种。

▶ 园林应用价值

广泛应用于公园、小区、街道栽植，既可以园林造景又可以做行道树，深受人们的喜爱，是绿化城市园林的理想珍稀树种之一。银红槭是欧美经典的彩色行道树，叶色鲜红美丽，美国常用作干旱地防护林树种和风景林。

◎ 繁殖与培育特点

银红槭主要有两种繁殖方式，有性繁殖和无性繁殖。播种繁殖有春播和秋播两种，但秋播一般出芽率不高。无性繁殖一般通过扦插育苗，组织培养等方式进行培育。通过无性繁殖得到的银红槭小苗变色会非常稳定。

◎ 园林养护技术

银红槭属于速生树种，生长速度完全取决于水肥管理。后期修剪应疏去丛苗干上长出的直立性生长过旺的枝条及对生枝、轮生枝和过密的交叉枝条，以免破坏正常的冠形和干形。银红槭病虫害主要有黑螨及光肩星天牛，发现后及时处理不会对树造成影响。

124 ▶ 红枫

◎ 名　称

中文名：红枫

学　名：*Acer palmatum* 'Atropurpureum'

别　名：红颜枫、'紫红'鸡爪槭、红叶羽毛枫

科属名：槭树科　槭属

◎ 形态特征

落叶小乔木，高 2～8 m，枝条多细长光滑，偏紫红色。叶掌状，5～7深裂纹，裂片卵状披针形，先端尾状尖，缘有重锯齿。花顶生伞房花序，紫色。翅果，两翅间成钝角。花期5月，种子成熟期10月。

◎ 分布区

主要分布在中国亚热带，日本及韩国等，特别是长江流域，全国大部分地区均有栽培。主要基地有江苏、浙江、安徽、江西、陕西、山东、湖南、河北等。

◎ 生态习性

红枫性喜阳光，适合温暖湿润气候，怕烈日暴晒，较耐寒，稍耐旱，不耐涝，适生于肥沃疏松排水良好的土壤。

◎ 观赏特点

红枫是一种非常美丽的观叶树种，叶形秀丽，红色鲜艳持久，错落有致树姿美观。红枫有很多变种，秋季叶子的颜色也不同，如深红色，浅红色，黄红色等。

▶园林应用价值

适用做园景树，盆栽，以及花境，常用于园林绿地及庭院做观赏树。以孤植、散植为主，于草坪、土丘、溪边、池畔，或于墙隅、亭廊、山石间点缀，均十分得体，或以常绿树或白墙粉墙作背景衬托，尤感美丽多姿。亦可盆栽做成露根、倚石、悬崖、枯干等形状，风雅别致。

▶繁殖与培育特点

常采用扦插与嫁接繁殖。嫁接繁殖宜用 2～4 年生的鸡爪槭实生苗作砧木，切接宜在 3～4 月进行，砧木高度可根据需要确定；靠接在 6～7 月梅雨季节进行，秋季落叶后切离。芽接应用最为普遍，每年 5 月下旬到 6 月下旬和秋后 8 月下旬到 9 月下旬是最佳时间。初夏利用红枫当年生向阳健壮短枝上的饱满芽，带 1 cm 长叶柄作接芽。接好 1 周后检查成活。常作为单干苗和丛干苗培育，亦可作造型苗培育。

▶园林养护技术

红枫多数品种在新叶期为红色，入夏渐变为绿色，霜后又转为红色。为了使红枫在国庆前后提前呈红叶，可采用摘叶的方法进行催红，强迫萌发新叶。具体方法是：在 8 月中旬将植株上所有叶片连同叶柄全部摘除。追 1～2 次肥，且每天浇 1 次水，大约半个月后，腋芽就会陆续萌发，绽出小的红叶，9 月下旬整叶片发育成熟，整树红叶，正好在国庆时欣赏。红枫常见病虫害有白粉病、褐斑病、叶蝉、刺蛾、天牛。

125 ▶ 茶条槭

▶名　称

中文名：茶条槭

学　名：*Acer ginnala* Maxim.

别　名：华北茶条

科属名：槭树科　槭属

▶形态特征

落叶灌木或小乔木，高可达 6 m。树皮粗糙、灰色，小枝细瘦，无毛，冬芽细小，淡褐色。叶纸质，叶片长圆卵形或长圆椭圆形，常较深的 3～5 裂；中央裂片锐尖或狭长锐尖，侧裂片通常钝尖，各裂片的边缘均具不整齐的钝尖锯齿，裂片间的凹缺钝尖；上面深绿色，无毛，下面淡绿色，近于无毛。伞房花序无毛，具多数的花；花梗细瘦，花杂性，雄花与两性花同株；萼片卵形，黄绿色，花瓣长圆卵形白色，较长于萼片；花丝无毛，花药黄色；花盘无毛，果实黄绿色或黄褐色。5 月开花，10 月结果。

▶分布区

分布于中国黑龙江、吉林、辽宁、内蒙古、河北、山西、河南、陕西、甘肃。蒙古、俄罗斯西伯利亚东部、朝鲜和日本也有分布。

▶生态习性

喜阳光充足、湿润的环境，耐寒，较耐阴，亦能耐水湿，也能耐干燥和碱性土壤；对土壤的适应性强，在潮湿、

排水良好的土壤中生长最好。常生长于海拔 800 m 以下的丛林中。

◉ 观赏特点

该种为优良的观叶、观果树种。其叶形秀丽，枝叶扶疏。且夏季刚刚结出的双翅果呈粉红色，十分秀气、别致；秋季叶色红艳，特别引人注目。

◉ 园林应用价值

宜作行道树及园景树。茶条槭秋叶鲜红，翅果成熟前也红艳可观，是较好的秋色叶树种，也是良好的庭园观赏树种，可孤植、丛植、群植或作绿篱及小型道路的行道树，亦可制作盆景。

◉ 繁殖与培育特点

以播种繁殖为主。北方地区茶条槭果熟期为 9 ～ 10 月，翅果成熟后不凋落，选择优质健康的母树进行采种，成熟的果实呈深褐色，人工采集后，搓去果翅，去除杂质，盐水筛选保留健康的种子，阴干后收集种子装袋，之后进行低温储藏。也可用作单干苗或丛干苗培育。

◉ 园林养护技术

播种后至长出真叶为出苗期，这期间的管理是茶条槭播种育苗成功与否的关键。期间要注意观察，保证床面始终湿润，浇水时以床面稍见积水为宜。播种育苗第一年需追肥两次，一次在 6 月份生长速生期，为了促进根系生长。另一次在生长停止前 1 个月，为了促进苗木木质化。茶条槭病虫害较少，常见红蜘蛛和叶斑病为害叶片。

126 ▶ 鸡爪槭

◉ 名 称

中文名：鸡爪槭

学 名：*Acer palmatum* Thunb.

别 名：鸡爪枫

科属名：槭树科 槭属

◎ 形态特征

落叶小乔木，树皮深灰色。小枝细瘦；当年生枝紫色或淡紫绿色；多年生枝淡灰紫色或深紫色。叶纸质，外貌圆形，5～9掌状分裂，通常7裂，裂片长圆卵形或披针形，先端锐尖或长锐尖，边缘具紧贴的尖锐锯齿；裂片间的凹缺钝尖或锐尖；上面深绿色，无毛；下面淡绿色。花紫色，杂性，雄花与两性花同株，生于无毛的伞房花序；萼片5，卵状披针形，先端锐尖；花瓣5，椭圆形或倒卵形，先端钝圆；雄蕊8，无毛，较花瓣略短而藏于其内。翅果嫩时紫红，

熟时淡棕黄色；小坚果球形，翅果张开成钝角。花期5月，果期9月。

◎ 分布区

产山东、河南南部、江苏、浙江、安徽、江西、陕西、湖北、湖南、贵州等省。朝鲜和日本也有分布。

◎ 生态习性

鸡爪槭为弱、阳性树种，耐半荫，耐寒性强，在阳光直射处孤植，夏季易遭日灼之害；忌西射，西射会焦叶；喜温暖湿润气候及肥沃、湿润而排水良好之土壤，酸性、中性及石灰质土均能适应。生于海拔200～1 200 m的林边或疏林中。

◎ 观赏特点

鸡爪槭树'姿'飘逸隽秀，叶形奇特秀丽。到了冬季叶子全部落完，春季鸡爪槭叶色黄中带绿，在阳光的照射下，明朗轻盈，疏朗有致；夏季叶色转为深绿，树形从春日的疏枝弱弱转为浓荫；入秋后转为鲜红色，枝干形状优美，到了冬季叶子全部落完，可以观赏其树枝。

◎ 园林应用价值

鸡爪槭可作行道、园景树。鸡爪槭是园林中名贵的观赏乡土树种。在园林绿化中，常用不同品种配置于一起，形成色彩斑斓的槭树园；植于山麓、池畔、以显其潇洒、婆娑的绰约风姿；配以山石、则具古雅之趣。另外，还可植于花坛中作主景树，植于园门两侧，建筑物角隅，装点风景；还可盆栽用于室内美化。

▶ 繁殖与培育特点

一般用播种法繁殖，亦可采用嫁接法。10 月翅果成熟后，随采随播，或湿沙积层贮藏，至次年春季再播。条播行距 20 cm 左右，覆土厚约 1 cm，盖以稻草。发芽出土后，应及时揭草。也可作单干苗或丛干苗培育。

▶ 园林养护技术

鸡爪槭常见的虫害有蛴螬、蝼蛄、金龟子、刺蛾、蚜虫、天牛、蛀心虫及光肩星天牛等。

127 ▶ 盐肤木

▶ 名 称

中文名：盐肤木
学 名：*Rhus chinensis* Mill.
别 名：五倍子树、五倍柴
科属名：漆树科 盐肤木属

▶ 形态特征

落叶小乔木或灌木，高 2 ～ 10 m；小枝棕褐色。奇数羽状复叶有小叶 (2 ～) 3 ～ 6 对，叶轴具宽的叶状翅，小叶多形，

卵形或椭圆状卵形或长圆形，叶面暗绿色，叶背粉绿色，被白粉。圆锥花序宽大，多分枝，花白色，雄花花瓣倒卵状长圆形，开花时外卷；雌花花瓣椭圆状卵形。核果球形，略压扁，成熟时红色。花期 8 ～ 9 月，果期 10 月。

▶ 分布区

产中国、朝鲜、日本、越南及马来西亚等国。我国除东北、内蒙古和新疆外，其余省区地均有分布。

▶ 生态习性

喜光，不耐阴，喜温暖湿润气候，也耐寒冷和干旱，对气候及土壤的适应性很强，对土壤要求不严，在酸性土、中性土、石灰性土壤及瘠薄干燥的沙砾地上均可生长，耐轻度盐碱；生长较快，生于向阳山坡、沟谷、溪边的疏林或灌丛中。

◉ 观赏特点

叶轴有翼，秋叶变红色，可为秋景增色，花洁白气味芳香，是优良的秋色叶树种。

◉ 园林应用价值

可做园景树、行道树和庭荫树，也可以用于边坡、荒山绿化，山地造林及四旁绿化。

繁殖与培育特点

可用播种、分株、扦插法繁殖或分根蘖繁殖。盐肤木扦插繁殖与压根繁殖见效快，以压根繁殖法成活率高、生长快。也可作单干苗或丛干苗培育。

园林养护技术

盐肤木修剪一般在冬季或早春之前进行，盐肤木对水分要求不严格，但充足的水分利于小苗快速成长，盐肤木常见病害有白粉病、煤污病、叶斑病。常见虫害有芒果蚜、蚧壳虫和珀蝽、缀叶丛螟、美国白蛾等。

128 ▶ 青麸杨

◉ 名　称

中文名：青麸杨

学　名：*Rhus potaninii* Maxim.

别　名：五倍子、倍子树、乌倍子

科属名：漆树科　盐肤木属

形态特征

落叶乔木，高 5 ～ 8 m；树皮灰褐色，小枝无毛。奇数羽状复叶有小叶 3 ～ 5 对，叶轴无翅，被微柔毛；小叶卵状长圆形或长圆状披针形，全缘。圆锥花序，被微柔毛；苞片钻形，被微柔毛；花白色，花瓣卵形或卵状长圆形；花丝线形，花药卵形；花盘厚，无毛；子房球形，密被白色茸毛。核果近球形，略压扁密，成熟时红色。花期 6 ～ 8 月，果期 9 ～ 10 月。

▶分布区

我国特有，分布于中国云南（大姚、武定、禄劝、嵩明、昆明、文山）、四川、甘肃、陕西、山西、河南。

▶生态习性

生长于海拔900～2 500 m的山坡疏林或灌木中。喜温暖湿润气候，也能耐一定寒冷和干旱。对土壤要求不严，酸性、中性或石灰岩的碱性土壤上都能生长，耐瘠薄，不耐水湿。根系发达，有很强的萌蘖性。

▶观赏特点

树皮灰褐色，枝叶茂密，可观叶、花和果。

▶园林应用价值

用于行道树和园景树，更多用于药用及工业用途。

▶繁殖与培育特点

用种子繁殖。青麸杨的种子表皮上包有一层蜡质，因水分不易渗透，直接播种，自然发芽率很低，常用40～45℃的温水将草木灰调成稀糊状，擦洗种子，去除蜡质后播种。一般经鸟类取食并随粪便排出的种子发芽率比较高。可做单干苗培育。

▶园林养护技术

青麸杨管护粗放，主要是加强修剪，在秋冬季节至翌年春树木发芽前对老、弱、病残枝进行一次修剪，当年新生枝剪去1/3，可促进青麸杨环形增枝。

129 ▶ 黄栌

▶名　称

中文名：黄栌

学　名：*Cotinus coggygria* Scop. var. *cinerea* Engl.

别　名：红叶、红叶黄栌、黄道栌

科属名：漆树科　黄栌属

▶形态特征

落叶小乔木或灌木，树冠圆形，高可达3～8 m。单叶互生，叶片全缘或具齿，叶柄细，无托叶，叶倒卵形或卵圆形。圆锥花序疏松、顶生，花小、杂性，仅少数发育；不育花的花梗花后伸长，被羽状长柔毛，宿存；苞片披针形；花瓣5枚，长卵圆形或卵状披针形，核果小，干燥，肾形扁平，绿色；种子肾形，无胚乳。花期5～6月，果期7～8月。

▶ 分布区

中国的黄栌主要分布在山西、河南、河北、山东、陕西、四川、江苏和浙江等中低海拔山地。

▶ 生态习性

黄栌性喜光，也耐半阴；耐寒，耐干旱瘠薄和碱性土壤，不耐水湿，宜植于土层深厚、肥沃而排水良好的沙质壤土中。生长快，根系发达，萌蘖性强。对二氧化硫有较强抗性。

▶ 观赏特点

黄栌是中国重要的观赏树种，树姿优美，枝、叶、花都有较高的观赏价值。秋可观红叶，深秋，叶片经霜变色，色彩鲜艳，美丽壮观；夏可赏"紫烟"，黄栌花后久留不落的不孕花的花梗呈粉红色羽毛状，在枝头形成似云似雾的景观，远远望去，宛如罗纱缭绕树间似"雾中之花"，故黄栌又有"烟树"之。

▶ 园林应用价值

可作园景树或小型道路的行道树。黄栌在园林造景中最适合城市大型公园、天然公园、半山坡上、山地风景区内群植成林，可以单纯成林，也可与其他红叶或黄叶树种混交成林；造景宜表现群体景观。黄栌同样还可以应用在城市街头绿地、单位专用绿地、居住区绿地以及庭园中。

繁殖与培育特点

黄栌一般采用种子繁殖，也可扦插与嫁接繁殖。种子繁殖采用 4 ℃沙藏则可明显提高黄栌种子的发芽率；用 KNO_3 溶液浸种，其浓度为 8% 时发芽率达到最高（48%）。在华北地区，一般 6～7 月采收种子，12 月前后沙藏，翌年春 3 月中下旬有 1/3 种子露白时即可播种。可用作丛干苗、多干苗培育。也可作造型苗培育。

▶ 园林养护技术

黄栌生长环境要有一定的透光性，才能使其正常生长，并发挥其彩叶的最佳观赏效果。适量的微肥有利于黄栌的壮苗，但土壤中氮肥过多时会引起徒长，叶绿素合成并占据主导地位，影响彩叶的显色；适度缺磷、缺氮或两者同时缺少时，都能促进花青素含量的增加，提升叶片色彩的质量。病虫害有白粉病、枯萎病、黄栌丽木虱。

130 ▶ 红 栌

▶ 名 称

中文名：红栌

学 名：*Cotinus coggygria* var. *pubescens* Engl.

别 名：吴萸、茶辣、漆辣子

科属名：漆树科 黄栌属

▶ 形态特征

落叶灌木或小乔木，高达 8 m。枝红褐色。单叶互生，卵形至倒卵形，全缘，先端圆或微凹，侧脉二叉状，紫红色，秋叶鲜红色。花杂性，小而黄色；顶生圆锥花序，有柔毛；果序上有许多伸长成紫色羽毛状的不孕性花梗；核果小，肾形。花期 7～8 月，果期 8～9 月。

▶ 分布区

在陕西、河北、山东、河南、湖北、四川等地均有分布。

生态习性

耐修剪，喜光、耐半荫、耐寒、耐旱、耐贫瘠、耐盐碱土，不耐水湿，在深厚肥沃偏酸性的沙壤土上生长良好，根系发达。

▶ 观赏特点

红栌树形优美，叶形奇特，初春时树体全部为鲜嫩的红色；盛夏时枝条顶端的花序絮状鲜红；秋季叶色为深红色，秋霜过后，叶色更加红艳美丽，是良好的秋季观叶树种。

◉园林应用价值

同黄栌。

◉繁殖与培育特点

红栌可采用播种、扦插、嫁接、组织培养等技术育苗，但不同的育苗方法也存在着各自不同的问题。比如，采用播种育苗，不但种子价格昂贵，种源稀缺，发芽率不高，而且苗木性状分化严重，叶色常呈现青绿色；扦插育苗虽然不需购买种子，但扦插成活率极低，组织培养虽然有生产周期短，繁殖量大，苗木性状一致的优点，但因其技术含量较高，故一般的苗圃也不用此法生产苗木。目前生产上繁殖美国红栌多采用黄栌嫁接美国红栌的方法，此法成活率较高。可用作单干苗和多干苗培育。

◉园林养护技术

同黄栌。

131▶黄连木

◉名　称

中文名：黄连木

学　名：*Pistacia chinensis* Bunge

别　名：楷木、楷树、黄楝树

科属名：漆树科　黄连木属

◉形态特征

落叶乔木，高达 25 ～ 30 m；树干

扭曲。树皮暗褐色，呈鳞片状剥落。奇数羽状复叶互生，有小叶 5 ～ 6 对，小叶对生或近对生，纸质，披针形或卵状披针形或线状披针形，全缘。花单性异株，先花后叶，圆锥花序腋生，雄花序排列紧密，雌花序排列疏松，均被微柔毛，花药长圆形，花柱极短，柱头 3。核果倒卵状球形，略压扁，成熟时紫红色。花期 3 ～ 4 月。

▶ 分布区

产长江以南各省区及华北、西北。菲律宾亦有分布。

▶ 生态习性

喜光，幼时稍耐阴；喜温暖，畏严寒；耐干旱瘠薄，对土壤要求不严，微酸性、中性和微碱性的沙质、黏质土均能适应，而以在肥沃、湿润而排水良好的石灰岩山地生长最好。深根性，主根发达，抗风力强；萌芽力强。生于海拔 140 ～ 3 550 m 的石山林中。

▶ 观赏特点

黄连木先叶开花，树冠浑圆，枝叶繁茂而秀丽，早春嫩叶红色，入秋叶又变成深红或橙黄色，红色的雌花序也极美观。

▶ 园林应用价值

黄连木是城市及风景区的优良绿化树种，宜作庭荫树、行道树及观赏风景树，也常作"四旁"绿化及低山区造林树种。在园林中植于草坪、坡地、山谷或于山石、亭阁之旁配植无不相宜。若要构成大片秋色红叶林，可与槭类、枫香等混植，效果更好。

▶ 繁殖与培育特点

黄连木主要的栽培繁殖方法是播种育苗。分秋冬播和春播。秋冬播掌握在土壤上冻前进行，播后浇封冻水。春播应在3月上旬至4月中旬进行。根据黄连木种子平均每千克约11 000粒的特点，提出合理播种量为每公顷 75 ～ 120 kg，预期每公顷培育成苗 30 ～ 45 万株。采用开沟条播。也可做单干苗培育。

▶ 园林养护技术

黄连木的主要虫害有种子小蜂，黄连木尺蛾，梳齿毛根蚜，缀叶丛螟。主要病害有炭疽病和立枯病。防治病害可通过土壤耕翻、修整树盘、清除石块、树盘覆草、加强肥水管理等措施来增强树势、提高树体对病虫害的抗性。

132 ▶ 苦 树

▶ 名 称

中文名：苦树

学 名：*Picrasma quassioides* (D.Don) Benn.

别 名：苦檀木、苦楝树、苦木

科属名：苦木科 苦木属

▶ 形态特征

落叶乔木，高达 10 多米；树皮紫褐色，平滑，有灰色斑纹。叶互生，奇数羽状复叶；小叶 9 ～ 15，卵状披针形或广卵形，边缘具不整齐的粗锯齿；落叶后留有明显的半圆形或圆形叶痕；托叶披针形，早落。花雌雄异株，组成腋生复聚伞花序；萼片小，卵形或长卵形，覆瓦状排列；花瓣与萼片同数，卵形或阔卵形；花盘 4 ～ 5 裂；心皮 2 ～ 5。核果成熟后蓝绿色，萼宿存。花期 4 ～ 5 月，果期 6 ～ 9 月。

▶分布区

产黄河流域及其以南各省区。

▶生态习性

喜光，耐干旱、耐瘠薄，也耐阴，多生于山坡、山谷及村边较潮湿处。在排水良好、有机质丰富的壤土中生长发育较好。

▶观赏特点

秋叶红黄，是较好的秋色叶树种；聚伞花序，成熟的核果蓝绿色，也是较好的观果树种。

▶园林应用价值

园林上可作为景观树和行道树。

▶繁殖与培育特点

常用播种繁殖。播种繁殖适宜种植时间为 4 ～ 10 月，选阴雨天，种子播到沟内后，覆土 2 ～ 3 cm，镇压后浇透水即可。一般作单干苗培育。

▶园林养护技术

管理较为粗放。病虫害较少。

133▶ 臭 椿

▶名　称

中文名：臭椿

学　名：*Ailanthus altissima* (Mill.) Swingle

科属名：苦木科　臭椿属

▶ 形态特征

落叶乔木，高可达 20 多米，树皮平滑而有直纹。叶为奇数羽状复叶，长 40 ～ 60 cm，有小叶 13 ～ 27；小叶对生或近对生，纸质，卵状披针形，长 7 ～ 13 cm，宽 2.5 ～ 4 cm，先端长渐尖，基部偏斜，截形或稍圆，两侧各具 1 或 2 个粗锯齿，齿背有腺体 1 个，叶面深绿色，背面灰绿色，揉碎后具臭味。圆锥花序；花淡绿色；萼片 5，覆瓦状排列，裂片长 0.5 ～ 1 mm；花瓣 5，长 2 ～ 2.5 mm，基部两侧被硬粗毛。翅果长椭圆形，长 3 ～ 4.5 cm，宽 1 ～ 1.2 cm；种子位于翅的中间，扁圆形。花期 4 ～ 5 月，果期 8 ～ 10 月。

▶ 分布区

我国大部分地区均有栽植。

▶ 生态习性

喜光，不耐阴。适应性强，除黏土外，各种土壤和中性、酸性及钙质土都能生长，适生于深厚、肥沃、湿润的砂质土壤。耐寒，耐旱，不耐水湿，长期积水会烂根死亡。生长快，根系深，萌芽力强。对氟化氢及二氧化硫抗性强。

▶ 观赏特点

臭椿树干通直高大，叶大荫浓，春季嫩叶紫红色，秋季红果满树。虽叶及开花时有微臭但并不严重，故仍是一种很好的观赏树。

▶ 园林应用价值

臭椿可孤植、丛植或与其他树种混栽，适宜于工厂、矿区等绿化。亦可作山地造林的先锋树种、盐碱地的水土保持和土壤改良用树种。

▶ 繁殖与培育特点

臭椿一般用播种繁殖。播种育苗容易，以春季播种为宜。在黄河流域一带有晚霜为害，春播不宜过早。种子千粒重 28 ～ 32 g，发芽率 70% 左右。播种量每亩 3 ～ 5 kg。通常用低床或垄作育苗。栽植造林多在春季，一般在苗木上部壮芽膨胀成球状时造林进行。在干旱多风地区也可截干造林。立地条件较好的阴坡或半阴坡也可直播造林。

▶ 园林养护技术

臭椿耐粗放管理，臭椿对病虫害抵抗能力较强。常见病虫害有白粉病、立枯病、盲蝽、瘿螨。

134 ▶ 楝

▶ 名 称

中文名：楝

学 名：*Melia azedarach* L.

别 名：苦楝、紫花树、森树

科属名：楝科 楝属

▶ 形态特征

落叶乔木，高达 10 多米。树皮灰

褐色，纵裂。分枝广展，小枝有叶痕。叶为 2～3 回奇数羽状复叶，小叶对生、卵形、椭圆形至披针形，边缘有钝锯齿。圆锥花序约与叶等长，花芳香；花萼 5 深裂；花瓣淡紫色，倒卵状匙形；雄蕊管紫色，花药 10 枚；子房近球形，每室有胚珠 2 颗。核果球形至椭圆形，内果皮木质，4～5 室，每室有种子 1 颗；种子椭圆形。花期 4～5 月，果期 10～12 月。

● 分布区

产我国黄河以南各省区，目前已广泛引为栽培。广布于亚洲热带和亚热带地区，温带地区也有栽培。

● 生态习性

阳性树，不耐阴。喜温暖、湿润环境，不甚耐寒。本植物在湿润的沃土上生长迅速，对土壤要求不严，在酸性土、中性土与石灰岩地区均能生长，稍耐干旱和瘠薄，常生于低海拔旷野、路旁或疏林中。

● 观赏特点

楝树树冠宽广而平展，枝叶扶疏，春季蓝紫色的花花开满树，并且伴有花香，俨然是一幅诗意般的风景。是少有的蓝色系花木。

● 园林应用价值

宜作庭荫树、园景树和行道树。可在草坪中孤植、丛植或配置于建筑物旁都很合适，亦可配置于池边、路旁、草地边缘和山坡等处。

● 繁殖与培育特点

采用播种繁殖为主。播种地要求排水良好、平坦。播种前做好平整圃地、打垄、碎土等工作，播种时期在 3 月下旬至 4 月上中旬。播种后覆土，轻轻镇压。有条件的可采用地膜覆盖，播种后 10～15 天出苗。楝树每个果核内有种子 4～6 粒，出苗后呈簇生状。当小苗长至 5～10 cm 时间苗，每簇留 1 株壮苗即可。也可做单干苗培养。

● 园林养护技术

栽植后的 3 年内应加强土壤、水、肥管理。每年施肥 3 次，浇水 4～5 次。在五六月份各施一次速效肥，用尿素和磷酸二氢钾，用量以每株 0.5 kg 为宜。施用方法：在距树干 20 cm 处挖放射沟 4～6 条，其长度与树冠相等，宽度、深度为 10～20 cm，将肥料均匀撒入沟内，覆土，随后灌水。在生长旺季视土壤墒情适时浇水。9月份施一次复混肥或有机肥，用量每株2～5 kg，伴随浇水。主要病虫害有溃疡病、褐斑病、黄刺蛾、扁刺蛾等。

135▶ 花椒

▶名　称

中文名：花椒

学　名：*Zanthoxylum bungeanum* Maxim.

别　名：巴椒、臭胡椒、臭花椒

科属名：芸香科　花椒属

▶形态特征

高3～7 m的落叶小乔木。茎干上的刺常早落，枝有短刺，当年生枝被短柔毛。叶有小叶5～13片，叶轴常有甚狭窄的叶翼；小叶对生，无柄，卵形、椭圆形，稀披针形，叶缘有细裂齿，齿缝有油点。花序顶生或生于侧枝之顶，花序轴及花梗密被短柔毛或无毛；花被片6～8片，黄绿色。果紫红色。花期4～5月；果期8～9月或10月。

▶分布区

产地北起东北南部，南至五岭北坡，东南至江苏、浙江沿海地带，西南至西藏东南部；台湾、海南及广东不产。

▶生态习性

适宜温暖湿润及土层深厚肥沃壤

土、沙壤土，萌蘖性强，较耐寒，耐旱，喜阳光，抗病能力强，隐芽寿命长，故耐强修剪。不耐涝，短期积水可致死亡。

▶观赏特点

叶形独特小巧，花白密集，红色果实挂满枝头，且可作香料，是良好的园林树种，也是香料作物。

▶园林应用价值

一般可用于园景树或盆景。可沿路边种植成刺篱，也可作成盆栽栽植室内。

同时花椒也是干旱、半干旱山区重要的水土保持树种。

◉ 繁殖与培育特点

花椒的繁殖可采用播种、嫁接、扦插和分株四种方法。生产中以播种繁殖为主。选择生长健壮、无病虫害、花椒品质良好的母树作为采种树，在采完食用花椒后 7 天左右，采取花椒种子，采完种子后立即将其晒干并进行处理。也可作单干苗或丛干苗培育。

◉ 园林养护技术

花椒移植时间以芽刚开始萌动时栽植成活率最高，栽后应浇透水，生长季节追肥 2 ～ 3 次，干旱时并结合浇水。在越冬期间对树体喷洒防冻剂 1% ～ 1.25% 的溶液，可有效防止树枝的冻害。花椒的主要病害是花椒锈病。防治方法：每年秋末给花椒树施足底肥，使次年花椒树长势旺盛，增强其抗病力。发病初期采用粉锈宁、多菌灵液进行叶面喷洒防治。花椒的主要虫害是虎天牛、瘿蚊、红蜘蛛、尺蠖、黄凤蝶、黑绒金龟子。

136 ▶ 黄檗

◉ 名　称

中文名：黄檗
学　名：*Phellodendron amurense* Rupr.
别　名：黄菠萝、黄柏、关黄柏
科属名：芸香科　黄檗属

◉ 形态特征

落叶乔木，树皮灰褐色至黑灰色。小枝暗紫红色，无毛。叶轴及叶柄均纤细，有小叶 5 ～ 13 片，小叶薄纸质或纸质，卵状披针形或卵形，顶部长渐尖，基部阔楔形，叶缘有细钝齿和缘毛，树高 10 ～ 20 m，大树高达 30 m，胸径 1 m。秋季落叶前叶色由绿转黄而明亮，花序顶生；花瓣紫绿色。果圆球形，蓝黑色；种子通常 5 粒，半卵形，带黑色。花期 5 ～ 6 月，果期 9 ～ 10 月。

◎ 分布区

主要分布于东北和华北各省，陕西、河南、安徽北部、宁夏也有分布，内蒙古有少量栽种。

◎ 生态习性

阳性，耐寒，深根性，抗风，萌芽力强耐火烧，生长慢。对土壤适应性较强，适生于土层深厚、湿润、通气良好的、含腐殖质丰富的中性或微酸性壤质土中。在河谷两侧的冲积土上生长最好，在沼泽地、黏土上和瘠薄的土地上生长不良。

◎ 观赏特点

树干通直高大，具尖塔形之树冠，壮丽优美，观赏价值很高。

◎ 园林应用价值

树皮木栓层发达，枝叶茂密，是良好的孤植树，在园林中可作为园景树与其他树木搭配成景，也可作为行道树。

◎ 繁殖与培育特点

以种子繁殖为主，也可以扦插繁殖。在黄檗果实成熟期 8 ～ 10 月，采收成熟的种子，堆放 2 ～ 3 周。除去果皮杂质，晒干或阴干。秋播可不进行种子催芽。育苗采用土层深厚、排水良好、肥沃的沙质土壤。春播则需进行种子处理，一般沙藏 1 ～ 2 月或播前温水浸泡 6 ～ 8 小时以提早出苗和提高发芽率。苗期管理对水肥要求较严。也可以采取扦插繁殖，扦插繁殖以 6 ～ 8 月高温多雨季节进行为好。可做单干苗培育。

◎ 园林养护技术

秋季移栽在 10 月中下旬进行，春季移栽在树木萌芽前进行。定植遵循三埋、两踩、一提苗原则，防止窝根影响树木的生长。移栽完成立即浇水，要浇透，浇完水后及时将苗木扶直扶正，并回填；第 2 次水间隔 5 ～ 7 天，浇完水后再次回填；第 3 次水间隔 10 天左右。之后浇水要保证移栽坑内的土壤湿润无干裂。主要病虫害：食叶害虫绿芜菁、叶锈病，虫害一般为花椒凤蝶、蚜虫等。

137 ▶ 臭檀吴萸

◎ 名 称

中文名：臭檀吴萸

学 名：*Tetradium daniellii* (Benn.) Hemsl.

别 名：达氏吴茱萸

科属名：芸香科 吴茱萸属

◎ 形态特征

高可达 20 m，胸径约 1 m 的落叶乔木。叶有小叶 5 ～ 11 片，小叶纸质，

阔卵形，卵状椭圆形，散生少数油点或油点不显，叶缘有细钝裂齿。伞房状聚伞花序，花序轴及分枝被灰白色或棕黄色柔毛，花蕾近圆球形；萼片及花瓣均5。分果瓣紫红色，干后变淡黄或淡棕色，两侧面被疏短毛，顶端有芒尖；种子卵形，一端稍尖，褐黑色，有光泽，种脐线状纵贯种子的腹面。花期6～8月，果期9～11月。

◑ 分布区

北部暖温带落叶阔叶林区、北部暖温带落叶阔叶林区以及温带草原区。产辽宁以南至长江沿岸各地，陕西也有分布。

◑ 生态习性

在土壤肥沃疏松的疏林下生长较好，中度喜光，不耐干旱和潮湿，在土壤贫瘠和黄土黏性较大的地方生长瘦小，对土壤生长环境要求较高。

◑ 观赏特点

树形端直，枝叶浓密，红色圆锥花序顶生，果紫红色。秋叶黄。

◑ 园林应用价值

宜做园景树和行道树。可孤植、列植或片植。

◑ 繁殖与培育特点

常采用硬枝扦插，扦插时间一般在3月中旬，选一至二年生的健壮枝条。枝条选取时，一定要选择母株上部，并且要靠近东南、南或南西面的枝条。此类枝条光照充足，聚集的养分相对较多，酶活性高，利于扦插生根成活。剪取枝条最好在清晨或傍晚，无雨后的阴天也可以，下雨或雨后2天内不要进行采取。首先在母株上剪取20 cm左右的小段，且每段上有芽2～3个。其次将枝条小段上端剪平，下端修剪成斜面，插条两端约离芽各1.5 cm。可播种繁殖，也可做单干苗培养。

◑ 园林养护技术

臭檀吴萸每年冬季要适当地剪除过密枝、重叠枝、徒长枝和病虫枝。对枝梢粗壮，芽饱满的枝条应保留，均能形成结果枝。每次修剪之后，都要追施一次肥料，以恢复树势。病虫害主要有锈病、煤污病、柑橘凤蝶、褐天牛。

138 ▶ 刺 楸

◎ 名 称

中文名：刺楸

学　名：*Kalopanax septemlobus* (Thunb.) Koidz.

别　名：鼓钉刺、刺枫树、刺桐

科属名：五加科　刺楸属

◎ 形态特征

落叶乔木，高约 10 m，最高可达 30 m。树皮暗灰棕色；小枝淡黄棕色或灰棕色，散生粗刺。叶片纸质，在长枝上互生，在短枝上簇生，圆形或近圆形，掌状 5 ～ 7 浅裂，裂片阔三角状卵形至长圆状卵形。圆锥花序大；伞形花序有花多数；花白色或淡绿黄色；花瓣 5，三角状卵形；雄蕊 5；子房 2 室，花盘

隆起；花柱合生成柱状，柱头离生。果实球形，蓝黑色。花期 7 ～ 10 月，果期 9 ～ 12 月。

◎ 分布区

分布广，全国各地均有分布。

◎ 生态习性

刺楸适应性很强，喜阳光充足和湿润的环境，稍耐阴，耐寒冷，适宜在含腐殖质丰富、土层深厚、疏松且排水良好的中性或微酸性土壤中生长。

◎ 观赏特点

刺楸叶形美观，叶色浓绿，树干通直挺拔，满身的硬刺在诸多园林树木中独树一帜，能体现出粗犷的野趣。

◎ 园林应用价值

常作为园景树和行道树种植。可孤植、列植或群植。其叶大干直，树形颇为壮观，并富野趣，宜自然风景区绿化时应用，也可在园林作孤植树及庭荫树栽植。适合作行道树或园林配植。也是低山区重要造林树种。

◐ 繁殖与培育特点

刺楸的繁殖以播种为主，在秋季果实成熟后采摘，取出种子进行沙藏，第二年的春季进行室外畦播。种子繁殖方法简单易行，并能在短期内获得大量苗子。此外，也可用根插繁殖、扦插和压条繁殖。但生根困难，均不如种子繁殖。可作单干苗或丛干苗培育。

◐ 园林养护技术

栽植时间适宜为春季，干冷的秋冬季不适合栽植。两年以上大苗栽植必须带土球，定植后一到两年内应该保护好树皮及皮刺不受损害，每年施肥两到三次。适当除草。其病虫害主要有褐斑病、刺蛾。

139 ▶ 洋白蜡

◐ 名　称

中文名：洋白蜡

学　名：*Fraxinus pennsylvanica* Marsh.

别　名：美国红梣、毛白蜡、
　　　　宾夕法尼亚梣

科属名：木犀科　梣属

◐ 形态特征

落叶乔木，高 10～20 m；树皮灰色，粗糙，皱裂。顶芽圆锥形，尖头，被褐色糠秕状毛。小枝红棕色，圆柱形，被黄色柔毛或秃净，老枝红褐色，光滑无毛。羽状复叶长 18～44 cm；小叶 7～9

枚，薄革质，长圆状披针形、狭卵形或椭圆形，长 4～13 cm，宽 2～8 cm。圆锥花序生于去年生枝上，长 5～20 cm；花密集，雄花与两性花异株，与叶同时开放。翅果狭倒披针形，坚果圆柱形。花期 4 月，果期 8～10 月。

◐ 分布区

原产美国东海岸至落基山脉一带。我国引种栽培已久，分布遍及全国各地。

◐ 生态习性

阳性树种，生长快，适应性广，在干或湿、贫瘠或盐碱等土质都能生长，抗风。

▶ 观赏特点

树型高大，枝叶浓密舒展，秋色叶观赏价值很高。

▶ 园林应用价值

可作行道树和园景树。宜配植于水溪边、园路边或做花坛、花境点缀材料，也适于做公路、铁路、护坡、路旁绿化。此外，也可作水土保持植物或用于重金属污染区的生态修复植物。

▶ 繁殖与培育特点

通常通过播种、扦插和嫁接繁殖。播种时，种子需要进行杀菌消毒、温水浸种和催芽处理。一般作单干苗培育。

▶ 园林养护技术

选择疏松肥沃，排灌方便的土壤，在种子发芽期，床面要经常保持湿润，浇水应少量多次，幼苗出齐后，子叶完全展开，进入旺盛生长期，浇水量要多，次数要少，3～5天浇水一次，浇水时间宜在早晚进行；苗木施肥应以基肥为主。主要的虫害有蚜虫、天牛等。

140 ▶ 白 蜡

▶ 名 称

中文名：白蜡

学　名：*Fraxinus chinensis* Roxb.

别　名：青榔木、白荆树

科属名：木犀科　白蜡属

▶ 形态特征

落叶乔木，高 10～12 m；树皮灰褐色，纵裂。芽阔卵形或圆锥形，被棕色柔毛或腺毛。小枝黄褐色，粗糙，皮孔小，不明显。羽状复叶，小叶 5～7 枚，硬纸质，卵形、倒卵状长圆形至披针形，叶缘具整齐锯齿。圆锥花序顶生或腋生枝梢，花雌雄异株；雄花密集，花萼小；雌花疏离，花萼大。翅果匙形，上中部最宽，先端锐尖，常呈犁头状，基部渐狭，翅平展，下延至坚果中部，坚果圆柱形。花期 4～5 月，果期 7～9 月。

▶ 分布区

产于中国南北各省区，多为栽培。越南、朝鲜也有分布。

▶ 生态习性

白蜡树属于阳性树种，喜光，颇耐寒，喜湿耐涝，也耐干旱，对土壤的适应性较强，在酸性土、中性土及钙质土上均能生长，耐轻度盐碱，喜湿润、肥沃和沙质壤土。可见于海拔 800 ～ 1 600 m 山地杂木林中。

▶ 观赏特点

白蜡树其干形通直，树形美观，枝叶繁茂冠幅较大，遮阴效果好。

▶ 园林应用价值

可作行道树和园景树，可孤植、列植或片植。因其根系发达，植株萌发力强，速生耐湿，性耐瘠薄干旱，在轻度盐碱地也能生长，也可以抗烟尘、二氧化硫和氯气，是工厂、城镇绿化美化的好树种，也是防风固沙和护堤护路的优良树种。

▶ 繁殖与培育特点

一般采用播种、扦插繁殖。播种前需要进行催芽，催芽处理的方法有低温层积催芽和快速高温催芽，一般在 2 月下旬至 3 月上旬播种；扦插前细致整地，施足基肥，使土壤疏松，水分充足。白蜡一般以单干苗培育。

▶ 园林养护技术

白蜡管护粗放简单。一般在每年秋季落叶后至翌年春季发芽前适当剪除过密枝、重叠枝、徒长枝、竞争枝、内堂枝和病虫枝等。主要的病害有褐斑病、煤污病。主要的虫害有白蜡吉丁虫、蚜虫、天牛等。

141 ▶ 大叶白蜡

▶ 名　称

中文名：大叶白蜡

学　名：*Fraxinus chinensis* subsp. *rhynchophylla* (Hance) E. Murray

别　名：花曲柳、大叶梣、苦枥白蜡树

科属名：木犀科　白蜡属

▶ 形态特征

落叶乔木，高 12 ～ 15 m；树皮灰褐色，光滑。当年生枝淡黄色，无毛，去年生枝暗褐色，皮孔散生。羽状复叶长 15 ～ 35 cm；叶柄基部膨大；小叶 3 ～ 7，革质，宽卵形或卵状披针形，顶生小叶常倒卵形，长 3 ～ 11 cm，具

不规则粗齿或波状，下部近全缘。圆锥花序顶生或腋生于当年生枝端，雄花与两性花异株。花梗长约 5 mm；花萼浅杯形，无毛；无花冠。翅果线形。花期 4 ～ 5 月，果期 9 ～ 10 月。

▶ 分布区

产于东北和黄河流域各省。常见于长江流域各省，福建、云南和西藏也有栽培。

▶ 生态习性

喜光，耐寒。对土壤要求不严，喜生于深厚肥沃及水分条件较好的土壤上。根系发达，对气温适应范围较广，但耐大气干旱能力较差。

▶ 观赏特点

同白蜡。

▶ 园林应用价值

可作行道树和园景树；大叶白蜡树的枝叶茂密，树形美观，也是防护林和城镇绿化的好树种；其根系分布广而密，在水土流失地区，也是营造水土保持林的优良树种。

▶ 繁殖与培育特点

一般采用播种、扦插和嫁接繁殖。秋季播种或春季播种均可。一般以单干苗培育。

▶ 园林养护技术

大叶白蜡对土壤要求不严，碱性、中性、酸性土壤上均能生长；在苗木生长旺盛期施化肥加以补充。主要的病害有褐斑病、煤污病。主要的虫害有白蜡吉丁虫、蚜虫、天牛等。

142 ▶ 水曲柳

▶ 名 称

中文名：水曲柳

学 名：*Fraxinus mandshurica* Rupr

别 名：东北梣

科属名：木犀科 梣属

▶ 形态特征

落叶大乔木，高达 30 m 以上，胸径达 2 m；树皮厚，灰褐色，纵裂。小枝粗壮，黄褐色至灰褐色，四棱形，节膨大，光滑无毛，散生圆形明显凸起的小皮孔；叶痕节状隆起，半圆形。羽状复叶，小叶 7 ～ 11（～ 13）枚，

纸质，长圆形至卵状长圆形。圆锥花序生于去年生枝上，先叶开放，雄花序紧密，花梗细而短，雄蕊2枚，花药椭圆形，花丝甚短。翅果大而扁，长圆形至倒卵状披针形。花期4月，果期8～9月。

▶ 分布区

产于东北、华北、陕西、甘肃、湖北等省。生海拔700～2 100 m的山坡疏林中或河谷平缓山地。

▶ 生态习性

水曲柳是阳性树种，喜光，耐寒，喜湿润，但不耐水渍。喜肥沃湿润土壤，生长快，抗风力强，适应性强，较耐盐碱，在湿润、肥沃、土层深厚的土壤上生长旺盛。

▶ 观赏特点

水曲柳树干通直，树形圆阔、高大挺拔，枝叶浓密，适应性强，是优良的绿化和观赏树种。

▶ 园林应用价值

阔叶树中生长较快的树种。可做行道树和园林景观树，可孤植或列植，亦可群植与其他针阔叶树种混植形成分景林。同时，也是制作家具的优良用材。

▶ 繁殖与培育特点

种子繁殖。于种子成熟期采集，采集时可摘取翅果小枝，将其放在通风的地方，晾3天，干后除去小枝、土块等夹物，进行贮藏或处理。室内贮藏要保持标准含水率，库内温度控制在0～5℃。

▶ 园林养护技术

在定植两到三年之后就可通过隔垄挖出再次实施移植。为了能够得到良好的通风，在移植后就要实施及时的修剪作业，并对死枝进行剔除。每年要进行除草以及灌溉和施肥等作业，在长到6～7年的时候水曲柳的苗木就能达到优质的程度。常见的病虫害有幼苗立枯病，疣纹蝙蝠蛾，梣小吉丁虫，糖槭蚧。

143 ▶ 紫丁香

▶ 名　称

中文名：紫丁香

学　名：*Syringa oblata* Lindl.

别　名：丁香、华北紫丁香、百结

科属名：木犀科　丁香属

▶ 形态特征

灌木或小乔木，高可达5 m；树皮灰褐色或灰色。叶片革质或厚纸质，卵圆

▶分布区

分布以秦岭为中心，北到黑龙江、吉林、辽宁、内蒙古、河北、山东、陕西、甘肃、四川，南到云南和西藏均有，朝鲜也有。

▶生态习性

喜光，稍耐阴，阴处或半阴处生长衰弱，开花稀少。喜温暖、湿润，有一定的耐寒性和较强的耐旱力。对土壤的要求不严，耐瘠薄，喜肥沃、排水良好的土壤。忌酸性土，忌积涝。

▶观赏特点

主要为观花树种，春季花盛开时硕大而艳丽的花序布满全株，芳香四溢，观赏效果甚佳。植株丰满秀丽，枝叶茂密，且具独特的芳香。

▶园林应用价值

可孤植、丛植、带植或群植作花境、园景树和绿篱；广泛栽植于庭园、机关、厂矿、居民区等地。常常丛植于建筑前、茶室凉亭周围；散植于园路两旁、草坪之中；与其他种类丁香配植成专类园。

形至肾形，宽大于长，长 2～14 cm，宽 2～15 cm。圆锥花序直立，近球形或长圆形，长 4～16 cm，宽 3～7 cm，花冠紫色，长 1.1～2 cm，花冠管圆柱形；果倒卵状椭圆形、卵形至长椭圆形，长 1～1.5 cm，宽 4～8 mm，光滑，花期 4～5 月，果期 6～10 月。

▶繁殖与培育特点

一般采用播种、扦插和组培繁殖。种子须经层积，翌春播种。夏季用嫩枝扦插，成活率高。嫁接为主要繁殖方法，以小叶女贞作砧木。可作独干苗、多干苗或丛干苗培育。

▶园林养护技术

宜栽于土壤疏松而排水良好的向阳处。一般在春季萌枝前裸根栽植。2～3年生苗栽植穴径应在 70～80 cm，深50～60 cm。常见的病害有凋萎病、叶枯病、萎蔫病等；常见的虫害有毛虫、刺蛾、潜叶蛾及大胡蜂、介壳虫等。

144▶ 欧丁香

▶名　称

中文名：欧丁香

学　名：*Syringa vulgaris* L.

别　名：欧洲丁香、洋丁香

科属名：木犀科　丁香属

▶形态特征

灌木或小乔木，高 3～7 m；树皮灰褐色。小枝、叶柄、叶片两面、花序轴、花梗和花萼均无毛或具腺毛，老时脱落。小枝棕褐色，略带四棱形，疏生皮孔。叶对生，近革质，叶片卵形、宽卵形或长卵形，长 3～13 cm，宽 2～9 cm。圆锥花序近直立，由侧芽抽生，宽塔形至狭塔形，或近圆柱形，长 10～20 cm，花紫色或淡紫色，芳香。果倒卵状椭圆形、卵形至长椭圆形，长 1～2 cm，先端渐尖或骤凸，光滑。花期 4～5 月，果期 6～7 月。

▶分布区

原产东南欧。华北各省普遍栽培，东北、西北以及江苏各地也有栽培。

▶ 生态习性

喜光，稍耐阴，耐干旱，耐寒。

▶ 观赏特点

花朵繁茂，紧凑丰满，粉紫色十分鲜艳，花期较长，具有较高的观赏价值。

▶ 园林应用价值

宜作园景树；可孤植、丛植、带植或群植于公园、小区的花坛、花境或宅旁、亭阶、墙隅、篱下、路旁等地。

▶ 繁殖与培育特点

宜采用播种、扦插、嫁接繁殖。一般在秋天采收种子，进行沙藏，第二年春天播种前一天进行催芽处理后再播种，播种时间一般在四月上旬至下旬。可作独干苗、多干苗、丛式苗培育。

▶ 园林养护技术

欧丁香定植之后，一般可以不施肥或仅施少量的肥。在开花后施用适量的磷、钾肥及少量氮肥有利于欧丁香植株生长发育。修剪时期，以在早春树液流动前或刚开始流动时为好。常见的病害有白粉病、立枯病等；常见的虫害有丁香蚧、丁香卷叶蛾、红蜘蛛、蚜虫等。

145 ▶ 暴马丁香

名 称

中文名：暴马丁香

学 名：*Syringa reticulata* ssp. *amurensis* (Rupr.) P. S. Green et M. C. Chang

别 名：暴马子，荷花丁香，白丁香

科属名：木犀科 丁香属

▶ 形态特征

落叶小乔木或大乔木，高 4 ～ 10 m，可达 15 m，具直立或开展枝条；树皮紫灰褐色，具细裂纹。当年生枝绿色或略带紫晕，二年生枝棕褐色，光亮，无毛，叶片厚纸质、宽卵形、卵形至椭圆状卵形或为长圆状披针形，长 2.5 ～ 13 cm，宽 1 ～ 6 cm。圆锥花序由 1 到多对着生于同一枝条上的侧芽抽生，长 10 ～ 20 cm，宽 8 ～ 20 cm；果长椭圆形，长 1.5 ～ 2 cm，先端常钝，或为锐尖、凸尖，光滑或具细小皮孔。花期 6 ～ 7 月，果期 8 ～ 10 月。

▶分布区

产于黑龙江、吉林、辽宁、陕西。生山坡灌丛或林边、草地、沟边或针、阔叶混交林中。苏联（远东地区）和朝鲜也有分布。

▶生态习性

喜光，喜温暖、湿润及阳光充足。稍耐阴，阴处或半阴处生长衰弱，开花稀少。具有一定耐寒性和较强的耐旱力。

▶观赏特点

花序大，花期长，树姿美观，花香浓郁，芬芳袭人；叶片长宽卵圆形。树形开张舒展，观赏效果较好，可作为园林植物栽植。

▶园林应用价值

可作行道树和园景树；可孤植、片植或群植，亦可列植作为小型道路的行道树。广泛栽植于庭园、机关、厂矿、居民区等地。常丛植于建筑前、茶室凉亭周围；散植于园路两旁、草坪之中；与其他种类丁香配植成专类园，形成美丽、清雅、芳香，青枝绿叶，花开不绝的景区，效果极佳。

▶繁殖与培育特点

通过播种和嫁接繁殖，多用播种繁殖。一般采用单干苗进行培育。

▶园林养护技术

管理较为粗放，同时要注重肥水管理。暴马丁香的病害有凋萎病、叶枯病、萎蔫病等，常见虫害有家茸天牛、蓑蛾、刺蛾、蚜虫等。

146▶北京丁香

▶名 称

中文名：北京丁香

学 名：*Syringa reticulata* ssp. *pekinensis* (Rupr.) P. S. Green et M. C. Chang

别 名：臭多罗、山丁香

科属名：木犀科 丁香属

▶形态特征

多年生的大灌木或小乔木，高2～5m，可达10m；树皮褐色或灰棕色，纵裂。小枝带红褐色，细长。叶片纸质、卵形、宽卵形至近圆形，或为椭圆状卵形至卵状披针形，长2.5～10cm，宽2～6cm；花序由1对或2至多对侧芽抽生，长5～20cm，宽3～18cm，栽培种更长更宽；花冠白色，呈辐状，长3～4mm。果长椭圆形至披针形，长1.5～2.5cm，先端锐尖至长渐尖，光滑，稀疏生皮孔。花期5月中至6月初。

▶分布区

同暴马丁香。北京丁香原产于中国，分布于河北、河南、山西、陕西、青海、甘肃、内蒙古等地。

▶生态习性

喜光，亦较耐阴，耐寒性较强，耐旱，

香一般采用单干苗和丛干苗进行培育。培育单株绿化苗要将二年生丁香苗定植后，待苗长到 1.5 m 后截头，促进冠副的形成，可适当对冠副进行修枝。

◉ 园林养护技术

北京丁香修剪可结合景观应用适当地进行，增加其观赏性；其树势强健，成年植株无需特殊管理，剪除枯弱枝、病枝及根蘖以利于调节树势及通风透光即可。

也耐高温。对土壤要求不高，适应性强，较耐密实度高的土壤，耐干旱。

◉ 观赏特点

同暴马丁香。北京丁香为晚花丁香种，为北京市少有的观花乔木之一。

◉ 园林应用价值

同暴马丁香。建筑物北侧及大乔木冠下均能正常生长、开花结实。

◉ 繁殖与培育特点

一般采用扦插和嫁接繁殖。北京丁

147 ▶ 流 苏

◉ 名 称

中文名：流苏

学 名：*Chionanthus retusus* Lindl. et Paxt.

别 名：萝卜丝花、牛筋子、乌金子

科属名：木犀科 流苏树属

◉ 形态特征

落叶灌木或乔木，高可达 20 米。幼枝淡黄色或褐色，被柔毛。叶革质或薄革质，长圆形、椭圆形或圆形，长 3 ～ 12 cm，全缘或有小锯齿；聚伞状圆锥花序顶生，近无毛，苞片线形，长 0.2 ～ 1 cm，被柔毛，花冠白色，4 深裂，裂片线状倒披针形，长 1.5 ～ 2.5 cm，宽 0.5 ～ 3.5 mm，花冠筒长 1.5 ～ 4 mm；雄蕊内藏或稍伸出。果椭圆形，被白粉，长 1 ～ 1.5 cm，蓝黑色或黑色。花期 3 ～ 6 月，果期 6 ～ 11 月。

▶ 分布区

产于甘肃、陕西、山西、河北、河南以南至云南、四川、广东、福建、台湾。

▶ 生态习性

流苏树喜光，也较耐阴、耐寒、耐旱，忌积水，生长速度较慢，寿命长，耐瘠薄，对土壤要求不严，但以在肥沃、通透性好的沙壤土中生长最好，有一定的耐盐碱能力。生于海拔 3000 米以下的稀疏混交林中或灌丛中，或山坡、河边。

▶ 观赏特点

流苏树枝叶繁茂，春季白花满树，花香宜人，远看雪落枝头，分外妖娆，近观花形纤细，柔美可爱；秋季蓝果串串，十分好看。

▶ 园林应用价值

可作行道树和园景树；不论点缀、群植、列植均具很好的观赏效果。既可于草坪中数株丛植；也宜于路旁、林缘、水畔、建筑物周围散植。

▶ 繁殖与培育特点

一般采用播种、扦插和嫁接繁殖。播种繁殖和扦插繁殖简便易行，且一次可获得大量种苗，故最为常用。播种一般在 3 月中旬左右，扦插繁殖一般多在 7～8 月进行。常作单干苗培育。

▶ 园林养护技术

在栽培过程中，特别是栽植的头三年，要加强水肥管理；除此之外，流苏树喜湿润环境，栽植后应马上浇透水，五天后浇第二次透水，再过五天浇第三次透水。常见的病害有金龟子。

148 ▶ 雪 柳

▶ 名 称

中文名：雪柳

学 名：*Fontanesia fortunei* Carr.

别 名：五谷树

科属名：木犀科 雪柳属

▶ 形态特征

落叶灌木或小乔木，高达 8 m；树皮灰褐色；枝灰白圆柱形，小枝淡黄色或淡绿色，四棱形或具棱角；叶片纸质，披针形、卵状披针形或狭卵形，全缘；

圆锥花序顶生或腋生；腋生花序较短；花两性或杂性同株；苞片锥形或披针形；花绿白色或微带红色；花萼微小，杯状深裂；花冠深裂至近基部，裂片卵状披针形；果黄棕色，扁平；种子，具三棱。花期4～6月，果期6～10月。

▶ 分布区

中国特有，分布于我国河北、陕西、山东、江苏、安徽、浙江、河南及湖北东部。

▶ 生态习性

喜光，稍耐阴，喜温暖湿润气候，也耐寒，适应性强，耐旱，耐瘠薄，但在排水良好、土壤肥沃之处生长繁茂。

▶ 观赏特点

雪柳叶形似柳，开花季节白花满枝，犹如覆雪，故称之为雪柳。雪柳在夏季盛开的小白花聚成圆锥花序布满枝头，一团团的白花散发出芳香气味；秋季叶丛中黄褐色的果实挂满枝头；初冬绿叶依然葱翠，是园林绿化的优秀树种。

▶ 园林应用价值

可丛植于池畔、坡地、路旁、崖边或树丛边缘，颇具雅趣。若作基础栽植，丛植于草坪角隅及房屋前后，或孤植于庭院之中也均适宜；同时雪柳树冠开展，可为炎热的夏季提供凉荫，可作为城市园林绿化的行道树；雪柳又具较强的萌芽能力，耐修剪，易造型，适于做绿篱、绿屏，加之其叶密下垂，做绿篱整体封密良好，没有裸露枝干的缺点。

▶ 繁殖与培育特点

雪柳萌蘖力强，易分株繁殖，也可扦插及播种繁殖。可作为单干苗、丛式苗或造型苗培育。

▶园林养护技术

雪柳栽培管理粗放，病虫害少。幼苗定植后，前期生长很慢，速生期应适当控水控肥，促使枝条木质化。生长季节要注意浇水。花后及时剪除残留花穗，落叶后疏除过密枝。绿篱栽培最初其株距以 20 cm 为宜，双行种植还可距离大些，截干高度以 15～30 cm 为宜，截干更新宜于春季发芽前和秋季落叶后进行。

149 ▶ 梓 树

▶名 称

中文名：梓树
学 名：*Catalpa ovata* G.Don
别 名：梓、楸、花楸
科属名：紫葳科 梓属

▶形态特征

落叶乔木，一般高 6 m，最高可达 15 m。树冠伞形，主干通直平滑，呈暗灰色或者灰褐色，嫩枝具稀疏柔毛。叶对生或近于对生，有时轮生，叶阔卵形，长宽相近，长约 25 cm，顶端渐尖，基部心形，全缘或浅波状，常 3 浅裂，叶片上面及下面均粗糙，微被柔毛或近于无毛，基部掌状脉 5～7 条。圆锥花序顶生，长 10～18 cm，花序梗微被疏毛，长 12～28 cm；花冠钟状，浅黄色，内面具 2 黄色条纹及紫色斑点。蒴果线形，下垂，深褐色。

种子长椭圆形。花期 6～7 月，果期 8～10 月。

▶分布区

国内主要分布于黄河流域和长江流域；北京、河北、山东、山西、河南、陕西、江苏、安徽、甘肃均有分布。日本有分布。

▶生态习性

适应性较强，喜温暖，也能耐寒。土壤以深厚、湿润、肥沃的夹沙土较好。不耐干旱瘠薄。抗污染能力强，生长较快。可利用边角隙地栽培。

◎ 观赏特点

梓树树体端正，冠幅开展，叶大荫浓，春夏满树白花，秋冬荚果悬挂，是具有一定观赏价值的树种。

◎ 园林应用价值

可作行道树和园景树；在工厂、矿坑、住宅区、道路旁都可以种植，是绿化城市改善环境的优良树种。

◎ 繁殖与培育特点

一般采用播种和扦插繁殖。播种法简便易行，一次可获得大量种苗。一般作单干苗培育。

◎ 园林养护技术

梓树修剪采用混合式整形中的自然开心形，增加其观赏性；梓树种植要求土壤条件湿润、肥沃、深厚。梓树喜肥，在松土、除草后可以施水肥。适度遮阳也有利于梓树幼苗生长。梓树皮、叶具有杀虫功效，因而病虫害较少。常见虫害主要为金龟子、蝼蛄等地下害虫；常见病害主要为立枯病、根腐病。

150▶ 楸 树

◎ 名 称

中文名：楸树

学　名：*Catalpa bungei* C.A. Mey.

别　名：旱楸、蒜薹花楸、黄楸

科属名：紫葳科　梓属

◎ 形态特征

小乔木，高 8～12 m，最高可达 35 m。叶三角状卵形或卵状长圆形，长 6～15 cm，宽达 8 cm，顶端长渐尖，基部截形，阔楔形或心形，有时基部具有 1～2 牙齿，叶面深绿色，叶背无毛。总状花序顶生，有花 3～12 朵，花冠淡红色，内面具有 2 黄色条纹及暗紫色斑点，长 3～3.5 cm。蒴果线形，长 25～45 cm，宽约 6 mm。种子狭长椭圆形，长约 1 cm，宽约 2 cm，两端生长毛。花期 5～6 月，果期 6～10 月。

▶分布区

产中国河北、河南、山东、山西、陕西、甘肃、江苏、浙江、湖南。在广西、贵州、云南有栽培。

▶生态习性

喜温暖湿润气候，但不耐严寒；既不耐干旱，也不耐水湿；喜欢湿润、肥沃、通透性好的沙壤土，能耐轻度盐碱土。萌蘖性强，幼树生长慢，10年以后生长加快，侧根发达。

▶观赏特点

楸树有着挺拔的树姿，花大色艳，有着较高的观赏价值。

▶园林应用价值

宜作行道树和园景树；可孤植、片植或列植。在工厂、矿坑、住宅区、道路旁都可以种植，是绿化城市改善环境的优良树种。

▶繁殖与培育特点

一般采用播种和扦插繁殖。播种繁殖各环节要求严格，出芽率较低。作单干苗培育。

▶园林养护技术

楸树修剪可结合景观应用适当地进行，增加其观赏性；常见虫害有珀蟖、泡桐龟甲、白肾夜蛾、霜天蛾、银杏大蚕蛾、楸蠹野螟、大青叶蝉等。常见病害有楸树炭疽病和楸树根瘤线虫病。

151▶ 黄金树

▶名　称

中文名：黄金树

学　名：*Catalpa speciosa* (Warder ex Barney) Engelmann

别　名：白花梓树

科属名：紫葳科　梓属

▶形态特征

乔木，高 6～10 m；树冠伞状。叶卵心形至卵状长圆形，顶端长渐尖，基

部截形至浅心形，上面亮绿色，无毛，下面密被短柔毛。圆锥花序顶生，有少数花，长约15 cm。花冠白色，喉部有2黄色条纹及紫色细斑点，裂片开展。蒴果圆柱形，黑色，2瓣开裂。种子椭圆形，两端有极细的白色丝状毛。花期5～6月，果期8～9月。

◉ 分布区

我国台湾、福建、广东、广西、江苏、河北、河南、陕西、新疆、云南等地均有栽培。

◉ 生态习性

黄金树喜光，稍耐阴，喜温暖湿润气候、耐干旱，酸性土、中性土、轻盐碱以及石灰性土均能生长。有一定耐寒性，适宜深厚湿润、肥沃疏松而排水良好的地方。不耐瘠薄与积水，深根性，根系发达，抗风能力强。但本种仅能在深肥平原土壤生长迅速，不适荒芜山地栽植，故适地不广。

◉ 观赏特点

黄金树树形高大，花大叶浓，是一种芳香植物，除可以净化空气外，其新鲜枝叶还可以提炼香精油，香精油用途广泛。

◉ 园林应用价值

宜作行道树和园景树。可孤植、列植或片植。亦用于行道、防风护沙、砧木、绿化造林等。

◉ 繁殖与培育特点

一般采用播种和扦插繁殖。春季播种，播前浸种催芽。楸树一般以单干苗培育。

◉ 园林养护技术

养护生长期要及时灌溉施肥。栽植后2～3年内，每年除草中耕2～3次，干旱季节要及时浇水。在华北地区，每年入冬前浇透1次封冻水，春天及时浇返青水。虫害主要有楸螟、大袋蛾等。

152 ▶ 二球悬铃木

◉ 名 称

中文名：二球悬铃木
学　名：*Platanus acerifolia* (Aiton) Willdenow
别　名：英桐
科属名：悬铃木科　悬铃木属

◉ 形态特征

落叶大乔木，高30余米。树皮光滑，大片块状脱落；嫩枝密生灰黄色茸毛。叶阔卵形，上下两面嫩时有灰黄色毛被；基部截形或微心形，上部掌状5裂，有时7裂或3裂；裂片全缘或有1～2个粗大锯齿；掌状脉3条，稀为5条。头状花序圆球状，具长总柄。花通常4数。雄花的萼片卵形，被毛；花瓣矩圆形，长为萼片的2倍。果枝有头状果序1～2个，稀为3个，常下垂；头状果序，宿

存花柱刺状，坚果之间无突出的茸毛，或有极短的毛。花期 4～5 月，果期 9～10 月。

▶分布区

本种是三球悬铃木 (法桐) *P. orientalis* 与一球悬铃木 (美桐) *P. occidentalis* 的杂交种，栽培历史较久，我国东北、华中及华南均有引种栽培。

▶生态习性

喜光，不耐阴，抗旱性强，耐寒性较强，较耐湿，喜温暖湿润气候，寿命较长。

▶观赏特点

二球悬铃木树冠开展，叶大荫浓，树干挺直，夏季降温效果极为显著，滞尘能力也较好。

▶园林应用价值

二球悬铃木是优良的行道树种，亦可用作庭荫树、园景树、一般造林树种，广泛应用于城市绿化，在园林中孤植于草坪或旷地，列植于道路两旁。

▶繁殖与培育特点

主要采用播种繁殖和扦插繁殖。一般作单干式苗培育。近年以华中农大为首的院校培育的无毛少毛悬铃木新品种则通过嫁接高接换头改善城市悬铃木飞毛污染问题。

▶园林养护技术

夏季是二球悬铃木病虫害的多发季节，要本着"预防为主，防治结合"的原则来防治，对一些较顽固的病害要采取多管齐下的办法来防治。二球悬铃木主要的病虫害有白粉病、霉斑病、枝干溃疡病、黄刺蛾、草履蚧、光肩星天牛等。

灌木

GUANMU

153 ▶ 灌木铁线莲

▶ 名 称

中文名：灌木铁线莲

学　名：*Clematis fruticosa* Turcz.

科属名：毛茛科　铁线莲属

▶ 形态特征

多年生木质或草质半藤本，或为直立灌木。高达 1m 多。枝有棱，紫褐色。单叶对生或数叶簇生，薄革质，顶端锐尖，边缘疏生锯齿状牙齿。花单生，或聚伞花序有 3 花，腋生或顶生；萼片 4，斜上展呈钟状，黄色，长椭圆状卵形至椭圆形，顶端尖，外面边缘密生茸毛，中间近无毛或稍有短柔毛。瘦果扁，卵形至卵圆形，密生长柔毛，花柱宿存

有黄色长柔毛。花期 7 月至 8 月，果期 10 月。

▶ 分布区

甘肃南部和东部、陕西北部、山西、河北北部及内蒙古。

▶ 生态习性

耐寒、耐旱，较喜光照，但不耐暑热强光，喜深厚肥沃、排水良好的碱性壤土及轻沙质壤土。根系为黄褐色肉质根，不耐积水。

▶ 观赏特点

灌木铁线莲的观赏应用价值主要表现在，夏季朵朵黄色花蕾在枝梢绽放，并且开放时间长，可有效解决北方地区夏季多绿少花的单调景观现状。

▶ 园林应用价值

灌木铁线莲可丛植、带植或片植作为花境、盆栽种植。

▶ 繁殖与培育特点

灌木铁线莲常采用播种与扦插繁殖。其种子发芽缓慢，开始发芽时间晚，萌发需要较长时间，发芽不整齐，始发芽时间均需 10 天以上，且 20℃时发芽势最大。

▶ 园林养护技术

生长势较强，自身具备较强的耐寒、耐旱、抗寒性潜力，无需特殊栽培养护措施。根据园林造型需要修剪即可。

154▶ 紫叶小檗

▶ 名 称

中文名：紫叶小檗

学　名：*Berberis thunbergii*
　　　　'atropurpurea'

科属名：小檗科　小檗属

▶ 形态特征

紫叶小檗是日本小檗的自然变种。落叶灌木。幼枝淡红带绿色，无毛，老枝暗红色具条棱。叶菱状卵形，先端钝，全缘，紫红到鲜红，叶背色稍淡。花2～5朵成具短总梗并近簇生的伞形花序，或无总梗而呈簇生状，花被黄色；小苞片带红色，急尖；外轮萼片卵形，先端近钝；花瓣长圆状倒卵形，先端微缺，基部以上腺体靠近。浆果红色，椭圆体形，稍具光泽，含种子1～2颗。花期4～6月，果期7～10月。

▶ 分布区

原产日本，产地在中国浙江、安徽、江苏、河南、河北等地。中国各省市广泛栽培，各北部城市基本都有栽植。

▶ 生态习性

喜光，稍耐阴，耐寒，耐瘠薄，萌蘖性强，耐修剪，但在光线稍差或密度过大时部分叶片会返绿。适生于肥沃、

排水良好的土壤。虽耐寒，但不畏炎热高温。

▶ 观赏特点

紫叶小檗春季开黄花，秋天缀红果，叶色常年紫红色，是花、果、叶皆美的观赏花木，现已广泛应用于公园、街道、庭园等处的绿化和盆景植物栽培之中。

▶ 园林应用价值

宜作地被、刺篱等，造型应用在园林上，常与常绿植物或色叶植物配植，作块面色彩布置，效果较佳。亦可盆栽观赏或剪取果枝瓶插供室内装饰用，亦可用作花篱或在园路角隅丛植，点缀于池畔、岩石间或作大型花坛镶边或剪成球形对称状配植。

▶ 繁殖与培育特点

常采用播种或分株、扦插方式繁殖。紫叶小檗在北方易结实，每至冬至常硕果累累，而长江以南常花而不孕。故北方常用播种法繁殖，而南方则用扦插来获得大量小苗。对栽培过程中发现的某些变异优良品种也须用扦插繁殖。常作为丛式苗培育。

▶ 园林养护技术

紫叶小檗萌蘖性强，耐修剪定植时可强修剪，以促发新枝。入冬前或早春前疏剪过密枝或截短长枝，花后控制生长高度，使株形圆满。施肥可隔年，秋季落叶后，在根际周围开沟施腐熟厩肥或堆肥 1 次，然后埋土并浇足冻水。

155 ▶ 黄芦木

名 称

中文名：黄芦木

学 名：*Berberis amurensis* Rupr.

别 名：大叶小檗、小檗、三棵针

科属名：小檗科 小檗属

▶ 形态特征

落叶灌木，高 2～3.5 m。茎刺三分叉，稀单一。叶纸质，倒卵状椭圆形、椭圆形或卵形，先端急尖或圆形，基部楔形，上面暗绿色，叶缘平展，每边具细刺齿。总状花序具 10～25 朵花，无毛；花黄色；花瓣椭圆形，先端浅缺裂，基部稍呈爪形，具 2 枚分离腺体；胚珠 2 枚。浆果长圆形，红色，顶端不具宿存花柱，不被白粉或仅基部微被霜粉。花期 4～5 月，果期 8～9 月。

分布区

产于黑龙江、吉林、辽宁、河北、内蒙古、山东、河南、山西、陕西、甘肃。日本、朝鲜、俄罗斯也有分布。

生态习性

喜湿润环境，常生于山地灌丛中、沟谷、林缘、疏林中、溪旁或岩石旁。海拔1 100 ~ 2 850 m。

观赏特点

黄芦木春季开黄花，秋季缀红果，叶色常年多变，是花、果、叶皆美的观赏花木，现已广泛应用于公园、街道、庭园等处的绿化和盆景植物栽培之中。

园林应用价值

可做刺篱或片植，亦可丛植于墙隅、林缘线前或岩石旁，但均需加强修剪管护。

繁殖与培育特点

可采用播种法和扦插法，播种法简便易行，且一次能获得大量种苗，故较为常用。播种前对土壤进行深翻处理，清除杂质，然后作床，并消毒。在床内做高垄。播种前在垄上进行开沟，沟深5 cm，播种时要均匀一致，播种后立即覆土，轻轻踏实后灌溉一次透水。15天左右可出苗，待苗长至10 cm高时，可选择阴天进行间苗，使株距保持在10 cm左右。常作为丛干苗培育。

园林养护技术

黄芦木的整形修剪，宜在春季萌芽前进行，可根据园林应用要求进行。黄芦木喜肥，栽植时可施入适量的农家肥作基肥，初夏时为了加速苗木生长可施用一次尿素，秋末浅施一次农家肥。黄芦木喜湿润环境，栽植时要浇好头三水，以后每月浇一次透水。翌年早春要及时浇解冻水，其余时间仍每月浇一次透水，秋末按头年方法浇好封冻水。常见病害有叶枯病、朱砂叶螨、考氏白盾蚧、桑白盾蚧。

156 ▶ 榛 子

名 称

中文名：榛子

学　名：*Corylus heterophylla* Fisch. ex Trautv.

别　名：榛、平榛

科属名：桦木科　榛属

形态特征

灌木或小乔木，高1 ~ 7 m。叶的轮廓为矩圆形或宽倒卵形，边缘具不规则的重锯齿。雄花序单生。果单生或2 ~ 6枚簇生成头状；果苞钟状，外面具细条棱，密被短柔毛兼有疏生的长柔毛，密生刺状腺体；序梗长约1.5 cm，密被短柔毛。坚果近球形，无毛或仅顶端疏被长柔毛。花果期5 ~ 9月。

分布区

产于黑龙江、吉林、辽宁、河北、山西、陕西。生于海拔200 ~ 1 000 m的山地阴坡灌丛中。江苏有栽培。

▶生态习性

榛子是喜光树种，适应性较强，可以在零下 30℃气温下安全过冬，耐寒性较强，不耐水温，具有良好的土壤适应性，以 pH6～8 的中性和微碱性土壤为宜。

▶观赏特点

其花果奇特，春夏叶色浓绿，秋叶变黄，可作观叶、观花和观果植物。

▶园林应用价值

园景树。

▶繁殖与培育特点

播种繁殖。在野生榛林中，选择丰产、果大、无病虫害的株丛做采种母树，从中挑选粒大、种仁饱满、无病虫害的榛子备播种用。榛树种子发芽力保持1年。播种时间以春季为宜，一般在 4 月中下旬进行。常作为单干苗、丛式苗培育。

▶园林养护技术

栽培管理上，在东北高寒地区、山地、以人工管理为主的地区宜选用丛状形，南部栽培区、平原地和以机械化管理为主的建议采用单干型。修剪时重短截有利于促发长枝及雌花的比例，而缓放枝则主要形成短枝和雄花序的个数。在产果量上，上部枝条的产量是下部枝条的 2 倍，上部枝条着生果实的单果质量、果仁质量、果壳厚度、坚果品质等都显著优于树体的下部枝条，并以上部中等长度枝条结果最好，修剪时应注意以提高榛果产量。榛树病害主要是白粉病和果柄枯萎病、果苞褐腐病、煤烟病等。

157▶ 虎榛子

▶名　称

中文名：虎榛子

学　名：*Ostryopsis davidiana* Decaisne

别　名：胡榛子、棱榆、榛子

科属名：桦木科　虎榛子属

▶形态特征

灌木，高 1～3 m，树皮浅灰色。叶卵形或椭圆状卵形，边缘具重锯齿。雄花序单生于小枝的叶腋，倾斜至下垂，短圆柱形。果4枚至多枚排成总状，下垂，着生于当年生小枝顶端；果苞厚纸质。小坚果宽卵圆形或近球形，褐色，有光泽，疏被短柔毛，具细肋。

▶ 分布区

产于辽宁西部、内蒙古、河北、山西、陕西、甘肃及四川北部。常见于海拔 800 ~ 2 400 m 的山坡，为黄土高原的优势灌木，也见于杂木林及油松林下。

▶ 生态习性

喜光，稍耐阴，耐寒，耐旱，耐瘠薄，稍耐盐碱。

▶ 观赏特点

株型开张，叶型及果实奇特，具有较好的观赏性，新叶往往会出现彩化现象。秋色叶黄。

▶ 园林应用价值

园景树。可作地被植物应用，也可用于护土固沙的生态绿化。

▶ 繁殖与培育特点

播种繁殖。延安地区 6 月下旬可收获种子。当年成熟的种子经水选后或来年春季常规法育苗，发芽率 95% 以上。但要特别注意苗期需适当遮阴，这对保苗和促进苗木快速生长很重要。常作为丛式苗培育。

▶ 园林养护技术

适应性强，结合园林应用适当进行。常见病虫害主要是白粉病，象实虫。

158 ▶ 扁担杆

▶ 名 称

中文名：扁担杆

学 名：*Grewia biloba* G. Don

别 名：扁担木、孩儿拳头

科 属：椴树科 扁担杆属

▶ 形态特征

灌木或小乔木，高 1 ~ 4 m。多分枝；嫩枝被粗毛。叶薄革质，椭圆形或倒卵状椭圆形，先端锐尖，基部楔形或钝，两面有稀疏星状粗毛，基出脉 3 条，两

侧脉上行过半，中脉有侧脉 3～5 对，边缘有细锯齿；叶柄被粗毛；托叶钻形，长 3～4 mm。聚伞花序腋生，多花；花瓣有毛；雄蕊长 2 mm；子房有毛，柱头扩大，盘状，有浅裂。核果红色，有 2～4 颗分核。花期 5～7 月。

▶分布区

广西、广东、湖南、贵州、云南、四川、湖北、江西、浙江、江苏、安徽、山东、河北、山西、河南、陕西等省区有分布。

▶生态习性

中性树种，喜光，稍耐阴。耐旱能力较强，可在干旱裸露的山顶存活，喜温暖湿润气候，有一定耐寒力，黄河流域可露地越冬。

▶观赏特点

树形优美，花量大，秋叶黄，果实橙红艳丽，可宿存枝头达数月之久，为良好的观果树种。

▶园林应用价值

可作园景树。宜于园林丛植、篱植或与假山、岩石配置，也可做疏林下木。

▶繁殖与培育特点

用播种或分株繁殖。成熟时果实由绿变红，然后陆续自然落下。采集种子要在果实落地前将母树四周地面上的杂草石砾清除干净，以便收集种子。调制种子时，将收集到的种子放入缸内浸泡，果肉腐烂后经搓洗、阴干，便得到纯净种子。可做丛式大苗或小苗培育。

▶园林养护技术

栽培管理简易。春季发芽前做适度短截，促其萌发枝条，保持树形丰满。全年追肥 2 次，第 1 次在 6 月下旬，第 2 次在 7 月下旬。扁担木幼苗易感染立枯病。

159▶ 小木槿

▶名　称

中文名：小木槿

学　名：*Anisodontea capensis* (L.) D.M.Bates

别　名：迷你木槿、南非葵、玲珑木槿

科属名：锦葵科　南非葵属

▶ 形态特征

　　株高 100 ～ 180 cm，树冠圆锥形，茎具分枝，密集，绿色、淡紫色或褐色。叶片较小，互生，三角状卵形，叶三裂，裂片三角形，具掌状叶脉，具托叶。花生于叶腋处，每次开 1 ～ 3 朵花，花小，5 瓣，花粉色或粉红色。花芯深红色，花药浅红色，花直径 3 cm 左右。蒴果。花期夏至秋。

▶ 分布区

　　小木槿原生于非洲南部的山坡或丘陵地带，全国各地均有分布。

▶ 生态习性

　　喜全日照环境。生长适温 15 ～ 25℃。较喜湿润。

▶ 观赏特点

　　小木槿花姿优美，花圆整可爱，繁花满枝，是优良的观花灌木。

▶ 园林应用价值

　　可作绿篱、盆栽等。适合公园、校园、绿地等路边、墙边栽培作花篱或花镜观赏。

▶ 繁殖与培育特点

　　可扦插繁殖。在多雨季节进行，枝条宜选择半木质化的，过老过嫩均不利生根。一般 1 个月即可生根。

▶ 园林养护技术

　　小木槿需要充足的光照，最好保持每天 6 小时以上的光照；喜肥。当肥料充足时，小木槿生长迅速，且开花茂盛；露地种植，一般不用补水，在天气干旱时可适当补水；为促使植株多分枝，可采用摘心的方法，对一些病枝、枯枝要随时剪除。主要的虫害有红蜘蛛及蚜虫。

160 ▶ 柽 柳

▶ 名 称

中文名：柽柳

学　名：*Tamarix chinensis* Lour.

别　名：垂丝柳、西河柳、西湖柳

科　属：柽柳科　柽柳属

▶ 形态特征

　　乔木或灌木，高 3 ～ 6 m。老枝直立，暗褐红色，光亮，幼枝稠密细弱，常开展而下垂，红紫色或暗紫红色，有光泽；嫩枝繁密纤细，悬垂。叶鲜绿色，每年开花两三次。春季开花，总状花序侧生在去年生木质化的小枝上，花瓣 5，粉红色，通常卵状椭圆形或椭圆状倒卵形，稀倒卵形，长约 2 mm，较花萼微长，

果时宿存；蒴果圆锥形。花期4～10月，果期6～10月。

▶ 分布区

在我国的原分布地集中于华北各省市如河北、河南、山东、安徽、山西、天津等以及渤海湾地区，陕西及华东地区，江苏北部沿海地区滩涂也有分布。

▶ 生态习性

柽柳对于气候、土壤要求不严，在黏壤土、沙质壤土及河边冲积土中均可生长，具有喜光、耐旱、耐盐碱、耐瘠薄、耐水湿、耐寒、抗风沙等优点。

▶ 观赏特点

树冠开散为圆形。其枝条一般柔软下垂，如柳树，叶形新奇，观赏价值极

高。同时它的花序繁密，色泽艳丽且花期很长，从四月可持续到十月，是一道极为靓丽的风景。

▶ 园林应用价值

宜作园景树。在庭院中可孤植、带植或丛植。柽柳有极强的耐盐碱性和分枝萌蘖特性，可密集栽植成一行或者多行，直线或曲线形种植于公路两旁、花坛、草坪边缘，形成美丽的线条。柽柳具有独特的形态美，它枝叶繁茂枝条纤细下垂、飘拂自然、树皮皱裂、根部裸露虬曲，极适宜制作盆景。

▶ 繁殖与培育特点

柽柳的适应性强，很容易成活。其繁殖方法有整株移栽、扦插、播种、压条、分株和组织培养。整株移植加强培

养成形快；秋插或春插均可，秋插成活率较高；桎柳一般在夏季播种，也可于翌年春季播种。播种前先灌水，浇透床面；还可在春天桎柳萌芽前，连根刨出，分株。可作丛干式容器大苗培育，亦可通过修剪或嫁接培育独干苗。

◉ 园林养护技术

桎柳在定植后不需要特殊管理，栽培极易成活，对土质要求不严，疏松的沙壤土、碱性土、中性土均可。栽后适当加以浇水、追肥；桎柳极耐修剪，在春夏生长期可适当进行疏剪整形，剪去过密枝条，以利通风透光，秋季落叶后可行一次修剪；常见病害有白粉病、枝枯病、黑枯病、锈病等；害虫有黄古毒蛾、橙黄毒蛾、桎柳条叶甲、桎柳白眉蚧等。

161 密齿柳

◉ 名 称

中文名：密齿柳

学 名：*Salix characta* Schneid.

科属名：杨柳科 柳属

◉ 形态特征

灌木。小枝灰黄褐色或红棕色。叶披针形或长圆状披针形，两端急尖，或先端短渐尖，稀基部近钝形，上面绿色，微被柔毛，下面灰绿色。花密集，轴具柔毛，具短梗或无梗；雄花具2雄蕊，花丝无毛，花柱明显，长约为子房的 1/2 ～ 2/3，上部浅裂，柱头短，全缘或微裂；苞片椭圆形或卵形，先端急尖或微钝，两面被长毛，褐色，上部较暗；腺体1，腹生，长圆形至条形，与子房柄近等长。蒴果长约4 mm，下部稍有毛，有柄。花期5月上中旬，果期6～7月。

◉ 分布区

产内蒙古（宁城）、河北、陕西、山西、甘肃、青海等省区。生于海拔 2 200 ～ 3 200 m 的山坡及山谷中。

▶ 生态习性

性强健，适应力强，耐阴，喜凉爽湿润气候。

▶ 观赏特点

树形整齐，树姿美观，是一种优美的园林观赏树。

▶ 园林应用价值

密齿柳园林上常作为园景树种植。可植于庭园、街路或广场，孤植、对植、列植均可。

▶ 繁殖与培育特点

主要使用扦插繁殖。扦插时间在秋季土壤上冻之前，春季土壤解冻深度要达到 20 cm 后。株行距 20×20 cm，扦插深度为 15 cm，插穗要立着插，顶端与地面相平。扦插后向床面浇透水保证插条紧密接触土壤，以提高扦插成活率。并防止透风，待密齿柳生根发芽后开始通风。可作单干苗或多干苗培育。

▶ 园林养护技术

在野外篱柳园地养殖时，要浇透水，保持土壤湿润，为密齿柳植株的生长提供充足的水分。土壤干旱会导致密齿柳中下部位的叶色变黄或枯萎。施肥：在密齿柳生长到 30 cm 时，施入氮、磷、钾复合肥，施肥量每公顷 375 kg，施肥后要重新起垄，把原垄台改成垄沟。主要的病虫害为星天牛、光肩星天牛、大蓑蛾、刺蛾、李叶甲、柳叶甲等。

162 ▶ 香茶藨子

▶ 名　称

中文名：香茶藨子

学　名：*Ribes odoratum* Wendl.

别　名：黄花茶藨子、黄丁香

科　属：虎耳草科　茶藨子属

▶ 形态特征

落叶灌木，高 1～2 m。小枝圆柱形，灰褐色，皮稍条状纵裂或不剥裂，嫩枝灰褐色或灰棕色，具短柔毛，老时毛脱落，无刺。叶圆状肾形至倒卵圆形，长 2～5 cm，宽几与长相似，基部楔形，稀近圆形或截形，掌状 3～5 深裂，裂片形状不规则，先端稍钝，顶生裂片稍长或与侧生裂片近等长，边缘具粗钝锯齿。花两性，芳香；总状花序具花 5～10 朵；花序轴和花梗具短柔毛，花红色。果实球

形或宽椭圆形，长 8～10 mm，宽几与长相似，熟时黑色，无毛。花期 5 月，果期 7～8 月。

▶ 分布区

香茶藨子原产北美洲，生于山地河流沿岸，适生范围较广。

▶ 生态习性

香茶藨子喜光，较耐阴，在散光处也可正常生长，但在大树下及建筑物背阴处则生长不良。耐寒力强，在东北、华北及西北地区冬季不需采取防护措施，即可安全越冬。

▶ 观赏特点

香茶藨子生长迅速，枝条发达，分枝多，耐修剪，可在短期内达到较好的树形；叶形美观，秋季变红；春季开花时艳丽的黄色小花布满全株，芳香四溢，是春观叶，夏观花，秋观果、叶的良好园林观赏花木品种。

▶ 园林应用价值

宜丛植于草坪、林缘、坡地、角隅、岩石旁，也可丛植作花篱栽植。

▶ 繁殖与培育特点

香茶藨子可采用播种、分株、压条等方法进行繁殖。由于播种育苗生长慢且开花晚，故园林中多采用分株和扦插繁殖。扦插繁殖常采用硬枝扦插和嫩枝扦插二种方式繁育，硬枝扦插成活率较低。常作丛式苗培育。

▶ 园林养护技术

香茶藨子在栽植的头两年要加强浇水，这样有利于植株成活并迅速恢复树势；香茶藨子喜肥，春季栽植的苗子要在初夏时追施一次尿素；修剪时要注意将过密枝条和一些冗杂枝进行疏除，短截外部的一些过长枝条，内部枝条可进行轻短截，使其高于外部枝条；常见的害虫有柳蛎盾蚧和云星黄毒蛾，香茶藨子常见的病害有白粉病、煤污病和叶斑病。

163 ▶ 糖茶藨子

▶ 名 称

中文名：糖茶藨子
学 名：*Ribes himalense* Royle ex Decne.
科 属：虎耳草科 茶藨子属

▶ 形态特征

落叶小灌木，高 1～2 m。枝粗壮，小枝黑紫色或暗紫色，皮长条状或长片状剥落，嫩枝紫红色或褐红色，无毛，无刺。叶卵圆形或近圆形，掌状 3～5 裂，裂片卵状三角形，先端急尖至短渐尖，顶生裂片比侧生裂片稍长大，边缘具粗锐重锯齿或杂以单锯齿。花两性，总状花序具花 8～20 朵，花朵排列较密集，红色或绿色带浅紫红色。果实球形，直径 6～7 mm，红色或熟后转变成紫黑色，无毛。花期 4～6 月，果期 7～8 月。

▶ 分布区

分布于克什米尔地区、尼泊尔、印度、不丹和中国。在中国分布于北京、湖北、四川、云南、西藏、陕西等地。

▶ 生态习性

灌木喜光，也耐阴，耐寒力强，有一定耐旱能力，耐瘠薄，怕涝，在排水良好的疏松土壤中生长良好，萌蘖性强，耐修剪，叶形美观。生长于海拔 1 200 ～ 4 000 m 的山谷、河边灌丛及针叶林下和林缘。

▶ 观赏特点

叶形美观，秋季变红；春季开花时艳丽的黄色小花布满全株，芳香四溢，是很好的蜜源植物；果期黑色浆果挂满枝头，又是一道靓丽的风景。

▶ 园林应用价值

可作园景树。宜丛植于草坪、林缘、坡地、角隅、岩石旁，也可作花篱栽植。在城市园林绿化及生态建设中具有广阔的应用前景。

▶ 繁殖与培育特点

育苗比较容易，可用播种、扦插、分株等方法。唐茶藨子园林用苗和普通造林用苗一般采用播种育苗。播种育苗既可秋播，也可春播。繁殖栽培品种，为保持母株的优良性状，一般采用扦插繁殖。可作丛式小苗或多干式大苗培育。

▶ 园林养护技术

其适应力强，管理粗放。其对水分要求较高，喜水但又怕涝，幼苗期要经常保持土壤湿润，干旱要及时小水灌溉，注意不要积水。

164 ▶ 东北茶藨子

▶ 名 称

中文名：东北茶藨子

学 名：*Ribes mandshuricum* (Maxim.) Kom.

别 名：茶藨子、山麻子、东北醋李

科 属：虎耳草科 茶藨子属

▶ 形态特征

落叶灌木，高 1 ～ 3 m；小枝灰色或褐灰色，皮纵向或长条状剥落，嫩枝褐色，具短柔毛或近无毛，无刺；叶宽大，长 5 ～ 10 cm，常掌状 3 裂，稀 5 裂，裂片卵状三角形；花两性，开花时直径 3 ～ 5 mm，花瓣近匙形，浅黄绿色，下面有 5 个分离的突出体，雄蕊稍长于萼片，花药近圆形，红色；果实浆果，球形，红色。花期 4 ～ 6 月，果期 7 ～ 8 月。

▶ 分布区

分布于中国，朝鲜北部和西伯利亚；在中国分布于黑龙江、吉林、辽宁、内蒙古、河北、山西、陕西、甘肃、河南等。

▶ 生态习性

东北茶藨子喜光，稍耐阴，耐寒性强，萌蘖性强，耐修剪。

▶ 观赏特点

可观叶，叶形美观；可观花，花期到来时繁花满枝，香气四溢；可观果，果期来临时枝条上挂满红色的果实；是春观叶，夏观花，秋观果和叶，冬赏枝条的良好园林观赏绿化树种。

▶ 园林应用价值

东北茶藨子的花既美又香，枝叶繁茂，树形端正，有很好的观赏性，是良好的风景区及森林公园绿化树种和庭院观赏树种。可孤植、丛植、带植或片植。

▶ 繁殖与培育特点

东北茶藨子繁殖方式有播种繁殖、扦插繁殖等多种方式。传粉以风媒为主，有时有些昆虫也起到传粉作用，但在自然条件下东北茶藨子花的败育率很高，种子萌发的概率很小，因此，在自然条件下东北茶藨子的繁殖绝大多数是通过无性繁殖来完成的。可作灌木或丛干式容器大苗培育。

园林养护技术

播种后在种子发芽和保苗阶段，始终保持床面湿润，浇水按照少浇勤浇的原则，浇水量达到浸润种子和幼苗根的程度；苗木生长发育阶段，要按照大量少次的原则，浇水要一次性浇透；东北茶藨子整个生长发育过程中，氨、磷、钾是主要营养元素，农家肥和化肥要做到合理搭配。

165 ▶ 大花溲疏

▶ 名 称

中文名：大花溲疏

学 名：*Deutzia grandiflora* Bunge.

别 名：华北溲疏、步步楷、脆枝

科 属：虎耳草科 溲疏属

▶ 形态特征

大花溲疏为虎耳草科溲疏属的一种落叶灌木。叶对生，具短柄，顶端渐尖，基部圆形，边缘有密而细的小锯齿。聚伞花序，花1～3朵，生于侧枝顶端，白色，雄蕊10枚，两轮排列，每轮5枚，外轮雄蕊花丝先端2齿，齿平展，花药卵状长圆形；内轮雄蕊较短，形状与外轮相同；子房下位，花柱3，宿存，比雄蕊稍长，柱头圆形。蒴果半球形。花期4～6月，果期9～11月。

▶ 分布区

在我国分布于辽宁、山东、河南、河北、甘肃、山西、陕西、内蒙古、辽宁、北京和湖北等省区，朝鲜半岛也偶有分布。

▶ 生态习性

适应性极强，大花溲疏喜光、喜温暖湿润气候，但耐阴、耐干旱、耐瘠薄。适应性强，对土壤要求不严，但喜富含有机质、排水良好的土塘生长。萌芽力强，耐修剪。

▶ 观赏特点

大花溲疏夏初开白花，花期长，花型多变，花朵繁密而素雅，花枝可供瓶插观赏。其花多、花大而开花早，满树雪白，甚为美丽。

▶ 园林应用价值

宜植于草坪、山坡、路旁及林缘和岩石园，也可作花篱栽植，其花期正值初夏少花季节，是北方难得的绿化、美化材料。花枝可供瓶插观赏，是北方值得大力引种并繁育推广的植物材料。可丛植、带植或片植。

▶ 繁殖与培育特点

常采用播种、扦插、分根的繁殖方式。秋天种子成熟后采收，晾干进行脱果壳，除去杂物得纯净种子，种子晒干后冷藏，翌年春天播种；扦插繁殖，一般多用嫩枝扦插；分根繁殖。大花溲疏可通过挖出根部分蘖苗进行移栽繁殖，为了获得更多更好的分蘖苗，对分蘖的大花溲疏母树加大肥水管理，也能获得预期效果。可作灌木或丛干式容器大苗培育。

▶ 园林养护技术

大花溲疏较耐旱，不耐水涝，浇水不宜多。从春季萌动至开花期间，可灌水2次。雨季要注意排涝；花谢后应将残花修剪，落叶后剪去枯枝、过密枝、病枝；大花溲疏病虫害较少，主要有蚜虫危害。

166 ▶ 小花溲疏

▶ 名　称

中文名：小花溲疏

学　名：*Deutzia parviflora* Bge.

别　名：喇叭枝、溲疏、多花溲疏

科　属：虎耳草科　溲疏属

▶ 形态特征

灌木，高约2 m。老枝灰褐色或灰色，表皮片状脱落。叶纸质、卵形、椭圆状卵形或卵状披针形，边缘具细锯齿。伞房花序，多花；花瓣白色，阔倒卵形或近圆形，先端圆，基部急收狭，两面均被毛，花蕾时覆瓦状排列。蒴果球形。花期5～6月，果期8～10月。

▶ 分布区

产吉林、辽宁、内蒙古、河北、山西、陕西、甘肃、河南、湖北。生于海拔1 000～1 500 m山谷林缘。朝鲜和俄罗斯亦产。

▶生态习性

小花溲疏性喜光，耐阴、耐寒性较强、耐旱，不耐积水，对土壤要求不严，喜深厚肥沃的沙质壤土，在轻黏土中也可正常生长，在盐碱土中生长不良。萌芽力强，耐修剪。

▶观赏特点

小花溲疏花色淡雅，虽小但繁密，开花之时正值夏季少花季节，是园林绿化的好材料。

▶园林应用价值

在园林绿化中，小花溲疏可用作自然式花篱，也可丛植点缀于林缘、草坪，亦可片植，还可用于点缀假山石。因其耐阴，可作为疏林地被。其鲜花枝还可供瓶插观赏。

▶繁殖与培育特点

小花溲疏繁殖可采用播种、扦插、分株等方法进行。由于其种子细小、糠状，播种繁殖受自然影响较大，且长势缓慢、开花晚。而分株虽然具有长势快、成活率高等特点，但操作复杂且数量较少。故此，小花溲疏的繁殖多采用扦插繁殖。可作灌木或丛干式容器大苗培育。

▶园林养护技术

小花溲疏喜肥，除在种植时施用底肥外，在栽培中还应施用追肥。小花溲疏常见的株形是丛生圆头形，苗木定植后，对所选留的主枝进行重短截，促使

其生发分枝。冬季修剪时，将细弱枝及根茎部萌生的根蘖苗疏除。

167 ▶ 东北山梅花

▶名　称

中文名：东北山梅花

学　名：*Philadelphus schrenkii* Rupr.

别　名：石氏山梅花、辽东山梅花

科　属：虎耳草科　山梅花属

▶形态特征

灌木，高 2～4 m。二年生小枝灰棕色或灰色，表皮开裂后脱落，无毛，当年生小枝暗褐色，被长柔毛。叶卵形或椭圆状卵形，无花枝上叶较大，花枝上叶较小，先端渐尖，基部楔形或阔楔

形、边全缘或具锯齿，上面无毛，下面沿叶脉被长柔毛。叶脉疏被长柔毛。总状花序有花 5～7 朵；花瓣白色，倒卵或长圆状倒卵形。蒴果椭圆形，种子具短尾。花期 6～7 月，果期 8～9 月。

▶ 分布区

分布于中国辽宁、吉林、黑龙江、陕西等地。朝鲜和俄罗斯东南部亦有分布。

▶ 生态习性

喜光，极耐阴，耐寒，该种适应性非常强。生于海拔 100～1 500 m 杂木林中。

▶ 观赏特点

树形美，花期长，花量大，乳白色，6 月中旬花香四溢，俊秀优雅，满枝的花朵，素雅宜人，引人入胜还有一股特殊的清香味，傍晚香气更盛，是城市园林绿化优良观花植物。

▶ 园林应用价值

宜作园景树，可丛植、带植或片植。适宜种植在庭院、公路旁、花坛、校园、风景区等地，亦可作林下地被植物应用。其花也有药用功能，亦可做切花培育。

▶ 繁殖与培育特点

东北山梅花可以嫩枝扦插、压条、分株等培育，但大量培育应以播种育苗为主。播后不需镇压、覆土，及时浇水，用细壶不冲种子为宜，并立即加盖遮阳网，保持土壤湿度。可作灌木或丛干式容器大苗培育。

▶ 园林养护技术

播种 15 天后就要进行第一次除草松土，在雨季每月除草松土 1～2 次，在旱季可根据杂草情况 2～3 月除草松土 1 次；速生期追施尿素 10 g/m²。成苗后不需太多养护，不宜全光暴晒。

168 ▶ 京山梅花

▶ 名 称

中文名：京山梅花

学　名：*Philadelphus pekinensis* Rupr.

别　名：太平圣瑞花、丰瑞花、太平花

科　属：虎耳草科　山梅花属

▶ 形态特征

灌木，高达 2 m。叶卵形或宽椭圆形，先端长渐尖，基部宽楔或楔形，具锯齿，两面无毛，叶脉离基 3～5 出，花枝叶较小。总状花序有花 5～9 朵，花白色，单瓣 4；花序轴长 3～5 cm，黄绿色。蒴果近球形或倒圆锥形，宿萼裂片近顶生。种子具短尾。花期 5～7 月，果期 8～10 月。

▶ 分布区

产于内蒙古、辽宁、河北、河南、山西、陕西、湖北各地。朝鲜亦有分布，欧美一些植物园有栽培。

▶ 生态习性

适应性强，能在山区生长，有较强的耐干旱、耐瘠薄能力。半阴性，能耐强光照。耐寒，喜肥沃排水良好的土壤，耐旱，不耐积水。耐修剪，寿命长。

▶ 观赏特点

新枝细弱而下垂，树皮栗褐色，薄片状剥落。小枝光滑无毛，常呈紫褐色。总状花序，花乳白色，花瓣4枚，花有"四平八稳"之说，其花芳香、美丽、多朵聚集，花期较久，为优良的观赏花木。

▶ 园林应用价值

可作园景树。宜丛植于林缘、园路拐角和建筑物前，亦可作自然式花篱或大型花坛之中心栽植材料，也可盆栽观赏。在古典园林中于假山石旁点缀，尤为得体。

▶ 繁殖与培育特点

主要采用播种、分株、扦插、压条繁殖。播种法是于10月采果，日晒果开裂后，筛出种子密封贮藏，第二年3月即可播种，实生苗3～4年即可开花。扦插可用硬材或软材，软材插于5月下旬至6月上旬较易生根；压条、分株可在春季芽萌动前进行。可作灌木或丛干式容器大苗培育。

▶ 园林养护技术

每年春季发芽前追施适量腐熟堆肥、有机肥或复合化肥1次，秋季落叶后多施磷肥，可使花繁叶茂。干旱季节注意浇水并保持土壤湿润，过于干旱或瘠薄会导致生长不良，开花少而小；入冬前应浇灌封冻水；催花苗一般应重点防治地老虎、蛴螬。主要虫害有桑刺尺蛾、白粉虱等。

---

169 ▶ 东陵绣球

▶ 名 称

中文名：东陵绣球

学 名：*Hydrangea bretschneideri* Dipp.

别 名：东陵八仙花、铁杆花儿结子、柏氏八仙花

科 属：虎耳草科 绣球属

▶ 形态特征

灌木，高1～3 m，有时高达5 m。当年生小枝栗红色至栗褐色或淡褐色，

初时疏被长柔毛，很快变无毛，二年生小枝色稍淡，通常无皮孔，树皮较薄，常呈薄片状剥落。叶薄纸质或纸质，倒长卵形或长椭圆形。伞房状聚伞花序较短小，花瓣白色，卵状披针形或长圆形。蒴果卵球形，顶端突出部分圆锥形，稍短于萼筒。种子淡褐色，狭椭圆形或长圆形，具纵脉纹，两端各具狭翅。花期6～7月，果期9～10月。

◎分布区

产中国河北、山西、陕西、宁夏、甘肃、青海、河南等省区。

◎生态习性

喜温暖、湿润和半阴环境。短日照植物，不甚耐寒。喜生于含腐殖质丰富、湿润、排水良好的沙质壤土中。常生于海拔1 200～2 800 m的山谷溪边或山坡密林或疏林中。

◎观赏特点

枝叶密展，花伞房状，众花怒放，如同雪花压树，妩媚动人。

◎园林应用价值

可丛植、带植或片植，作为花篱、花境等。可地栽于家庭院落、天井一角；也宜盆植，为美化阳台和窗口增添色彩。对环境条件要求不高，故最适宜栽植于阳光较差的小面积庭院中，丛植于庭院一角，可做庭园树供观赏。

◎繁殖与培育特点

常采用分株、扦插、压条的繁殖方式。分株宜在早春萌芽前进行，将已生根的枝条与母株分离；压条繁殖可在芽萌动时进行，翌年春季与母株切断，带土移植，当年可开花；扦插在梅雨季节进行，剪取顶端嫩枝，摘去下部叶片，扦插适温为13～18℃，插后15天生根。可作灌木或丛干式容器大苗培育。

◎园林养护技术

叶片的蒸腾量很大，因此必须及时浇水，即使短时间的缺水萎蔫，也可造成叶缘干枯，花朵坏死；东陵绣球喜肥，一般每半个月追一次有机肥。生长前期氮肥要多施一些，花芽分化和花蕾形成期磷钾肥要多施一些；主要病害为灰霉病、叶斑病、黄化病，主要虫害有蚜虫和盲蝽。

170 ▶ 粉花绣线菊

▶ 名　称

中文名：粉花绣线菊

学　名：*Spiraea japonica* L.f.

别　名：日本绣线菊、蚂蟥梢、火烧尖

科属名：蔷薇科　绣线菊属

▶ 形态特征

灌木，高达 1.5 m；枝条细长，开展。叶片卵形至卵状椭圆形，长 2 ～ 8 cm，宽 1 ～ 3 cm，边缘有缺刻状重锯齿或单锯齿；叶柄长 1 ～ 3 mm。复伞房花

序，花朵密集，密被短柔毛；花梗长 4 ～ 6 mm；苞片披针形至线状披针形；花直径 4 ～ 7 mm；花萼外面有稀疏短柔毛，萼筒钟状、内面有短柔毛；花瓣卵形至圆形，粉红色；蓇葖果半开张。花期 6 ～ 7 月，果期 8 ～ 9 月。

▶ 分布区

原产日本、朝鲜。我国各地栽培供观赏。

▶ 生态习性

喜光，耐半阴；耐寒性强，喜四季分明的温带气候；耐瘠薄、不耐湿，在湿润、肥沃富含有机质的土壤中生长茂盛，也有一定的耐干旱能力。

▶ 观赏特点

粉花绣线菊花色艳丽，花朵繁茂，盛开时枝条全部被粉红色细巧的花朵所覆盖，形成一条条拱形花带，树宛若锦带，十分惹人喜爱。

▶ 园林应用价值

宜作地被观花植物，可植于草坪、园路、花坛、花境、墙隅等处作为花篱、园景树。也可用于切花和盆栽。

▶ 繁殖与培育特点

可用分株、扦插或播种繁殖。一般作丛式苗培育。

▶ 园林养护技术

栽植前施足基肥，栽植后浇透水。

粉花绣线菊怕水大，水大易烂根，因此平时保持土壤湿润即可。绣线菊喜肥，生长盛期每月施3～4次腐熟的饼肥水，花期施2～3次磷钾肥，秋末施1次越冬肥。整形修剪以春季为好，早春于萌芽前剪去干枯枝、过密枝、病弱枝、老化枝，使株形美观，花繁叶茂，植株旺盛生长。病虫害较少，主要有白粉病、叶斑病、绣线菊蚜、叶蜂等。

171 ▶ 土庄绣线菊

◉ 名　称

中文名：土庄绣线菊

学　名：*Spiraea pubescens* Turcz.

别　名：土庄花、石蒡子、小叶石棒子

科属名：蔷薇科　绣线菊属

◉ 形态特征

灌木，高1～2 m；小枝开展，稍弯曲。叶片菱状卵形至椭圆形，长2～4.5 cm，宽1.3～2.5 cm，边缘自中部以上有深锯齿。伞形花序具总梗，有花15～20朵；花梗长7～12 mm，无毛；苞片线形，被短柔毛；花直径5～7 mm；萼筒钟状；花瓣卵形、宽倒卵形或近圆形，长与宽各2～3 mm，白色；雄蕊25～30，约与花瓣等长；蓇葖果开张。花期5～6月，果期7～8月。

◉ 分布区

产黑龙江、吉林、辽宁、内蒙古、河北、河南、山西、陕西、甘肃、山东、湖北、安徽。生于干燥岩石坡地向阳或半阴处、杂木林内，海拔200～2 500 m处。

◉ 生态习性

喜光，耐寒，耐旱，适应性及抗性均强，喜排水良好、肥沃的沙壤土。

◉ 观赏特点

花朵繁茂，盛开时枝条全部被雪白的花朵所覆盖，形成一条条拱形花带，树上树下一片雪白，十分惹人喜爱。

▶ 园林应用价值

宜植于庭园、路边、坡地等处，可作花篱、花境、花带、园景树，也可用于盆栽与切花。

▶ 繁殖与培育特点

播种、扦插及分株繁殖，分株宜秋季，播种宜春播，扦插宜夏季半硬枝扦插。一般作丛式苗培育。

▶ 园林养护技术

同粉花绣线菊。

172 ▶ 三桠绣线菊

▶ 名　称

中文名：三桠绣线菊

学　名：*Spiraea trilobata* L.

别　名：三裂绣线菊

科属名：蔷薇科　绣线菊属

▶ 形态特征

灌木，高 1 ～ 2 m；小枝细瘦，开展。叶片近圆形，长 1.7 ～ 3 cm，宽 1.5 ～ 3 cm，先端钝，常 3 裂，基部圆形、楔形或亚心形，边缘自中部以上有少数圆钝锯齿。伞形花序具总梗，有花 15 ～ 30 朵，白色；花梗长 8 ～ 13 mm；苞片线形或倒披针形；花直径 6 ～ 8 mm；萼筒钟状；花瓣宽倒卵形，先端常微凹，长与宽各 2.5 ～ 4 mm；蓇葖果开张。花期 5 ～ 6 月，果期 7 ～ 8 月。

▶ 分布区

产中国黑龙江、辽宁、内蒙古、山东、山西、河北、河南、安徽、陕西、甘肃。生于多岩石向阳坡地或灌木丛中海拔 450～2 400 m 处。苏联（西伯利亚）。

▶ 生态习性

喜光，稍耐阴，耐寒，耐旱，耐盐碱，不耐涝，耐瘠薄，对土壤要求不严，但在土壤深厚的腐殖质土中生长良好。性强健，耐修剪，生长迅速，栽培容易。

▶ 观赏特点

树姿优美，枝叶繁密，白色花朵小巧密集，布满枝头，宛如积雪，是园林绿化中优良的观花观叶树种。

▶ 园林应用价值

宜在绿地中丛植、带植或片植，栽于庭院、公园、街道、山坡、小路两旁、草坪边缘，可用作花篱、花境、花带也可用于盆栽与切花。

▶ 繁殖与培育特点

同土庄绣线菊。

▶ 园林养护技术

栽植前施足基肥，栽植后浇透水。三桠绣线菊怕水大，水大易烂根，因此平时保持土壤湿润即可。绣线菊喜肥，生长盛期每月施 3～4 次腐熟的饼肥水，花期施 2～3 次磷钾肥，秋末施 1 次越冬肥。整形修剪以春季为好，早春于萌芽前剪去干枯枝、过密枝、病弱枝、老化枝，使株形美观，花繁叶茂，植株旺盛生长。病虫害较少，主要有白粉病、叶斑病，绣线菊蚜、叶蜂等。

173 ▶ 金山绣线菊

▶ 名　称

中文名：金山绣线菊

学　名：*Spiraea* × *bumalda* Burenich. 'Goalden Mound'

科属名：蔷薇科　绣线菊属

▶ 形态特征

为栽培种，原产北美，绣线菊属落叶小灌木，高度仅 25～35 cm。冬芽小，有鳞片；单叶互生，边缘具尖锐重锯齿，叶面稍感粗糙。羽状脉；具短叶柄，无托叶。花两性，伞房花序；萼筒钟状，萼片 5；花浅粉红色，花瓣 5，圆形较萼片长；雄蕊长于花瓣，着生在花盘与萼片之间；心皮 5，离生。蓇葖果 5，沿腹缝线开裂，内具数粒细小种子，种子长圆形，种皮膜质。花期 6～8 月。

▶ 分布区

于 1995 年引种到济南，现中国多地有分布。

▶ 生态习性

适应性强，喜光，不耐阴，较耐旱，不耐水湿，抗高温，非常耐寒，冬季不需任何保护措施即可安全越冬。

▶ 观赏特点

枝叶紧密，冠形球状整齐；新生小叶金黄色，夏叶浅绿色，秋叶金黄色；花浅粉红色，观赏价值很高。

园林应用价值

宜作地被植物，可在绿地中带植、片植组成模纹图案与其他常绿或彩叶地被植物及草坪配置，效果更佳。亦可栽于庭院、公园、小路两旁及湖畔或假山石旁，作花篱、花境、花带，也可用于盆栽与切花，是园林绿化中优良的观花观叶树种。

繁殖与培育特点

播种、扦插、分株繁殖。宜在春季萌动前或秋季落叶后进行，分株时因植株须根较发达、根部盘根交错，不易掰开，可用利刀将根部劈开，另行移植，此种方法宜在植株较大，生长空间拥挤时采用。一般作丛式苗培育。

园林养护技术

金山绣线菊养护管理比较粗放，为了促其生长，保证其良好的观赏效果，在养护过程中要注意以下几点：一是苗木栽植前，施用充分腐熟的有机肥料作基肥，在花前花后施追肥（复合肥），可促其枝叶繁茂，花色艳丽；二是要防止土壤积水，苗木根部积水 3 天以上会导致根部腐烂。叶片枯黄脱落直至死亡。栽植时要注意地势，雨后要及时排水。三是秋季落叶后或春季萌动前，在苗基部 5 cm 处进行重剪。金山绣线菊的花芽主要着生在当年生枝上，重剪后可促使其多发枝，且枝条生长整齐粗壮，花繁色艳。

174 ‘金焰’绣线菊

名　称

中文名：‘金焰’绣线菊

学　名：*Spiraea* × *bumalda* 'Gold Flame'

科属名：土庄花、石蒡子、小叶石棒子

科属名：蔷薇科　绣线菊属

形态特征

矮生落叶灌木，高约 40 ～ 60 cm。春天的叶有红有绿，夏天全为绿色，秋天叶变铜红色。花粉红色。是由粉花绣线菊与白花绣线菊（*P. albiflora*）杂交育成。

分布区

北京植物园从美国引种栽培，北方城市常见栽培。

▶生态习性

较耐庇荫，喜潮湿气候，在温暖向阳而又潮湿的地方生长良好。耐干燥、耐盐碱，喜中性及微碱性土壤，耐瘠薄，但在排水良好、土壤肥沃之处生长更繁茂。

▶观赏特点

叶色季相变化丰富，橙红色新叶、黄色叶片和冬季红叶颇具感染力。花期长，花量大，花叶俱佳。

▶园林应用价值

可作为大型图纹、花带、彩篱的色块，也可布置花坛、花境、点缀园林小品，亦可列植做绿篱。

▶繁殖与培育特点

金焰绣线菊可采用播种、扦插、分株等方法繁殖。7月上旬盛花期过后，结合整形修剪进行扦插繁殖。一般选择在无风的清晨、傍晚或阴天进行扦插较好。播种繁殖一般半个月开始发芽。常培育为丛式苗。

▶园林养护技术

忌积水，水大易烂根，因此平时保持土壤湿润即可。生长盛期每月施3～4次腐熟的饼肥水，花期施2～3次磷、钾肥（磷酸二氢钾），秋末施1次越冬肥，以腐热底肥或既肥为好，冬季停止施肥，减少浇水量。整形修剪以春季为好，早春于萌芽前剪去干枯枝、过密枝、病弱枝、老化枝，使株形美观，花繁叶茂，植株旺盛生长。虫害主要为蚜虫。

175 ▶ 单瓣李叶绣线菊

◉ 名　称

中文名：单瓣李叶绣线菊

学　名：*S. prunifolia* Sieb. & Zucc. var. *simpliciflora* Nakai

别　名：李叶笑靥花、笑靥花

科属名：蔷薇科　绣线菊属

◉ 形态特征

灌木，高达 3 m；小枝细长；冬芽小，卵形，无毛，有数枚鳞片。叶片卵形至长圆披针形，长 1.5 ～ 3 cm，宽 0.7 ～ 1.4 cm，边缘有细锐单锯齿，具羽状脉；叶柄长 2 ～ 4 mm，被短柔毛。伞形花序无总梗，具花 3 ～ 6 朵，基部着生数枚小型叶片；花梗长 6 ～ 10 mm，有短柔毛；花重瓣，直径达 1 cm，白色。花期 3 ～ 5 月。

◉ 分布区

分布于中国陕西、湖北、湖南、山东、江苏、浙江、江西、安徽、贵州、四川。朝鲜、日本也有分布。生于土层较薄、土质贫瘠的杂木丛、山坡及山谷中。

◉ 生态习性

喜光，耐寒，耐旱，耐瘠薄，适应性及抗性均强，喜排水良好、肥沃的沙壤土。

◉ 观赏特点

枝条细长开张，叶片薄细如鸟羽，秋季变为橘红色，甚为美丽。花期早，

花朵白色密集如积雪，俗称"喷雪花"。各地庭园习见栽培供观赏。

○园林应用价值

宜作园景树。可丛植、带植或片植，用于花篱、花境、花带，也可用于盆栽与切花，是一种极好的观花灌木。

○繁殖与培育特点

播种、扦插及分株繁殖，繁殖较易，扦插宜半硬枝扦插，播种宜沙藏后秋播。一般作丛式苗培育。

○园林养护技术

栽植前施足基肥，栽植后浇透水。单瓣李叶绣线菊怕水大，水大易烂根，因此平时保持土壤湿润即可。绣线菊喜肥，生长盛期每月施 3 ～ 4 次腐熟的饼肥水，花期施 2 ～ 3 次磷、钾肥，秋末施 1 次越冬肥。整形修剪以春季为好，早春于萌芽前剪去干枯枝、过密枝、病弱枝、老化枝，使株形美观，花繁叶茂，植株旺盛生长。病虫害较少，主要有白粉病、叶斑病、绣线菊蚜、叶蜂等。

176 ▶ 高丛珍珠梅

○名 称

中文名：高丛珍珠梅

学 名：*Sorbaria arborea* Schneid.

科属名：蔷薇科 珍珠梅属

○形态特征

落叶灌木，高达 6 m，枝条开展。羽状复叶，小叶片 13 ～ 17 枚，小叶片对生，披针形至长圆披针形，先端渐尖，基部宽楔形或圆形，边缘有重锯齿。顶生大型圆锥花序，分枝开展，花直径 6 ～ 7 mm；萼筒浅钟状，内外两面无毛，萼片长圆形至卵形，先端钝，稍短于萼筒；花瓣近圆形，先端钝，基部楔形，长 3 ～ 4 mm，白色；雄蕊 20 ～ 30，着

生在花盘边缘。蓇葖果圆柱形，无毛，长约 3 mm，花柱在顶端稍下方向向外弯曲；萼片宿存，反折，果梗弯曲，果实下垂。花期 6 ～ 7 月，果期 9 ～ 10 月。

● 分布区

产陕西、甘肃、新疆、湖北、江西、四川、云南、贵州、西藏。常生于海拔 2 500 ～ 3 500 m。

● 生态习性

喜光，耐庇阴，喜湿润、肥沃土壤。

● 观赏特点

高丛珍珠梅株丛丰满，枝叶清秀，花繁色白，花期很长又值夏季少花季节，在园林应用上十分常见，是受欢迎的观赏树种。

● 园林应用价值

高丛珍珠梅在园林上宜丛植于庭院、绿地、溪边、护坡或林缘等地作地被植物应用。可丛植、带植或片植。

● 繁殖与培育特点

主要使用分株繁殖。分株繁殖一般在春季萌动前或秋季落叶后进行。将植株根部丛生的萌蘖苗带根掘出，以 3 ～ 5 株为一丛，另行栽植。栽植时穴内施 2 掀堆肥作基肥，栽后浇透水。以后可 1 周左右浇 1 次水，直至成活。常作丛式苗培育。

● 园林养护技术

高丛珍珠梅对施肥要求不高，刚栽培时需施足基肥，就能满足其生长要求，一般不再施追肥。以后结合冬季管理，每隔 1~2 年施 1 次基肥即可。春季干旱时要及时浇水，夏秋干旱时，浇水要透，以保持土壤不干旱；入冬前还需浇 1 次防冻水。花后要及时修剪掉残留花枝、病虫枝和老弱枝，以保持株型整齐，避免养分消耗，促使其生长健壮，花繁叶茂。高丛珍珠梅的病害较少，主要虫害有刺蛾、红蜘蛛和介壳虫。

177 ▶ 华北珍珠梅

● 名　称

中文名：华北珍珠梅

学　名：*Sorbaria kirilowii* (Regel) Maxim.

别　名：干柴狼、吉氏珍珠梅、珍珠树

科属名：蔷薇科　珍珠梅属

● 形态特征

灌木，高达 3 m，枝条开展；小枝圆柱形，红褐色。羽状复叶，具有小叶片 13 ～ 21 枚，连叶柄在内长 21 ～ 25 cm，宽 7 ～ 9 cm，光滑无毛；小叶片对生，

披针形至长圆披针形，边缘有尖锐重锯齿，羽状网脉。顶生大型密集的圆锥花序；苞片线状披针形；花直径 5 ～ 7 mm；花瓣倒卵形或宽卵形，先端圆钝，基部宽楔形，白色；蓇葖果长圆柱形；果梗直立。花期 6 ～ 7 月，果期 9 ～ 10 月。

▶ 分布区

产河北、河南、山东、山西、陕西、甘肃、青海、内蒙古。生于山坡阳处、杂木林中，海拔 200 ～ 1 300 m 处。

▶ 生态习性

中性树种，喜温暖湿润气候，喜光也稍耐阴，抗寒能力强，对土壤的要求不严，较耐干旱瘠薄，喜湿润肥沃、排水良好之地。

▶ 观赏特点

树姿秀丽，叶片幽雅，花序大而茂盛，小花洁白如雪而芳香，含苞欲放的球形小花蕾圆润如串串珍珠，花开似梅，花期长，可达 3 个月。

▶园林应用价值

是夏季优良的观花灌木，在园林绿化中可丛植、片植或带植，适合与其他各种观赏植物搭配栽植，也可用作切花，具有很高的观赏价值，是美化、净化环境的优良观花树种。也可作园景树，绿篱式栽培。

▶繁殖与培育特点

以分蘖和扦插为主要繁殖方式，也可播种繁育。一般作丛式苗培育。

▶园林养护技术

华北珍珠梅对土壤要求不严，栽培比较容易成活，有较强的耐旱、耐寒能力，生长旺盛。每年可结合整形造型进行3～4次摘心或短截，可达到树枝丰满，形态优美。

色。1～8片初生叶为金黄色，夏至秋季叶为黄色或黄绿色，秋末叶呈黄、红相间色，长为3～4 cm，花白色，为顶生伞形总状花序。骨葖果膨大呈卵形，果外光滑，果在夏末时呈红色。花期5月，果期7～8月。

178 ▶ 金叶风箱果

▶名　称

中文名：金叶风箱果

学　名：*Physocarpus opulifolius* 'luteus'

别　名：北美风箱果

科属名：蔷薇科　风箱果属

▶形态特征

落叶灌木，高1～2 m。枝条黄绿色，老枝褐色，较硬，多分枝。叶为互生，三角形，具浅裂，基部广楔形，边缘有复锯齿，叶片生长期金黄色，落前黄绿

▶分布区

原产北美。现广泛种植于中国华北、东北等北方地区。

▶生态习性

生长势强，性喜光，耐寒，也耐阴，在弱光环境中叶片呈绿色，耐寒，可耐 –30℃以下的低温，耐旱，耐瘠薄，耐粗放管理，少见病虫害危害。

▶ 观赏特点

叶子金黄色，是北方地区良好的观叶灌木。花为白色也具有一定的观赏价值，果实在夏末时节会变成红色，观赏价值较高。

▶ 园林应用价值

可应用于城市绿化。宜丛植、片植和带植，可作路篱、镶嵌材料和带状花坛背衬、花径或镶边。它与其他低矮植物搭配可建植成模纹花坛，金黄色叶片与鲜绿色或其他颜色植物形成鲜明的对比，非常好地增加了造型的层次和绿色植物的亮度。

▶ 繁殖与培育特点

扦插或分株繁殖，以夏季半硬枝扦插为主。一般作丛式苗培育。

▶ 园林养护技术

冬季落叶后压低修剪，留基部5～6个饱满芽，使第二年发枝条健壮。修剪后对植株基部培土，施基肥。病虫害危害很少。2～3年可做一次重剪或平茬。

179 ▶ 紫叶风箱果

▶ 名　称

中文名：紫叶风箱果

学　名：*Physocarpus opulifolius* 'purpurea'

科属名：蔷薇科　风箱果属

▶ 形态特征

紫叶风箱果为落叶灌木，高2～3 m，叶三角状卵形，具浅裂，先端尖，基部广楔形，缘有复锯齿。整个生长季枝叶一直是紫红色，春季和初夏颜色略浅，仲夏至秋季为深紫红色。顶生伞形总状花序，花多而密，每个花絮20～60朵小花，花白色，花期6月下旬至7月下旬。萼片三角形，蓇葖果膨大，夏末时呈红色，9～10月成熟、开裂、宿存。

▶ 分布区

原产于北美。中国有引种栽培。

▶生态习性

紫叶风箱果喜光、耐寒，生长势强，不择土壤。

▶观赏特点

紫叶风箱果枝叶密生角度开张，可观叶、观花和观果。叶片在 5 月上旬至秋后落叶为紫红色，落叶晚；夏季被色的小花密而繁点缀枝头；夏末红色果实悬挂枝头，是中国北方高寒地区的优良彩叶树种。

▶园林应用价值

同金叶风箱果。

▶繁殖与培育特点

紫叶风箱果的主要栽培方式为扦插繁殖。每年 3 ～ 4 月在进行春季苗木平茬或修剪时，从 2 ～ 3 年生生长健壮的植株上剪取下来的枝条中，选取粗度 0.3 cm 以上充分木质化的一年生枝条，将其整理好，每 10 条一捆存放于 –3℃至 3℃冷库中，插穗应埋于含水量 30% 左右的湿沙中。一般作丛干苗培育。

▶园林养护技术

在生长季节要及时中耕、除草，每年一般要进行 3 次中耕、除草，5 月下旬追肥 1 次，每株施 20 g 复合肥即可。病虫害很少。

180 ▶ 水栒子

▶名　称

中文名：水栒子

学　名：*Cotoneaster multiflorus* Bunge

别　名：栒子木、多花栒子、多花灰栒子

科属名：蔷薇科　栒子属

形态特征

落叶灌木，高达 4 m；枝条细瘦，常呈弓形弯曲，红褐色或棕褐色。叶片卵形或宽卵形。花多数，约 5～21 朵，成疏松的聚伞花序，总花梗和花梗无毛；花梗长 4～6 mm；苞片线形，无毛或微具柔毛；花直径 1～1.2 cm；萼筒钟状；萼片三角形；花瓣平展，近圆形，白色；雄蕊约 20；花柱通常 2。果实近球形或倒卵形，熟时红色。花期为 5 月，果期 8～9 月。

分布区

产黑龙江、辽宁、内蒙古、河北、山西、陕西、云南、西藏等地。生于沟谷、山坡杂木林中，海拔 1 200～3 500 m。苏联高加索、西伯利亚以及亚洲中部和西部均有分布。

生态习性

喜光而稍耐阴，耐寒，极耐干旱和瘠薄，对土壤要求不严。

观赏特点

夏季密着白花，秋季结红色果实，经久不凋，像一把巨大的红伞，点缀在草坪中，在绿叶的衬托下，春末夏初白花似雪，清丽淡雅，秋天红果艳丽可爱，是优美的观花观果灌木。

园林应用价值

宜作园景树，可丛植、列植、带植或群植于草坪边缘或绿地转角，或者与其他树种搭配混植构造小景观。亦可作为观赏灌木孤植或剪成绿篱，还是点缀岩石园和保护堤岸的良好植物材料。

繁殖与培育特点

播种繁殖、扦插繁殖和栽培繁殖。一般作丛式苗、多干苗或造型苗培育。

园林养护技术

早春萌芽前可施 1 次腐熟的有机肥料，以利于枝条发育、开花繁盛。花后再施 1～2 次液肥，并结合灌水、中耕除草，以利于果实生长，防止果实脱落，提高观赏效果。休眠期进行适当修剪，使株形圆整。病虫害主要有蚜虫、红蜘蛛。

181 ▶ 灰栒子

名 称

中文名：灰栒子

学 名：*Cotoneaster acutifolius* Turcz.

别 名：北京栒子、河北栒子

科属名：蔷薇科 栒子属

形态特征

落叶灌木，高 2～4 m。叶片椭圆卵形至长圆卵形，先端急尖，全缘，幼时两面均被长柔毛，老时逐渐脱落。花 2～5 朵成聚伞花序，花直径 7～8 mm；花瓣 5 枚，宽倒卵形或长圆形，先端圆钝，白色外带红晕；雄蕊 10～15，比花瓣短；花柱通常 2，离生，

短于雄蕊。果实椭圆形稀倒卵形，熟时黑色。花期 5 ～ 6 月，果期 9 ～ 10 月。

▶分布区

产内蒙古、河北、山西、河南、湖北、陕西、甘肃、青海、西藏。生于山坡、山麓、山沟及丛林中，海拔 1 400 ～ 3 700 m。

▶生态习性

性强健，耐寒，喜光，稍耐阴，对土壤要求不严，极耐干旱和贫瘠；喜排水良好的土壤，水湿、涝注常造成根系腐烂死亡。根系庞大，耐整形修剪。

▶观赏特点

枝叶繁茂，花白色外带红晕，花量大，秋季叶变红并挂黑果，观赏期长，是观花观果的优良园林绿化树种。

▶园林应用价值

灰栒子可作为园景树与绿篱应用，宜于绿地草坪边缘栽植或在花坛内丛植，是观叶观花观果的优良园林绿化树种，又是保持水土，涵养水源的重要树种。

▶繁殖与培育特点

常用播种与扦插繁殖，也可压条和萌蘖分株繁殖。种子生理后熟期很长，育苗较为困难。播种则秋播较好，春播种子必须进行湿沙冬藏处理，未经过冬季湿沙冷藏处理的种子当年很少发芽，其他无须特别管理。常作为丛式苗、多干苗或造型苗培育。

▶园林养护技术

苗期注意水肥管理、除草、间苗，常见虫害主要是地老虎、金龟子等。

182 ▶ 西北栒子

▶名　称

中文名：西北栒子
学　名：*Cotoneaster zabelii* Schneid.
别　名：林氏栒子、杂氏灰栒子
科属名：蔷薇科　栒子属

▶形态特征

落叶灌木，高达 2 m。枝条细瘦开张，小枝圆柱形，深红褐色。叶片椭圆形至卵形，长 1.2 ～ 3 cm，宽 1 ～ 2 cm，全缘；叶柄长 1 ～ 3 mm；托叶披针形。花 3 ～ 13 朵成下垂聚伞花序，总花梗和花梗被柔毛；花梗长 2 ～ 4 mm；萼筒钟状，外面被柔毛；花萼片三角形；花瓣直立，倒卵形或近圆形，直径 2 ～ 3 mm，先端圆钝，浅红色；果实倒卵形至卵球形，鲜红色。花期 5 ～ 6 月，果期 8 ～ 9 月。

▶分布区

分布于中国的青海、陕西、甘肃、宁夏、河北、河南、湖南等地，生长于海拔 800～2 500 m 的沟谷边、山坡阴处、石灰岩山地及灌木丛中。

▶生态习性

喜光，稍耐阴，耐寒，对土壤要求不严，耐干旱瘠薄，喜排水，不耐涝。

▶观赏特点

西北枸子结实繁多，入秋颗颗红艳夺目，累累挂满枝头，入冬不落，观赏效果佳，是冬季的重要观果树种。

▶园林应用价值

可作花果篱，亦可作园景树，与其他树种搭配混植营造小景观。宜孤植、丛植、带植于林缘及道路交叉节点。

▶繁殖与培育特点

播种繁殖。一般作丛式苗、多干苗或造型苗培育。

▶园林养护技术

栽培容易，管理粗放，主要病虫害有蚜虫、红蜘蛛、大蓑蛾，蚧壳虫和白粉病。

183▶ 平枝枸子

▶名　称

中文名：平枝枸子

学　名：*Cotoneaster horizontalis* Decne.

别　名：被告惹、矮红子、平枝灰枸子

科属名：蔷薇科　枸子属

▶形态特征

落叶或半常绿匍匐灌木。枝水平开张成整齐两列状；小枝圆柱形，幼时外被糙伏毛，老时脱落，黑褐色。叶片近圆形或宽椭圆形，稀倒卵形。花1～2朵，近无梗；萼片三角形，先端急尖；花瓣直立，倒卵形，先端圆钝，粉红色；花柱常为3，有时为2，离生，短于雄蕊；子房顶端有柔毛。果实近球形，鲜红色。花期5～6月，果期9～10月。

▶分布区

产陕西、甘肃、湖北、湖南、四川、贵州、云南。

◎ 生态习性

喜温暖湿润的半阴环境，耐干燥和瘠薄的土地，不耐湿热，有一定的耐寒性，怕积水。

◎ 观赏特点

平枝栒子的主要观赏价值是深秋的红叶。在深秋时节，平枝栒子的叶子变红，分外绚丽。因平枝栒子较低矮，远远看去，好似一团火球，很是鲜艳。

◎ 园林应用价值

可作绿篱，亦可作园景树。平枝栒子枝叶横展，叶小而稠密，花密集枝头，晚秋时叶色红色，红果累累，是布置岩石园、庭院、绿地和墙沿、角隅的优良材料。也可做基础种植或制作盆景。

◎ 繁殖与培育特点

播种繁殖。6月中旬至7月上旬，选取当年生半木质化、生长健壮、无病虫害、腋芽饱满的带叶嫩枝，剪成10～15 cm的插穗。剪插穗时，下剪口在叶或腋芽下端0.5～1 cm处，上剪口在叶或腋芽上端0.5～1 cm处，也可保留顶芽，每根插穗上部保留2～3片叶子，上剪口平面形，下剪口马耳形，剪口平滑不裂口，不撕皮。及时放入0.3%的多菌灵药液中进行消毒。为了防止嫩枝萎蔫，最好在早晨或阴雨天采集插穗，并随采随插。一般作丛干苗、造型苗培育。

◎ 园林养护技术

在平时的养护过程中，要进行适当的肥水管理。在冬季休眠期，主要是做好控肥控水工作，间隔周期大约为3～7天，晴天或高温期间隔周期短些，阴雨天或低温期间隔周期长些或者不浇。对于地栽的植株，春夏两季根据干旱情况，施用2～4次肥水：先在根颈部以外30～100 cm开一圈小沟（植株越大，则离根颈部越远），沟宽、深都为20 cm。沟内撒进5～10 kg有机肥，或者50～250 g两颗粒复合肥（化肥），然后浇上透水。入冬以后开春以前，照上述方法再施肥一次，但不用浇水。

184 ▶ 棣 棠

▶ 名 称

中文名：棣棠

学 名：*Kerria japonica* (L.) DC.

别 名：土黄条、鸡蛋黄花、棣棠花

科属名：蔷薇科 棣棠属

▶ 形态特征

落叶灌木，高 1～2 m，稀达 3 m。小枝绿色，圆柱形，无毛，常拱垂，嫩枝有棱角。叶互生，三角状卵形或卵圆形，边缘有尖锐重锯齿，两面绿色；叶柄长 5～10 mm，无毛；托叶膜质，带状披针形，早落。单花，着生在当年生侧枝顶端；花直径 2.5～6 cm；萼片卵状椭圆形，全缘；花瓣黄色，宽椭圆形。瘦果倒卵形至半球形，褐色或黑褐色。花期 4～6 月，果期 6～8 月。

▶ 分布区

产甘肃、陕西、山东、河南、湖北、江苏、安徽、浙江、福建、江西、湖南、四川、贵州、云南。生山坡灌丛中，海拔 200～3 000 m 处。日本也有分布。

▶ 生态习性

喜温暖湿润和半荫环境，耐寒性较差，对土壤要求不严，以肥沃、疏松的沙壤土生长最好。

▶ 观赏特点

棣棠花枝叶翠绿细柔，金花满树，别具风姿，可栽在墙隅及管道旁，有遮蔽之效，我国南北各地普遍栽培，供观赏用。

▶ 园林应用价值

宜作花篱、花径、远景树，群植于常绿树丛之前，古木之旁，山石缝隙之中或池畔、水边、溪流及湖沼沿岸成片栽种，均甚相宜；若配植疏林草地或山坡林下，则尤为雅致，野趣盎然，盆栽观赏也可。

▶ 繁殖与培育特点

分株、扦插和播种法繁殖。一般作丛干苗培育。

▶ 园林养护技术

选地应选择温暖湿润、疏松且排水良好的非碱性土壤。5～6 月份需加强中耕除草；一般不需要经常浇水，盆栽要在午后浇饼肥水。病虫害主要有黄叶病害、褐斑病害。

185 贴梗海棠

● 名 称

中文名：贴梗海棠

学　名：*Chaenomeles speciosa* (Sweet) Nakai (C. *lagenaria*.K)

别　名：皱皮木瓜、木瓜、贴梗木瓜

科属名：蔷薇科　木瓜属

● 形态特征

落叶灌木，高达 2 m，枝条直立开展，有刺，紫褐色。叶片卵形至椭圆形，稀长椭圆形，长 3 ～ 9 cm，宽 1.5 ～ 5 cm，边缘具有尖锐锯齿；托叶大形，草质，肾形或半圆形。花先叶开放，3 ～ 5 朵簇生于二年生老枝上；花直径 3 ～ 5 cm；花瓣倒卵形，长 10 ～ 15 mm，宽 8 ～ 13 mm，猩红色，稀淡红色或白色。果实球形或卵球形，黄色或带黄绿色，味芳香。花期 3 ～ 5 月，果期 9 ～ 10 月。

● 分布区

产陕西、甘肃、四川、贵州、云南、广东。缅甸亦有分布。

● 生态习性

喜光照充足和温凉湿润环境，较耐寒，较耐旱，不耐涝，根部萌蘖能力强，耐修剪。

▶观赏特点

各地习见栽培，花色大红、粉红、乳白且有重瓣及半重瓣品种。早春先花后叶，很美丽。枝密多刺可作绿篱。

▶园林应用价值

适于庭院墙隅、草坪边缘、树丛周围、池畔溪边丛植、带植、片植，亦可作花篱及基础栽植，作老梅、劲松等的配景。对臭氧最敏感，可作监测环境的树种。亦可选取干短丛生者入盆，是作观赏盆景的优良树种，其老桩可加工成盆景。

▶繁殖与培育特点

可用分株繁殖、扦插繁殖、嫁接繁殖。一般作丛式苗、造型苗培育。

▶园林养护技术

一般根据应用作造型修剪，如作花篱或灌丛，秋季可适当中剪，早春花前可适当施肥。园林栽培中的病虫害有锈病、桃蚜、梨冠网蝽。

186 ▶ 黄蔷薇

▶名 称

中文名：黄蔷薇

学　名：*Rosa hugonis* Hemsl.

别　名：大马茄子、红眼刺

科属名：蔷薇科　蔷薇属

▶形态特征

矮小灌木，高约 2.5 m。枝粗壮；小枝圆柱形，皮刺扁平。小叶 5 ～ 13 片，连叶柄长 4 ～ 8 cm；小叶片椭圆形或倒卵形，边缘有锐锯齿；托叶狭长，大部贴生于叶柄。花单生于叶腋，无苞片；花梗长 1 ～ 2 cm，无毛；花直径 4 ～ 5.5 cm；萼片披针形，全缘；花瓣黄色，宽倒卵形；雄蕊多数，着生在坛状萼筒口的周围。果实扁球形，紫红色至黑褐色。花期 5 ～ 6 月，果期 7 ～ 8 月。

▶ 分布区

产山西、陕西、甘肃、青海、四川。生山坡向阳处、路边灌丛中海拔 600～2 300 m。

▶ 生态习性

喜光，耐寒，耐旱，性强健，不择土壤。

▶ 观赏特点

花金黄，秋日红果累累，鲜艳夺目。

▶ 园林应用价值

一般可作为花灌木应用于公园、街道绿地等。宜丛植、带植或片植，亦可作花篱或基础绿化。

▶ 繁殖与培育特点

播种繁殖为主，亦可扦插。一般作丛式苗培育。

▶ 园林养护技术

适应性强，少管理，秋季适当对内膛枝进行修剪，可结合树型进行轻或中度短截。偶尔夏季有白粉病。

187 ▶ 美蔷薇

▶ 名　称

中文名：美蔷薇

学　名：*Rosa bella* Rehd. et Wils

别　名：油瓶子

科属名：蔷薇科　蔷薇属

▶ 形态特征

灌木，高1～3 m。小枝圆柱形，细弱，老枝常密被针刺。小叶7～9片，稀5片，连叶柄长4～11 cm；小叶片椭圆形、卵形，长1～3 cm，宽6～20 mm，边缘有单锯齿；托叶宽平。花单生或2～3朵集生，苞片卵状披针形；花梗长5～10 mm，花梗和萼筒被腺毛；花直径4～5 cm；萼片卵状披针形，全缘；花瓣粉红色，宽倒卵形。果椭圆状卵球形，猩红色，有腺毛。花期 5 ～ 7 月，果期 8 ～ 10 月。

▶分布区

产吉林、内蒙古、河北、山西、河南等省区。多生灌丛中，山脚下或河沟旁等处，适生海拔可达 1 700 m。

▶生态习性

喜温暖湿润和阳光充足的环境，也耐半阴、耐寒冷、耐干旱、耐瘠薄。

▶观赏特点

花粉红色花量大，花期早，秋季果实累累，观赏期长，秋叶变色亦有一定观赏性。

▶园林应用价值

一般可作为花灌木应用于公园、街道绿地等带植。宜丛植、孤植或列植。

▶繁殖与培育特点

主要繁殖方法有播种、扦插、压条、嫁接繁殖。一般作丛式苗培育。

园林养护技术

野生美蔷薇少有病虫害，人工栽培的常有介壳虫、蚜虫以及焦叶病、溃疡病、黑斑病等病虫害，除应注意用药液喷杀外，布景时应与其他花木配置使用，不宜一处种植过多；每年冬季，对老枝及密生枝条，常进行强度修剪，保持透光及通风良好，可减少病虫害。

---

188 ▶ 疏花蔷薇

▶名 称

中文名：疏花蔷薇
学 名：*Rosa laxa* Retz.
科属名：蔷薇科 蔷薇属

▶形态特征

灌木，高 1 ～ 2 m；小枝圆柱形，无毛，有皮刺。小叶 7 ～ 9 片，椭圆形、长圆形或卵形，稀倒卵形，边缘有单锯齿，稀有重锯齿；叶轴上面有散生皮刺、腺毛和短柔毛。花常 3 ～ 6 朵，组成伞房状，有时单生；花直径约 3 cm；花瓣白色，倒卵形，先端凹凸不平；花柱离生，密被长柔毛，比雄蕊短很多。果长圆形或卵球形，红色，萼片直立宿存。花期 6 ～ 8 月，果期 8 ～ 9 月。

◎ 分布区

产我国新疆、陕西也有分布。

◎ 生态习性

喜温暖湿润和阳光充足的环境，也耐半阴、耐寒冷、耐干旱、耐瘠薄。多生灌丛中、干沟边或河谷旁。

◎ 观赏特点

疏花蔷薇色艳，香浓，秋果红艳，是极好的野生观赏资源。

◎ 园林应用价值

可作为花灌木应用于公园、街道绿地等。宜丛植、片植或列植。

◎ 繁殖与培育特点

主要繁殖方法有播种、扦插、压条、嫁接繁殖。一般作丛式苗培育。

◎ 园林养护技术

适应性强，可粗放管理。常见病害有黑斑病、白粉病，常见害虫有金龟子等。

189 ▶ 月 季

◎ 名 称

中文名：月季花
学 名：*Rosa* cus.
别 名：月月花、长春花、四季花
科属名：蔷薇科 蔷薇属

◎ 形态特征

月季花是直立灌木，高 1～2 m；小枝粗壮，圆柱形。小叶 3～5，稀 7，连叶柄长 5～11 cm，小叶片卵状长圆形，边缘有锐锯齿；托叶大部分贴生于叶柄，仅顶端分离部分成耳状。几朵集生，稀单生，直径 4～5 cm；花梗长 2.5～6 cm，萼片卵形；花瓣单瓣至重瓣，红色、粉红色至白色，倒卵形。果卵球形或梨形，长 1～2 cm，红色，萼片脱落。

◎ 分布区

原产中国，各地普遍栽培。在中国主要分布于湖北、四川和甘肃等省的山区，尤以上海、南京、常州、天津、郑州和北京等市种植最多。

▶ 生态习性

喜光照充足，喜温暖，抗寒，对环境适应性强，对土壤要求不严，但在土壤肥沃、排水良好的酸性土壤上生长最好。

▶ 观赏特点

月季以开花季节长、色泽艳丽称著。花色有大红、白、绿、黄、紫等多种，丰富多彩的品种和开花时姹紫嫣红、花团锦簇的景象，广受人们的喜爱。

▶ 园林应用价值

月季应用最多、最广的形式就是专类园。可用于花坛、花门、花架、花廊、花篱、花隧道、花带、地被、篱垣与栅栏绿化，用树状月季作行道树。也可作园景树、切花、盆栽。

▶ 繁殖与培育特点

可采用扦插、嫁接、分株、压条、组织培养等方法繁殖。一般作丛式苗、造型苗培育，培育树状月季一般用无刺蔷薇、粉团蔷薇、山木香等作为砧木。

▶ 园林养护技术

月季的花朵大、花期长，需要充足的水分、肥料和光照。施肥应施饼肥、鸡粪等高效综合肥料，不宜施用单一的氮肥，以免枝叶徒长。土壤需要经常保持湿润，要有充足的阳光，才能形成艳丽的花朵。对于老枝、花后残枝应及时剪去，注意枝条更新应保留下部健壮部分，以促进新枝萌发。要保护好新枝，损坏一条新枝，就会减少一至数朵鲜花。

病虫害主要有黑斑病、白粉病、根瘤病、桃蚜、蔷薇茎蜂、柑橘红蜘蛛。

190 ▶ 丰花月季

▶ 名 称

中文名：丰花月季
学 名：*Rosa* cus.
别 名：北京红帽子、聚花月季
科属名：蔷薇科 蔷薇属

▶ 形态特征

灌木，高 0.9 ～ 1.3 m，小枝具钩刺或无刺、无毛，羽状复叶，小叶 5 ～ 7 片，宽卵形或卵状长圆形，长 2.3 ～ 6.0 cm，具尖锯齿，无毛。花单生或几朵集生，呈伞房状，花径 4 ～ 6 cm，

花梗 3 ~ 5 cm，萼片卵形，花瓣有深红、银粉、淡粉等颜色，单或重瓣，花柱分离，子房被柔毛，蔷薇果卵球形，径 1.0 ~ 1.2 cm，红色。花期 5 ~ 11 月，果期 9 ~ 11 月。

▶ 分布区

主要分布于中国华北南部，西北、华中、华南等省。

▶ 生态习性

喜光照充足，喜温暖，抗寒，对环境适应性强，对土壤要求不严，但在土壤肥沃、排水良好的酸性土壤上生长最好。

▶ 观赏特点

丰花月季多分枝，花繁而密集呈较矮的灌丛状，呈现花团锦簇的优点，且新叶和秋叶红艳，观赏价值极高。

▶ 园林应用价值

适宜装饰街心、道旁，作沿墙的花篱，独立的画屏或花圃的镶边。可按几何图案布置成规则式的花坛、花带，还可片植与其他地被植物配植成造型花带，亦可与其他品种月季配植建造成内容丰富的月季园以供欣赏。也可作切花和盆栽。

▶ 繁殖与培育特点

可采用播种、扦插、嫁接、组织培养方法繁殖。一般作丛式苗和造型苗培育。

▶ 园林养护技术

在丰花月季的养护管理中，应该结合它们的实际生长情况等，给予及时必要的浇水作业。同时，丰花月季对于养分的需求也比较高，应该做好科学的施肥管理。病虫害主要以预防为主，在高温、高湿或阴雨季节定期喷施杀菌药物，在苗木进入休眠阶段喷施石硫合剂进行全面杀菌，保证苗木健壮生长。

191 ▶ 玫 瑰

▶ 名 称

中文名：玫瑰

学　名：*Rosa rugosa* Thunb.

别　名：滨茄子、滨梨、海棠花

科属名：蔷薇科　蔷薇属

形态特征

直立灌木，高可达 2 m；小枝密被茸毛，并有针刺和腺毛，有皮刺。小叶 5～9 片；小叶片椭圆形或椭圆状倒卵形，边缘有尖锐锯齿，叶脉下陷，有褶皱；托叶大部贴生于叶柄，边缘有带腺锯齿。花单生于叶腋或数朵簇生，苞片卵形，边缘有腺毛，外被茸毛；花瓣倒卵形，重瓣至半重瓣，芳香，紫红色至白色。果扁球形，萼片宿存。花期 5～6 月，果期 8～9 月。

分布区

中国广泛分布。

生态习性

玫瑰喜阳光充足，耐寒、耐旱、排水良好、疏松肥沃的壤土或轻壤土，在黏壤土中生长不良，开花不佳。宜栽植在通风良好、离墙壁较远的地方，以防日光反射，灼伤花苞，影响开花。

观赏特点

花色艳丽、花朵有香气，适合展示群体效果。

园林应用价值

可作为园景树、花篱和盆栽种植。宜带植、片植或群植。做花坛或切花材料应用。

繁殖与培育特点

常使用播种、嫁接、组织培养等方法繁殖。一般作丛式苗、造型苗培育。

园林养护技术

玫瑰主要采用 2 种栽培类型：一是剪枝法。该方法修剪技术要求高，成花慢，产量高，商品花比例低。二是压枝法。对修剪技术要求不高，成花快，产量低，鲜花质量好。在定植前应深翻土壤，并进行土壤消毒，使土肥完全混合。栽植时间没有严格的界限，一年四季均可定植，最佳时间为春秋两季。定植后及时浇水，浇水追肥要根据土壤条件、气候条件和枝叶的生长状态进行。如果土壤水分不足，就会引起植株正叶脱落。地表见干时应及时浇水，保持地面湿润。定植缓苗后及时中耕松土，并防治红蜘蛛、蚜虫，白粉病。

192 ▶ 黄刺玫

名 称

中文名：黄刺玫

学　名：*Rosa xanthina* Lindl.

别　名：刺玖花、破皮刺玫、刺玫花

科属名：蔷薇科　蔷薇属

形态特征

直立灌木，高 2～3 m；枝粗壮，密集，披散。小叶 7～13 片，连叶柄长 3～5 cm；小叶片宽卵形或近圆形，边缘有圆钝锯齿；托叶带状披针形，边缘有锯齿和腺。花单生于叶腋，重瓣或半重瓣，黄色，无苞片；花梗长 1～1.5 cm，无毛，无腺；花直径 3～5 cm；萼片披

针形，全缘；花瓣黄色，宽倒卵形。果近球形或倒卵圆形，紫褐色或黑褐色。花期4～6月，果期7～8月。

▶分布区

产黑龙江、吉林、辽宁、内蒙古、河北、山东、山西、陕西、甘肃等省区。

▶生态习性

喜光，稍耐阴，耐寒力强。对土壤要求不严，耐干旱和瘠薄，在盐碱土中也能生长，以疏松、肥沃土地为佳。不耐水涝。

▶观赏特点

黄刺玫早春繁花满树，单瓣和重瓣均有，是良好的观花灌木，秋季果实发红光亮，亦可观赏。

▶园林应用价值

可作为花灌木应用于公园、街道绿地等，也可作墙基础绿化，装饰在建筑物墙前。宜丛植和带植。

▶繁殖与培育特点

可用分株、播种、扦插、压条法繁殖。一般作丛式苗培育。

▶园林养护技术

栽植黄刺玫一般在3月下旬至4月初。需带土球栽植，栽植时，穴内施1～2铁锨腐熟的堆肥作基肥，栽后重剪，栽后浇透水，隔3天左右再浇1次，便可成活，隔年在花后施1次追肥。日常管理中应视干旱情况及时浇水，霜冻前灌1次防冻水。花后要进行修剪，去掉残花及枯枝，落叶后或萌芽前结合分株进行修剪，剪除老枝、枯枝及过密细弱枝；黄刺玫栽培容易，管理较粗放，病虫害少；主要为黄刺玫白粉病。

193 ▶ 山刺玫

▶ 名 称

中文名：山刺玫

学 名：*Rosa davurica* Pall.

科属名：蔷薇科 蔷薇属

▶ 形态特征

　　直立灌木，高约 1.5 m；分枝较多，小枝圆柱形，无毛，紫褐色或灰褐色，有皮刺。小叶 7～9 片，长圆形或阔披针形，长 1.5～3.5 cm，宽 5～15 mm，边缘有单锯齿和重锯齿，上面深绿色，无毛；托叶大部贴生于叶柄。花单生于叶腋，或 2～3 朵簇生；花直径 3～4 cm；萼筒近圆形，光滑无毛，萼片披针形，先端扩展成叶状，边缘有不整齐锯齿和腺毛；花瓣粉红色，倒卵形，先端不平整，基部宽楔形；花柱离生，被毛，比雄蕊短很多。果近球形或卵球形，直径 1～1.5 cm，红色，光滑，萼片宿存，直立。花期 6～7 月，果期 8～9 月

▶ 分布区

　　产黑龙江、吉林、辽宁、内蒙古、河北、山西、陕西等地区。

▶ 生态习性

　　山刺玫喜温暖环境，耐旱，耐寒，能在零下 39℃安全越冬，对土壤的要求不严格。

▶ 观赏特点

　　山刺玫花粉红色，株形美观，叶片青翠，是不可多得的夏季观花树种。

▶ 园林应用价值

　　山刺玫在园林上常作为园景树种植。丛植或带植。

▶繁殖与培育特点

常使用扦插，分株，嫁接繁殖。山刺玫根蘖力强，每年有大量新萌条从根部萌发。秋季选择性状优良株系，挖出后进行分株，分株苗保持独立根系，地上部分留 3 ～ 4 个枝条，修剪根，主根剪口成 45° 斜面，整理完后假植越冬，假植苗木必须覆盖草帘等防寒物，并在四周施用鼠药进行防鼠，翌年春季就可栽植。

▶园林养护技术

山刺玫定植后前两年要进行 2 ～ 3 次抚育，在定植带内进行镐抚，行间进行刀抚，镐抚应注意不破坏地下匍匐根。定植第 2 年株间根蘖苗即可形成带状群丛。刺玫果单株寿命 5 ～ 6 年，不断萌发出新枝，4 年生枝条结果量明显下降，要增加产量必须在保证枝条合理密度的情况下，每丛保留 15 ～ 18 株为宜，将老枝及时剪去。主要病害有白粉病，主要虫害有印度谷斑螟。

194▶ 榆叶梅

▶名　称

中文名：榆叶梅

学　名：*Prunus triloba* Lindl.

别　名：榆梅、小桃红、榆叶鸾枝

科属名：蔷薇科　李属

▶形态特征

灌木稀小乔木，高 2 ～ 3 m；枝条开展，具多数短小枝；小枝灰色，一年生枝灰褐色，无毛或幼时微被短柔毛；冬芽短小，长 2 ～ 3 mm。枝紫褐色，叶宽椭圆形至倒卵形，先端 3 裂状，缘有不等的粗重锯齿；花单瓣至重瓣，紫红色，1 ～ 2 朵生于叶腋；核果红色，近球形，有毛。花期 4 月，果期 5 ～ 7 月。

▶分布区

产黑龙江、吉林、辽宁、内蒙古、河北、山西、陕西、甘肃、山东等省区。生于低至中海拔的坡地或沟旁乔、灌木林下或林缘。中国各地多数公园内均有栽植。俄罗斯，中亚也有。

▶生态习性

　　喜光，稍耐阴，耐寒，能在零下35℃下越冬，对土壤要求不严，以中性至微碱性肥沃土壤为佳，耐旱力强，不耐涝，抗病力强。

▶观赏特点

　　榆叶梅枝叶茂密，是三北地区著名的早春晚花树种。

▶园林应用价值

　　是中国北方园林中街道、路边等重要的绿化观花灌木树种，常丛植、带植或群植在常绿树周围、开阔地、山地、公园的草地、路边或庭园中的角落、水池等地；宜可配植于山石处，则能产生良好的观赏效果。也可作园景树、花篱。

▶繁殖与培育特点

　　常采用嫁接、播种、压条等方法繁殖，但以嫁接效果最好。一般作单干苗、丛式苗、造型苗培育。

▶园林养护技术

　　榆叶梅早期喜肥，定植时可施用腐熟的牛马粪做底肥，后期管理较松放。干式榆叶梅在园林中最常用的树形是"自然开心形"；丛式榆叶梅每年秋季或早春剪除地表萌蘖即可，结合树型作回缩修剪。常见的病害有：榆叶梅叶斑病，常见虫害有蚜虫、红蜘蛛、刺蛾、介壳虫、叶跳蝉、芳香木蠹蛾、天牛等。

195▶紫叶矮樱

▶名　称

中文名：紫叶矮樱

学　名：*Prunus ×cistena* 'pissardii'

科属名：蔷薇科　李属

▶形态特征

　　紫叶矮樱为落叶灌木或小乔木，为紫叶李和矮樱杂交种，高达 2.5 m 左右，冠幅 1.5 m 至 2.8 m。枝条幼时紫褐色，老枝有皮孔，分布整个枝条。叶卵状长椭圆形，先端渐尖，叶基部广楔形，叶缘有不整齐的细钝齿，叶面红色或紫色，背面色彩更红，当年生枝条木质部红色。花单生，中等偏小，淡粉红色，花瓣 5 片，微香，雄蕊多数，单雌蕊。花期 4～5 月。

▶ 分布区

原产美国，1990年中国引进栽培。现各地均有栽培，东北主要分布在黑龙江东南部、辽宁、吉林等地。

▶ 生态习性

喜光树种，但也耐寒、耐阴，紫叶矮樱喜湿润环境，但不耐积水，紫叶矮樱对土壤要求不严，在轻黏土、壤土、素砂土中均能正常生长，在沙壤土中生长最好，能耐轻度盐碱土。枝条萌发力强，耐修剪。

▶ 观赏特点

紫叶矮樱色彩艳丽，其新梢和嫩叶是鲜红色的，随后为暗红色，叶色较紫叶李要红亮，亦可观花观果。

▶ 园林应用价值

紫叶矮樱色彩艳丽，可在绿地中孤植、片植、带植、丛植或作彩篱，亦可与其他彩叶植物组合成各种图案，在庭院、草坪、花坛、广场及公路立交桥两侧等绿地应用。

▶ 繁殖与培育特点

紫叶矮樱繁殖以嫁接为主，也可用扦插或压条繁殖，但嫁接存在成本高、繁殖慢等缺点，而嫩枝扦插速度最快，效益最高，故常用嫩枝扦插繁殖。可作单干苗、丛式苗、多干苗和造型苗培育。亦可修剪培育成球形或其他形状。

▶ 园林养护技术

紫叶矮樱耐旱，每年早春和秋末可浇足浇透返青水和封冻水，平时如果不是特别干旱，基本可以靠自然生长；紫叶矮樱喜肥，新植苗木除在栽植时施基肥外，在生长期还应适当追肥；紫叶矮樱耐寒，成年苗采取树干涂白的措施即可。常见的虫害有蚜虫、红蜘蛛、蚧壳虫等危害。

196 ▶ 毛樱桃

▶ 名　称

中文名：毛樱桃

　学　名：*Cerasus tomentosa* Wall.

别　名：樱桃、山豆子、梅桃

科属名：蔷薇科　李属

▶ 形态特征

灌木，高2～3 m。叶片卵状椭圆形或倒卵状椭圆形，长2～7 cm，宽1～3.5 cm，边有急尖或粗锐锯齿；托叶线形，长3～6 mm，被长柔毛。花单生或2朵簇生，花叶同开；花梗近无梗；萼筒管状或杯状，长4～5 mm，外被短柔毛或无毛，萼片三角卵形；花瓣白色或粉红色，倒卵形，先端圆钝。核果近球形，红色。花期4～5月，果期6～9月。

▶ 分布区

产黑龙江、吉林、辽宁、内蒙古、河北、山西、陕西、甘肃、宁夏、青海、山东、

四川、云南、西藏。生于山坡林中、林缘、灌丛中或草地中海拔100～3 200 m处。

▶ 生态习性

喜光，耐寒，耐旱，稍耐贫瘠与盐碱。

▶ 观赏特点

毛樱桃树形优美，花朵娇小，果实艳丽，是集观花、观果、观形为一体的园林观赏植物。

▶ 园林应用价值

在公园、庭院、小区等处可采用孤植、丛植的形式栽植，亦可与其他花卉、观赏草、小灌木等组合配置，作园景树、绿篱。

▶ 繁殖与培育特点

可采用播种、扦插、压条、嫁接方法繁殖。一般作单干苗、多干苗、丛式苗、造型苗培育。

▶ 园林养护技术

定植后苗木易受旱害，除定植时充分灌水外，以后可8～10天灌水一次，保持土壤潮湿但无积水。之后基本无需太多管理，适当疏剪内膛枯枝、下垂枝、交叉枝、病枝等。虫害主要有瘤蚜虫、红蜘蛛等。

197▶ 重瓣麦李

▶ 名　称

中文名：重瓣麦李

学　名：*Prunus glandulosa* f. *albiplena* Koehne

科属名：蔷薇科　李属

▶ 形态特征

灌木，高达1.5～2 m。小枝无毛，嫩枝被柔毛。叶长圆状倒卵形或椭圆状披针形，有细钝重锯齿，上面绿色，下面淡绿色，两面无毛或中脉有疏柔毛，

旱，也较耐水湿。根系发达、适应性强。忌低洼积水和黏重的土壤，喜生于湿润、疏松、排水良好的沙质土壤中。

▶ 观赏特点

重瓣麦李叶前开花，满树灿烂，甚为美丽，秋季叶又变红，是很好的庭园观赏树。

▶ 园林应用价值

常作为园景树种植，可孤植、丛植、带植或群植。各地庭园常见栽培观赏，宜于草坪、路边、假山旁及林缘丛栽，也可作基础栽植、盆栽或切花材料。

▶ 繁殖与培育特点

重瓣麦李可用播种、扦插、嫁接等方法繁殖。一般作单干苗、丛式苗培育。

▶ 园林养护技术

结合园林应用适当进行修剪。最常见的虫害是天幕毛虫。

侧脉 4～5。花单生或 2 朵簇生，花叶同放或近同放；花梗长 6～8 mm，几无毛；萼筒钟状，长宽近相等，无毛，萼倒卵形。核果熟时红或紫红色，近球形，径 1～1.3 cm。花期 3～4 月，果期 5～8 月。

▶ 分布区

在我国温带地区广泛分布。

▶ 生态习性

性喜阳光，较耐寒，适应性强，耐

198 ▶ 胡枝子

▶ 名　称

中文名：胡枝子

学　名：*Lespedeza bicolor* Turcz.

别　名：随军茶、萩、扫皮

科属名：豆科　胡枝子属

▷ 形态特征

直立灌木，高1～3m，多分枝，小枝黄色或暗褐色，有条棱，被疏短毛；芽卵形，具数枚黄褐色鳞片；羽状复叶具3小叶；托叶线状披针形；小叶质薄，卵形到卵状长圆形；总状花序腋生，常为大型、较疏松的圆锥花序；小苞片卵形，黄褐色；花冠红紫色，旗瓣倒卵形，先端微凹；荚果斜倒卵形，稍扁，表面具网纹。花期7～9月，果期9～10月。

▷ 分布区

中国大部分省区都有分布，国外分布于朝鲜、日本等国。

▷ 生态习性

胡枝子耐旱、耐瘠薄、耐酸性、耐盐碱、耐刈割、耐寒性很强。生于海拔150～1 000 m的山坡、林缘、路旁、灌丛及杂木林间。

▷ 观赏特点

花朵密集，花量大，花期长。夏季至秋季开放。是美丽而含蓄的著名秋日七草之一。

▷ 园林应用价值

园林中可用于岩石园、花境、花篱、林缘、路旁等处，宜孤植、丛植或带植，因其性耐旱，适宜作防风、固沙及水土保持植物，为营造防护林及混交林的伴生树种。

▷ 繁殖与培育特点

胡枝子育苗可采用播种和插条两种方法，每亩播种量10 kg左右，播前种子处理，用碾子碾，破荚壳即可，播种前还要用60～70℃温水浸种催芽，种子部分裂嘴时播种，这样5～6天即可出苗，育苗地以有灌水条件的中性沙壤土为最好，碱性地发芽率低，湿地育出的苗木容易烂根。可作丛式苗培育。

▷ 园林养护技术

胡枝子定植后应及时中耕除草及追肥，后期管理较粗放。栽2年后进行平茬，促发扩冠。常见病害有根腐病、白粉病、锈病，主要虫害有食心虫、蚜虫。

199 多花胡枝子

名 称

中文名：多花胡枝子

学 名：*Lespedeza floribunda* Bunge

别 名：白毛蒿花、斑鸠菜、粳米条

科属名：豆科 胡枝子属

形态特征

小灌木，高 30 ～ 60 (～ 100) cm。根细长；茎近基部分枝；枝有条棱，被

灰白色茸毛；托叶线形，先端刺芒状；羽状复叶；3 小叶具柄，倒卵形至长圆形；总状花序腋生；花多数；小苞片卵形，先端急尖；花萼被柔毛，下部合生、上部分离；花冠紫色、紫红色或蓝紫色，旗瓣椭圆形，钝头。荚果宽卵形，密被柔毛，有网状脉。花期 6 ～ 9 月，果期 9 ～ 10 月。

分布区

产全国大部分省市。生于海拔 1 300 m 以下的石质山坡。

生态习性

多花胡枝子耐旱、耐瘠薄、耐酸性、耐盐碱、耐刈割。

观赏特点

多花胡枝子枝条披垂，花期较晚，多花多叶，淡雅秀丽。

园林应用价值

园林中可用于岩石园、花境、花篱护坡观赏，宜丛植、带植或群植。其花美丽，植于庭院颇具野趣，也可做乔化花木和树状景观花木，它根系发达，有根瘤菌，宜做水土保持及防护林下层树种。

繁殖与培育特点

多花胡枝子采用播种、扦插繁殖。修剪后可结合景观适当进行干式造型栽培。多花胡枝子在雨季播种出苗率高，多条播，播种量为每亩 4 ～ 5 kg；播种前施过磷酸钙。可作丛式苗、多干苗培育。

◐ 园林养护技术

多花胡枝子定植后及时中耕除草及追肥，后期较粗放管理。栽 2 年后进行平茬，促发扩冠。常见病虫害有根腐病、白柑病锈病、食心虫、蚜虫。

200▶ 牛枝子

◐ 名 称

中文名：牛枝子

学 名：*Lespedeza potaninii* Vass.

别 名：牛筋子

科属名：豆科 胡枝子属

◐ 形态特征

半灌木，高 20 ～ 60 cm。茎斜升或平卧，基部多分枝，有细棱，被粗硬毛；羽状复叶具 3 小叶，小叶狭长圆形，先端具小刺尖，上面苍白绿色无毛，下面被灰白色粗硬毛；总状花序腋生；花萼密被长柔毛，裂片披针形，呈刺芒状；花冠黄白色，旗瓣中央及龙骨瓣先端带紫色，冀瓣较短；荚果倒卵形，密被粗硬毛，包于宿存萼内。花期 7 ～ 9 月，果期 9 ～ 10 月。

◐ 分布区

产陕西、辽宁（西部）、内蒙古、河北、山西、宁夏等省区。

◐ 生态习性

牛枝子耐旱、耐寒、耐瘠薄，适应性强，不耐水涝。常生长于荒漠草原、草原带的沙质地、砾石地、丘陵地、石质山坡及山麓；也习生于黄土高原的丘陵梁坡和塬地。

◐ 观赏特点

植株低矮紧凑，花絮密集，具有一定的观赏性。

◐ 园林应用价值

常用作花境材料，可丛植或带植于护坡边缘、岩石旁，塑造出自然田园野趣，经过修剪，也可作盆栽观赏。因其性耐干旱，可作水土保持及固沙植物，园林上应用较少。

▶ 繁殖与培育特点

可以播种、扦插繁殖。可作丛式苗培育。

▶ 园林养护技术

同多花胡枝子。

201 ▶ 绒毛胡枝子

▶ 名　称

中文名：绒毛胡枝子

学　名：*Lespedeza tomentosa* (Thunb.) Sieb. ex Maxim

别　名：山豆花

科属名：豆科　胡枝子属

▶ 形态特征

灌木，高达 1 m。全株密被黄褐色茸毛；茎直立，单一或上部少分枝；羽状复叶；3 小叶质厚，边缘稍反卷、上面被短伏毛，下面密被黄褐色茸毛；总状花序顶生或于茎上部腋生；苞片线状披针形，有毛；花萼 5 深裂；花冠黄色或黄白色，旗瓣椭圆形；闭锁花生于茎上部叶腋，簇生成球状；荚果倒卵形，先端有短尖，表面密被毛。

▶ 分布区

除新疆及西藏外全国各地普遍生长。

▶ 生态习性

生长于海拔 1 000 m 以下的干山坡草地及灌丛间。

▶ 观赏特点

花冠黄色或黄白色具有一定的观赏性。

▶ 园林应用价值

性耐干旱，可作水土保持及固沙植物，园林上应用较少。常用作花境材料，塑造出自然田园野趣。

▶ 繁殖与培育特点

可以播种、扦插繁殖。可作丛式苗培育。

▶ 园林养护技术

管理粗放，加强中耕除草即可。

202 ▶ 花木蓝

▶ 名 称

中文名：花木蓝

学 名：*Indigofera kirilowii* Maxim. ex Palib.

别 名：吉氏木蓝、山绿豆、山扫帚

科属名：豆科 木蓝属

▶ 形态特征

小灌木，高 30 ～ 100 cm。茎圆柱形；羽状复叶；托叶披针形，早落；小叶对生，阔卵形、卵状菱形或椭圆形，上面绿色，下面粉绿色；总状花序，疏花；苞片线状披针形；花萼杯状，萼齿披针状三角形；花冠淡红色，稀白色，旗瓣椭圆形；

花药阔卵形，两端有髯毛；荚果棕褐色，圆柱形，无毛；种子赤褐色，长圆形。花期 5 ～ 7 月，果期 7 ～ 10 月。

▶ 分布区

广泛分布于全国各地。朝鲜、日本有分布。

▶ 生态习性

适应性强、耐贫瘠、耐干旱、抗病性较强，也较耐水湿，对土壤要求不严。常生于海拔 100 ～ 1 800 m 的山坡灌丛及疏林内或岩缝中。

▶ 观赏特点

花木蓝是北方稀有夏花植物，花色鲜艳，花量大，有芳香，花期长达 50 ～ 60 天。

▶ 园林应用价值

在园林中宜作花篱、花镜等材料，可丛植、带植。也适于做公路、铁路护坡、防风固沙、路旁绿化。

▶ 繁殖与培育特点

常用繁殖方法有播种繁殖、分株繁殖和嫩枝扦插繁殖。常作丛式苗培育。

▶ 园林养护技术

适应性较强，移植时施基肥，定植后要浇透水。苗木成活之后结合应用与造型做适当修剪即可。病虫害少，主要病害有锈斑病，主要虫害有蛾幼虫、蚜虫。

203 ▶ 多花木蓝

▶ 名 称

中文名：多花木蓝

学 名：*Indigofera amblyantha* Craib

科属名：豆科 木兰属

▶ 形态特征

直立灌木，高 0.8 ～ 2 m；少分枝，茎褐色或淡褐色，圆柱形，幼枝禾秆色，具棱；羽状复叶；托叶三角状披针形；小叶对生，上面绿色，疏生丁字毛，下面苍白色，被毛较密；总状花序腋生，近无总花梗；花冠淡红色，旗瓣倒阔卵形，先端螺壳状，瓣柄短，外被毛；子房线形；荚棕褐色，线状圆柱形；种子褐色，长圆形。花期 5 ～ 7 月，果期 9 ～ 11 月。

▶ 分布区

产山西、陕西、甘肃、河南、河北、安徽、江苏、浙江、湖南、湖北、贵州、四川。

▶ 生态习性

抗旱、耐寒、耐瘠薄，适应性强。常生长于海拔 600 ～ 1 600 m 的山坡草地、沟边、路旁灌丛中及林缘。

▶ 观赏特点

观花，花量大，密集细碎，招蜂引蝶。

▶ 园林应用价值

在园林中可丛植、带植或群植于路旁、林缘、护坡或岩石旁等处。多花木蓝是优良的水土保持树种，亦可用于改善土壤条件。

◎繁殖与培育特点

可以播种、扦插繁殖。可作丛式苗培育。

◎园林养护技术

园林养护技术同花木蓝。

204▶ 河北木蓝

◎名　称

中文名：河北木蓝

学　名：*Indigofera bungeana* Walp.

别　名：野蓝枝子、狼牙草、本氏木蓝

科属名：豆科　木蓝属

◎形态特征

直立灌木，高 40～100 cm。茎褐色，圆柱形，有皮孔，枝银灰色，被灰白色丁字毛；羽状复叶；小叶对生，椭圆形，上面绿色，疏被丁字毛，下面苍绿色；总状花序腋生；花萼外面被白色丁字毛，萼齿三角状披针形；花冠紫色或紫红色，旗瓣阔倒卵形；花药圆球形，先端具小凸尖；荚果褐色，线状圆柱形；种子椭圆形。花期 5～6 月，果期 8～10 月。

◎分布区

产陕西、辽宁、内蒙古、河北、山西。

◎生态习性

抗旱、耐寒、耐瘠薄，适应性强。常生于山坡、草地或河滩地，海拔 600～1 000 m 处。

◎观赏特点

枝叶纤细，婆娑摇曳，清雅秀丽；花密集枝头，花色艳丽是美丽的观花灌木。

◎园林应用价值

宜作地被、岩石园植物。可孤植、丛植、片植于城市公园、道路边坡、沙漠、房前屋后等处，亦可作盆栽或盆景造型。

◎繁殖与培育特点

可以播种、扦插繁殖。可作独干苗、丛式苗培育。

▶ **园林养护技术**

适应性较强，施基肥，定植后浇透水。之后结合应用与造型做适当修剪即可。病虫害少，病害主要有锈斑病，虫害主要有蛾幼虫、蚜虫。

205▶ 紫荆

▶ **名 称**

中文名：紫荆

学 名：*Cercis chinensis* Bunge

别 名：罗钱桑、满条红、紫根藤

科属名：豆科 紫荆属

▶ **形态特征**

丛生或单生灌木，高 2～5 m；树皮和小枝灰白色；叶纸质，近圆形或三角状圆形，叶柄略带紫色，叶缘膜质透明，新鲜时明显可见；花紫红色或粉红色，2～10 余朵成束，簇生于老枝和主干上，花先于叶开放；荚果扁狭长形，绿色，翅先端急尖或短渐尖，喙细而弯曲，基部长渐尖，两侧缝线对称或近对称；果阔长圆形，黑褐色，光亮。花期 3～4月；果期 8～10 月。

▶ **分布区**

紫荆产我国东南部，陕西、河北、广东、广西、浙江、江苏等省区。

▶ **生态习性**

紫荆喜光而稍耐阴，较耐寒，有一

定的抗旱能力，但不耐潮湿，尤其忌积水潮湿。多生于向阳地带，对土壤要求不严，适应性强，在贫瘠的山坡、露岩缝中均能健壮生长，而以肥沃的微酸性沙地长势最好。萌芽力强，耐修剪。

▶ **观赏特点**

紫荆先花后叶，一簇数朵，花冠如蝶，花开时满树嫣红，形如一群翩飞的蝴蝶。紫荆枝干幼时光滑，老时有纵裂，特别是那遒劲的老干上拥着花簇，彰显着新枝韶华正好，老干青春不老，别具风情。树干苍润，古雅珍奇。

▶ **园林应用价值**

紫荆是优良的观赏花木，又因该属涵盖乔木及灌木，故适合各类绿地孤植、

丛植、片植或与其他树木混植，也可用作庭院树或行道树。亦可与其他常绿松柏配合种植为前景或植于浅色的物体前面，如白粉墙之前或岩石旁。也可修剪成植物盆栽。

▶ 繁殖与培育特点

紫荆可用播种、分株、扦插、压条等法繁殖，但以播种为主。

▶ 园林养护技术

紫荆栽植于3月至4月上旬，栽前每穴施入堆肥2～3铁锹。栽后浇水3～4次；要注意中耕除草，雨季要排涝。紫荆喜肥，肥足则枝繁叶茂，花多色艳，缺肥则枝稀叶疏，花少色淡，故要加强肥水管理。紫荆病害主要包括紫荆叶枯病、角斑病、大蓑蛾、蚜虫等。

206 ▶ 白刺花

▶ 名 称

中文名：白刺花

学 名：*Sophora davidii* (Franch.) Skeels

别 名：苦刺花、白刻针、马鞭采

科属名：豆科 槐属

▶ 形态特征

灌木或小乔木，高1～4m。枝多开展，不育枝末端明显变成刺；羽状复叶；总状花序着生于小枝顶端；花小且少；花萼钟状，蓝紫色，萼齿不等大，圆三角形；花冠白色或淡黄色，旗瓣稍带红紫色；子房密被黄褐色柔毛；荚果非典型串珠状，稍压扁，表面散生毛或近无毛；种子卵球形，深褐色。花期3～8月，果期6～10月。

▶分布区

全国各地广泛分布。

▶生态习性

喜光、耐寒、耐旱、耐火烧，耐瘠薄，根系深而强大，萌蘖能力强，适应性强，对土壤要求不严，常生于海拔 2 500 m 以下的河谷沙丘和山坡路边的灌木丛中。

▶观赏特点

枝叶纤细秀丽，多花，白色变淡紫色。

▶园林应用价值

宜作刺篱、园景树。可孤植、带植或群植于路边、林缘、庭院里或作防风固沙、水土保持树种。

▶繁殖与培育特点

播种繁殖。可作丛式苗、独干苗、多干苗培育。

▶园林养护技术

管理粗放，根据造景需要，结合园林应用加强修剪即可。

207▶ 柠条

▶名　称

中文名：柠条

学　名：*Caragana korshinskii* Kom.

别　名：柠条锦鸡儿、毛条

科属名：豆科　锦鸡儿属

▶形态特征

灌木，有时小乔木状，高 1～4 m。老枝金黄色，有光泽。羽状复叶；托叶在长枝者硬化成针刺；小叶披针形或狭长圆形。花梗密被柔毛；花萼管状钟形，密被伏贴短柔毛，萼齿三角形或披针状三角形；花黄色，旗瓣宽卵形或近圆形，具短瓣柄；翼瓣瓣柄细窄，耳短小，龙骨瓣具长瓣柄，耳极短。子房披针形。荚果扁，披针形，果红褐色。花期5月，果期6月。

▶ 分布区

产内蒙古、宁夏、甘肃。

▶ 生态习性

耐寒、耐旱、耐高温，是干旱草原、荒漠草原地带的旱生灌丛。生于半固定和固定沙地。常为优势种。

▶ 观赏特点

枝叶稠密，黄色花朵密集于枝条，色调明快艳丽。

▶ 园林应用价值

开花繁盛，可作花篱，同时也是西北地区营造防风固沙林及水土保持林的重要树种。

▶ 繁殖与培育特点

常用播种和扦插繁殖，可作如丛式苗培育。

园林养护技术

深根性不耐积水，不耐阴，故栽培时保证空间开阔，土壤以沙质壤土为宜。结合景观应用适当修剪。病虫害较少，病害主要有锈病，虫害主要为蛾类幼虫。

208▶ 杭子梢

▶ 名 称

中文名：杭子梢

学 名：*Campylotropis macrocarpa* (Bunge) Rehd.

别 名：野棉花条、小叶乌梢、毛子梢

科属名：豆科 杭子梢属

▶ 形态特征

落叶小灌木，高达2 m。3小叶，顶生小叶卵圆形，长3～6.5 cm，宽1.5～4 cm，先端圆形或微凹，有短尖，基部圆形，上面无毛，下面有淡黄色柔毛，侧生小叶较小。总状花序腋生，花梗细，长达1 cm，有关节和绢毛，花萼宽钟形，萼齿4，有疏柔毛，花冠紫色。荚果斜椭圆形，膜质，长约1.2 cm，脉纹明显，边缘有毛。花、果期6～10月。

▶分布区

产河北、山西、陕西、甘肃、山东、江苏、安徽、浙江、江西、福建、河南、湖北、湖南、广西、四川、贵州、云南、西藏等省区。

生态习性

喜生于比较荫蔽的环境，对于干旱的向阳山坡亦能适应，生态幅比较宽，土壤 pH 范围 4 ～ 8.5。

▶观赏特点

杭子梢花色艳丽，花型奇特，花冠蝶形，富有野趣，叶子小巧可爱。花期长，可从盛夏开到晚秋，而且花色为淡紫红色，在花灌木中这种颜色并不多见。

▶园林应用价值

宜丛植、带植或群植。适合应用在花境中，是一种理想的花境背景材料，能耐粗放管理，且能改善土壤条件。而且其花色鲜艳，开花期景观效果好，花期长，因而可以作为边坡绿化的优选树种；也可作花灌木或绿篱用于公园绿化和道路绿化；亦可作盆栽用于室内观赏。

▶繁殖与培育特点

以扦插繁殖为主，扦插在 6 月末至 7 月上旬进行，先将基质装入穴盘，放在智能温室的苗床架上。扦插前用 0.5% 的高锰酸钾水溶液喷洒床面进行消毒。扦插时先用水淋湿床面，扦插可采用直插的方法，扦插深度为 2 ～ 3 cm，每穴插入一根插条，插后插孔要压紧，使土

与插条充分接触，插后立即喷一次透水。可作丛式苗培育。

▶园林养护技术

杭子梢易受蚜虫危害，尤其温度高、湿度大的环境，极易发生虫害，除了降低温湿度外，还可在 8 月上中旬扦插生根形成根团后在虫发期用啶虫脒 600 倍液对叶面进行喷施，每隔 10 天一次，喷 2 ～ 3 次即可。

209▶ 红瑞木

▶名　称

中文名：红瑞木

学　名：*CoSwida alba* Opiz.

别　名：凉子木、红瑞山茱萸

科属名：山茱萸科　椋木属

▶形态特征

灌木，高达 3 m。树皮紫红色；幼枝有淡白色短柔毛，后即秃净而被蜡状白粉，老枝红白色，散生灰白色圆形皮孔及环形叶痕。叶纸质对生，椭

圆形，上面暗绿色，下面粉绿色。伞房状聚伞花序顶生，较密；花小，白色或淡黄白色；花瓣卵状椭圆形。核果长圆形，微扁；核棱形，侧扁；果梗细圆柱形，有疏生短柔毛。花期6～7月，果期8～10月。

◉ 分布区

产黑龙江、吉林、辽宁、内蒙古、河北、陕西、甘肃、青海、山东、江苏、江西等省区。朝鲜、苏联及欧洲其他地区也有分布。生于海拔600～1 700 m的山地林缘、林内及溪边。

◉ 生态习性

多喜凉爽、湿润气候及半阴环境，耐寒力强，也能耐夏季湿热，但对早春霜冻和低温干燥反应敏感，喜肥沃、疏松及排水良好的沙质壤土或冲积土。耐修剪。

◉ 观赏特点

红瑞木的枝干全年呈红色，开花时乳白色的花朵压满枝头，绿白相映，异常美丽，是不可多得的观花、观叶、观茎植物。

◉ 园林应用价值

红瑞木为优良的庭园观枝、观果、观叶灌木，宜在河堤、湖畔、池旁、路边、建筑物前、岩石旁种植，或与其他常绿植物配置成造型图案，冬季在白雪映衬下可相映成趣，也可栽作自然式绿篱或切叶材料。

◉ 繁殖与培育特点

以播种、扦插繁殖为主，也可用压条、分株法繁殖。常作丛式苗培育。

◉ 园林养护技术

管护红瑞木可以选择肥沃，排水性较好的土壤，在定植前需要施一些基肥，保证土壤的肥力；红瑞木喜欢温暖的生长环境，要求光照充足，对温度的要求比较严格，生长的适宜温度是在22℃到30℃之间；红瑞木是很耐修剪的植物，在每年的秋季应适当修剪来保持树形，利于开花结果和观赏红色枝干。病虫害较少，病害偶见有叶斑病、根颈溃疡病，虫害有灰凉子木蚜及蚧壳虫等。

210 卫矛

▶ 名 称

中文名：卫矛

学 名：*EuEuonymus alatus* (Thunb.) Sieb.

别 名：鬼箭羽、鬼箭、六月凌

科属名：卫矛科 卫矛属

▶ 形态特征

灌木，高 1 ～ 3 m；叶卵状椭圆形、窄长椭圆形，偶尔为倒卵形，边缘具细锯齿，两面光滑无毛；聚伞花序 1 ～ 3 花；花白绿色，4 数。萼片半圆形；花瓣近圆形；雄蕊着生花盘边缘处，花丝极短，开花后稍增长，花药宽阔长方形，2 室顶裂。蒴果 1 ～ 4 深裂，裂瓣椭圆状，假种皮橙红色。花期 5 ～ 6 月；果期 7 ～ 10 月。

▶ 分布区

中国除东北、新疆、青海、西藏、广东及海南以外，各省区均产，也在日本、朝鲜有分布。

▶ 生态习性

喜光，也稍耐阴；对气候和土壤适应性强，较耐瘠薄和寒冷，萌芽力强，耐修剪，对二氧化硫有较强抗性。

▶ 观赏特点

卫矛枝翅奇特，秋叶红艳耀目，果裂亦红，甚为美观，堪称观赏佳木，卫矛新叶亦红，夏季适当摘去老叶，施以肥水，可促使再发新叶，增加观赏期，为使秋叶及早变红，夏季应选择半阴处放置，使叶质不致增厚，易于形成优美红叶，落叶后，枝翅如箭羽，宿存蒴果裂后亦红，冬态也颇具欣赏价值。

▶ 园林应用价值

卫矛被广泛应用于城市各类公园绿地、道路、公路绿化的绿篱带、色带拼图和造形或植于假山石旁作配植。可孤植、丛植、片植或群植。

◉ 繁殖与培育特点

常用播种繁殖，秋天采种后，日晒脱粒，用草木灰搓去假种皮，洗净阴干，再混沙层积贮藏。第二年春天条播扦插，一般在6～7月间选半成熟枝带踵扦插。可作单干苗、丛式苗或多干苗培育。

◉ 园林养护技术

移栽要在落叶后、发芽前进行，小苗可裸根移，大苗若带宿土移则更易成活。卫矛好肥，移植时在穴内施足基肥，后期根据生长情况可进行追肥，以磷钾肥为主，少施氨肥，以免徒长。秋季落叶后进行整形修剪，剪去萌发枝、徒长枝、交叉重叠枝，保持一定造型的树姿。虫害有：球蚧、金龟子、卫矛矢尖盾蚧、卫矛尺蠖等。

包有黄红色的假种皮。花期8～9月，果期9～10月。

211 ▶ 胶东卫矛

◉ 名 称

中文名：胶东卫矛
学 名：*Euonymus kiautschovicus* Loes.
别 名：爬行卫矛、胶州卫矛
科属名：卫矛科 卫矛属

◉ 形态特征

直立蔓性半常绿灌木,高可达3～8m,小枝圆形。叶片革质，长圆形、宽倒卵形或椭圆形，顶端渐尖，基部楔形，边缘有粗锯齿。聚伞花序较疏散，花淡绿色，4数。蒴果扁球形，粉红色，种子

◉ 分布区

中国特有，原产于山东（青岛、胶州湾一带），较为少见，辽宁南部、山东、江苏、浙江、福建北部、安徽、湖北及陕西南部均有栽植。

◉ 生态习性

适应性强，抗寒，耐阴，耐高温，耐盐碱，对土壤要求不严。

◉ 观赏特点

半常绿灌木，叶子革质发亮，枝叶油绿繁密，为优良的园林绿化树种。

◉ 园林应用价值

在园林中常用作绿篱和地被植物应

用。宜孤植、带植、片植或与其他彩叶植物搭配造景，形成彩色图案。亦可在老树旁、岩石上和花格墙垣边配植；若在陡坡、崖下栽植，任其攀附，颇有野趣。

▶ 繁殖与培育特点

胶东卫矛繁殖有播种、嫁接、嫩枝扦插及硬枝扦插。一般嫩枝扦插在春末秋初可选择当年生的枝条进行，硬枝扦插一般选择在早春，用二年生的枝条进行；嫁接用丝棉木作为砧木进行嫁接繁殖。一般可作单干苗、丛式苗或造型苗培育。

▶ 园林养护技术

胶东卫矛好肥，小苗移栽当年，结合浇水施肥 2～3 次，在生长期施肥以磷钾肥为主，少施氮肥；春季抽生新枝叶时，应适当剪短，保持树冠浓密而不披散。秋季落叶后结合园林应用进行整形修剪，并把瘦弱、病虫、枯死、过密等枝条剪掉。胶东卫矛常见病害为白粉病，虫害有长介壳虫、扁刺蛾等。

212 ▶ 栓翅卫矛

▶ 名　称

中文名：栓翅卫矛

学　名：*Euonymus phellomanus* Loes.

别　名：鬼箭羽、木栓翅、水银木

科属名：卫矛科　卫矛属

▶ 形态特征

灌木，高 3～4 m。枝条硬直，常具 4 纵列木栓厚翅。叶长椭圆形或略呈椭圆倒披针形，先端窄长渐尖，边缘具细密锯齿。聚伞花序 2～3 次分枝，有花 7～15 朵；花白绿色，4 数；花柱短，柱头圆钝不膨大。蒴果 4 棱，倒圆心状，粉红色。种子椭圆状，种脐、种皮棕色，假种皮橘红色，包被种子全部。花期 7 月，果期 9～10 月。

▶ 分布区

产于甘肃、陕西、河南及四川北部。生长于山谷林中，在靠近南方各省区，都分布于 2 000 m 以上的高海拔地带。

▶ 生态习性

喜光亦耐阴，对温度极为敏感，极抗寒抗热，对土壤要求不严，耐瘠薄、

较耐盐碱，在 pH 为 8.3 及含盐量 0.03%
以下的土壤中均能正常生长。

▶ 观赏特点

栓翅卫矛为观果、观花、观枝树种，
树姿优美，枝具 4 列较宽的灰褐色木栓
质翅，形态独特；入秋后，秋叶一片火红，
是典型的秋色叶类，近倒心形的蒴果粉
红色，开裂后，恰似朵朵盛开的小红花，
非常美丽。

▶ 园林应用价值

可应用于城市园林、道路、小区等
处绿化。宜孤植、带植或群植作绿篱带、
色带拼图和造型。同时亦被专家推荐为
北京防沙滞尘树种。

▶ 繁殖与培育特点

常用播种繁殖和扦插繁殖。也可以
做丛式苗和单干苗培育。

▶ 园林养护技术

需要进行适当修剪。可根据冠形适
当进行回缩修剪，更新老枝条，促发新枝
条，使树体焕发生机，枝繁叶茂，花繁结
果多，果色更鲜艳美观，观赏价值更高。

213 ▶ 冬青卫矛

▶ 名　称

中文名：冬青卫矛

学　名：*Euonymus japonicus* Thumb.

别　名：正木、大叶黄杨

科属名：卫矛科　卫矛属

▶ 形态特征

常绿灌木，高可达 3 m。小枝四棱，
具细微皱突。叶革质，有光泽，倒卵形
或椭圆形，先端圆阔或急尖，基部楔形，
边缘具有浅细钝齿。聚伞花序 5 ～ 12
花，花序梗 2 ～ 3 次分枝，分枝及花序
梗均扁壮；花白绿色；花瓣近卵圆形，
雄蕊花药长圆状，内向。蒴果近球状，
淡红色。种子顶生，椭圆状，假种皮
橘红色，全包种子。花期 6 ～ 7 月，
果熟期 9 ～ 10 月。

▶ 分布区

中国南北各省区均有栽培，日本也
有分布。

▶ 生态习性

阳性树种，喜光耐阴，要求温暖湿

润的气候和肥沃的土壤。酸性土、中性土或微碱性土均能适应。萌生性强，适应性强，较耐寒，耐干旱瘠薄。极耐修剪整形。华北地区需保护越冬，在延安需栽植在背风向阳的小气候环境内。

● 观赏特点

叶片油亮，革质，株型整齐可修剪，花朵白色，小巧可爱。

● 园林应用价值

在园林中可用作绿篱和地被植物应用。宜孤植、带植、片植或与其他彩叶植物搭配造景，形成彩色图案。是良好的绿篱树种。

● 繁殖与培育特点

繁殖方式多样，可播种、扦插或嫁接。常作丛式苗、单干苗培育。

● 园林养护技术

结合园林实际应用，需要进行适当修剪造型。病害有白粉病、叶斑病、茎腐病等，常见的虫害有：绢叶螟、尺蠖、桃粉蚜。

214 ▶ 陕西卫矛

● 名　称

中文名：陕西卫矛

学　名：*Euonymus schensianus* Maxim.

别　名：金丝吊蝴蝶

科属名：卫矛科　卫矛属

● 形态特征

藤本灌木，高达数米。枝条稍带灰红色。叶花时薄纸质，果时纸质或稍厚，披针形或窄长卵形，边缘有纤毛状细齿。花序长大细柔，多数集生于小枝顶部，

每个聚伞花序具一细柔长梗；小花梗最外一对分枝一般长仅达内侧分枝一半，聚伞的小花梗也稍短；花4数，黄绿色；花瓣常稍带红色。蒴果方形或扁圆形。种子黑色或棕褐色，全部被橘黄色假种皮包围。

▶ **分布区**

产于陕西，甘肃南部、四川、湖北、贵州。

▶ **生态习性**

喜光、稍耐阴、耐干旱，对土壤要求不严，喜欢肥沃、湿润且排水良好的土壤。

▶ **观赏特点**

其枝叶茂密，果形奇特，蒴果四棱下垂，成熟后呈红色，开裂后露出红色的假果皮，经久不落，风中远观似群蝶飞舞，是优良的秋季观果植物。

▶ **园林应用价值**

多在小区、庭院、广场及公园绿化中孤植、丛植、群植或用于制作树桩盆景，是综合评价优良的园林植物。

▶ **繁殖与培育特点**

繁殖方式多样，可播种、扦插或嫁接。常做单干苗、丛式苗培育。

▶ **园林养护技术**

修剪可结合园林应用适当进行。常见虫害有介壳虫、蚜虫、黄杨尺蛾、扁刺蛾、黄杨斑蛾，主要为害叶部；病害较少。

215 ▶ 小叶黄杨

▶ **名 称**

中文名：小叶黄杨

学 名：*Bucus microphylla* Sieb. et Zucc.

别 名：山黄杨、千年矮、黄杨木

科属名：黄杨科 黄杨属

▶ **形态特征**

常绿灌木，生长低矮，枝条密集。叶薄革质，阔椭圆形或阔卵形，叶面无光或光亮，侧脉明显凸出。花序腋生，头状，花密集，苞片阔卵形，背部多少有毛；雄花约10朵，无花梗，无毛，雄蕊连花药长4 mm，不育雌蕊有棒状柄，末端膨大；雌花：萼片长3 mm，子房较花柱稍长，无毛，花柱粗扁。蒴果近球形，无毛。花期3月，果期5～6月。

▶ **分布区**

分布于中国安徽、浙江、江西、湖北及陕西等地。生于岩上，海拔1 000 m内。

▶ **生态习性**

性喜温暖、半阴、湿润气候，耐旱、耐寒、耐修剪，属浅根性树种，生长慢，寿命长。

▶ **观赏特点**

小叶黄杨因叶片小、枝密、色泽鲜绿，耐寒，耐盐碱、抗病虫害等许多特性，多年来为华北城市绿化、绿篱设置等的主要灌木品种。

▶园林应用价值

适合做园景树，地被、盆景和绿篱。宜丛植、带植、片植于各类绿地内或与其他地被植物配植成彩色图案造型；亦可与岩石等配置进行孤植。

▶繁殖与培育特点

主要采用播种繁殖，扦插繁殖。于4月中旬和6月下旬随剪条随扦插。也可通过修剪或嫁接培育。可作单干苗、丛式苗或多干苗培育。

▶园林养护技术

小叶黄杨喜光，选择阳光充足、水肥

土壤条件良好的地段种植。4～6月为萌动至开花期，生长量较大，应及时补充水分。6～9月尽量多叶面喷雾，且不积水。之后适当控水，同时结合浇水施肥。全年共除草4～5次，以把圃地杂草除净为原则。小叶黄杨属极耐修剪灌木，修剪后枝条易抽生，根据景观需要可多次修剪，维持一定造型。主要虫害有黄杨卷叶螟、粉蚧和蚜虫。

216▶ 雀儿舌头

▶名　称

中文名：雀儿舌头

学　名：*Leptopus chinensis* (Bunge) Pojark.

别　名：黑钩叶、草桂花、断肠草

科属名：大戟科　雀舌木属

▶形态特征

直立灌木，高达3 m。茎上部和小枝条具棱。叶片膜质至薄纸质，卵形、近圆形、椭圆形或披针形。花小，雌雄同株，单生或2～4朵簇生于叶腋；萼

片、花瓣和雄蕊均为5；雄花花梗丝状；萼片卵形或宽卵形，浅绿色，膜质，具有脉纹；花瓣白色，匙形；雌花花瓣倒卵形；萼片与雄花的相同。蒴果圆球形或扁球形。花期2～8月，果期6～10月。

◎分布区

分布于北京、陕西、山西、河北、河南、甘肃、四川、山东、西藏、云南、湖北、吉林等地。多生于丘陵、低山、草甸、山地灌草丛、岩崖或石缝中等。

◎生态习性

喜光，耐干旱，土层瘠薄环境，水分少的石灰岩山地亦能生长。

◎观赏特点

它开的花与结的果都非常小，非常精致。其花柄很长，花朵和果实如同小铃铛一般垂挂在枝条上，十分有特色。其果实也小巧玲珑，形状像绿色的小石榴一般。

◎园林应用价值

适合做花境和绿篱，为水土保持林优良的林下植物，也可做庭园绿化灌木。

◎繁殖与培育特点

采用播种繁殖和扦插繁殖，可培育丛干苗。

◎园林养护技术

结合园林造景需要适当修剪，可粗放管理。

217 ▶ 小叶鼠李

◎名　称

中文名：小叶鼠李

学　名：*Rhamnus parvifolia* Bunge

别　名：琉璃枝、麻绿、叫驴子

科属名：鼠李科　鼠李属

◎形态特征

灌木，高1.5～2.0 m。小枝对生或近对生，紫褐色，枝端及分叉处有针刺，叶纸质，对生或近对生或在短枝上簇生，菱状倒卵形或菱状椭圆形，稀倒卵状圆

形或近圆形，顶端钝尖或近圆形，边缘具圆齿状细锯齿，上面深绿色，无毛或被疏短柔毛，下面浅绿色。花单性，雌雄异株，黄绿色，4基数，有花瓣，通常数个簇生于短枝上。核果倒卵状球形，成熟时黑色；种子矩圆状倒卵圆形，褐色。花期4～5月，果期6～9月。

▶ 分布区

在我国黑龙江、吉林、辽宁、内蒙古、河北、山西、山东、河南、陕西均有分布。蒙古、朝鲜、苏联西伯利亚地区也有分布。

▶ 生态习性

喜光耐阴、耐寒。萌芽力强，耐修剪。适应性强，病虫害少。小叶鼠李根部发达，多生长于较湿润的杂木疏林中以及林缘，北方风化岩地貌山区的岩石缝隙中，均生长良好。

▶ 观赏特点

小叶鼠李叶色浓绿，花朵黄绿而繁多，核果初绿而后紫黑，花季是黄绿相间，每当果熟，绿紫相衬。集叶、花、果、枝的观赏价值于一身，呈现了别具一格的植物景观。

▶ 园林应用价值

用作观果绿篱，造型树以及盆景树；春赏黄绿花，秋冬观黑紫果，在园林绿化中可孤植、丛植、列植或片植等。因其制作容易，寿命较长，病虫害少，且叶、花、果、形、色新颖奇特，可

在园林绿化中大量应用。其枝条柔软、再生力强，容易造型作为配景。

▶ 繁殖与培育特点

可通过人工播种或扦插进行繁育。播种繁育在10月底至11月上旬采收，将种子沙藏至翌年3月播种，播种前用50℃温水浸种，晾干后条播，约15天开始出苗。扦插繁育一般在初夏进行，选取半木质化、带叶嫩枝剪成的插条扦插。剪插穗时，上剪口平面形，下剪口马蹄形，剪口平滑不裂口，不撕皮。可做单干苗、丛干苗或造型苗培养。

▶ 园林养护技术

雨季要注意防水、排水。浇水前及时除草，浇水后应及时松土，增加土壤透气性，以促使肥料分解和减弱土壤水分蒸发。小叶鼠李病虫害较少，主要虫害有蚜虫。

218 ▶ 柳叶鼠李

▶ 名　称

中文名：柳叶鼠李

学　名：*Rhamnus erythroxylum* Pallas

别　名：红木鼠李、黑疙瘩、黑格铃

科属名：鼠李科　鼠李属

▶ 形态特征

灌木。幼枝红褐色或红紫色，平滑无毛，小枝互生，顶端具针刺。叶纸质，互生或在短枝上簇生，条形或条状披针

形。花单性，雌雄异株，黄绿色，4 基数，有花瓣；雄花数个至 20 余个簇生于短枝端，宽钟状，萼片三角形，与萼筒近等长；雌花萼片狭披针形，长约为萼筒的 2 倍，有退化雄蕊，子房 2～3 室，每室有 1 胚珠，花柱长，2 浅裂或近半裂，稀 3 浅裂。核果球形，成熟时黑色；种子倒卵圆形，淡褐色。花期 5 月，果期 6～7 月。

▶ 分布区

产于内蒙古、河北、山西、陕西北部、甘肃和青海。西伯利亚地区、蒙古也有分布。

▶ 生态习性

适应性强，耐寒，耐旱，耐瘠薄。

▶ 观赏特点

叶细长，花黄绿色，果黑色。

▶ 园林应用价值

可植于庭园、公园观赏，以及岩石园点缀。也可制作盆景。

▶ 繁殖与培育特点

采用播种繁殖。将收集到的种子放入缸内浸泡，果肉腐烂后经搓洗，得到纯净种子。种子必须经过混沙贮藏低温催芽，否则大部分种子会失去生活力。播种在春分后进行。常培育作为丛干苗培育。

▶ 园林养护技术

适应性强，养护管理粗放。制作为盆景时需及时整枝修剪，保持树形。病害主要有锈病和软腐病。

219 ▶ 酸 枣

▶ 名 称

中文名：酸枣

学　名：*Ziziphus jujuba* Mill. var. *spinosa* (Bunge) Hu et H. F. Chow

别　名：棘、角针、硬枣

科属名：鼠李科　枣属

▶形态特征

落叶灌木或小乔木，高 1～4 m，也可长成 10 余米。枝呈"之字形"弯曲，紫褐色。有托叶刺。叶互生，叶片椭圆形至卵状披针形，边缘有细锯齿，基部 3 出脉。花黄绿色，2～3 朵簇生于叶腋。核果小，近球形或短矩圆形，熟时红褐色，近球形或长圆形，具薄的中果皮，味酸，核两端钝。花期 6～7 月，果期 8～9 月。

▶分布区

本种原产我国。主产区位于太行山一带，以河北南部的邢台为主。分布于吉林、辽宁、河北、山东、山西、陕西、河南、甘肃、新疆等省市。

▶生态习性

喜温暖干燥气候，性喜光，耐寒，耐干旱、瘠薄，耐碱。生长于海拔 1 700 m 以下的向阳、干燥的山区、丘陵或平原。

▶观赏特点

酸枣枝具锐刺，花期长，花量大；果实红褐色，成熟后硕果累累；姿态造型古朴，枝干苍虬婀娜多姿。

▶园林应用价值

适合做刺篱。宜带植或孤植与岩石配置。利用酸枣自身的繁殖能力，在荒坡、荒山等恶劣环境地区，可作为生态经济林兼用的造林树种。野生酸枣树根造型各异，是作为盆景的优良原料。

▶繁殖与培育特点

酸枣属于原始野生品种，用种子繁殖和分株繁殖，或通过嫁接可转型为各种不同外形的大枣。实生酸枣苗根系发达，栽植成活率高、结果早、产量高。实生苗播种应选优质种子，秋播或春播均可。春播在 3～4 月进行，播前种子要进行层积储藏；秋播在 10 月进行，播前用赤霉素溶液浸种，以提高出苗率。可培育单干苗和多干苗。

▶园林养护技术

施肥可分为萌芽肥、花前追肥和壮

果肥，基肥以迟效性有机肥为主，适量配合化肥；南方春夏多雨季节，要注意清沟排水。加强栽培管理适当修剪过密的枝条，以利通风透光，增强树势。虫害有黄刺蛾，酸枣锈病是常见病害之一。

220▶ 省沽油

▶名　称

中文名：省沽油

学　名：*Staphylea bumalda* DC.

别　名：水条、珍珠花、珍珠菜

科属名：省沽油科　省沽油属

▶形态特征

落叶灌木，高约 2 m，稀达 5 m，树皮紫红色或灰褐色。枝条开展，绿白色复叶对生，有长柄，具三小叶；小叶椭圆形、卵圆形或卵状披针形，边缘有细锯齿，上面无毛，背面青白色。圆锥花序顶生，直立，花黄白色，有香味；萼片长椭圆形，浅黄白色，花瓣 5，白色，倒卵状长圆形，较萼片稍大，雄蕊 5，与花瓣略等长。蒴果膀胱状，种子黄色，有光泽。花期 4 ～ 5 月，果期 8 ～ 9 月。

▶分布区

产黑龙江、吉林、辽宁、河北、山西、陕西、浙江、湖北、安徽、江苏、四川。

▶生态习性

阳性偏耐阴性，喜湿润气候，要求肥沃而排水良好之土壤。机质含量高、速效钾含量高、pH 5 ～ 6 的酸性或偏酸性土壤，更加适宜省沽油生长。

▶观赏特点

全株株型丰满，富有野趣。叶状枝纤细轻盈，柔软蓬松。花小，黄绿色，形态雅致。果实鲜红，小巧可爱。

▶园林应用价值

本种叶、果均具观赏价值，适宜在林缘、路旁、角隅及池边种植。可孤植或丛植。

▶繁殖与培育特点

省沽油一般选择播种和扦插的方式繁殖。选择生长健壮的 6 ～ 15 年生的优良省沽油植株采集种子。省沽油种子一般 9 月下旬至 10 月上旬成熟，呈微黄时即可采收。选择交通便利、土层深厚、腐殖质丰富、土壤结构疏松、排水良好、无严重危害性病虫源的地块作苗圃地，以结构疏松、透水透气性良好的砂壤土为宜。可作单干苗和多干苗培育。

▶园林养护技术

栽植地忌选积水及过于黏重板结的土壤，选择肥沃通透性好的微酸性砂壤和壤土最为适宜。省沽油主要病害有白绢病、茎腐病；主要虫害有小（大）地老虎和蚜虫类。

221 ▶ 刺五加

▶ 名 称

中文名：刺五加

学 名：*Eleutherococcus senticosus*
(Rupr. et Maxim.) Maxim.

别 名：刺拐棒、坎拐棒子、一百针

科属名：五加科 五加属

▶ 形态特征

灌木，高 1～6 m；分枝多。有小叶 5 片，稀 3 片；叶柄常疏生细刺，小叶片纸质，椭圆状倒卵形或长圆形，

先端渐尖，基部阔楔形，上面粗糙，深绿色，脉上有粗毛，下面淡绿色，脉上有短柔毛，边缘有锐利重锯齿；小叶柄有棕色短柔毛。伞形花序单个顶生，有花多数；总花梗无毛，花梗无毛或基部略有毛；花紫黄色；萼无毛；花瓣卵形。果实球形或卵球形，黑色。花期 6～7 月，果期 8～10 月。

▶ 分布区

分布于中国黑龙江、吉林、辽宁、河北、陕西和山西。

▶ 生态习性

喜温暖湿润气候，耐寒、耐微荫蔽。宜选向阳、腐殖质层深厚、土壤微酸性的沙质壤土。

▶ 观赏特点

刺五加以观果为特色。黑色球果。先花后果，花紫黄色。

▶ 园林应用价值

常用作园景树。可作为刺篱种植分隔空间，也可作为药用作物培育。

▶ 繁殖与培育特点

可采用种子繁殖，扦插繁殖以及分株繁殖。刺五加的果实一般在每年 9 月的中下旬成熟，其果实采收后不能直接播种，需要经过一个冬季完成生理成熟过程后，种子才能发芽。播种育苗时间一般在 4 月上中旬。苗圃地最好选择土壤肥沃、排水良好的山地，坡度不超过

15°；农家的菜园地亦可种植。常作丛干苗培育。

◐园林养护技术

树苗定植后要及时进行除草松土，首先割除萌发的杂草和灌木，结合除草中耕二次，以保持田间清洁。在6月下旬追肥一次，施腐熟的农家肥或人粪尿，在根部采取放射状沟施，追肥后覆土，并浇1次清水。随时剪去生长过密枝、枯死枝、衰老枝、病腐枝和畸形枝，保持树木旺盛长势。常见病害有叶斑病，虫害有蛾类。

222▶ 细柱五加

◐名　称

中文名：细柱五加

学　名：*Eleutherococcus nodiflorus*
　　　　(Dunn) S.Y.Hu

别　名：白簕树、五叶路刺、白刺尖

科属名：五加科　五加属

◐形态特征

落叶灌木，有时蔓生状，高2～3 m。叶互生或簇生于短枝上；叶柄光滑或疏生有小刺，小叶无柄；掌状复叶，小叶5枚。伞形花序，腋生或单生于短枝末梢；花多数，黄绿色；萼边缘有5齿，裂片三角形，直立或平展；花瓣5，着生于肉质花盘的周围，卵状三角形；雄蕊5；子房下位，花柱丝状。核果浆果状，扁

球形，侧向压扁，成熟时黑色。种子2粒，半圆形，扁平细小，淡褐色。花期5～7月。果期7～10月。

◐分布区

分布于全国大部分地区。

◐生态习性

耐寒，耐阴，喜弱光，喜冷凉，土壤以腐殖土为佳，常生长于林缘、路边或灌丛中。

◐观赏特点

叶色葱绿，花黄绿色小巧，果黑色，其根皮可作药用。

◐园林应用价值

可作为刺篱种植，也可作为园林地被观赏。其还常作为药用作物培育。

◉ 繁殖与培育特点

采用嫩茎扦插或压条繁殖。以 5 月下旬至 6 月上中旬扦插为宜。扦插材料为二年生或三年生的细柱五加枝条，剪成 10～15 cm 长的小段，枝条下端用刀削成斜面，将枝条下端用吲哚 -3- 乙酸（IAA）浸泡 24 小时，或吲哚丁酸（IBA）速蘸 10 秒，或 NAA 速蘸 10 秒，插前浇透水，插后轻按插条基部，随扦插淋水，使插穗与基质紧密结合，每日定时浇水。常作为丛式苗培育。

◉ 园林养护技术

3 月下旬至 4 月上旬为移栽适宜期。苗木定植后，6～8 月除草 3～4 次，使苗木不受杂草侵害，确保杂草不与细柱五加争肥和挤占生长空间。主要虫害有五加木虱。

223 ▶ 金叶莸

◉ 名　称

中文名：金叶莸

学　名：*Caryopteris clandonensis*
　　　　"Worcester Gold"

别　名：薄地罕、苦草、地丁

科属名：马鞭草科　莸属

◉ 形态特征

金叶莸是园林培植品种。落叶灌木类，株高 50～60 cm，枝条圆柱形。单叶对生，叶长卵形，长 3～6 cm，叶端尖、基部圆形、边缘有粗齿。叶面光滑，鹅黄色，叶背具银色毛。聚伞花序紧密，腋生于枝条上部，自下而上开放；花萼钟状，二唇形裂，下萼片大而有细条状裂，雄蕊；花冠、雄蕊、雌蕊均为淡蓝色，花紫色，聚伞花序，腋生，蓝紫色，花期 7～8 月，果期 8～9 月。

◉ 分布区

主要栽种于华北、华中、华东及中国东北地区温带针阔叶混交林区，主要城市有哈尔滨、牡丹江、鹤岗、沈阳、葫芦岛、大连、丹东等地。陕西也有种植。

◉ 生态习性

喜光，也耐半荫，耐旱、耐热、耐寒、忌积水，在零下 20℃以上的地区能够安全露地越冬。较耐瘠薄，在陡坡、多砾石及土壤肥力差的地区仍生长良好。越

是天气干旱，光照强烈，其叶片越是金黄；如长期处于半庇阴条件下，叶片则呈淡黄绿色。

▶观赏特点

金叶莸叶金黄明亮，有一定的观赏价值。在生长季节修剪，叶片的黄色愈加鲜艳。花色淡雅、清香，花开于夏秋季节，是点缀夏秋景色的好品种。

▶园林应用价值

可作花境、园景树和绿篱，在园林绿化中适宜片植、带植或丛植，做色带、色篱、地被，也可修剪成球，可作大面积色块栽植或与其他地被植物配植，形成各种色块图案。亦可基础栽培，可植于草坪边缘、假山旁、水边、路旁，是点缀夏秋景色的好材料。

▶繁殖与培育特点

通常通过播种和扦插繁殖。以播种繁殖为主，一般于秋季冷凉环境中进行盆播，也可在春末进行软枝扦插或至初夏进行绿枝扦插。金叶莸采用嫩枝扦插结合容器育苗进行培育，可缩短育苗周期。常作为丛式苗培育。

▶园林养护技术

金叶莸的萌蘖力强，很少长杂草，易于管理，种植时可适当调整种植密度，以增强植株内部通风透光，降低湿度。种植在具中等肥力、轻度、排水良好的土壤中，需全光或略荫的环境。金叶莸忌水多，若经常积水或土壤湿度过大，

其根、根茎及附近部位的枝条皮层易腐烂变褐，引起植株死亡。金叶莸在早春或生长季节应适当进行修剪，每年只需修剪 2 至 3 次。虫害主要预防介壳虫。

224▶ 荆 条

▶名 称

中文名：荆条

学 名：*Vitex negundo* L. var. *heterophylla* (Franch.) Rehd.

别 名：秧青

科属名：马鞭草科　牡荆属

▶形态特征

落叶灌木或小乔木，高可达 2～8 m，树皮灰褐色，幼枝方形有四棱；掌状复

叶对生或轮生，小叶 3 或 5 片，叶缘呈大锯齿状或羽状深裂，上面深绿色具细毛，下面灰白色，密被柔毛，花序顶生或腋生，先由聚伞花序集成圆锥花序，长 10 ～ 25 cm，花冠紫色或淡紫色，萼片宿存形成果苞，核果球形，果径 2 ～ 5 mm，黑褐色，外被宿萼。花期 6 ～ 8 月，果期 9 ～ 10 月。

▶ 分布区

荆条在我国资源非常丰富，分布范围很广。中国北方地区广为分布，分布于东北、华北、西北、华中、西南等省（区）。

▶ 生态习性

荆条是阳性、喜光树种，耐寒、耐干旱，耐瘠薄，适应性非常强，自然状态下多生于山地阳坡及林缘。根茎萌发力强，耐修剪。

▶ 观赏特点

荆条叶为掌状复叶，叶缘呈大锯齿状或羽状深裂，秀丽美观，花清雅蔚蓝，花期长，全株都能散发清香气味，是观枝、观叶、观花的良好园林植物，也是树桩盆景的优良材料。

▶ 园林应用价值

可作花境、园景树、盆花。在园林中可孤植、丛植、带植或群植于山坡、路旁、岩石园及林缘等处，给景观增添无限生机。荆条花逢 6 月，正是园林中开花植物较少的时期，可以丰富植物配植品种。荆条经适当修剪造型，也可以将自然生长的植株修饰成为具有造型艺术的园林树或盆景。

▶ 繁殖与培育特点

通常通过播种和扦插繁殖。山地采用撒播造林，雨季进行；平原播种造林在春季进行，播前整地，整地深度 30 cm 以上，采用条播方法，开沟后施入底肥，覆土不宜过厚， 0.5 ～ 1 cm 为宜，播后浇水。无论山地或平原造林，小苗出土后，视杂草侵入程度，适当进行松土、除草管理。可作为单干苗、丛式苗和多干苗培育。

▶ 园林养护技术

耐粗放管理，病虫害少且养护成本低廉。

225 ▶ 百里香

▶ 名 称

中文名：百里香

学 名：*Thymus mongolicus* Ronn.

别 名：地姜、地椒、麝香草

科属名：唇形科 百里香属

▶ 形态特征

低矮匍匐灌木。茎多数，匍匐或上升。叶为卵圆形，先端钝或稍锐尖，全缘或稀有 1 ～ 2 对小锯齿，侧脉 2 ～ 3 对，叶柄明显。花序头状，花萼管状钟形或狭钟形，下唇较上唇长或与上唇近相等。花冠紫

红、紫或淡紫、粉红色，被疏短柔毛，冠筒伸长，向上稍增大。小坚果近圆形或卵圆形，压扁状，光滑。花期7～8月。

◉ 分布区

原产于地中海沿岸，广泛分布在北非、欧洲和亚洲温带地区。国内产甘肃，陕西，青海，山西等地；生于多石山地、斜坡、山谷、山沟、路旁及杂草丛中，海拔 1 100 ～ 3 600 m 处。

◉ 生态习性

喜温暖，喜光和干燥的环境，对土壤的要求不高，但在排水良好的石灰质土壤中生长良好。

◉ 观赏特点

植株比较低矮，具有沿着地表面生长的匍匐茎，近水平伸展。生长快速、花量大、花期长、具愉悦的香味。

◉ 园林应用价值

宜作地被，可片植于公园、街头绿地及缀花草坪，既有观赏价值，还具有杀菌、驱虫、净化空气的作用。亦适用于覆盖河堤、荒地，防止扬沙和水土流失，保持植被。

◉ 繁殖与培育特点

通常通过播种、扦插、分株和组培繁殖。在春季 3 ～ 4 月进行播种育苗；扦插法极易发根，很容易繁殖。可作丛式苗培育。

◉ 园林养护技术

百里香对于土质的要求不高，但叶厚、带肉质的特性，使它不耐潮湿，需要保证栽种土壤有良好的排水性能。百里香的生长速度慢，并不需要太多的肥料，若以泥炭为介质，大约加入 5% ～ 10% 的腐熟有机肥，植株长大后，剪取枝条利用。主要病害有褐斑病、枯斑病、炭疽病，虫害有刺蛾。

226 ▶ 华北香薷

◉ 名 称

中文名：华北香薷

学 名：*Elsholtzia stauntonii* Benth.

别 名：野荆芥、臭荆芥、荆芥

科属名：唇形科 香薷属

▶形态特征

直立半灌木，高 0.7 ～ 1.7 m，茎上部多分枝，带紫红色，被灰白微柔毛。单叶对生，叶披针形或椭圆状披针形，长 8 ～ 12 cm，具锯齿状圆齿。穗状花序偏向一侧，被灰白微柔毛，轮伞花序 5 ～ 10 花；苞片披针形或线状披针形，带紫色；花梗长 0.5 mm；花萼管状钟形，萼齿卵状披针形；花冠淡红紫色，冠筒长约 6 mm，漏斗形。小坚果椭圆形，光滑。花果期 7 ～ 10 月。

▶分布区

分布于河北、山西、河南、陕西、甘肃等地。

▶生态习性

喜光，也耐阴，喜水湿，耐干旱但不耐水涝，耐寒性强，适应性强，对土壤要求不严，宜生于肥沃湿润而排水良好的土壤。

▶观赏特点

华北香薷花色艳丽，具有香气，夏季开花，花繁密而粉紫色，花朵生于花序一侧，是理想的美化灌木。

▶园林应用价值

华北香薷宜在公园、庭园湖畔、溪边及林缘、草坪上栽植。可丛植、带植和群植。也可以作花镜材料将它种植在庭院、墙脚、水沟旁点缀人们不涉足的角落。

▶繁殖与培育特点

常使用播种、扦插繁殖。春播于 4 月上中旬，夏播可在 5 月下旬至 6 月上旬。一般作丛干苗栽培。

▶园林养护技术

管理较为粗放；修剪时要及时去掉顶芽，促进分枝；病虫害主要有香薷锈病、黑霉病、大袋蛾。

227▶ 连 翘

▶名 称

中文名：连翘

学 名：*Forsythia suspensa* (Thunb.) Vahl

别 名：黄花条、连壳、青翘

科属名：木犀科 连翘属

▶ 分布区

产于河北、山西、陕西、山东、安徽西部、河南、湖北、四川。生于山坡灌丛、林下或草丛中，或生于山谷、山沟疏林中海拔 250～2 200 m。

▶ 生态习性

喜温暖、干燥和光照充足的环境，有一定程度的耐阴性，性耐寒、耐旱，忌水涝。连翘萌发力强，对土壤要求不严，能耐瘠薄，但在排水良好、富含腐殖质的砂壤土上生长良好。

▶ 观赏特点

连翘树姿优美、生长旺盛。早春先叶开花，且花期长、花量多，盛开时满枝金黄，芬芳四溢，令人赏心悦目，是早春优良的观花灌木。

▶ 园林应用价值

可作园景树和花篱；可丛植、带植或群植于公园、小区、花境或宅旁、亭阶、墙隅、篱下、路旁等地方，也可植于岩石、假山。其根系发达，亦可用作水土保持、固土护坡的植物材料。

▶ 繁殖与培育特点

一般采用播种、扦插繁殖。连翘的育苗地最好选择土层深厚、疏松肥沃、排水良好的夹沙土地；扦插育苗地，最好采用沙土地，而且要靠近有水源的地方，以便于灌溉。一般作丛式苗或单干苗培育。

▶ 形态特征

落叶灌木，株高 2～3 m。枝条细长，开展或下垂，小枝浅棕色，稍具四棱，节间中空无髓心。单叶对生，具柄；叶片卵形至长卵圆形，或微裂为 3 片小叶，边缘有不整齐锯齿。花先叶开放，黄色，1～6 朵，腋生。蒴果狭卵形略扁，木质，先端尖如鸟嘴，熟时 2 瓣裂。种子狭椭圆形，棕色，一侧有薄翅。花期 3～4 月，果期 7～9 月。

◎ **园林养护技术**

一般要选择土层较厚、肥沃疏松、排水良好、背风向阳的山地或者缓坡地成片栽培，一般挖穴种植。养护期间要注重整形修剪。病虫害较少。

228 ▶ **羽裂丁香**

◎ **名　称**

中文名：羽裂丁香

学　名：*Syringa persica* var. *laciniata* Mill

别　名：裂叶丁香、花叶丁香

科属名：木犀科　丁香属

◎ **形态特征**

直立灌木，高 1 ～ 4 m；树皮呈片状剥裂。枝灰棕褐色，与小枝常呈四棱形，无毛，疏生皮孔。叶为羽状深裂或全裂，

也有不裂的狭卵型叶，圆锥花序由侧芽抽生，稍下垂，长 2 ～ 6.5 cm，宽 2 ～ 5 cm；花序轴、花梗和花萼均无毛；花冠淡紫色或淡粉色，具香味。果长圆形，长 1 ～ 1.3 cm，先端凸尖或渐尖，光滑。花期 5 ～ 6 月，果期 8 ～ 9 月。

◎ **分布区**

产于内蒙古、宁夏、陕西、甘肃、青海和四川。多生于海拔 2 000 ～ 2 800 m 间的向阳山坡灌丛中或郁闭度较小的针阔叶混交林下。

◎ **生态习性**

为阳性树种，具有喜光、耐寒、抗风、耐旱，稍耐阴等特性。

◎ **观赏特点**

春季花朵多而繁密，淡紫色的花冠淡雅怡人，花期较长，观赏价值较高。

◎ **园林应用价值**

同欧丁香。

◎ **繁殖与培育特点**

一般采用播种繁殖。4 月中下旬在

日光节能温室采用经催芽处理的种子进行播种，播种深度为 0.5 ～ 0.7 cm 时出苗率最高。可作独干苗、丛式苗培育。

◉ 园林养护技术

宜栽于土壤疏松而排水良好的向阳处。一般在春季萌枝前裸根栽植。2 ～ 3 年生苗栽植穴径应在 70 ～ 80 cm，深 50 ～ 60 cm。常见的病害有凋萎病、叶枯病、萎蔫病等；常见的虫害有毛虫、刺蛾、潜叶蛾及大胡蜂、介壳虫等。

229▶ 花叶丁香

◉ 名 称

中文名：花叶丁香

学 名：*Syringa × persica* L.

别 名：波斯丁香

科属名：木犀科 丁香属

◉ 形态特征

小灌木，高 1 ～ 2 m 或达 3 m。枝细弱，开展，直立或稍弓曲，灰棕色，无毛，具皮孔，小枝无毛。叶片披针形或卵状披针形，长 1.5 ～ 6 cm，宽 0.8 ～ 2 cm。花序由侧芽抽生，长 3 ～ 10 cm，通常多对排列在枝条上部呈顶生圆锥花序状；花芳香；花冠淡紫色，花冠管细弱，近圆柱形，长 0.6 ～ 1 cm，花冠裂片呈直角开展，宽卵形、卵形或椭圆形，长 4 ～ 7 mm，兜状，先端尖或钝；果未见。花期 5 月，果期 7 ～ 8 月。

◉ 分布区

产于中亚、西亚、地中海地区至欧洲，我国北部地区有栽培。

◉ 生态习性

花叶丁香性喜阳、喜温暖湿润，但也耐寒、耐旱。在北京地区栽培，冬、春有轻微的干梢现象。

◉ 观赏特点

花朵繁茂，粉紫色十分鲜艳，花期较长，具有较高的观赏价值。

◉ 园林应用价值

同欧丁香。

▶ 繁殖与培育特点

通过播种、扦插繁殖。播种繁殖19～20天即可发芽。3个月后具3对真叶时，移苗，置于自然林下或人工前棚下继续培育。定植后5～6年开花结果。花叶丁香一般以丛式苗培育。

▶ 园林养护技术

选择向阳、肥沃、土层深厚的地方栽植。不喜大肥，切忌施肥过多，否则易引起徒长，影响开花。一般每年或隔年入冬前施一次腐熟的堆肥，即可补足土壤中的养分。落叶后可把病虫枝、枯枝、纤细枝剪去，并对交叉枝、徒长枝、重叠枝、过密枝进行适当短截，使枝条分布匀称，保持树冠圆整，以利翌年生长和开花。常见的病害有：白粉病、立枯病等；常见的虫害：丁香蚧、丁香卷叶蛾、红蜘蛛、蚜虫等。

此得名为金叶女贞，老叶黄绿色至绿色。总状花序，花为两性，呈筒状白色小花；核果椭圆形，内含一粒种子，颜色为黑紫色。花期5～6月，果期10月。

▶ 分布区

原产于美国加州。中国于20世纪80年代引种栽培。分布于中国华北南部、华东、华南等地区。

230▶ 金叶女贞

▶ 名　称

中文名：金叶女贞

学　名：*Ligustrum × vicaryi* Rehd.

别　名：金森女贞

科属名：木犀科　女贞属

▶ 形态特征

落叶灌木，株高2～3 m。叶革薄质，单叶对生，椭圆形或卵状椭圆形，先端尖，基部楔形，全缘；新叶金黄色，因

▶ 生态习性

性喜光，耐阴性较差，耐寒力中等，适应性强，以疏松肥沃、通透性良好的沙壤土为最好。耐修剪，抗病力强，很少有病虫危害。

▶ 观赏特点

金叶女贞叶色金黄，尤其在春秋

两季色泽更加璀璨亮丽。有很高的观赏价值。

▶园林应用价值

可作园景树和绿篱；是重要的绿篱和模纹图案材料，常与紫叶小檗、黄杨、龙柏等地被植物搭配使用，形成强烈的色彩对比，具极佳的观赏效果；也常用于绿地广场的组字，还可以用于小庭院装饰。

▶繁殖与培育特点

一般采用扦插繁殖，多选用硬枝扦插。一般以丛式苗培育，也可以修剪成造型。

▶园林养护技术

金叶女贞幼苗耐旱，严重干旱时可适当浇水，但浇水要少，以免引起小苗徒长，影响植株的生长发育。花期也要适当浇水，以防止水分不足而产生落花现象。雨季要注意及时排水，防止积水烂根。金叶女贞常发生的病害主要有：叶斑病、轮纹病、煤污病等。虫害主要有：介壳虫、蛴螬等。

231▶ 水 蜡

▶名 称

中文名：水蜡

学 名：*Ligustrum obtusifolium*
　　　　Sieb. et Zucc.

别 名：钝叶女贞、钝叶水蜡树、
　　　　辽东水蜡树

科属名：木犀科 女贞属

▶形态特征

落叶多分枝灌木，高 2 ～ 3 m；树皮暗灰色。小枝淡棕色或棕色，圆柱形，被较密微柔毛或短柔毛。叶片纸质，披针状长椭圆形、长椭圆形、长圆形或倒卵状长椭圆形，长 1.5 ～ 6 cm，宽 0.5 ～ 2.2 cm，圆锥花序着生于小枝顶端，长 1.5 ～ 4 cm，宽 1.5 ～ 2.5 cm；花序轴、花梗、花萼均被微柔毛或短柔毛。核果近球形或宽椭圆形，黑色花期 5 ～ 6 月，果期 8 ～ 10 月。

▶分布区

产于黑龙江、辽宁、陕西、山东及江苏。

▶生态习性

具有较强的适应性，抗寒耐盐碱、耐修剪，抗风，同时喜光、稍耐阴，较耐寒。对土壤要求不严，但喜肥沃湿润土壤。

▶观赏特点

水蜡枝叶致密，叶色葱绿，果实紫黑色宿存，有较高的观赏价值。

▶园林应用价值

可作园景树和绿篱；可孤植、片植或与其他地被植物搭配修剪成模纹图案栽植于公园、街道、学校、机关单位等处。

▶繁殖与培育特点

多用播种繁殖，扦插也可。移植成活率高。一般在春季播种，中国北方地区4月中旬可条播。一般作丛式苗或单干球形苗培育。

▶园林养护技术

水蜡树喜肥沃湿润土壤，易于管理，选地时应选择地势较平坦，接近水源，排水良好，腐殖质肥沃的沙壤土地块。幼树以整形为主，宜轻剪；成年树应对秋梢以下部位适当进行短截，同时疏掉部分老枝，以保证枝条不断更新。水蜡常见病害为水蜡锈病。

232 ▶ 迎春花

▶名　称

中文名：迎春花

学　名：*Jasminum nudiflorum* Lindl.

别　名：小黄花、金腰带、黄梅

科属名：木犀科　素馨属

▶形态特征

落叶灌木，直立或匍匐，高0.3～5 m，枝条下垂，常绿。叶对生，三出复叶，小枝基部常具单叶。小叶片卵形、长卵

形或椭圆形，狭椭圆形。顶生小叶片较大，长 1～3 cm，宽 0.3～1.1 cm，侧生小叶片长 0.6～2.3 cm，宽 0.2～1.1 cm。花单生于去年生小枝的叶腋，稀生于小枝顶端，花冠黄色，径 2～2.5 cm，花冠管长 0.8～2 cm，基部直径 1.5～2 mm，向上渐扩大，裂片 5～6 枚，长圆形或椭圆形。花期 2～4 月，少有结果的。

◎ 分布区

广泛分布于我国的北部及中部地区，多生长于山坡涧边，产于甘肃、陕西、四川、云南西北部，西藏东南部。

◎ 生态习性

喜光，稍耐阴，略耐寒，怕涝，在华北地区和鄢陵均可露地越冬，要求温暖而湿润的气候，疏松肥沃和排水良好的沙质土，在酸性土中生长旺盛，碱性土中生长不良。

◎ 观赏特点

迎春花枝条披垂，花色端庄秀丽，气质非凡，花单生在去年生的枝条上，先于叶开放，有清香，金黄色，外染红晕。

◎ 园林应用价值

可作园景树和绿篱；宜丛植、带植于湖边、溪畔、桥头、墙隅，或在草坪、林缘、护坡肩头、坡地等处，房屋周围也可栽植，常在各公园、庭院、道路两侧广泛栽培，是重要的早春园林植物。亦可盆栽或制作微型盆景。

◎ 繁殖与培育特点

一般采用播种和扦插繁殖。扦插在春、夏、秋三季均可进行，剪取半木质化的枝条 12～15 cm 长，插入沙土中，保持湿润，约 15 天生根。迎春花一般以丛式苗培育，也可以修剪做造型。

◎ 园林养护技术

迎春在春天花后要修剪，并施一次腐熟的饼肥或基肥，并在生长季每隔半月施一次粪肥；病害主要有：花叶病、褐斑病、灰霉病、斑点病和叶斑病。

233 ▶ 探春花

◎ 名 称

中文名：探春
学 名：*Jasminum floridum* Bunge.
别 名：鸡蛋黄，牛虱子，迎夏
科属名：木犀科 素馨属

◎ 形态特征

直立或攀援灌木，高 0.4～3 m。小枝褐色或黄绿色，当年生枝草绿色，扭曲，四棱，无毛。叶互生，复叶，小叶 3 或 5 枚，稀 7 枚，小枝基部常有单叶；小叶片卵形、卵状椭圆形至椭圆形，稀倒卵形或近圆形，长 0.7～3.5 cm，宽 0.5～2 cm。聚伞花序或伞状聚伞花序顶生，有花 3～25 朵；花冠黄色，近漏斗状。果长圆形或球形，成熟时呈黑色。花期 5～9 月，果期 9～10 月。

◆分布区

产于河北、陕西、山东、河南、湖北、四川、贵州。

◆生态习性

性喜温暖、湿润、阳光充足；较耐热，耐半阴，不耐寒；对土壤适应性较广，以肥沃、疏松、排水良好的土壤环境为佳。适生长于海拔 2 000 m 以下的坡地、山谷或林中。

◆观赏特点

探春花株态优美，叶丛翠绿，4～5月开花，花色金黄，清香四溢，瓶插水养可生根，花期可持续月余。

◆园林应用价值

可作园景树和绿篱；宜丛植或带植于水溪边、园路边或做花坛、花境点缀材料，也适于做公路、铁路、护坡、路旁绿化。探春花也可盆栽，庭园种植或制作微型盆景。

繁殖与培育特点

常用压条、扦插和分株繁殖。一般作丛式苗培育。

园林养护技术

生长过程中，应注意防止积水和过分干旱，需保持土壤湿润，并每隔 2 个月施肥 1 次，促使多发枝条。花后要修剪去残花梗，对旺盛生长的枝梢应适当短截，以促进枝条发育充实。冬季适当修剪，去除密枝、枯枝和截短徒长枝。

234▶ 陕西荚蒾

◆名　称

中文名：陕西荚蒾

学　名：*Viburnum schensianum* Maxim.

别　名：土栾树、土栾条、冬栾条

科属名：忍冬科　荚蒾属

◆形态特征

落叶灌木，高可达 3 m。叶纸质，卵状椭圆形、宽卵形或近圆形，顶端钝或圆形，基部圆形，边缘有较密的小尖齿。聚伞花序，花冠白色，辐状，直径约 6 mm，无毛，筒部长约 1 mm，裂片圆卵形，长约 2 mm；雄蕊与花冠等长或

略较长，花药圆形，直径约 1 mm。果实红色而后变黑色，椭圆形，背部龟背状凸起而无沟或有 2 条不明显的沟，腹部有 3 条沟。花期5～7月，果熟期8～9月。

▶ 分布区

在我国广泛分布于陕西、甘肃、四川等省。

▶ 生态习性

喜光，稍耐阴，耐寒，耐瘠薄。常生长于海拔 700～2 200 m 地区，见于松林下、山谷混交林以及山坡灌丛中。

▶ 观赏特点

开花时节，白色花朵布满枝头；果熟时，累累红果，令人赏心悦目，是优良的观花观果树种。

▶ 园林应用价值

可作园景树；宜丛植或片植配植于水溪边、园路边或做花坛、花境点缀材料，也适于做公路、铁路、护坡、路旁绿化。

▶ 繁殖与培育特点

通常通过播种和扦插繁殖。每年 10 月采收成熟果实，将种子取出沙藏，翌年早春播种。也可于五六月间用当年生半木质化嫩枝进行扦插，用生根粉处理，40 天左右即可生根。一般作丛式苗培育。

▶ 园林养护技术

管理相对粗放。适当施肥可促进新植荚蒾地下部根系生长恢复和地上部枝叶萌发生长；栽植前需修剪，适当剪去一些枝叶及断枝，减少水分蒸腾，保持树体水分代谢平衡，有利于树木成活，尽快恢复生长。常见的虫害有蚜虫、叶螨类等。

235▶ 桦叶荚蒾

▶ 名 称

中文名：桦叶荚蒾
学　名：*Viburnum betulifolium* Batal.
别　名：卵叶荚蒾、红对节子、高粱花
科属名：忍冬科　荚蒾属

▶ 形态特征

灌木或小乔木，高 7 m。小枝紫褐色或黑褐色，稍有棱角，散生圆形、凸

起的浅色小皮孔，无毛或初时稍有毛。冬芽外面多少有毛。叶对生，厚纸质或略带革质，干后变黑色，叶宽卵形至菱状卵形或宽倒卵形，长 4 ~ 13 cm，边缘有浅波状齿。花序聚伞状复伞形，萼檐具微齿；花冠白色，辐状，直径约 4 mm。裂片圆卵形。果实红色，近圆形。花期 6 ~ 7 月，果熟期 9 ~ 10 月。

◉ 分布区

分布于陕西，甘肃，河北，湖北，湖南，四川，云南，贵州。

◉ 生态习性

喜光，喜温暖湿润，也耐阴，耐寒，对气候因子及土壤条件要求不严，最好是微酸性肥沃土壤。

◉ 观赏特点

花朵美丽，红果鲜艳，有一定的观赏价值。同陕西荚蒾。

◉ 园林应用价值

可作园景树；园林应用形式有丛植和群植。丛植可置于墙角、亭旁、水畔等地。也可群植于疏林下、阴面山坡等地，作为坡地绿化的材料，营造山花烂漫、硕果累累的自然情趣。

◉ 繁殖与培育特点

通常通过播种繁殖。秋冬采种，种子具休眠期，荚蒾种子休眠一般采用变温层积处理来打破种子的休眠。一般作丛式苗培育。

◉ 园林养护技术

同陕西荚蒾。

236 ▶ 蒙古荚蒾

◉ 名　称

中文名：蒙古荚蒾

学　名：*Viburnum mongolicum* (Pall.) Rehd.

别　名：蒙古绣球花、土连树

科属名：忍冬科　荚蒾属

◉ 形态特征

落叶灌木，高达 2 m；幼枝、叶下面、叶柄和花序均被簇状短毛，二年生小枝黄

白色，浑圆，无毛。叶纸质，宽卵形至椭圆形，稀近圆形，长 2.5 ～ 6 cm，顶端尖或钝形，基部圆或楔圆形，边缘有波状浅齿。聚伞花序直径 1.5 ～ 3.5 cm，具少数花，花冠淡黄白色，筒状钟形，无毛，筒长 5 ～ 7 mm，直径约 3 mm，裂片长约 1.5 mm；果实红色而后变黑色，椭圆形，长约 10 mm，花期 5 月，果熟期 9 月。

◐ 分布区

产内蒙古中南部、河北、山西、陕西、宁夏南部、甘肃南部及青海东北部。

◐ 生态习性

抗寒、抗旱、耐阴。

◐ 观赏特点

蒙古荚蒾枝叶稠密，树冠球形，叶形美观，花序、果实令人赏心悦目。

◐ 园林应用价值

可作园景树和盆花；园林可用作花篱、球形孤植、丛植、花境等多种用途。

◐ 繁殖与培育特点

通常通过播种和扦插繁殖。春播在早春土壤解冻后进行，一般在 4 月上旬播种。一般作丛式苗培育。

◐ 园林养护技术

同陕西荚蒾。

237▶ 鸡树条荚蒾

◐ 名 称

中文名：鸡树条荚蒾
学 名：*Viburnum sargenii* Koehne
别 名：老鸹眼、天目琼花、鸡树条
科属名：忍冬科 荚蒾属

◐ 形态特征

落叶灌木，高达 3 ～ 4 m。树皮暗灰色，浅纵裂，略带木栓质；叶浓绿色，单叶对生，卵圆形，长 6 ～ 12 cm，常 3 裂，缘有不规则大齿，叶柄端两侧有 2 ～ 4 盘状大腺体。聚伞花序组成伞形复花序，具大型白色不孕花；花药常为紫色。核果近球形，径约 8 mm，鲜红色。花期 5 ～ 6 月，果期 8 ～ 9 月。

◐ 分布区

产于我国大部分地区，东北、内蒙

古、华北至长江流域均有分布。日本、朝鲜和苏联西伯利亚东南部也有分布，生于海拔 1 000 ～ 1 650 m 的溪谷边疏林下或灌丛中。

◗ 生态习性

　　喜光又耐阴，耐寒，可耐零下50℃的低温，多生于夏凉湿润多雾的灌木丛中，喜微湿润至干爽的气候环境；根系发达，生发力强，对土壤要求不严，微酸性及中性土壤都能生长，根部萌蘖力强，移植容易成活，在肥沃的土壤生长

迅速，花大，冠满。

◗ 观赏特点

　　鸡树条荚蒾枝茂叶繁，春季叶3浅裂，碧绿光亮，很漂亮；春末夏初繁花似锦，秋季果实鲜红，一嘟噜一嘟噜垂于枝头，状如玛瑙。鸡树条荚蒾的复伞形花序很特别，边花（周围一圈的花）白色很大，非常漂亮但却不能结实，心花（中央的小花）貌不惊人却能结出累累红果，两种类型的花使其春可观花、秋可观果，在园林中广为应用。

◗ 园林应用价值

　　可以作疏林地被，又可作为庭院观赏树种。宜栽植在林缘、草坪边缘、溪水边、假山旁、道路边或作为低矮地被植物的背景。因其耐阴也可种植于建筑物阴面，无论孤植或丛植、片植，均景色迷人；亦可盆栽用于室内装饰。

◗ 繁殖与培育特点

　　常用播种繁殖或扦插繁殖。鲜种种子采后混沙后置于 20 ～ 30℃处，70 ～ 100天发芽。干种子暖湿催芽1个月，然后放到室外自然冻结，翌春自然解冻，适时早播。嫩枝扦插在春末至早秋，选用当年生粗壮枝条作为插穗。硬枝扦插在早春气温回升后，选取去年的健壮枝条做插穗。可作丛式苗、独干苗、多干苗培育。

◗ 园林养护技术

　　管理相对粗放。适当施肥可促进新

植荚蒾地下部根系生长恢复和地上部枝叶萌发生长；栽植前需修剪，适当剪去一些枝叶及断枝，减少水分蒸腾，保持树体水分代谢平衡，有利于树木成活，尽快恢复生长。常见的虫害有蚜虫、叶螨类等。

238 ▶ 欧洲荚蒾

▶ 名 称

中文名：欧洲荚蒾

学 名：*Viburnum opulus* L.

别 名：欧洲绣球、欧洲琼花

科属名：忍冬科 荚蒾属

▶ 形态特征

落叶灌木，高达 1.5 ～ 4 m。叶轮

廓圆卵形至广卵形或倒卵形，通常 3 裂，具掌状 3 出脉。复伞形聚伞花序，大多周围有大型的不孕花，总花梗粗壮，第一级辐射枝 6 ～ 8 条，花生于第二至第三级辐射枝上；萼筒倒圆锥形；花冠白色，辐状，裂片近圆形；筒与裂片几等长，内被长柔毛；花药黄白色；不孕花白色。果实红色，近圆形。花期 5 ～ 6 月，果熟期 9 ～ 10 月。

▶ 分布区

产新疆西北部；全国各地有栽培。

▶ 生态习性

欧洲荚蒾性喜阳光，稍耐阴，怕旱又怕涝，较耐寒，可耐零下 35℃低温。对土壤要求不严，耐轻度盐碱，以湿润、肥沃、排水良好的壤土为宜，但适应性较强。萌芽、萌蘖力强。

◑ 观赏特点

欧洲荚蒾花期较长，花白色清雅，花序繁密，大型不孕花环绕整个复伞花序，整体形状独特。叶浓密，内膛饱满，春观花、夏观果、秋观叶、果、冬观果，四季皆有景，是一种开发价值很高的野生观赏植物。

◑ 园林应用价值

宜作为园景树种植。适合孤植、丛植或片植于疗养院、医院、学校等地方栽植，也可栽植于乔木下做下层花灌木或配植于溪水边、假山旁、路边等处，亦可作为低矮地被植物的背景；其果小量大、红艳诱人，给人以强烈视觉冲击力，能形成园林观赏的视觉焦点。茎枝不用修剪自然成形，减少园林绿化成本。

◑ 繁殖与培育特点

常用压条、扦插或播种繁殖。压条育苗可采用堆土压条、水平压条、放射状框条。在春季或夏季进行，埋深 $10 \sim 15$ cm，压埋用土应是含腐殖质较高的疏松沙壤土。压条当年很少出苗，大部分是第 2 年春季出苗，出苗后生长速度较快，生长量当年高达 50 cm 左右，于第 2 年秋或第 3 年春季从母体上切断，成为独立的一株苗木。可作丛式苗、独干苗培育。

◑ 园林养护技术

同鸡树条荚蒾。

239 ▶ 欧洲雪球

◑ 名　称

中文名：欧洲雪球

学　名：*Viburnum opulus* var 'Roseum'

科属名：忍冬科　荚蒾属

◑ 形态特征

为欧洲琼花栽培变种。花序全为大形不育花，绿白色，绣球形。

◑ 分布区

栽培变种，我国有栽培。

◑ 生态习性

同欧洲荚蒾。

▶ 观赏特点

欧洲雪球花绿白色，花序繁密，大型不育花环绕整个复伞花序，整体形状独特，是一种开发价值很高的野生观赏植物。

▶ 园林应用价值

同欧洲荚蒾。

▶ 繁殖与培育特点

同欧洲荚蒾。

▶ 园林养护技术

同欧洲荚蒾。

240 ▶ 毛核木

▶ 名　称

中文名：毛核木

学　名：*Symphoricarpos sinensis* Rehd.

别　名：雪莓、雪果

科属名：忍冬科　毛核木属

▶ 形态特征

直立灌木，高1～2.5 m；幼枝红褐色，纤细，被短柔毛，老枝树皮细条状剥落。叶菱状卵形至卵形，长1.5～2.5 cm，宽1.2～1.8 cm。花小，无梗，单生于短小、钻形苞片的腋内，组成一短小的顶生穗状花序，下部的苞片叶状且较长；花冠白色，钟形，长5～7 mm，裂片卵形，稍短于筒，内外两面均无毛。果实卵圆

形，长7 mm，顶端有1小喙，蓝黑色，具白霜；分核2枚，密生长柔毛。花期7～9月，果熟期9～11月。

▶ 分布区

产陕西、甘肃南部、湖北西部、四川东部、云南北部和广西。

▶生态习性

对环境的适应能力强，生于海拔610～2 200 m的山坡灌木林中。

▶观赏特点

毛核木树形小巧，枝条密集下垂，初夏开花，秋季挂果，是优良的地被植物，观果观叶兼具。

▶园林应用价值

可作园景树和绿篱；宜配植于水溪边、园路边，也适于做公路、铁路、护坡、路旁绿化。

▶繁殖与培育特点

通常通过播种和扦插繁殖。8月采收成熟果实，经浸水搓洗得到纯净种子，11月下旬将种子混以3倍湿沙层积沙藏至次年春，早春三四月进行播种；硬枝扦插、嫩枝扦插均可。由于嫩枝扦插插穗充足，生根快，成活率高，故多采用。毛核木一般作丛干式苗培育。

▶园林养护技术

毛核木适应性强，栽后适当修剪，生长期适时浇水、中耕除草，并结合灌水追施氮肥一两次。花后应加强灌水，追施一次氮、磷、钾肥，促进植株健壮生长，以利于结果繁盛，观果持久。由于其果实秋冬可供观赏，故花后及早春前不宜修剪。每两三年重剪更新一次。

241▶ 金银木

▶名　称

中文名：金银木

学　名：*Lonicera maackii* (Rupr.) Maxim.

别　名：金银忍冬

科属名：忍冬科　忍冬属

▶形态特征

落叶灌木，高达6 m；凡幼枝、叶两面脉上、叶柄、苞片、小苞片及萼檐外面都被短柔毛和微腺毛。叶纸质，形

状变化较大，通常卵状椭圆形至卵状披针形，顶端渐尖或长渐尖，基部宽楔形至圆形。花芳香，生于幼枝叶腋，总花梗长 1～2 mm，短于叶柄；花冠先白色后变黄色，外被短伏毛或无毛，唇形，筒长约为唇瓣的 1/2，内被柔毛。果实暗红色，圆形；种子具蜂窝状微小浅凹点。花期 5～6 月，果熟期 8～10 月。

▶ 分布区

产黑龙江、吉林、辽宁、河北、山西、陕西、甘肃、山东、江苏、安徽、浙江、河南、湖北、湖南、四川、贵州、云南及西藏。朝鲜、日本和俄罗斯远东地区均有栽培。

▶ 生态习性

耐寒、耐旱、略耐阴，耐瘠薄，对城市土壤应性较强，生长强健。

▶ 观赏特点

春夏季赏花闻香，秋天观红果。春末夏初黄色和白色的花朵同时铺满树梢，金银相映，整个植株如同一个大花球。

▶ 园林应用价值

可作园景树；为城乡绿化景观树，常丛植于草坪、山坡、林缘、路边或点缀于建筑周围。亦可带植作绿篱。

▶ 繁殖与培育特点

通常通过播种和扦插繁殖。扦插繁殖采用硬枝扦插小拱棚育苗法，也可在 6 月中下旬进行嫩枝扦插，管理得当，成活率也较高。金银木一般以丛干苗培育，也可以修剪造型。

▶ 园林养护技术

生长期一般不追肥，入冬时施一次腐熟有机肥。春季萌芽至开花时灌水 2 次，夏季天旱时酌情浇水，入冬前灌一次封冻水。整形修剪分为多主干形、灌丛形和单干自然卵圆形。金银木病虫害较少，初夏主要有蚜虫。

242 ▶ 葱皮忍冬

▶ 名 称

中文名：葱皮忍冬

学 名：*Lonicera ferdinandii* Franch.

别 名：秦岭忍冬、秦岭金银花、千层皮

科属名：忍冬科 忍冬属

▶ 形态特征

落叶灌木，高达 3 m；幼枝有密或疏、开展或反曲的刚毛，常兼生微毛和红褐色腺，很少近无毛，老枝有乳头状突起而粗糙，壮枝的叶柄间有盘状托叶。叶纸质或厚纸质，卵形至卵状披针形或矩圆状披针形，长 3～10 cm 花冠白色，后变淡黄色，长 1.5～1.7 cm，外面密被反折短刚伏毛、开展的微硬毛及腺毛，很少无毛或稍有毛，内面有长柔毛。果实红色，卵圆形，长达 1 cm，花期 4 月下旬至 6 月，果熟期 9～10 月。

夏花白黄相间，秋季果实变红，双果并生，结果繁盛，非常美观，是很好的观花、观果树种。

◎园林应用价值

可作园景树；在园林中孤植、带植或丛植于林下、林缘、草边、水边均可，一般以独植或三、五成群丛植点缀效果较好。

◎繁殖与培育特点

通常通过播种和扦插繁殖。播种繁殖一般在 9～10 月果实成熟后，采回放入布袋中捣烂，用水洗去果肉，种子捞出后阴干，按种子 3 倍的干净湿沙混匀沙藏，第二年春季 4 月上旬播种。扦插一般在秋季 7～8 月进行温室或拱棚绿枝扦插，或者在 10 月或春季 3 月进行硬枝扦插，硬枝扦插可在温室扦插或露地扦插。葱皮忍冬一般作丛式苗培育。

◎园林养护技术

葱皮忍冬不耐寒，秋季 8 月份以后要适当控水，增施磷钾肥或叶面喷施多效唑等控制生长，同时，于 8 月下旬对未停长的枝条进行打头，促使停长，促进枝条充分木质化，以提高抗寒能力。另外，每年冬季须进行培土，以防根部受冻害。萌发期施追肥，促进多开花。早春疏剪密枝与徒长枝，使营养集中，生长健旺。葱皮忍冬常生长健壮，一般病虫害较少。

◎分布区

产辽宁长白山、河北南部、山西西部，陕西秦岭以北、宁夏南部、甘肃南部、青海东部、河南及四川北部。

◎生态习性

喜光，耐阴，耐旱，耐水湿。对土壤要求不严，酸、碱土壤均能适应，以湿润、肥沃、深厚的砂壤土生长最好。

◎观赏特点

葱皮忍冬树势旺盛，枝叶丰满，初

243 ▶ 苦糖果

▶ 名 称

中文名：苦糖果

学　名：*Lonicera fragrantissima* ssp. *standishii* (Carr.) Hsu et H.J.Wang

别　名：神仙豆腐、羊奶子、裤裆果

科属名：忍冬科　忍冬属

▶ 形态特征

落叶灌木，高达2 m。小枝和叶柄有时具短糙毛。叶卵形、椭圆形或卵状披针形，呈披针形或近卵形者较少，通常两面被刚伏毛及短腺毛或至少下面中脉被刚伏毛，有时中脉下部或基部两侧夹杂短糙毛。花冠白色或淡红色，唇形，筒内面密生柔毛。果实鲜红色，矩圆形，长约1 cm，部分连合；种子褐色，稍扁，矩圆形，长约3.5 mm，有细凹点。花期1月下旬至4月上旬，果熟期5～6月。

▶ 分布区

产于陕西和甘肃的南部、山东北部、安徽南部和西部、浙江、江西、河南、湖北西部和东南部、湖南、四川西部、东北部和东南部及贵州北部和西部。

▶ 生态习性

苦糖果根系发达，主根不明显，侧根较多，尤其在土壤贫瘠的地区根系密集如网，四处扩展，适应能力强，在裸露的岩石之上或者岩下常年缺水干旱的地区也能正常生长。

▶ 观赏特点

苦糖果花期早且具有芳香气味，白色或者略带粉红色，果成熟后点缀枝叶间，红绿相间，给少花的夏季增添了颜色，是很好的庭院美化观赏树种和蜜源植物。

▶ 园林应用价值

可作园景树；其开花早、结实早，既可同蜡梅、梅花、碧桃等作为早春观花植物配植，也可与杏子、樱桃、胡颓子等作为初夏观果类植物配植。宜丛植或带植。

▶繁殖与培育特点

通常通过播种和扦插繁殖。播种繁殖在五月中下旬果实由绿转红至发软时采收。扦插时间一般选择在早春，插穗选择生长健壮、无病虫害的 1～2 年生枝条，插穗长 12～15 cm，在插穗上端保留 2～3 个芽即可。苦糖果一般以丛干苗培育。

▶园林养护技术

苦糖果进入速生期后，每隔一个月施肥一次，八月中上旬后停止施氮肥，以施磷钾肥为主，根据天气情况适量灌溉，并注意及时中耕除草。主要病害：白粉病；主要虫害：铜绿金龟子、金毛虫。

244▶ 陇塞忍冬

▶名　称

中文名：陇塞忍冬

学　名：*Lonicera tangutica* Maxim.

别　名：唐古特忍冬、五台忍冬、五台金银花

科属名：忍冬科　忍冬属

▶形态特征

落叶灌木，高达 2～4 m；幼枝无毛

或有 2 列弯的短糙毛，有时夹生短腺毛，二年生小枝淡褐色，纤细，开展。叶纸质，倒披针形至矩圆形或倒卵形至椭圆形，顶端钝或稍尖，基部渐窄，长 1～6 cm，花冠白色、黄白色或有淡红晕，筒状漏斗形；果实红色，直径 5～6 mm；种子淡褐色，卵圆形或矩圆形，长 2～2.5 mm。花期 5～6 月，果熟期 7～8 月。

▶分布区

产陕西、宁夏和甘肃的南部、青海东部、湖北西部、四川、云南西北部及西藏东南部。

▶生态习性

性强健，耐寒，喜光，稍耐阴，对土壤要求不严，耐干旱和贫瘠；喜排水良好的土壤，水湿、涝洼常造成根系腐烂死亡。生于海拔 1600～3500 m 的针

阔混交林中或山坡草地，或溪边灌丛中。

▶ 观赏特点

陇塞忍冬枝叶繁茂秀丽，筒状漏斗形的花朵或白、或黄、或白中带红悬挂于枝叶间，如串串风铃随风摇曳，甚是美观；红色果实繁盛、鲜艳无比，均具有较高的观赏价值。

▶ 园林应用价值

可作园景树；宜孤植、丛植或带植于水溪边、林缘、路旁、岩石边、墙隅或造景空间的交点等地；因其根系庞大，又是保持水土、涵养水源的重要树种。

▶ 繁殖与培育特点

通常通过播种和扦插繁殖。陇塞忍冬种子采集时间一般在8月中下旬果实成熟时，选择优良母树进行采集，晒干后储存好。播种前需要进行催芽处理。陇塞忍冬可作独干苗和丛式苗培育。

▶ 园林养护技术

栽培在通风向阳处，也可栽培在半阴处，以土质疏松肥沃的沙质壤土最好。移植宜在早春或晚秋休眠期进行。生长期间，一年可施两次肥。在春季萌动时，及时浇返青水，秋末冬初浇1次封冻水。生长季节保持土壤湿润，雨季防止水淹。秋季落叶后，要疏除过密枝、病虫枝、枯死枝等，促进通风透光，增加开花数量。要以轻剪、疏剪为主，以保持良好株形。主要病虫害有刺蛾、金毛虫、褐斑病等。

245 ▶ 红王子锦带花

▶ 名 称

中文名：红王子锦带

学 名：*Weigela florida* 'Red Prince'

科属名：忍冬科 锦带花属

▶ 形态特征

落叶开张性丛生灌木，高1.5～2.0 m，冠幅1.5 m。枝条开展成拱形，嫩枝淡红色，老枝灰褐色，幼时具2列柔毛。单叶，对生，叶椭圆形或卵状椭圆形，长5～10 cm，端锐尖，基部圆形至楔形，缘有锯齿，表面脉上有毛，背面尤密。花1～4朵成聚伞花序，生于叶腋或枝顶，萼片5裂，披针形，下半部连合，花冠5裂，漏斗状钟形，鲜红色。蒴果柱形，黄褐色，种子无翅。花期5月至6月中旬，果期8至9月。

▶ 分布区

原产于美国,目前我国各地都有栽培。

▶ 生态习性

性喜光,也稍耐阴,耐寒,耐旱,忌水涝,不宜栽植于低洼积水处,若根部积水,则叶枯黄脱落,适应性强,抗逆性强,对土壤要求不严,但以深厚、肥沃、湿润而排水良好的壤土生长最好。

▶ 观赏特点

红王子锦带花色鲜红艳丽,夏初开花,花朵密集,花冠胭脂红色,开花盛期从5月到7月,花序到10月份仍陆续不断。花量大,具香气。

▶ 园林应用价值

可作园景树和绿篱。宜在庭院墙隅、湖畔群植;也可在树丛林缘作花篱、丛植配植于路旁、街头、休闲广场或点缀于假山、坡地;亦可片植用来做色块与其他地被植物配植成花镜、模纹花坛等。也可用于室内绿化布置。

▶ 繁殖与培育特点

通常通过扦插繁殖。可采用硬枝扦插,也可采用半木质化扦插。红王子锦带花一般作丛式苗、独干苗培育。

▶ 园林养护技术

适应性强,分蘖旺,容易栽培。栽种时施以腐熟的堆肥作基肥,以后每隔2年至3年于冬季或早春的休眠期在根部开沟施一次肥。在生长季每月要施肥1~

2次。生长季节注意浇水,春季萌动后,要逐步增加浇水量,经常保持土壤湿润,4月至6月为其盛花期,可适当控制浇水,每月浇一次透水即可,花期水分过大,易使花朵过早凋谢,花后的浇水以土壤保持大半墒状态为宜。夏季高温干旱易使叶片发黄干缩和枝枯,要保持充足水分并喷水降温或移至半阴湿润处养护。修剪一般在早春进行。由于其花开在一二年生枝条上,过老枝条不易着花,故修剪时要注意及时更新开花枝;同时将植株顶部的细弱枝、干枯枝以及其他的老弱枝、病虫枝剪;此外,为了保持植株通风透光,对于过密的枝条也应及时疏除。花后应及时剪去残花枝,以免消耗过多的养分,影响生长和来年开花。生长3年的枝条要从基部剪除,以促进新枝的健壮生长。由于着生花序的新枝多萌发在1~2年生枝上,所以修剪一次,发一次芽,花会更旺。常见的病害有:枝枯病。常见的虫害有:舞毒蛾、黄褐天幕毛虫、红天蛾。

246▶ 六道木

▶ 名　称

中文名:六道木

学　名:*Abelia biflora* Turcz.

别　名:六条木、鸡骨头

科属名:忍冬科　六道木属

▶ 形态特征

落叶灌木,高1~3 m。幼枝被倒

生硬毛，老枝无毛。叶矩圆形至矩圆状披针形，长 2～6 cm，宽 0.5～2 cm，全缘或中部以上羽状浅裂而具 1～4 对粗齿；花单生于小枝叶腋，花冠白色、淡黄色或带浅红色，狭漏斗形或高脚碟形，外面被短柔毛，杂有倒向硬毛，4 裂，裂片圆形，筒为裂片长的三倍，内密生硬毛。果实具硬毛，冠以 4 枚宿存而略增大的萼裂片；种子圆柱形，长 4～6 mm，具肉质胚乳。早春开花，8～9 月结果。

▷ 分布区

分布于我国黄河以北的辽宁、河北、山西、陕西等省。

▷ 生态习性

植物喜光，耐旱，在原产地生于多石质山地灌丛中和石砾土上，适应性强，抗寒性强。

▷ 观赏特点

六道木枝叶繁茂，秀气，幼枝纤细微垂，叶密集鲜绿；花，管状淡黄、晶莹俊俏；花冠幽雅整洁，耐修剪，有一定的观赏价值。

▷ 园林应用价值

宜作园景树；可孤植、片植或丛植。宜配植于水溪边、园路边、墙隅、路边等处。

▷ 繁殖与培育特点

通常通过播种和扦插繁殖。一般采取 4 月上旬左右播种，采用床作播种，播种前灌透底水，使土壤充分湿润，然后将种子和沙一起均匀撒播于床上，床面覆一层沙土，以盖上种子为限。一般作丛干式苗或独干式苗培育。

▷ 园林养护技术

六道木喜光照，养护时在全日照的地方较好。植株完全成活后，可按不干不浇，浇则浇透的方法进行浇水，夏天和开花时要适当加大浇水量，开花时浇水不足会缩短开花时间。六道木喜肥，平时可薄肥勤施，花前和花后要适当增加施肥密度，肥料以有机肥为主，冬季植株停止生长后不要再施肥。主要病虫害有煤污病、蚜虫。

247 ▶ 接骨木

名　称

中文名：接骨木

学　名：*Sambucus williamsii* Hance.

别　名：九节风、大接骨丹、续骨草

科属名：忍冬科　接骨木属

▶ 形态特征

接骨木是一种落叶灌木或者小乔木，高达 4～8 m。奇数羽状复叶，呈对生，椭圆形或披针形，顶端尖至渐尖，叶揉碎后有臭味。花小、淡黄，为顶生圆锥花序，花序轴和各级分枝都无毛；

萼筒杯状；核果浆果状，黑紫色或红色；核 2～3 颗，卵形至椭圆形，略有皱纹。花期一般 4～5 月，果熟期 9～10 月。

▶ 分布区

在我国的东北、甘肃南部、四川、云南、陕西等地都有分布。

▶ 生态习性

喜光，较耐寒，又耐旱，忌水涝，耐贫瘠，亦耐阴常生于林下、灌木丛中或平原路。根系发达，萌蘖性强，对环境的适应性较强，对气候要求不严，生长迅速，抗病虫和抗逆性都比较高。

▶ 观赏特点

接骨木株型美观、俊逸，枝叶繁茂，叶色浓绿，春季白花满树，花色淡黄且气味清香，夏秋红果累累；花期、果期相对较长，是优良的庭园观赏树种。

▶ 园林应用价值

宜作园景树。宜植于草坪、林缘或水边，可群植、孤植或丛植或与红叶石楠、金叶女贞等色叶地被植物搭配十分优美。

▶ 繁殖与培育特点

通常通过播种和扦插繁殖。种子繁殖播种法是果熟后采收，洗去果肉得到纯净种子，稍晾晒。种子繁殖分为春播和秋播。秋播时间为晚秋，春播宜在早春进行。一般作单干苗、多干苗或丛式苗培育。

◉ 园林养护技术

移栽后 2～3 年，每年春季和夏季各中耕除草1次。生长期可施肥2～3次，对徒长枝适当短截，增加分枝。接骨木虽喜半阴环境，但长期生长在光照不足的条件下，枝条柔弱细长，开花疏散，树姿欠佳。常见病害有溃疡病、叶斑病和白粉病等。

248 ▶ 蚂蚱腿子

◉ 名　称

中文名：蚂蚱腿子

学　名：*Myripnois dioica* Bunge.

科属名：菊科　蚂蚱腿子属

◉ 形态特征

落叶小灌木，高 60～80 cm。叶片纸质，生于短枝上的椭圆形或近长圆形，生于长枝上的阔披针形或卵状披针形。头状花序单生于侧枝之顶；总苞钟形或近圆筒形；总苞片 5 枚；花托小，不平，无毛。花雌性和两性异株，先叶开放；雌花花冠紫红色，舌状，顶端 3 浅裂，两性花花冠白色，管状 2 唇形，5 裂，裂片极不等长。瘦果纺锤形。雌花冠毛丰富，多层，浅白色。花期 5 月。

◉ 分布区

产于东北、华北各地区及陕西、湖北等省。

◉ 生态习性

喜阴凉湿润，不耐强光，抗旱力及抗寒力很强。

◉ 观赏特点

蚂蚱腿子植株低矮，枝条纤细密集、直立而很少有分枝，因此株型整齐。若孤植于空旷地上，其植株可自然形成密集的放射状球形。尤其是早春开花前期，"爆炸放射状"球形植株的枝条上着生着密集、银白色而形状浑圆的花芽，观赏时感到细腻、美观。

▶园林应用价值

可作为园景树栽植。宜丛植于公园、风景地、林缘、岩石旁等。

▶繁殖与培育特点

采用种子繁殖或扦插繁殖。种子无休眠期，采后就可以播种。播种时，若圃地较干，先做床灌底水。水渗后，土壤不黏时，开沟条播，覆土1 cm，4～5天即可出苗。常作为丛式苗培育。

▶园林养护技术

适应性强、抗性强，养护管理粗放；不耐积水，喜土壤干燥。

249▶ 凤尾兰

▶名　称

中文名：凤尾兰
学　名：*Yucca gloriosa* L.
别　名：凤尾丝兰、剑兰
科属名：百合科　凤尾兰属

▶形态特征

常绿灌木。茎短或高达5 m，常分枝；叶密集，螺旋排列茎端，质坚硬，叶线状披针形，长40～80 cm，宽4～6 cm，先端长渐尖，坚硬刺状，全缘，稀具分离的纤维；圆锥花序高1～1.5 m，常无毛；花下垂，白或淡黄白色，顶端常带紫红花被片6，卵状菱形，长4～重5.5 cm，宽1.5～2 cm；柱头3裂；

果倒卵状长圆形，长5～6 cm，不裂。

▶分布区

原产北美东部及东南部，中国华北及以南地区均有栽培。

▶生态习性

喜温暖湿润和阳光充足环境，性强健，耐瘠薄、耐寒、耐阴、耐旱也较耐湿，对土壤要求不严。喜排水好的沙质壤土，瘠薄多石砾的堆土废地亦能适应。对酸碱度的适应范围较广，除盐碱地外均能生长。

▶观赏特点

凤尾兰常年浓绿，花、叶皆美，树态奇特，数株成丛，高低不一，叶形如剑，

开花时花茎高耸挺立，花色洁白，繁多的白花下垂如铃，姿态优美，花期持久，幽香宜人。

▶ 园林应用价值

是良好的庭园观赏树木，也是良好的鲜切花材料。常植于花坛中央、建筑前、草坪中、池畔、台坡、建筑物、路旁及绿篱等栽植用。

▶ 繁殖与培育特点

分株、扦插或播种繁殖。在春季2～3月根蘖芽露出地面时可进行分栽。种子繁殖需经人工授粉才可实现。人工授粉以5月份为好，授粉后约70天种子成熟，当年9月下旬播种，经一个月出苗。

▶ 园林养护技术

扦插及分株育成的植株，掘起后带宿土栽植，只要浇水几次，即可成活。日常管理要注意适当培土施肥，以促进花序的抽放；发现枯叶残梗，应及时修剪，保持整洁美观。丝兰的虫害有蓑蛾类、介壳虫、粉虱和夜蛾等。

250 ▶ 河朔荛花

▶ 名 称

中文名：河朔荛花

学 名：*Wikstroemia chamaedaphne* Meisn.

别 名：老虎麻、番叶、羊燕花

科属名：瑞香科 荛花属

▶ 形态特征

落叶灌木，高达1.2 m；幼枝淡绿色，近四棱形，无毛，老枝深褐色；叶近革质、对生，披针形或长圆状披针形，先端尖，基部楔形，两面无毛，侧脉不明显，叶柄极短；穗状花序或圆锥状花序具多花，顶生或腋生，花序梗被灰色柔毛；萼筒黄色，被丝状柔毛，裂片4，2大2小，卵形，先端圆钝；果卵形。花期6～8月，果期9月。

▶ 分布区

蒙古有分布。国内主要产河北、河南、山西、陕西、甘肃、四川、湖北及江苏等省；生于海拔500～1 900 m的山坡及路旁。

▶ 生态习性

河朔荛花喜光，耐干旱，耐贫瘠，抗寒，在酸性土以及阳坡、半阳坡较常见。

◐观赏特点

花为明亮的黄色，十分美丽，且有淡淡香味，为夏季观花灌木。

◐园林应用价值

常作为园景树应用，在园林中可孤植、丛植或群植于草地、墙隅、庭院、街心及装点石山、岩石园。西北地区夏季开花植物缺乏，景观单调，而河朔尧花正值夏季开花，花色明艳且花季极长，弥补了夏季开花植物稀缺的不足，起到丰富城市景观的作用。

◐繁殖与培育特点

常采用扦插与播种繁殖。河朔尧花种粒细小，不易在圃地播种，10月将采收的蒴果置于干燥处贮藏，翌年4月中旬播前将其碾碎分离出种子，在温室盆内播种，而后视室温每2～3天喷水1次，播后9天出苗，发芽率80%以上。常作为可作独干苗、丛式苗或盆景培育。

◐园林养护技术

适应性较强，可种植在常年干旱、气候寒冷地带，但可能会生长不良，仅保证存活。根系发达，喜土壤肥沃，宜种植在酸性土地、黄泥土或黄泥砂土且排水和透气良好的地方，忌盐碱土。春季宜用复合肥，秋后宜用磷钾肥，施肥量根据苗木生长情况而定。有一定的毒性，抗病虫能力较强，病虫害也较少，偶尔发生缩叶病、白绢病、叶斑病以及褐刺蛾等危害，但不会成灾。

251▶ 薄皮木

◐名 称

中文名：薄皮木

学 名：*Leptodermis oblonga* Bunge.

别 名：白柴、华山野丁香

科属名：茜草科 野丁香属

◐形态特征

灌木；小枝纤细，表皮薄，常片状剥落。叶纸质，披针形或长圆形。花常3～7朵簇生枝顶；小苞片透明，卵形；萼裂片阔卵形；花冠淡紫红色，漏斗状；短柱花雄蕊微伸出，花药线形，长柱花内藏，花药线状长圆形；花柱具4～5个线形柱头裂片，长柱花微伸出，短柱花内藏。种子有假种皮。花期6～8月，果期10月。花期6～8月，果期10月。

◐分布区

产我国华北。

◐生态习性

喜光，也耐半阴。喜温暖湿润气候，亦较耐寒、耐旱。性喜温湿，多生于阴坡或半阴坡。其对环境有很强的适应能力，既能生长在温暖湿润的山坡中，也能在寒冷干旱的岩石裂缝间生存。具有很强的抗旱抗寒能力。

◐观赏特点

花期长，且正值夏季开花少的时节，紫色的小花开满枝梢，且具有芳香。

▶园林应用价值

不仅作为干旱地区的绿化植物种植，还可于草坪、路边、墙隅、假山旁及林缘丛植观赏或于疏林下片植，或用于花境布置，或盆栽观赏，也可种植为园景、庭景灌木，具有较高的观赏价值。

▶繁殖与培育特点

薄皮木多采用播种繁殖。于10月及时采集成熟种子，晾干贮藏，翌年春季将种子用清水浸泡8小时，捞出装入纱布袋子中，保持湿润，待部分种子露白后即可播种，播前细致整地，播后覆土1.5 cm，喷水保持畦面湿润，幼苗出土后及时松土除草，加强管理，苗高8～10 cm时即可出圃移栽。

▶园林养护技术

于疏松肥沃、排水良好的沙壤土进行地栽，株行距根据需要来定，栽后浇透水；盆栽土壤要求疏松透气、排水良好即可。生长期每半月施一次稀薄液肥，结合施肥进行除草浇水。适当修剪、剪取病枯枝、徒长枝、以利植株通风良好，保持良好株型。

252▶ 牡 丹

▶名　称

中文名：牡丹

学　名：*Paeonia suffruticosa* Andr.

别　名：木芍药、百雨金、洛阳花

科属名：毛茛科　芍药属

▶形态特征

落叶灌木，高可达2米；分枝短而粗。叶通常为二回三出复叶；顶生小叶宽卵形，3裂至中部，裂片不裂或2～3浅裂，表面绿色，无毛，背面淡绿色；侧生小叶狭卵形或长圆状卵形，不等2裂至3浅裂或不裂。花单生枝顶；萼片5，绿色；花瓣5，或为重瓣，玫瑰色、红紫色、粉红色至白色，倒卵形，顶端呈不规则的波状；蓇葖果长圆形，密生黄褐色硬毛。花期5月，果期6月。

▶分布区

牡丹为中国特产。陕西、山西、河南、甘肃、四川、湖北、云南、西藏都有野生牡丹分布，其中陕西省资源最为丰富。中高低海拔都有栽培。

▶生态习性

性喜温暖、凉爽、干燥、阳光充足的环境。忌积水，怕烈日直射。适宜在疏松、深厚、肥沃、地势高燥、排水良好的中性沙壤土中生长。

▶观赏特点

牡丹花品种繁多，色泽亦多，在栽培类型中，主要根据花的颜色，可分成上百个品种，尤其黄、绿为贵。牡丹花大而香，古有"国色天香"之美誉。

▶园林应用价值

牡丹露地栽培可孤植、丛植和片植，用于花境、花台或花带栽植。亦可建植牡丹专类园或盆栽，有的品种可作为切花或保鲜花。

▶繁殖与培育特点

我国栽培牡丹已经有 1 500 多年的历史，可用分株、嫁接和播种的方式繁殖。播种一般用于野生种类。品种生产中多采用分株方法繁殖。牡丹亦可通过修剪或嫁接培育独干苗。

▶园林养护技术

牡丹地栽要选择地势高、排水良好的向阳地，切忌栽在易积水的低洼处；不宜经常浇水，北方干旱地区一般浇花前水、花后水和封冻水；修剪应在开花前侧蕾出现后及时摘除，以便养分集中，促使顶蕾花大花美。为延长观赏时间，大田栽植牡丹可临时搭棚遮风避光；盆栽应移至阳光不能直射的、通风透光的环境，视长相及盆土湿润程度适时浇水，花朵上不要淋水，这样花期最长；需插花时的剪切，伤口应在水中剪切或灼伤为好。插花用水应放入保鲜剂或加少许白糖，以延长插花的花开时间。常见病害有以下几种：褐斑病、白粉病等。常见虫害有：蛴螬等。

藤本

TENGBEN

253 ▶ 五味子

◉ 名　称

中文名：五味子

学　名：*Schisandra chinensis* (Turcz.) Baill.

别　名：北五味子、玄及、会及、五梅子

科属名：木兰科 五味子属

◉ 形态特征

落叶木质藤本。叶膜质，宽椭圆形；叶柄长 1 ～ 4 cm，两侧由于叶基下延成

极狭的翅。雄花，花被片粉白色或粉红色，6 ～ 9 片，长圆形或椭圆状长圆形；雄蕊长约 2 mm，花药长约 1.5 mm；雄蕊仅 5（6）枚，互相靠贴，直立排列于长约 0.5 mm 的柱状花托顶端，形成近倒卵圆形的雄蕊群；雌花，花被片和雄花相似。小浆果红色，近球形或倒卵圆形，径 6 ～ 8 mm，果皮具不明显腺点。花期 5 ～ 7 月，果期 7 ～ 10 月。

◉ 分布区

产于黑龙江、吉林、辽宁、内蒙古、河北、山西、宁夏、甘肃、山东。也分布于朝鲜和日本。

◉ 生态习性

喜光耐阴、喜湿润耐寒，不耐水湿地，不耐干旱贫瘠和黏湿的土壤，因此，五味子天然株丛多分布于溪流两岸的针阔混交林缘，林间空地。在腐殖质土或疏松肥沃的土壤中生长良好；在干旱、寒冷、无遮阴的裸地上生长，五味子有严重枯梢现象，结果少。

◉ 观赏特点

五味子攀缘性强，蔓长枝茂，叶绿花香，十分幽雅动人；秋季，叶背赤红，红色果实累累下垂，更是鲜艳夺目、美丽壮观，是叶、花、果均可观赏的藤本植物。

◉ 园林应用价值

宜作林下垂直绿化或棚架绿化。可在道路栏杆边、假山石旁或其他林下设

立支架栽植，从而丰富园林绿化层次，增加园林造景的艺术效果，为园林绿化环境增添一丝趣味。

▶ 繁殖与培育特点

除种子繁殖外，主要靠地下横走茎繁殖。在人工栽培中，很多人进行了扦插、压条和种子繁殖的研究。其结果扦插压条虽然也能生根发育成植株，但生根困难，处理时要求的条件不易掌握，均不如种子繁殖。种子繁殖方法简单易行，并能在短期内获得大量苗子。

▶ 园林养护技术

用人工栽培，需对种子进行处理，翌春即可裂口播种。选择肥沃的腐殖土或砂土进行播种，然后灌水施肥、剪枝、增粗、松土除草和培土，主要病害有：根腐病、叶枯病、果腐病、白粉病和黑斑病。虫害有卷叶虫。

254 ▶ 太行铁线莲

▶ 名　称

中文名：太行铁线莲

学　名：*Clematis kirilowii* Maxim.

别　名：黑狗筋、老牛杆、黑老婆秧

科属名：毛茛科　铁线莲属

▶ 形态特征

木质藤本，干后常变黑褐色。一至二回羽状复叶，有 5 ～ 11 小叶或更多；

基部一对或顶生小叶常 2 ～ 3 浅裂、全裂至 3 小叶，中间一对常 2 ～ 3 浅裂至深裂，茎基部一对为三出叶；小叶片或裂片革质，卵形至卵圆形。聚伞花序或为总状、圆锥状聚伞花序，腋生或顶生；萼片 4 或 5 ～ 6，开展，白色，倒卵状长圆形，外面有短柔毛，边缘密生茸毛。瘦果卵形至椭圆形，花柱宿存。花期 6 月至 8 月，果期 8 月至 9 月。

▶ 分布区

在我国分布于山西南部及太行山一带、河北、山东、河南西部、安徽东北部及江苏徐州专区及陕西等地。

▶ 生态习性

铁线莲性耐寒，耐旱，较喜光照，但不耐暑热强光，喜深厚肥沃、排水良好的碱性壤土及轻沙质壤土。

◉ 观赏特点

大部分铁线莲在春末夏初开花，夏季零星开，秋季可再次开花，也有的在入冬低温时开花。生长年数长的铁线莲可同时开出上千朵花，非常壮观。

◉ 园林应用价值

可作为花境与藤架。园林栽培中可用木条、竹材等搭架让铁线莲新生的茎蔓缠绕其上生长，构成塔状；也可栽培于绿廊支柱附近，让其攀附生长；还可布置在稀疏的灌木篱笆中，任其攀爬在灌木篱笆上，将灌木绿篱变成花篱。也可布置于墙垣、棚架、阳台、门廊等处，效果显得格外优雅别致。

◉ 繁殖与培育特点

播种、压条、嫁接、分株或扦插繁殖均可。杂交铁线莲栽培变种以扦插为主要繁殖方法。7～8月取半成熟枝条，在节间截取，节上具2芽。扦插深度为节上芽刚露出土面。底温15～18℃。生根后上盆，在防冻的温床或温室内越冬。春季换大盆，移出室外。夏季需遮阴防阵雨，10月底定植。

◉ 园林养护技术

株形丰满美观，为提高观赏效果而不可修剪，以防剪除花芽，导致当年无花可赏。一般可在秋季植株进入休眠后进行轻度修剪，只剪除过于密集、纤细和病虫茎蔓即可，对于过长的、徒长茎蔓，也可采用修剪进行短缩。铁线莲的茎细而脆容易折断，应注意对茎蔓的绑缚牵引。对于要保留的枝条，操作时要注意保护，以防折断。

255 ▶ 短尾铁线莲

◉ 名　称

中文名：短尾铁线莲

学　名：*Clematis brevicaudata* DC.

别　名：短尾木通、短尾铁绒莲、黑老婆秧

科属名：毛茛科　铁线莲属

◉ 形态特征

藤本。枝有棱，小枝疏生短柔毛或近无毛。一至二回羽状复叶或二回三出复叶，有5～15小叶，有时茎上部为三出叶；小叶片长卵形、卵形至宽卵状

披针形或披针形，边缘疏生粗锯齿或牙齿，有时 3 裂。圆锥状聚伞花序腋生或顶生；萼片 4，开展，白色，狭倒卵形，两面均有短柔毛，内面较疏或近无毛；雄蕊无毛。瘦果卵形，密生柔毛，花柱宿存。花期 7 ～ 9 月，果期 9 ～ 10 月。

▶ 分布区

在我国分布于西藏东部、云南、四川、甘肃、青海东部、宁夏、陕西、河南、湖南、浙江、江苏、山西、河北、内蒙古、东北等地。

▶ 生态习性

铁线莲喜冷凉、养分丰富、湿润和透水性好的土壤，其根部喜遮阴，但地上的茎、叶花喜阳光；喜潮湿滤性好的石灰质土，偏酸性土壤也能适合生长。

▶ 观赏特点

夏季白色的花朵爬满绿色的藤蔓，给炎热的暑夏带来清凉，是观赏性很好的藤本植物。

▶ 园林应用价值

常作为花境与藤架材料，花量极大，花果皆赏。

▶ 繁殖与培育特点

常采用播种种植。将 9 ～ 10 月采收后的种子做春化处理后置于蒸馏水中浸泡 1 夜，潮湿环境下 4 ～ 10℃湿闷 2 周后播种。亦可扦插。

▶ 园林养护技术

同太行山铁线莲养护，本种比太行山铁线莲更粗放管理。

256▶ 黄花铁线莲

▶ 名　称

中文名：黄花铁线莲

学　名：*Clematis intricata* Bunge.

别　名：透骨草、蓼吊秧

科属名：毛茛科　铁线莲属

▶ 形态特征

草质藤本。茎纤细，多分枝。一至二回羽状复叶；小叶有柄，2 ～ 3 全裂、深裂或浅裂。聚伞花序腋生，通常为 3 花，有时单花；萼片 4，黄色，狭卵形或长圆形，顶端尖，两面无毛，偶尔内面有极稀柔毛，外面边缘有短茸毛；花丝线

形，有短柔毛，花药无毛。瘦果卵形至椭圆状卵形，扁，被柔毛，宿存花柱被长柔毛。花期6月至7月，果期8月至9月。

▶ 分布区

分布于青海东部、甘肃南部、陕西、山西、河北、辽宁凌源、内蒙古西部和南部。

▶ 生态习性

耐寒、耐旱、较喜光照，但不耐暑热强光，喜深厚肥沃、排水良好的碱性壤土及轻沙质壤土。根系为黄褐色肉质根，不耐水渍。

▶ 观赏特点

观萼片，黄色，背面偏红，反卷，质厚。

▶ 园林应用价值

可用于垂直绿化。

▶ 繁殖与培育特点

播种、压条、嫁接、分株或扦插繁殖均可。如在春季播种，约3～4周可发芽。在秋季播种，要到春暖时萌发。压条在3月份用上一年生成熟枝条压条，通常在1年内生根。扦插在7～8月取半成熟枝条，在节间截取，节上具2芽。介质用泥炭和砂各半。扦插深度为节上芽刚露出土面，10月底定植。

▶ 园林养护技术

在夏季适当采取降温措施。土壤不能够过干或过湿，特别是夏季高温时期，基质不能太湿。一般在生长期每隔3～4天浇1次透水，浇水在基质干透但植株未萎蔫时进行。休眠期则只要保持基质湿润便可。浇水时不能让叶面或植株基部积水，否则很容易引起病害。施肥在2月下旬或3月上旬抽新芽前，施一点复合肥，以加快生长，在4月或6月追施1次磷酸肥，以促进开花。修枝一般一年1次，去掉一些过密或瘦弱的枝条。

257 ▶ 松潘乌头

▶ 名 称

中文名：松潘乌头

学 名：*Aconitum sungpanense* Hand. Mazz.

别 名：火焰子、金牛七、蔓乌药

科属名：毛茛科 乌头属

◉ 形态特征

块根长圆形,长约 3.5 cm。茎缠绕,分枝。叶片草质,五角形,三全裂,中央全裂叶片卵状菱形或近菱形。总状花序有花 5 ～ 9 朵;下部苞片三裂,其他苞片线形;萼片淡蓝紫色,有时带黄绿色,上萼片高盔形;花瓣无毛或疏被短毛,向后弯曲。蓇葖果无毛或疏被短柔毛;种子三棱形,沿棱生狭翅,只在一面密生横膜翅。8 ～ 9 月开花。

◉ 分布区

分布于四川北部、青海东部、甘肃南部、宁夏南部、陕西南部及山西南部。生活在海拔 1 400 ～ 3 000 m 的山地林中、林边或灌丛中。

◉ 生态习性

对气候、土壤条件要求不严,尤喜温和气候,怕高温,怕涝。

◉ 观赏特点

花色淡雅,花冠奇特,观赏性强。

◉ 园林应用价值

宜作垂直绿化植物,栽植于篱笆或墙垣处。

◉ 繁殖与培育特点

松潘乌头种子萌发率较低,目前野生资源匮乏,采用分根繁殖适宜。

◉ 园林养护技术

管理粗放,生长季注意清除杂草即可。虫害主要是蚜虫,主要病害有角斑病、根腐病。角斑病多发生在雨季,发病后叶片呈褐色斑状,并逐渐干枯,防治可用甲基托布津 800 倍液喷雾,每四天喷一次,连喷三次。白绢病又叫根腐病,在 6 ～ 8 月发病重,受害根成乱麻状干腐或烂薯状湿腐,根周围和表土布满油芽籽状菌核。防治方法是和水稻或禾本科植物轮作,采用高畦,雨季排水,土壤消毒,发病用 50% 多菌灵或 50% 甲基托布津 1 000 倍液灌根。

258 ▶ 啤酒花

◉ 名 称

中文名:啤酒花

学 名:*Humulus lupulus* Linn.

别 名:蛇麻草、酒花

科属名:桑科 葎草属

◉ 形态特征

多年生攀援草本,茎、枝和叶柄密生茸毛和倒钩刺。叶卵形或宽卵形,不裂或 3 ～ 5 裂,边缘具粗锯齿,表面密生小刺毛。雄花排列为圆锥花序;雌花

每两朵生于一苞片腋间；苞片呈覆瓦状排列为一近球形的穗状花序。果穗球果状；宿存苞片干膜质，果实增大。瘦果扁平，每苞腋 1 ～ 2 个，内藏。花期秋季。

◉分布区

我国各地多栽培。亚洲北部和东北部、美洲东部也有。

◉生态习性

喜光照良好，喜湿润，喜土壤肥沃。

◉观赏特点

雌花序（果序）形状奇特，浅绿淡雅，累累垂挂掩映在枝叶间，甚是美丽。

◉园林应用价值

适用于攀援花架或篱棚，雌花序可制干花。

◉繁殖与培育特点

播种或扦插繁殖。当啤酒花新梢长到 30 ～ 50 cm 时，及时掐去嫩芽顶尖，3 天后，新梢稍微木质化时即可作为插条。将半木质化的新梢整个剪下，小叶片保留，大叶可去掉半个叶片。将剪好的插条扦插在平整好的园地上，浇足水，约两周即能见到新发的幼芽。

◉园林养护技术

开花期保证足够的水分，整个生长期约需灌溉 7 ～ 8 次。施肥可结合灌溉进行，现蕾期和花期施复合肥各 1 次，越冬前施有机肥料。每次灌溉或雨后均应及时中耕除草，一般在生长前期和后期宜深锄，开花期间则浅锄。主要病害有霜霉病，虫害有玉米螟、蜗牛、朱砂红叶螨、蓑蛾等。

259▶ 何首乌

◉名 称

中文名：何首乌

学 名：*Fallopia multiflora* (Thunb.) Harald.

别 名：夜交藤、紫乌藤、多花蓼

科 属：蓼科 何首乌属

▶形态特征

多年生缠绕藤本植物。块根肥厚。叶卵形或长卵形，顶端渐尖，基部心形或近心形，两面粗糙，边全缘；叶柄长 1.5～3 cm；托叶鞘膜质，偏斜，无毛。花序圆锥状，顶生或腋生，长 10～20 cm，分枝开展，具细纵棱，沿棱密被小突起；苞片三角状卵形，具小突起，顶端尖；瘦果卵形，具 3 棱，长 2.5～3 mm，黑褐色，有光泽，包于宿存花被内。花期 8～9 月，果期 9～10 月。

▶分布区

产陕西南部、甘肃南部、华东、华中、华南、四川、云南及贵州。生于山谷灌丛、山坡林下、沟边石隙，海拔 200～3 000 m 处。日本也有。

▶生态习性

何首乌在土层深厚、肥沃疏松，排水良好的沙质壤土上栽培良好。

▶观赏特点

多年生缠绕藤本植物，夏季开黄白花，花序圆锥状，顶生或腋生块根肥厚。

▶园林应用价值

在气候寒冷的北方冬季落叶，而在气候温暖的南方则表现为四季常绿。植株具紫褐色或红褐色的块根，其形状以椭圆形为主，块根古朴、富于变化，枝蔓茂盛，叶片清秀，可作盆栽观赏。

▶繁殖与培育特点

采用播种、扦插、分株三种繁殖方式。直播为主，也可育苗移栽；扦插于 3 月上旬至 4 月上旬选生长旺盛、健壮无病虫植株的茎藤，剪成长 25 cm 左右的插条，每根应具节 3 个左右。分株于秋季刨收块根时或春季萌芽前刨出根际周围的萌蘖，选有芽眼的茎蔓和须根生长良好的植株，挖穴栽种。可通过修剪等技法进行盆景造型。

▶园林养护技术

保持田间湿润。生长期应注意除草；

何首乌喜肥，除施足底肥外，幼苗期迫施一次清淡人畜粪尿水，以利幼苗生长；何首乌的病害主要是叶斑病和根腐病。

260 山荞麦（木藤蓼）

▶名　称

中文名：山荞麦

学　名：*Fallopia aubertii* (L. Henry) Holub

别　名：木藤蓼、康藏何首乌、奥氏蓼

科属名：蓼科　何首乌属

▶形态特征

半灌木。茎缠绕，长1～4 m，灰褐色，无毛。叶簇生稀互生，叶片长卵形或卵形；托叶鞘膜质，偏斜，褐色，易破裂。花序圆锥状，少分枝，稀疏。苞片膜质，

顶端急尖，每苞内具3～6花；花被5深裂，淡绿色或白色，花被片外面3片较大，背部具翅，果时增大，基部下延；瘦果卵形。花期7～8月，果期8～9月。

▶分布区

产内蒙古（贺兰山）、山西、河南、陕西、甘肃、宁夏、青海、湖北、四川、贵州、云南及西藏（察隅）。生于山坡草地、山谷灌丛海拔900～3 200 m处。

▶生态习性

木藤蓼喜光，稍耐阴，在庇阴下小枝生长快；深根性、耐寒、稍耐高温，对土壤要求不严格，稍耐瘠薄、干旱；喜肥沃深厚、排水良好的沙壤土。

▶观赏特点

木藤蓼开花时一片雪白色，轻盈可爱，有微香。是良好的攀援和蜜源植物。

▶园林应用价值

立体绿化。木藤蓼攀援能力极强，有支架或花格墙等附着物可迅速布满，是绿篱花墙隔离、遮阴凉棚、假山斜坡等立体绿化快速见效的极好树种。

▶ 繁殖与培育特点

种子繁殖。种子采收在 10 月下旬至 11 月中旬，种子成熟的标志是宿存花被由鲜色变为干微黄白色，外种皮由绿色转为棕褐色，总花梗尚带灰绿，小花梗已近枯黄褐时即应采收。因种子成熟较迟，常受早霜危害，如遇大风时种子飞散，所以应提前勘察种源和成熟情况。

▶ 园林养护技术

其主要利用地下部分栽植，除常规育苗浇水、除草、追肥外，苗木长到 58 cm 时可分株带土移植，每平方米保留苗木不要超过 30 株。在苗木长到 15 ～ 20 cm 时可采用断主根技术，促侧根发育，断根后及时施肥、浇水。秋季后期要控制浇水，避免徒长。

261▶ 猕猴桃

▶ 名　称

中文名：猕猴桃

学　名：*Actinidia chinensis* Planch.

别　名：藤梨、羊桃藤、羊桃

科　属：猕猴桃科　猕猴桃属

▶ 形态特征

大型落叶藤本。叶纸质，倒阔卵形至倒卵形或阔卵形至近圆形，顶端截平形并中间凹入或具突尖、急尖至短渐尖，边缘具脉出的直伸的睫状小齿，腹面深绿色，无毛或中脉和侧脉上有少量软毛

或散被短糙毛，背面苍绿色，密被灰白色或淡褐色星状茸毛。聚伞花序 1 ～ 3 朵，花初放时白色，放后变淡黄色，有香气。果黄褐色，近球形、圆柱形、倒卵形或椭圆形。花期为 5 ～ 6 月，果熟期为 8 ～ 10 月。

▶ 分布区

产陕西（南端）、湖北、湖南、河南、安徽、江苏、浙江、江西、福建、广东（北部）和广西（北部）等省区。

▶生态习性

猕猴桃喜半阴环境，喜阳光但对强光照射比较敏感，需水又怕涝，属于生理耐旱性弱、耐湿性弱的果树，土壤以深厚肥沃、透气性好为主。

▶观赏特点

猕猴桃藤蔓缠绕盘曲，枝叶浓密，叶大而碧绿，花淡雅，芳香，果橙黄。枝叶、花和果均具有一定的观赏价值。

▶园林应用价值

适用于花架、庭廊、护栏、墙垣等的垂直绿化。也可攀附在树上或山石陡壁上。

▶繁殖与培育特点

常通过播种、扦插与组织培养繁殖。播种繁殖实生苗会大量出现雄株而不结实，即使是雌株也需要5～6年才开花结实。2月下旬至3月上旬播种比较适宜。

▶园林养护技术

猕猴桃采用多主蔓扇形或漏斗形棚架整枝。选定3个芽萌发分生主蔓，每个主蔓留2根侧蔓，其余的小蔓全部抹除，使选定的3个芽培养成三大主枝时搭棚架牵引。定植后2～3年，树冠不断扩大并已成形，主枝和副主枝等骨干枝正在形成，树势不断增强，生长健壮，此期修剪应继续培养良好的骨架，稳步扩大树冠，平衡树势。主要病害有炭疽病、根结线虫病、蒂腐病，虫害有桑白盾蚧、吸果夜蛾等。

262 ▶ 紫 藤

▶名　称

中文名：紫藤

学　名：*Wisteria sinensis* (Sims)Sweet

别　名：朱藤、招藤、招豆藤

科属名：豆科　紫藤属

▶形态特征

落叶藤本。茎左旋，枝较粗壮，嫩枝被白色柔毛，后秃净；奇数羽状复叶；小叶纸质，卵状椭圆形至卵状披针形，上部小叶较大；总状花序发自去年年短枝的腋芽或顶芽；苞片披针形，早落；花萼杯状；花冠紫色，旗瓣圆形；子房线形；荚果倒披针形，悬垂枝上不脱落；种子褐色，具光泽，扁平圆形。花期4月中旬至5月上旬，果期5～8月。

▶分布区

原产中国，华北地区多有分布。华东、华中、华南、西北和西南地区均有栽培；朝鲜、日本亦有分布。

▶生态习性

喜光，对气候和土壤适应性强；略耐阴，较耐寒，但在北方仍以植于避风向阳之处为好；喜深厚肥沃而排水良好的土壤，但亦有一定的耐干旱、瘠薄和水湿的能力。

▶观赏特点

紫藤枝叶茂密，庇阴效果强，春天先叶开花，穗大而美，有芳香，培育的园艺品种花色更加丰富，有蓝紫、白色、桃红等；株型更加多样。

▶园林应用价值

宜作园景树、盆景、立体绿化植物应用。紫藤经过修剪，具有乔木树型，非常美观，可种植于宽阔的绿化空间。紫藤主干自然变化多端，萌芽力强且耐修剪，是优良的树桩盆景材料；藤架式绿化可以达到很好的绿化遮阴效果，因此在公园、小游园内，藤架绿化是目前紫藤主要的栽培形式。

▶繁殖与培育特点

紫藤繁殖容易，可用播种、扦插、压条、分株、嫁接等方法，主要用播种、扦插，但因实生苗培养所需时间长，所以应用最多的是扦插。扦插繁殖南方在早春，北方在土壤解冻后。

▶园林养护技术

栽植紫藤应选择土层深厚、土壤肥沃且排水良好的高燥处，过度潮湿易烂根；栽植时间一般在秋季落叶后至春季萌芽前；在移栽时，植株要带土球；对较大植株，在栽植前应设置坚固耐久的棚架，要对当年生的新枝进行回缩，剪去 1/3 ～ 1/2，并将细弱枝、枯枝从分枝基部剪除；紫藤的病毒病有数种，而以脉花叶病最为常见；紫藤常见虫害有蜗牛、介壳虫、白粉虱等。

263 葛

○ 名　称

中文名：葛藤

学　名：*Pueraria lobata* (Wild.) Ohwi

别　名：葛藤、干葛、野葛

科属名：豆科　葛属

○ 形态特征

多年生草质藤本植物，分枝较多，常铺于地面或缠于它物而向上生长，一年生枝条长达5～6 m。块根肥厚圆柱状。叶互生，顶生叶片菱状卵圆形。总状花序，腋生，蝶形花冠，紫红色。荚果长条形，扁平，密被黄褐色硬毛。花期4～8月，种子成熟期8～10月。

○ 分布区

全国各地均有分布。东南亚至澳大利亚亦有分布。

○ 生态习性

葛喜温暖湿润的气候，以湿润和排水通畅的土壤为宜，耐酸性强，较耐寒，在寒冷地区，越冬时地上部冻死，但地下部仍可越冬，第二年春季再生。

○ 观赏特点

叶大，生长快，紫色的花序大而艳丽，具有一定的观赏价值。

○ 园林应用价值

攀援性植物，可美化藤架、墙垣、篱笆或栏杆，也可以做花境点缀。

○ 繁殖与培育特点

可采用多种方式繁殖，繁殖较容易，方法简单。3～4月播种进行繁殖；当夏季生长繁茂时，可压条繁殖，选健壮枝条，用波状或连续压条法，将葛藤埋入土中使其生根；在早春未萌芽前，选择节短、生长1～2年的粗壮葛藤进行

扦插繁殖；在冬季采挖时，切下 10 cm
左右长的根头，直接栽种利用根头繁殖。

◎ 园林养护技术

　　选择土层深厚、疏松肥沃的沙质壤
上种植。常见虫害有金龟子、蟋蟀。

264 ▶ 南蛇藤

◎ 名　称

中文名：南蛇藤

学　名：*Celastrus orbiculatus* Thunb.

别　名：蔓性落霜红、南蛇风、大南蛇

科属名：卫矛科　南蛇藤属

◎ 形态特征

　　落叶藤状灌木。小枝光滑无毛，灰
棕色或棕褐色；腋芽小，卵状到卵圆状。
叶通常阔倒卵形，近圆形或长方椭圆形。
聚伞花序腋生，间有顶生，小花 1 ～ 3 朵；
雄花萼片钝三角形；花瓣倒卵椭圆形或
长方形；雌花花冠较雄花窄小；子房近
球状；蒴果近球状；种子椭圆状稍扁，
赤褐色。花期 5 ～ 6 月，果期 7 ～ 10 月。

◎ 分布区

　　全国各地均有分布，国外分布达朝
鲜、日本。

◎ 生态习性

　　南蛇藤性喜阳耐阴，耐寒、耐旱、
耐半荫，抗寒耐旱，对土壤要求不严。

◎ 观赏特点

　　野生南蛇藤以周边植物或山体岩石
为攀援对象，远望形似一条蟒蛇在林间、
岩石上爬行，蜿蜒曲折，野趣横生；春
夏枝叶繁茂，秋季叶片经霜变红或变黄
时，美丽壮观；成熟的黄色硕果，竞相
开裂，露出鲜红色的假种皮，红黄相间，
宛如颗颗镶嵌其中的红色玛瑙。

◎ 园林应用价值

　　是作垂直绿化的优良树种，宜植于
棚架、墙垣、岩壁等处；亦可植于湖畔、

塘边、溪旁、河岸，种植于坡地、林缘及假山、石隙等处也颇具野趣；若剪取成熟果枝瓶插，装点居室，也能满室生辉。

▶ 繁殖与培育特点

可用播种、分株、压条、扦插等方法繁殖。

▶ 园林养护技术

南蛇藤的移栽多在春、秋两季进行。其根系发达，藤冠面积大而茎蔓较细，起苗时往往根系损伤较多，故起苗时如不对藤冠修剪，会造成水分代谢失衡而导致植株死亡。为了提高成活率，对栽植苗要适当重剪。南蛇藤苗期应适当控水，夏初要及时供应水分；在早春或晚秋施有机肥作基肥，秋季应多施钾肥，减少氮肥，防贪青徒长，影响抗寒能力，在进入旺盛生长期后应及时补充养分；移栽后当藤长 100～130 cm 时，应搭架或向篱墙边或乔木旁引蔓，以利藤蔓生长。由于南蛇藤的分枝较多，栽培过程中应注意修剪枝藤，控制蔓延，增强观赏效果。

265 ▶ 苦皮藤

▶ 名 称

中文名：苦皮藤
学 名：*Celastrus angulatus* Maxim.
别 名：马断肠、老虎麻
科属名：卫矛科 南蛇藤属

▶ 形态特征

藤状灌木。叶大，近革质，长方阔椭圆形、阔卵形、圆形；托叶丝状，早落。聚伞圆锥花序顶生，下部分枝长于上部分枝，略呈塔锥形，花序轴及小花轴光滑或被锈色短毛；小花梗较短，关节在顶部；花萼镊合状排列，三角形至卵形，近全缘；花瓣长方形，边缘不整齐；花盘肉质，浅盘状或盘状，5 浅裂。蒴果近球状；种子椭圆状。花期 5 月。

▶ 分布区

产于河北、山东、河南、陕西、甘肃、江苏、安徽、江西、湖北、湖南、四川、贵州、云南及广东、广西。生长于海拔 1 000～2 500 m 山地丛林及山坡灌丛中。

▶ 生态习性

喜阳耐阴，耐寒、耐旱、耐半荫，抗寒耐旱，对土壤要求不严。

▶ 观赏特点

入秋后叶色变红，果黄色球形，开裂后露出红色假种皮，红黄相映生辉，具有较高观赏价值，攀援能力强，耐旱耐寒，耐半阴，管理粗放，是庭院理想的棚架绿化材料。

▶ 园林应用价值

同南蛇藤。

▶ 繁殖与培育特点

主要通过播种繁殖。选择结果多、健壮、无病虫害的植株作采种母株，9月下旬至10月下旬，当果皮变黄，种子淡红褐色时即可采收。湿沙层积法处理种子，分层冷藏。于翌年4月上旬至5月上旬播种。

▶ 园林养护技术

4～5月每隔10～15天施肥1次。5～8月追施速效化肥2～3次，以氮肥为主，配以适量磷、钾肥，促进幼苗健壮生长。9月停肥控水，提高苗木木质化程度，以利越冬。病虫害少见，栽培中注意剪去病弱枝。偶有红蜘蛛危害。

266 ▷ 短梗南蛇藤

▶ 名 称

中文名：短梗南蛇藤
学 名：*Celastrus rosthornianus* Loes.
科属名：卫矛科 南蛇藤属

▶ 形态特征

小枝具较稀皮孔。叶纸质，长方椭圆形、长方窄椭圆形，稀倒卵椭圆形，边缘是疏浅锯齿。花序顶生或腋生；萼片长圆形，边缘啮蚀状；花瓣近长方形；花盘浅裂，裂片顶端近平截；雄蕊较花冠稍短，在雌花中退化雄蕊；子房球状，柱头3裂，每裂再2深裂，近丝状。蒴果近球状；种子阔椭圆状。花期4～5月，果期8～10月。

▶ 分布区

产于甘肃、陕西西部、河南、安徽、浙江、江西、湖北、湖南、贵州、四川、福建、广东、广西、云南。生长于海拔500～1 800 m山坡林缘和丛林下，有时高达3 100 m处。

▶ 生态习性

性喜阳耐阴，抗寒耐旱，对土壤要求不严。

▶ **观赏特点**

短梗南蛇藤植株姿态优美，茎、蔓、叶、果都具有较高的观赏价值，是城市垂直绿化的优良树种。

▶ **园林应用价值**

常作为藤架、园景树应用。作为攀援绿化材料，短梗南蛇藤宜植于棚架、墙垣、岩壁等处；如在湖畔、塘边、溪旁、河岸种植南蛇藤，相映成趣。

▶ **繁殖与培育特点**

常通过播种繁殖。为获得纯净适于播种和贮运的种子，需进行种实的调制。即将南蛇藤的果实放入水中用手直接搓揉，经漂洗取出种子，阴干后即可播种，或层积沙藏，选高燥处挖一沟，深度在冻土层以下，冬季温度能保持在 0 ～ 15℃ 之间最好。选用洁净的河沙，其湿度以手捏能成团而不滴水为宜，种子和河沙分层放置，沙的用量约为种子量的 5 倍，在中央放一小捆秸秆作通气用，以防升温烂种，顶部高出地面，覆土约 10 cm 厚。一般成苗具 3 ～ 5 个主枝蔓。

▶ **园林养护技术**

在早春或晚秋施有机肥作基肥。在进入旺盛生长期后应及时补充养分，在开花前多施磷钾肥，应薄肥勤施。苗期应适当控水，夏初应即时供应水分，开花期需水较多而且比较严格。越冬前应浇水，使其在整个冬季保有良好的水分状况。水淹与干旱对南蛇藤的危害更大，因此应及时排涝。移栽后当藤长

100 ～ 130 cm 时，应搭架或向篱墙边或乔木旁引蔓，以利藤蔓生长。由于短梗南蛇藤的分枝较多，栽培过程中应注意修剪枝藤，控制蔓延，增强观赏效果。

267 ▶ 雀梅藤

▶ **名 称**

中文名：雀梅藤

学 名：*Sageretia thea* (Osbeck) Johnst.

别 名：酸色子、酸铜子

科属名：鼠李科 雀梅藤属

▷ 形态特征

藤状或直立灌木；小枝具刺，互生或近对生。叶纸质，近对生或互生，通常椭圆形，矩圆形或卵状椭圆形。花无梗，黄色，有芳香，通常 2 至数个簇生排成顶生或腋生疏散穗状或圆锥状穗状花序。核果近圆球形，成熟时黑色或紫黑色，味酸。种子扁平，二端微凹。花期 7 ～ 11 月，果期翌年 3 ～ 5 月。

▷ 分布区

产安徽、江苏、浙江、江西、福建、台湾、广东、广西、湖南、湖北、四川、云南。陕西有栽培。

▷ 生态习性

喜温暖湿润，喜半阴，有一定耐寒性，适应性强，耐贫瘠干燥，对土壤要求不严，在疏松肥沃的酸性、中性土壤都能生长。

▷ 观赏特点

树姿优美，枝叶细密，果实黑色，干皮薄而光滑，老桩根、干虬曲苍劲，极富观赏性。

▷ 园林应用价值

常制作为老桩盆景，也可植为矮篱，亦可攀援于假山、壁面，用作垂直绿化。

▷ 繁殖与培育特点

可播种、扦插、分株繁殖。种子在 4 ～ 5 月成熟，当其果实呈现紫黑色时便可采收，采收后，除去果肉，清洗干净便可播种。软枝扦插可挑选当年生长并已半木质的健壮枝或徒长枝作插穗，扦插时间最好在 7 ～ 8 月份进行。分株是将露地栽培数年的植株的茎干基部先行剪短，促进萌发蘖芽、并壅土让其自行生根的方法，一般在次年的 2 月底或 3 月初即可分株。

▷ 园林养护技术

陕西地区宜盆栽观赏，冬季移入室内。盆栽树桩盆景需及时整枝修剪，保持树形，可在春季修枝造型后，施薄肥 2 ～ 3 次，秋末再施 1 ～ 2 次复合肥料即可。其他季节都不必再施肥，保持植株繁茂的树态，而不增大或过于增高树势。雀梅藤喜湿润但又不耐水渍，土壤要求湿润透气。

268 ▷ 山葡萄

▷ 名　称

中文名：山葡萄

学　名：*Vitis amurensis* Rupr.

别　名：阿穆尔葡萄、木龙、烟黑

科属名：葡萄科　葡萄属

▷ 形态特征

木质藤本。小枝圆柱形，无毛，嫩枝疏被蛛丝状茸毛。叶阔卵圆形；托叶膜质，褐色；花梗无毛。花蕾倒卵圆形；萼碟形；花瓣呈帽状黏合脱落；雄蕊 5，花丝丝状，花药黄色，卵椭圆形；雌蕊 1，

子房锥形，浆果直径 1 ～ 1.5 cm，熟时紫黑色；种子倒卵圆形。花期 5 ～ 6 月，果期 7 ～ 9 月。

◉ 分布区

产黑龙江、吉林、辽宁、河北、山西、陕西、山东、安徽（金寨）、浙江（天目山）。生山坡、沟谷林中或灌丛，海拔 200 ～ 2 100 m 处。

◉ 生态习性

山葡萄对土壤条件的要求不严，多种土壤都能生长良好。但是，以排水良好、土层深厚的土壤最佳。山葡萄的特点是耐旱怕涝。

◉ 观赏特点

山葡萄树姿优美，果色艳丽晶莹。可做成篱架、花廊、花架，又可成片栽植，还可盆栽观赏，是园林结合生产的优良棚架树种。

◉ 园林应用价值

主要用于藤架。

◉ 繁殖与培育特点

扦插繁殖方法是山葡萄苗木繁殖的主要方法，扦插分为绿枝扦插和硬枝扦插两种，以硬枝扦插为主。硬枝扦插是将冬季修剪下的一年生枝条剪留长 16 ～ 18 cm，顶部有一个饱满芽的做插条。插条上端平剪，剪口在芽上 1 cm 左右，下端斜剪，形成具有 2 个节以上的插条。插条最上部的芽保留，下部的芽削掉，并用 α – 奈己酸 150 毫克 / 千克处理 16 ～ 24 小时后进行扦插。

◉ 园林养护技术

施肥以有机肥为主、有条件的可以配合化肥。栽苗当年留两个新梢向上生长，秋季落叶后的三条成熟新梢，构成日后的固定主蔓，一般在芽眼充分成熟处剪截，高度约 60 ～ 70 cm。第二年萌芽后摘心。之后需要注意整形修剪。危害最严重的病害是霜霉病。主要虫害有葡萄虎天牛、球坚介壳虫、卷叶象鼻虫等。

269 ▶ 变叶葡萄

◉ 名　称

中文名：变叶葡萄

学　名：*Vitis piasezkii* Maxim

别　名：复叶葡萄

科属名：葡萄科　葡萄属

▶ 形态特征

木质藤本。小枝圆柱形，有纵棱纹，卷须 2 叉分枝，每隔 2 节间断与叶对生。叶 3 ~ 5 小叶或混生有单叶者；复叶者中央小叶菱状椭圆形或披针形；单叶者叶片卵圆形或卵椭圆形，上面绿色，几无毛，下面被疏柔毛和蛛丝状茸毛；托叶早落。圆锥花序疏散，与叶对生；花瓣 5，呈帽状黏合脱落。果实球形；种子倒卵圆形。花期 6 月，果期 7 ~ 9 月。

▶ 分布区

产山西、陕西、甘肃、河南、浙江、四川等地。

▶ 生态习性

生山坡、河边灌丛或林中。海拔 1 000 ~ 2 000 m 处。

▶ 观赏特点

变叶葡萄树姿优美，叶形奇特，色泽秀丽，果色艳丽晶莹。是园林结合生产的优良棚架树种。

▶ 园林应用价值

主要用于藤架和篱笆等垂直绿化。

▶ 繁殖与培育特点

同山葡萄。

▶ 园林养护技术

同山葡萄。

270 ▶ 乌头叶蛇葡萄

▶ 名 称

中文名：乌头叶蛇葡萄

学 名：*Ampelopsis aconitifolia* Bunge.

别 名：草葡萄、草白蔹、过山龙

科属名：葡萄科 蛇葡萄属

▶ 形态特征

木质藤本。枝无毛，卷须分叉。掌状 5 小叶；3 ~ 5 羽裂，披针形或菱状披针形，无柄，小叶全部羽裂，中央小叶羽裂几乎达中脉，裂片边缘具少数粗齿，无毛或幼叶下面脉上稍有毛，淡绿色；叶柄较叶短。聚伞花序与叶对生，无毛，总花梗较叶柄长；花小，黄绿色；花萼不分裂；花瓣 5；花盘边平截；雄蕊 5；子房 2 室，花柱细。浆果近球形，成熟时红色。花期 5 ~ 6 月，果期 8 ~ 9 月。

▶ 分布区

产于吉林，辽宁，内蒙古，北京，天津，河北，山西，陕西，宁夏，甘肃，青海，山东，江苏，安徽，浙江，江西，河南，湖北，广东，广西，重庆，四川。

▶ 生态习性

生于海拔 350 ～ 2 300 m，性较抗寒，冬季不需埋土。喜肥沃而疏松的土壤。多生于路边、沟边、山坡林下灌丛中、山坡石砾地及沙质地，耐阴。

▶ 观赏特点

枝蔓飘逸，掌状叶清新可爱，浆果橙红色似葡萄，极富野趣。

▶ 园林应用价值

多用于篱垣、林缘地带，还可以作棚架绿化或配植山石。

▶ 繁殖与培育特点

非人工引种栽培，以播种繁殖为主。在早春（3 月）进行地床条播，播前温水浸种催芽。也可采用扦插繁殖。

▶ 园林养护技术

乌头叶蛇葡萄习性强健，地栽管理粗放，天旱时注意浇水，因其生长迅速，注意设立牵引绳或者金属丝供其攀援。盆栽乌头叶蛇葡萄以排水透气性良好的沙质土生长最好，平时注意浇水以保持土壤湿润。对于生长较旺盛的植株可每月施一次腐熟的稀薄液肥，以促进生长。盆栽植株注意打头、摘心、修剪整形，以保持植株美观。

271 ▶ 葎叶蛇葡萄

▶ 名 称

中文名：葎叶蛇葡萄

学 名：*Ampelopsis humulifolia* Bunge

科属名：葡萄科 蛇葡萄属

▶ 形态特征

木质藤本。小枝圆柱形，有纵棱纹，无毛。卷须 2 叉分枝，相隔 2 节间断与叶对生。叶为单叶，3 ～ 5 浅裂或中裂，长 6 ～ 12 cm，宽 5 ～ 10 cm，心状五角形或肾状五角形，边缘有粗锯齿，通常齿尖，上面绿色，下面粉绿色，

托叶早落。多歧聚伞花序与叶对生；花蕾卵圆形，高 1.5～2 mm，顶端圆形；萼碟形，边缘呈波状，外面无毛；花瓣 5，卵椭圆形，高 1.3～1.8 mm，外面无毛；雄蕊 5，花药卵圆形，长宽近相等，花盘明显，波状浅裂；子房下部与花盘合生，花柱明显，柱头不扩大。浆果近球形，淡黄色或蓝色，径 0.6～10 cm，有种子 2～4 颗。花期 5～7 月，果期 5～9 月。

分布区

产内蒙古、辽宁、青海、河北、山西、陕西、河南、山东。

生态习性

喜光照、耐寒、抗旱、耐瘠薄，对气候有极强的适应性，同时对栽培的土壤要求不高，不仅适合肥沃的土地而且也适合贫瘠的荒野。

观赏特点

葎叶蛇葡萄具有颜色多变的果实，从白色、粉色、黄色、蓝色、紫色等等各种各样的过渡，表面还散布着褐色的斑点，具有野趣。

园林应用价值

在园林上可用作立体绿化。宜植于藤架，花架、墙垣等地方。

繁殖与培育特点

常使用扦插和播种繁殖。扦插繁殖，葎叶蛇葡萄硬枝扦插生根困难，因此常采用软材扦插。选择植株上的半木质化的新梢或副梢，剪成长 10 cm 左右的节，使芽位于顶端，上端距芽 0.5～1 cm 处剪成平口，下端剪成斜口，节间短的剪取 2 节，每个插条上均留 1 片叶，用 NAA 速蘸插条下端，随蘸随插。基质可用细炉灰渣或河沙，插前分别铺入床内整平，厚度为 7～10 cm，灌透水。扦插时先以 0.8～1.0 cm 小木棒按 10 cm ×15 cm 株行距打孔，深 4～7 cm，将用药剂处理的插条插入孔内，随后埋好，及时喷水于叶面上，以防萎蔫。插条采用塑料拱棚并喷水保温、保湿，拱棚外架设苇帘遮阴，以免强光照射，使气温保持在 20℃～25℃，空气湿度保持在 9% 左右，30 天左右生根成活即可移栽。

▶园林养护技术

同乌头叶蛇葡萄，性强健，管理较粗放，天旱时注意浇水，因其生长迅速，注意设立牵引绳或者金属丝供其攀援。

272▶ 五叶地锦

▶名　称

中文名：五叶地锦

学　名：*Parthenocissus quinquefolia* (L.) Planch.

别　名：五叶爬山虎、爬山虎、飞天蜈蚣

科属名：葡萄科　地锦属

▶形态特征

落叶藤本植物，幼枝紫红色。卷须与叶对生，5～12分枝，顶端吸盘大；掌状复叶，具长柄，小叶5片，质较厚，卵状长椭圆形或倒长卵形，先端尖，基部楔形，缘具大齿，表面暗绿色，背面稍具白粉并有毛。聚伞花序集成圆锥状。浆果近球形，成熟时蓝黑色，稍带白粉。花期6～7月，果期8～10月。

▶分布区

原产北美。我国东北、华北各地均有栽培，应用较为广泛。

▶生态习性

喜温暖气候，具有一定的耐寒能力，耐阴、耐贫瘠，对土壤与气候适应性较强，干燥条件下也能生存。在中性或偏碱性土壤中均可生长，并具有一定的抗盐碱能力，生长旺盛，抗病性强，病虫害少。

▶观赏特点

春季、夏季形成一片翠绿色屏障，

秋季叶色变黄至变红，十分艳丽，是秋季一大景观，可与香山红叶媲美，不仅是绿化美化的好材料，更是彩化、净化的好材料。

▶ 园林应用价值

可用于墙垣绿化，是庭园墙面垂直绿化的主要树种之一。宜配植于宅院墙壁、围墙、庭园入口处、桥头石墩等处。亦可用于城市绿化，还可用于乡镇绿化或公路护坡绿化。因其对二氧化硫等有害气体有较强的抗性，也宜作工矿街坊的绿化材料。

▶ 繁殖与培育特点

通常都是在生长季节采用扦插、压条和播种方式繁殖，根据五叶地锦容易生根的特点，在入冬时节剪截插穗，挖坑埋藏，从而可以大量地繁殖五叶地锦。

▶ 园林养护技术

投资低，便于管理，一般在冬季整枝修剪，主要是修剪掉一些枯枝、过密枝及病虫枝，促使成活枝更好地萌发生长。同时，对栽植在立交桥体的五叶地锦，在其生长过程中，要经常剪枝、缠枝、绕枝和牵引，以免影响交通。

273▶ 菝葜

▶ 名　称

中文名：菝葜

学　名：*Smilax china* L.

别　名：金刚刺、金刚藤、乌鱼刺

科属名：百合科　菝葜属

▶形态特征

攀援灌木，根状茎粗厚，坚硬，为不规则的块状。茎长 1～3 m，少数可达 5 m，疏生刺。叶薄革质或坚纸质，圆形、卵形或其他形状，下面通常淡绿色，较少苍白色。伞形花序生于叶尚幼嫩的小枝上，具十几朵或更多的花，常呈球形，花绿黄色，雄花中花药比花丝稍宽，常弯曲；雌花与雄花大小相似，有6枚退化雄蕊。浆果熟时红色，有粉霜。花期 2～5 月，果期 9～11 月。

▶分布区

在中国分布于山东、江苏、浙江、福建、台湾、江西、安徽、河南、湖北、四川、云南、贵州、湖南、广西、广东及陕西等地。

▶生态习性

喜微潮偏干的土壤环境，稍耐旱。

▶观赏特点

秋季结红果，有一定的观赏价值。

▶园林应用价值

多做地栽，可在棚架、山石旁进行种植，亦可作为绿篱使用。

▶繁殖与培育特点

该植物以分株法繁殖为主，多在每年春季进行。亦可采用播种、扦插、压条等方法进行育苗。菝葜的种子为短命种子，不宜隔年使用，因此如果采用播种法育苗，最好在其成熟后尽快进行。

▶园林养护技术

对土壤的适应性较强。如果有条件，宜选土层深厚、排水良好、疏松肥沃的土壤。生长旺盛阶段应保证水分的供应。夏秋生长旺盛阶段可以每隔 2～3 周追肥一次。菝葜喜疏荫环境，忌日光直射，最好保证植株每天接受不少于 2 小时的散光照射。

274 ▶ 金银花

▶名 称

中文名：金银花

学 名：*Lonicera japonica* Thunb.

别 名：银藤、金银藤、忍冬

科属名：忍冬科 忍冬属

▶形态特征

半常绿藤本。叶纸质，卵形至矩圆状卵形，有时卵状披针形，稀圆卵形或倒卵形，极少有 1 至数个钝缺刻。总花

梗通常单生于小枝上部叶腋；花冠白色，有时基部向阳面呈微红，后变黄色，唇形，筒稍长于唇瓣，很少近等长。果实圆形，直径 6～7 mm，熟时蓝黑色，有光泽。种子卵圆形或椭圆形，褐色。花期 4～6 月（秋季亦常开花），果熟期 10～11 月。

▶ 分布区

除黑龙江、内蒙古、宁夏、青海、新疆、海南和西藏无自然生长外，全国各省均有分布。

▶ 生态习性

金银花适应性很强，喜阳、耐阴、耐寒性强，也耐干旱和水湿，对土壤要求不严，但以湿润、肥沃的深厚沙质壤土生长最佳，每年春夏两次发梢。

▶ 观赏特点

金银花匍匐生长能力强，花朵白色有香味，花期较长，是很好的观赏藤本。

▶ 园林应用价值

可作藤架观赏植物和园景树；适合在林下、林缘、建筑物北侧、假山石旁等处做地被栽培；还可以做绿化矮墙。其根系发达，生根力强，亦是一种很好的固土保水植物，山坡、河堤等处都可种植。

▶ 繁殖与培育特点

通常通过播种和扦插繁殖。播种繁殖一般在 4 月进行。扦插繁殖一般在夏秋阴雨天气进行。金银花一般以丛干苗培育，也可以修剪成造型。

◉ 园林养护技术

　　金银花的适应性很强。剪枝在秋季落叶后到春季发芽前进行，一般是旺枝轻剪，弱枝强剪，剪枝时要注意新枝长出后要有利通风透光。主要的病害有褐斑病、白粉病、炭疽病等。主要的虫害有蚜虫、尺蠖、天牛等。

275 ▶ 赤瓟

◉ 名　称

中文名：赤瓟

学　名：*Thladiantha dubia* Bunge.

别　名：气包、赤包、山屎瓜

科属名：葫芦科　赤瓟属

◉ 形态特征

　　攀援草质藤本，全株被黄白色的长柔毛状硬毛；根块状；茎稍粗壮，有棱沟。叶柄稍粗，长 2～6 cm；叶片宽卵状心形，长 5～8 cm，宽 4～9 cm。雌雄异株；雄花单生或聚生于短枝的上端呈假总状花序，花金黄色。果实卵状长圆形，红色或橘红色。种子卵形，黑色。花期 6～8 月，果期 8～10 月。

分布区

　　分布于中国黑龙江、吉林、辽宁、河北、山西、山东、陕西、甘肃和宁夏。朝鲜、日本和欧洲有栽培。常生于海拔 300～1 800 m 的山坡、河谷及林缘湿处。

◉ 生态习性

　　适应性较强，喜光，耐干旱、耐寒，对土壤要求不严。

◉ 观赏特点

　　花大，黄色鲜艳，果实秋季变红，观赏期长，均有一定的观赏价值。

◉ 园林应用价值

　　可作为攀缘植物，栽植于篱笆、栏杆、坡地等处，适合公园、河边、绿地等路边观赏。

◉ 繁殖与培育特点

　　一般采用播种繁殖。4 月上旬前后穴播，也可进行秋播。

●园林养护技术

　　赤飑对气候、土壤要求不严，但以湿润、疏松、肥沃、排水良好的土地为宜，在植株周围，应有可供攀援物。忌高燥干旱地。可粗放管理。

276 ▶ 穿龙薯蓣

●名　称

中文名：穿龙薯蓣

学　名：*Dioscorea nipponica* Makino

别　名：山常山、穿山龙、穿地龙

科属名：薯蓣科　薯蓣属

●形态特征

　　缠绕草质藤本。根状茎横生，栓皮片状剥离；茎左旋，近无毛。叶掌状心形，不等大三角状浅裂、中裂或深裂，顶端叶片近全缘，下面无毛或被疏毛；花雌雄异株。雄花无梗，常 2 ~ 4 花簇生，集成小聚伞花序再组成穗状花序，花序顶端常为单花；花被蝶形，顶端 6裂，雄蕊 6；雌花序穗状，常单生。花期 6 ~ 8 月，果期 8 ~ 10 月。

●分布区

　　产山东、河南、安徽、浙江北部、江西、陕西、甘肃、宁夏、青海南部、四川西北部。也产于日本本州以北及朝鲜和俄罗斯远东地区。

●生态习性

　　耐半阴，幼苗后期至成龄植株需要光照，对温度适应的幅度较广，喜肥沃、疏松、湿润、腐殖质较深厚的黄砾壤土和黑砾壤土。

●观赏特点

　　叶形奇特，蒴果果序嫩绿可爱。

◉园林应用价值

藤本，宜用于篱笆或垂直绿化。

◉繁殖与培育特点

用种子和根茎繁殖。春播育苗，至第 2 年春季移栽，行距 45 ～ 60 cm，株距 20 ～ 30 cm。根茎繁殖：春季萌芽前，把根茎挖出，将幼嫩部分切成 3 ～ 5 cm 小段，按行距 45 ～ 60 cm，开深 10 ～ 15 cm 的沟，按株距 30 cm 将根茎栽于沟中，覆土压实。

◉园林养护技术

生长期间每年中耕除草 3 ～ 4 次，并搭架以供植物缠绕，第 3 ～ 4 年植株生长迅速，需分次追肥，增施磷钾肥。病虫害主要有立枯病、褐斑病、炭疽病、锈病、根腐病。

竹类

ZHULEI

277▶ 早园竹

▶名　称

中文名：早园竹

学　名：*Phyllostachys propinqua* McCl.

科属名：禾本科　刚竹属

▶形态特征

竿高 6 m，幼竿绿色被以渐变厚的白粉，光滑无毛。无箨耳及鞘口继毛；箨舌淡褐色，拱形，有时中部微隆起，边缘生短纤毛；箨片披针形或线状披针形，绿色，背面带紫褐色，平直，外翻。末级小枝具 2 或 3 叶；常无叶耳及鞘口继毛；叶舌强烈隆起，先端拱形，被微纤毛；叶片披针形或带状披针形。笋期

4 月上旬开始，出笋持续时间较长。

▶分布区

产河南、江苏、安徽、浙江、贵州、广西、湖北等省区。

▶生态习性

喜温暖湿润气候，耐旱、抗寒性强，能耐短期 –20℃低温；适应性强，轻碱地、沙土及低洼地均能生长。怕积水，喜光怕风。

▶观赏特点

早园竹竹林四季常青，挺拔秀丽，既可防风遮阴，又可点缀庭园，美化环境。

▶园林应用价值

可作园景树，片植于公园、庭院、厂区及边坡、河畔、山石等地。

▶繁殖与培育特点

一般采用分株繁殖。每亩栽 80 ～110 株。栽竹前每穴施 10 kg 腐熟厩肥或 1 千克菜饼（在回填土时要拌匀）；未施基肥的可到次年母竹成活后补施。植竹要做到"深挖穴、浅栽竹、紧壅土、重浇水"。

▶园林养护技术

新造林地立竹稀疏，阳光充足，土壤易板结，易滋生杂草，应及时松土除草，以利新竹生长。植竹当年可在林地空间套种农作物，套种作物应选择能固

氮的豆科类或生长期短、施肥量多的植物。注意不能套种芝麻，以免引起竹子烂鞭。早园竹病虫害一般不很严重。主要虫害有竹介壳虫、竹广肩小蜂、竹螟、竹蚜虫、竹笋夜蛾、金针虫、白蚁等。主要病害有竹丛枝病、竹秆锈病、竹煤污病等。

278 ▶ 黄槽竹

▶ 名　称

中文名：黄槽竹

学　名：*Phyllostachys aureosulcata*
　　　　McClure

科属名：禾本科　刚竹属

▶ 形态特征

竿高达 9 m；节间长达 39 cm，分枝一侧的沟槽为黄色，其他部分为绿色或黄绿色；杆环中度隆起，高于箨环。叶耳微小或无，繸毛短；叶舌伸出；叶片基部收缩成 3 ～ 4 mm 长的细柄。花枝呈穗状，基部约有 4 片逐渐增大的鳞片状苞片；佛焰苞无毛或疏生短柔毛。

小穗含 1 或 2 朵小花。笋期 4 月中旬至 5 月上旬，花期 5 ～ 6 月。

▶ 分布区

栽培于北京、浙江、西安等地。美国在 1907 年从浙江余杭县塘栖引入栽培。

▶ 生态习性

适应性强，能耐零下 20℃低温，在干旱瘠薄地长势较差。宜栽植在背风向阳处，喜空气湿润较大的环境。

▶ 观赏特点

黄槽竹杆色优美，为园林中的观赏竹。

▶ 园林应用价值

可作园景树。宜丛植或片植。

▶ 繁殖与培育特点

主要采用分株、埋枝、移鞭、播种法繁殖。埋鞭繁殖适用于散养的竹子和混生的竹子。主要方法是选取健康竹子的鞭，将鞭根保留起来，多保留一些在根部的土壤，将竹鞭切成半米长的竹段，将它们平埋在苗床之上，在上面覆盖上一层薄薄的土壤，适当地浇一些水，保持土壤湿润。埋枝主要用于丛生的竹子，主要方法是选取健壮的竹子，将其切成段状，将切好的竹段放在清水中，等竹竿内浸满水后用黏土将它封起来，将竹竿切口向上埋在苗土中，保持土壤湿润。可培育单干苗和丛干苗。

▶ 园林养护技术

竹苗栽植后当年是自身吸收代谢功能重新恢复建立时期，精心管理尤为重要，少数竹苗栽后恢复较慢、叶片萎蔫下垂，发现后要及时进行疏枝，留枝 2～3 盘，对叶片茂密的留枝，再进行摘叶稀疏，减少水分消耗，维持供需平衡，严防竹苗栽植后为了立即成景，未剪除 3～4 轮以上的枝条，导致竹苗蒸腾加大死亡。主要病害有竹丛枝病、竹秆锈病、竹煤污病等。

草 本

CAOBEN

279 ▶ 中华卷柏

▶ 名　称

中文名：中华卷柏

学　名：*Selaginella sinensis* (Desv.) Spring

别　名：地网子、地柏枝、山松等

科属名：卷柏科　卷柏属

▶ 形态特征

多年生草本，高约 10 cm，呈灰绿色。茎秆纤细圆柱状、坚硬，随处着地生根，枝互生、二叉分。叶二型，在枝两侧及中间各 2 行；侧叶阔圆形，干后常向下反卷，边缘膜质，有疏细齿；叶形长卵圆形，叶缘针状刺形，叶远轴面不分区，长条形纹饰上均匀分布瘤状突起，无气孔带，气孔极少，只在叶边缘处见到 1 个气孔，位于长圆盘内，开口紧闭。

▶ 分布区

在现代植被分布域具有连续分布的特征，中华卷柏现在分布局限于长江以北的温带森林、森林草原和草原区。主要分布于我国东北、华北等温带地区。

▶ 生态习性

在生境上，其基本生活在具有石灰质成土母质的土壤上，多生长在山坡阴处岩石上、山顶岩石上、向阳山坡石缝中、山坡灌丛下等，是一种土壤生态类型植物。在热量和水分因子上，中华卷柏生长在温度适中的区域内；多在较为湿润的地方生长。

▶ 观赏特点

叶子有很高的观赏价值，它的绿色的叶子如天鹅绒般讨人喜爱；卷柏做的盆景非常漂亮，它周围种植的苔藓可以说是天然盆景的附属物，非常艺术。

▶ 园林应用价值

卷柏可作花境、盆栽种植，也可在园林中做地被植物，用于岩石园或林下。其植株矮小、姿态奇异，适宜小型盆栽或水养，置于书桌，案头，小巧玲珑，引人喜爱。

▶ 繁殖与培育特点

中华卷柏可用分株与孢子、块茎、匍匐茎繁殖。常作为丛生苗培育。

▶ 园林养护技术

土壤方面，选择播种在通气性能比

较好的，排水比较好的泥土上面生长的会更快，植株更加的强壮。水分方面，卷柏喜爱在湿润的环境下生长，种植时要求保持泥土水分足够富足。修剪方面，结合应用适当进行。

280▶ 毛 茛

▶名 称

中文名：毛茛

学　名：*Ranunculus japonicus* Thunb.

别　名：老虎脚迹、五虎草

科属名：毛茛科　毛茛属

▶形态特征

多年生草本。须根多数簇生。茎直立，高 30～70 cm，中空。基生叶多数；叶片圆心形或五角形，长及宽为 3～10 cm，基部心形或截形，通常 3 深裂不达基部；下部叶与基生叶相似，渐向上叶柄变短，叶片较小，3 深裂，裂片披针形，有尖齿牙或再分裂；最上部叶线形，全缘，无柄。聚伞花序有多数花，疏散；花瓣 5，倒卵状圆形，基部有爪，花黄色；花托短小，无毛。聚合果近球形；瘦果扁平。花果期 4～9 月。

▶分布区

除西藏外，在我国各省区广布。生于田沟旁和林缘路边的湿草地上，海拔 200～2 500 m。朝鲜、日本、苏联（远东地区）也有。

▶生态习性

喜温暖湿润气候，日温在 25℃生长最好。喜生于田野、湿地、河岸、沟边及阴湿的草丛中。生长期间需要适当的光照，忌土壤干旱，不宜在重黏性土中栽培。

● 观赏特点

观花。

● 园林应用价值

毛茛是园林应用中较为理想的春季开花植物。宜作地被植物既可布置花坛，又可盆栽观赏，还可用于鲜切花生产。

● 繁殖与培育特点

常进行种子繁殖。7～10月果实成熟，用育苗移栽或直播法。9月上旬进行育苗，播后覆盖少许草皮灰及薄层稻草，浇透床土，一般1～2星期后出苗，揭去稻草。待苗高6～8 cm时，进行移植。按行株距20 cm×15 cm定植。

● 园林养护技术

种植进入生长期，需追肥1次，每亩施尿素12。追肥后浇1次透水，待水下渗后23天进行中耕松土，保持土壤疏松。生长期适当增加中耕次数，有利于改善毛茛根系生长环境，促根深扎。一般生长期要进行3次中耕，特别是干旱时和下雨过后，进行中耕十分有效。生长期田间杂草会与毛茛争夺养分、水分和空间等，会影响毛茛生长。要见草及时拔除。同时夏季洪涝多发，应注意防洪排涝。病害有病毒病，虫害有地老虎咬断幼苗。

281 ▶ 白头翁

● 名　称

中文名：白头翁

学　名：*Pulsatilla chinensis*(Bunge) Regel.

别　名：奈何草、粉乳草、老姑草

科属名：毛茛科　白头翁属

● 形态特征

多年生草本植物，植株高15～35 cm。叶片宽卵形，三全裂；叶柄长

7 ～ 15 cm，有密长柔毛。苞片 3，三深裂，深裂片线形，不分裂或上部三浅裂，背面密被长柔毛；花直立；萼片蓝紫色，长圆状卵形，背面有密柔毛；雄蕊长约为萼片一半。聚合果直径 9 ～ 12 cm；瘦果纺锤形，宿存花柱有向上斜展的长柔毛。先开花，后长叶，花落后，瘦果和花柱成银丝状，观赏性强，种子 6 ～ 7 月成熟。

◯ 分布区

在全国各地均有分布。生平原和低山山坡草丛中、林边或干旱多石的坡地。

◯ 生态习性

白头翁性喜凉爽气候，耐寒、耐瘠薄、耐旱，喜光，要求光照充足，抗性强，平原、丘陵、山地均有分布，不择土壤，但要求排水良好不积水的地形为佳。

◯ 观赏特点

白头翁有 30 多个园艺品种，花钟形，具有白、紫、蓝三种颜色，白头翁全株被毛，十分奇特。其花期早，植株矮小，是理想的地被植物品种，果期羽毛状花柱宿存，形如头状、银丝状，极为别致。

◯ 园林应用价值

可作地被植物、花境与盆花。白头翁具有野生性状，抗性强，多年生，管理粗放，只要阳光充足，不需改良土壤，不需总施肥、浇水、施药等，养护成本低，而且能变换花色，丰富绿化形式，富有原生态美感。

◯ 繁殖与培育特点

种子繁殖为白头翁繁殖的主要方式，因种子细小，要精细播种，并在越冬幼苗未萌动前移开定植。若直播则生长更佳。白头翁种子寿命较短，隔年种子不能作种用。

◯ 园林养护技术

结合应用适当进行，注意防治根腐病与蚜虫等病虫害。

282 ▷ 棉团铁线莲

◯ 名 称

中文名：棉团铁线莲

学 名：*Clematis hexapetala* Pall.

别 名：山蓼、棉花子花、野棉花

科属名：毛茛科 铁线莲属

◯ 形态特征

多年生直立草本。叶片近革质绿色，干后常变黑色，单叶至复叶，一至二回羽状深裂，裂片线状披针形，顶端锐尖或凸尖，有时钝，全缘，两面或沿叶脉

疏生长柔毛或近无毛，网脉突出。花序顶生，聚伞花序或为总状、圆锥状聚伞花序，有时花单生，萼片 4～8，通常 6，白色，长椭圆形或狭倒卵形，外面密生棉毛；花蕾时像棉花球，内面无毛。瘦果倒卵形，扁平，密生柔毛。花期 6 月至 8 月，果期 7 月至 10 月。

◉ 分布区

在我国分布于甘肃东部、陕西、山西、河北、内蒙古、辽宁、吉林、黑龙江。

◉ 生态习性

棉团铁线莲喜充足光照，能耐半阴，喜湿润，能耐干旱、耐寒、耐干热，冬季在冻土中能良好越冬，夏季长势强壮。喜疏松肥沃、富含腐殖质、排水良好的沙质土壤，在贫瘠土壤中亦能生长，但开花少而小，在高密度土中长势差。

◉ 观赏特点

花色纯白。

◉ 园林应用价值

可在公园、植物园等花境中作为花境植物应用。

◉ 繁殖与培育特点

播种与扦插繁殖是棉团铁线莲繁殖的主要方式。棉团铁线莲果皮较厚、多茸毛，发芽时吸水困难，种子在自然状态下萌发率较低，故种子采收后须经过一定时间的春化处理，营养繁殖则应选择绿色和棕色相间的半软枝条，采用节间扦插，茎为实心枝条扦插的成活率较高。

◉ 园林养护技术

管护相对粗放，苗期做好适当遮阴，修剪结合园林应用适当进行。其苗期虫害主要是红蜘蛛和蚜虫。

283 ▶ 唐松草

◉ 名　称

中文名：唐松草

学　名：*Thalictrum aquilegiifolium* var. *sibiricum* Linnaeus

别　名：草黄连、马尾连、黑汉子腿

科属名：毛茛科　唐松草属

◉ 形态特征

多年生草本，全株无毛。茎粗壮，

高 60 ～ 150 cm，粗达 1 cm，分枝。茎
生叶为三至四回三出复叶；小叶厚膜质，
顶生小叶倒卵形或扁圆形；三浅裂，裂
片全缘或有 1 ～ 2 牙齿；叶柄有鞘，托
叶膜质，不裂。圆锥花序伞房状，有多
数密集的花；萼片白色或外面带紫色，
宽椭圆形；雄蕊多数，花药长圆形；心
皮 6 ～ 8，有长心皮柄，花柱短，柱头
侧生。瘦果倒卵形。花期 7 ～ 8 月，果
期 8 ～ 9 月。

▶ 分布区

我国浙江（天目山）、山东、河北、
山西、内蒙古、辽宁、吉林、黑龙江有
分布。国外分布于朝鲜、日本、俄罗斯
（西伯利亚地区）。

▶ 生态习性

唐松草适应性强；喜阳又耐半阴；
较耐热，也耐旱，对土壤要求不严，但
需要排水良好。常生于草原、山地林边
草坡或林中。

▶ 观赏特点

唐松草枝叶舒展，细腻雅致；花小
繁密，花萼、花丝披散，潇洒飘逸，风
姿雅丽；叶片小巧可爱，形态优美，秋
叶微黄。

▶ 园林应用价值

唐松草管理粗放，可以用作花坛、
花境栽培及做切花材料；亦可在林下丛
植、点缀岩石旁或盆栽。

▶ 繁殖与培育特点

主要有播种繁殖、分生繁殖（分根）
和组织培养繁殖。

▶ 园林养护技术

唐松草的种植地以坡地、平地、河
滩、溪旁为宜，土壤质地尽可能选轻壤、
中壤，腐殖质多的土壤，积水地块不宜选
用。植苗后务必浇足水，浸湿土层 20 cm
深，确保苗活。进行播种育苗时，在 8
月下旬至 9 月中旬采种，翌年 4 月中旬
至 5 月初播种。将种子拌 3 ～ 5 倍细沙
及少量 50% 多菌灵杀菌剂，撒入沟内，
覆土 0.5 ～ 0.8 cm 厚。分生育苗时，在
4 月上中旬将零散生长在山上的唐松草
植株挖出，如墩大可分成几株，修去过
长根系，按 20 cm × 20 cm 的株行距栽植
于苗床上，以备下年移植用，栽植当年
及以后的生长季节，应随时拔除杂草，
确保苗苗壮生长。

284▶ 东亚唐松草

▶名　称

中文名：东亚唐松草

学　名：*Thalictrum minus* var. *hypoleucum* (Sieb.et Zucc.) Miq.

别　名：烟锅草、金鸡脚下黄、佛爷指甲

科属名：毛茛科 唐松草属

▶形态特征

多年生草本植物。植株全体无毛。叶互生，基生叶有长柄，三至四回三出复叶，顶生小叶近圆形，顶端圆，基部圆形或浅心形，不明显三浅裂叶片，小叶近圆形或宽倒卵形，先端3浅裂，下面被白粉，脉隆起。聚伞花序圆锥状，多花，花小而多白色；花无花瓣；雄蕊多数，下垂，花丝丝状；柱头箭头形；瘦果卵球形，长2～5 mm无柄，有纵肋6～8条；花期7～8月，果期8～9月。

▶分布区

朝鲜和日本有分布。在我国主要分布于江西北部、安徽南部、江苏南部和浙江。

▶生态习性

东亚唐松草适应性强；喜阳又耐半阴；较耐热，也耐旱，对土壤要求不严，但需要排水良好。

▶观赏特点

同唐松草。

▶园林应用价值

东亚唐松草可以用作花坛、花境栽培及做盆花与切花材料。野生花卉唐松

草属植物种类繁多，花色丰富，应用到城市园林中，可以丰富园林植物种类和园林景观层次，同时又为开发利用野生花卉资源、开展种质资源创新提供理论依据。

▶ 繁殖与培育特点

东亚唐松草主要采用播种繁殖和分生繁殖。唐松草属植物采集的种子不饱满、瘪粒、空粒较多，从而导致种子的结实率低；主要靠根部产生的芽进行分生繁殖；唐松草属植物繁育方面的研究主要集中在组织培养方面，还可通过辐射育种、杂交育种等措施培育唐松草新品。

▶ 园林养护技术

适应性强，可结合繁殖适当进行浇水施肥，注意除杂草。

285 ▶ 长喙唐松草

▶ 名　称

中文名：长喙唐松草

学　名：*Thalictrum macrorhynchum* Franch.

科属名：毛茛科　唐松草属

▶ 形态特征

植株全部无毛。茎高 45 ～ 65 cm，分枝。基生叶和茎下部叶有较长柄，上部叶有短柄，为二至三回三出复叶；小叶草质，顶生小叶圆菱形，顶端圆形，基部圆形或浅心形，三浅裂，小叶柄细；

托叶薄膜质，全缘。圆锥状花序有稀疏分枝；萼片白色，椭圆形，早落；雄蕊长约 4 mm，花药长椭圆形，花丝比花药稍宽或等宽，上部狭倒披针形。瘦果狭卵球形，基部突变成短柄，有 8 条纵肋，花柱宿存。6 月开花。

▶ 分布区

分布于四川东北部、湖北（兴山）、甘肃和陕西的南部、山西、河北。

▶ 生态习性

适应性强；喜光又耐半阴；耐旱，对土壤要求不严。

▶ 观赏特点

株型繁茂，大枝斜出，小枝直立，株形伞状，姿态优美；花萼线形，无花瓣，色泽玉白或紫红的花丝，气质高雅。

▶园林应用价值

唐松草适于公园、庭院的林下丛植和盆栽，也可作为花境。

▶繁殖与培育特点

唐松草可用播种的方法进行有性繁殖，但这种方法幼苗生长缓慢，一般要培养三年左右才能开花，所以一般家庭培养大多采用分根茎的繁殖方法。只要管理得当，当年就能开花。

▶园林养护技术

唐松草的水肥管理，是使植株开好花、结好果和长好株形的关键，在营养生长和生殖生长期，要适时适量追施各种肥料。唐松草性喜湿润，生长季节要保持土壤有一定的湿度。过干，则叶片边缘或叶尖容易干枯，这不但影响植株的生长，而且不利于观赏；过湿则通透性差，土壤中缺乏新鲜空气，如不注意还会烂根。

286▶ 大火草

▶名　称

中文名：大火草

学　名：*Anemone tomentosa* (Maxim) Pei

别　名：大头翁、野棉花

科属名：毛茛科　银莲花属

▶形态特征

植株高40～150 cm。基生叶有长柄，为三出复叶；中央小叶有长柄，小叶片

卵形至三角状卵形，三浅裂至三深裂，边缘有不规则小裂片和锯齿，表面有糙伏毛，背面密被白色茸毛。聚伞花序长 26～38 cm，2～3 回分枝；萼片5，淡粉红色或白色；心皮 400～500，长约 1 mm；子房密被茸毛，柱头斜，无毛。聚合果球形，直径约 1 cm；瘦果长约 3 mm，有细柄，密被绵毛。7月至 10 月开花。

◎分布区

分布于四川西部和东北部、青海东部、甘肃、陕西、湖北西部、河南西部、山西、河北西部。

◎生态习性

喜阳光直晒，在半日光照条件下亦能良好开花。耐干旱，畏水涝，耐寒，露地越冬。对土壤要求不严，普通园土即生长良好，但喜深厚土层，pH 在 8.5 以上时长势渐弱。

◎观赏特点

该种适应性强，聚伞花序淡粉红色或白色素雅大方，花量大，花期较长。

◎园林应用价值

可作花境、花坛与盆花种植。该种适应性较强，适于林缘、草坡、草坪上大面积种植。

◎繁殖与培育特点

通常采用播种繁殖，选择光照充足的环境，要求土层深厚富含有机质，疏松而排水良好的土壤种植。种植前施足基肥，以腐熟堆肥为主。种植初期，适当遮阴并充足浇水。

◎园林养护技术

结合应用适当进行，注意防治叶斑病、根茎腐烂病与冠腐病等病害。

287▶ 耧斗菜

◎名 称

中文名：耧斗菜
学 名：*Aquilegia viridiflora* Pall.
科属名：毛茛科 耧斗菜属

◎形态特征

基生叶少数，二回三出复叶；茎生叶数枚，为一至二回三出复叶。花 3～7 朵，倾斜或微下垂；苞片三全裂；萼片黄绿色，长椭圆状卵形；花瓣瓣片与萼片同色，直立，倒卵形，比萼片稍长或稍短，顶端近截形，距直或微弯；雄蕊伸出花外，花药长椭圆形，黄色；退化雄蕊白膜质，线状长椭圆形。5～7 月开花，7～8 月结果。

◎分布区

分布于青海东部、甘肃、宁夏、陕西、山西、山东、河北、内蒙古、辽宁、吉林、黑龙江。通常自然散生于草丛山地之间。

◎生态习性

喜凉爽气候，忌夏季高温曝晒，耐寒，喜富含腐殖质、湿润而排水良好的沙质壤土。

◎观赏特点

叶片独特优美，花型奇特，花姿娇小玲珑，园艺花色多样而艳丽明快，且花期长，入春至秋陆续开放，其自然景观非常美丽。

◎园林应用价值

适宜成片植于草坪上、密林下。或洼地、溪边等潮湿处作地被覆盖。也宜布置花境、花坛，岩石园。

◎繁殖与培育特点

采用分株繁殖或种子繁殖。播种最好于种子成熟后立即盆播，撒种要稀疏，经1个月出苗，实生苗翌年开花。优良品种通常采用分株法，于3～4月或8～9月进行，但以秋季为好。幼苗10 cm左右即可定植。

◎园林养护技术

北方地区春季较为干旱，每月应浇水4～5次，夏季需适当遮阴，或种植在半遮阴处，忌积水，雨后应及时排水。严防倒伏，同时需加强修剪，

以利通风透光。待苗长到一定高度时（约40 cm），需及时摘心，控制植株的高度；入冬以后需施足基肥，北方地区还应浇足防冻水，在植株基部培上土，以提高越冬的防冻能力。3年以后植物易衰退，应及时进行分株，促其更新。病虫害主要有花叶病、白粉病。

288▶ 华北耧斗菜

◎名　称

中文名：华北耧斗菜

学　名：*Aquilegia yabeana* kitag.

别　名：五铃花、紫霞耧斗、猫爪花

科属名：毛茛科　耧斗菜属

◎形态特征

多年生草本。基生叶有长柄，为一

或二回三出复叶；小叶菱状倒卵形，三裂，边缘有圆齿，表面无毛，背面疏被短柔毛。茎中部叶通常为二回三出复叶；上部叶小，为一回三出复叶。花序有少数花，密被短腺毛；花下垂；萼片紫色，狭卵形；花瓣紫色，顶端圆截形，末端钩状内曲，外面有稀疏短柔毛。种子黑色，狭卵球形，长约 2 mm。5～6 月开花。

◎分布区

我国特有，分布于四川东北部、陕西南部、河南西部、山西、山东、河北和辽宁西部。

◎生态习性

性耐寒，喜半荫，喜稍湿润而排水良好的沙质壤土，在疏松、肥沃富含有机质通透性好的土壤上生长健壮，冬季不需防寒就可安全越冬。

◎观赏特点

华北耧斗菜花大而美丽，花朵下垂，花形独特、别致且花期长，花色丰富。

◎园林应用价值

可作为花境、花坛与盆花种植，是良好的绿化观赏植物。可散植于林缘疏林下，在工业中也有广泛用途。

◎繁殖与培育特点

以播种繁殖为主，但存在出苗不齐、发芽缓慢等缺点，导致成花时间不一致，很难满足商业需求。组培快繁可以缩短育种周期，增加繁殖系数，实现耧斗菜属植物的周年生产。目前尚有以幼嫩叶片及叶柄为外植体的组培快繁方式，但研究尚浅。

◎园林养护技术

有人工栽培，春秋播种，播种苗约 2 年可开花。定植苗 3～4 年需要更新一次。分株适宜在早春发芽前或者落叶后进行。播种最好于种子成熟后立即盆播。在生长期间需要及时摘心来控制植株的高度，需要防治花叶病和白粉病。

289▶ 芍 药

◎名 称

中文名：芍药

学　名：*Paeonia lactiflora* Pall.

别　名：将离、离草、婪尾春

科属名：毛茛科　芍药属

▶ 形态特征

多年生草本。根粗壮，分枝黑褐色。下部茎生叶为二回三出复叶，上部茎生叶为三出复叶；小叶狭卵形，椭圆形或披针形。花数朵，生茎顶和叶腋；萼片4，宽卵形或近圆形；花瓣9～13，倒卵形，白色，有时基部具深紫色斑块；花丝长0.7～1.2 cm，黄色；花盘浅杯状，包裹心皮基部，顶端裂片钝圆；心皮4～5（～2），无毛。蓇葖果顶端具喙。花期5～6月；果期8月。

▶ 分布区

在我国分布于东北、华北、陕西及甘肃南部。在我国四川、贵州、安徽、山东、浙江等省及各城市公园也有栽培。

▶ 生态习性

喜光照，耐旱。芍药性耐寒，土质以深厚的壤土最适宜，以湿润土壤生长最好，但排水必须良好。芍药性喜肥，圃地要深翻并施入充分的腐熟厩肥，在阳光充足处生长最好。

▶ 观赏特点

芍药花风姿绰约，花姿、花色、花香、花韵值得去细细地品味和欣赏。千百年来，人们以观赏为目的，对芍药进行选育和栽培：芍药花瓣由少变多，由单瓣到半重瓣、重瓣，重瓣一般由2花或多花叠合一起构成1朵台阁花，形成台阁花品种等，流光溢彩、争奇斗艳、各具特色。

▶ 园林应用价值

芍药可做专类园、花坛、切花与盆花用花等，芍药花大色艳，观赏性佳，常与牡丹搭配可在视觉效果上延长花期，因此常和牡丹搭配种植。

● 繁殖与培育特点

芍药传统的繁殖方法是用：分株、播种、扦插、压条等。其中以分株法最为易行，被广泛采用。播种法仅用于培育新品种和药材生产。单瓣芍药结实多。种子成熟通常在 8 月上中旬左右，及时采收进行播种，也可利用湿的细沙进行搅拌，并将其放置到 9 月中下旬进行播种，经 2 ～ 3 年的苗株生长后再进行定植。

● 园林养护技术

芍药管理要点是栽后第 1 年加强肥培，致力养株养根，早秋畦面要盖草遮阴，夏末注意防治白粉病。地栽芍药要选择地势高、排水良好的向阳地，切忌栽在易积水的低洼处；不宜经常浇水，只在需水量最多的开花前后并遇春旱时才适当浇几次水，以补充土壤水分的不足，且每次浇水量不宜过多。芍药的病害主要有灰霉病、褐斑病、红斑病和芍药锈病。

290▶ 石 竹

● 名　称

中文名：石竹

学　名：*Dianthus chinensis* L.

别　名：洛阳花、中国石竹、中国沼竹

科　属：石竹科　石竹属

● 形态特征

多年生草本植物，常绿。株高 30 ～ 40 cm，直立簇生。茎直立，有节，多分枝。叶对生，条形或线状披针形。花萼筒圆形，花单朵或数朵簇生于茎顶，形成聚伞花序，花径 2 ～ 3 cm，花色有大红、粉红、紫红、纯白、红色、杂色，单瓣 5 枚或重瓣，先端锯齿状，微具香气；花瓣阳面中下部组成黑色美丽环纹。蒴果矩圆形或长圆形，种子扁圆形，黑褐色；花期 5 ～ 6 月，果期 7 ～ 9 月。

● 分布区

原产我国北方，现在南北普遍生长。生长于海拔 10 ～ 2 700 m 的地区，生于草原和山坡草地。俄罗斯西伯利亚和朝鲜也有分布。

▶生态习性

耐寒性强，要求高燥、通风凉爽的环境；喜阳光充足，不耐阴；喜排水良好、含石灰质的肥沃土壤，忌潮湿水涝，耐干旱瘠薄。

▶观赏特点

花朵繁密，花色丰富，有白、粉、红等颜色，色泽艳丽，花期长；叶绿色或灰绿色，似竹叶，青翠；有株高 20 ～ 25 cm 矮生品种，也有花径 6 ～ 7 cm 的大花品种。

▶园林应用价值

园林中可用于花坛、花境、花台或盆栽，也可用于岩石园和草坪边缘点缀。大面积成片栽植时可作景观地被材料。

▶繁殖与培育特点

多年生作一二年生栽培，以播种繁殖为主，也可采用扦插、分株繁殖方式。播种可秋播也可春播；扦插繁殖，在10 月至翌年 2 月下旬到 3 月进行，枝叶茂盛期剪取嫩枝 5 ～ 6 cm 长作插条，插后 15 ～ 20 天生根；分株繁殖，多在花后利用老株分株，可在秋季或早春进行。

▶园林养护技术

栽植时施足底肥，生长适宜温度15 ～ 20℃。生长期要求光照充足，摆放在阳光充足的地方，夏季以散射光为宜，避免烈日暴晒。温度高时要遮阴、降温。浇水应掌握不干不浇。秋季播种的石竹，

11 ～ 12 月浇防冻水，第 2 年春天浇返青水。整个生长期要追施 2 ～ 3 次腐熟的人粪尿或饼肥。可摘心，令其多分枝，必须及时摘除腋芽，减少养分消耗。石竹花修剪后可再次开花。

291▶ 鹤 草

▶名　称

中文名：鹤草

学　名：*Silene fortunei* Vis.

别　名：蝇子草、蚊子草、野蚊子草

科属名：石竹科　蝇子草属

▶形态特征

多年生草本，高 50 ～ 80（100）cm。根粗壮，木质化。茎丛生，直立，多分枝，被短柔毛或近无毛，分泌黏液。基生叶叶片倒披针形或披针形，叶顶端急尖，两面无毛或早期被微柔毛，边缘具缘毛，中脉明显。聚伞状圆锥花序，小聚伞花序对生，具 1 ～ 3 花，有黏质，花梗细，淡粉紫色。蒴果长圆形；种子圆肾形，微侧扁，深褐色，长约 1 mm。花期 6 ～ 8 月，果期 7 ～ 9 月。

▶分布区

鹤草产于我国长江流域和黄河流域南部，东达福建、台湾，西至四川和甘肃东南部，北抵山东、河北、山西和陕西南部。

▶生态习性

鹤草抗旱、耐寒也耐热，正常生长的植株在比较干旱的情况下叶色深绿，在水分充足的情况下则更加青绿水嫩；对肥分的需求更低，在一年不施肥的情况下也能保持良好的株形。

▶观赏特点

鹤草花色娇艳，花形奇特，开花密集，观花效果较好，群植具有一定的观赏价值。植株可通过打顶或摘心控制高度，还可通过人工处理适当调节开花时间，可谓赏花观绿两相宜。

▶园林应用价值

鹤草的花期长，花色较浅，是秋季花境中的良好植物选材。鹤草萌发力很强，极耐修剪，夏季可让植株生长得稍高一些，然后修剪成为致密的矮篱。

▶繁殖与培育特点

鹤草目前主要采用播种的方法繁殖。夏秋季采集鹤草果实，脱粒阴干后于翌年春季进行露地播种，播种采用落水条播的方法，在播种沟内灌足底水，水下渗后，下垫 1～2 cm 壤土。将种子与湿沙按 1∶3 混合，播于播种沟内，播后覆薄土，轻轻镇压，覆盖无纺布以保持床面湿润。

▶园林养护技术

鹤草几乎无病虫害，春夏季嫩梢处会生少量蚜虫，不防治情况下也不会对植株造成较大危害。移栽时，偶见其根部位于土层下的位置生有罕见的蓝色蚜虫，不加处理也未发现植株异常。

292 ▶ 蓝花丹

▶ 名　称

中文名：蓝花丹

学　名：*Plumbago auriculata* Lam.

别　名：蓝茉莉、花绣球、蓝雪花

科属名：白花丹科　白花丹属

▶ 形态特征

常绿半灌木，上端蔓状或极开散，高约 1 m 或更长。叶薄，通常菱状卵形至狭长卵形。穗状花序约含 18～30 朵花；总花梗短；苞片线状狭长卵形；花冠淡蓝色至蓝白色，冠檐宽阔；雄蕊略露于喉部之外，花药蓝色；子房近梨形，有 5 棱，棱在子房上部变宽而突出成角，花柱无毛，柱头内藏。果实未见。花期 6～9 月和 12～4 月。

▶ 分布区

原产南非南部，我国大部省区有栽培。

▶ 生态习性

喜温暖，不耐寒，喜光，但也耐阴，不宜在烈日下暴晒，要求在肥沃、疏松、通透性良好的土壤中生长。

▶ 观赏特点

花开繁茂，两季开花而花期长，是一种园林应用中少见又珍贵的淡蓝色花卉。

▶ 园林应用价值

宜布置花境、花坛，也可盆栽观赏，亦可攀援于篱架，用作垂直绿化。

▶ 繁殖与培育特点

可用播种或扦插繁殖。播种繁殖，把选好的种子按 5 cm×10 cm 株行距点播于苗床上，在 4、5 月播种较好，条播或撒播，覆土以稍盖没种子为好。扦插繁殖，于 5～6 月，挑选组织充实、生长发育健壮的茎干每段长 8～12 cm，至少要有 3 个节间，剪除基部叶片，保留上端的 2～4 片，每片再剪去一半。剪好的插穗，可浸泡 20～30 分钟，让其充分吸足水分。插好插穗后，要用细孔喷壶把水喷透，这样能使基质和插穗更加紧密贴合。

▶ 园林养护技术

适时修剪，保持一定的树形。生长 3 年以上的植株，可根据需要进行强剪造型。营养生长期，应施以氮肥为主、磷钾肥为辅的复合肥；生殖生长期，应以磷钾肥为主，适当加入氮肥，薄肥勤施，春夏的营养生长期和生殖生长期，最好每星期施肥一次。夏季特别干燥的地区，早晚都应浇水。冬季越冬温度最低为6℃，陕西冬季需移入室内。夏季午强光时，植株须荫蔽，其他季节要加强光照。

293▶ 细枝补血草

▶ 名　称

中文名：细枝补血草

学　名：*Limonium tenellum* Kuntze

别　名：紫花补血草、纤叶匙叶草

科　属：白花丹科　补血草属

▶ 形态特征

多年生草本，高5～30 cm，全株（除萼和第一内苞外）无毛。根粗壮。皮黑褐色，易开裂脱落，露出内层红褐色至黄褐色发状纤维。茎基木质，肥大而具多头，被有多数白色膜质芽鳞和残存的叶柄基部。叶基生，匙形、长圆状匙形至线状披针形，先端圆、钝或急尖，花序伞房状，花序轴常多数，细弱；穗状花序位于部分小枝的顶端，花冠淡紫红色。花期5～7月，果期7～8（9）月。

▶ 分布区

产陕西、甘肃、宁夏、内蒙古；生于荒漠、半荒漠干燥多石场所和盐渍化滩地上。蒙古也有。

▶ 生态习性

特别耐瘠薄、干旱、抗逆性强，是沙质土、沙砾土、轻度盐碱土壤、旱化的草甸群落中的优势植物。

▶ 观赏特点

花序伞房状，花序轴常多数；穗状花序位于部分小枝的顶端，花冠淡紫红色，极为美丽，萼片长期宿存不凋落，观赏期长。补血草属有近20种可作观赏用。因其花朵细小，干膜质，色彩淡雅，与满天星一样，是重要的配花材料。

▶ 园林应用价值

由于植株低矮，在光照条件下，叶片四季常青，且覆盖面积大，可作为地被植物，同时又可作为切花与干花材料。

▶繁殖与培育特点

　　繁殖用分株、播种或自播法均可，其分蘖率和自播出苗率均高，当年成熟种子落地，7月份即可出苗，盆栽苗自播出苗效果更好。

▶园林养护技术

　　可以在除草过程中结合松土。用小锄进行；随着苗木的生长要采取多量少次的浇水方法，以利于苗木生长。苗木出土后第二年春季5月中旬防治地下害虫。如有死苗现象，应及时进行防治，用甲胺磷、甲伴磷等进行防治。

294▶ 突脉金丝桃

▶名　称

中文名：突脉金丝桃

学　名：*Hypericum przewalskii* Maxim.

别　名：大萼金丝桃、具梗金丝桃

科　属：藤黄科　金丝桃属

▶形态特征

　　多年生草本。茎最下部叶倒卵形，上部叶卵形或卵状椭圆形，长2～5 cm，先端钝，常微缺，基部心形抱茎，叶下面白绿色，疏被淡色腺点。聚伞花序顶生，具3花，有时连同侧生小花枝组成伞房状圆锥花序。蒴果卵球形，长约1.8 cm，具纵纹；宿萼长达1.5 cm。花期6～8月，果期8～9月。

▶分布区

　　产陕西南部、甘肃南部、青海东北部、河南西部、湖北西部及四川西北部，生于海拔2 740～3 400 m山坡、河边灌丛中。

▶生态习性

　　喜光、喜湿、耐寒，多生于河边灌丛、溪边，林缘开阔地。

▶观赏特点

　　聚伞花序顶生，有时连同侧生小花枝组成伞房状圆锥花序，黄色，极为美丽。

▶园林应用价值

　　花形奇特，开花时一片金黄，适合作林下地被，也可用于花境的配置，也可作盆栽观赏。

▶ 繁殖与培育特点

可采用播种、分株的繁殖方式。播种时应将种子与拌有草木灰的沙土混匀播种。于立冬前后或在春季播种，采用条播或撒播均可，以条播为主。

▶ 园林养护技术

较粗放管理，夏季适当防治白粉病，残花及时修剪，秋季可平茬。

295 ▶ 贯叶连翘

▶ 名　称

中文名：贯叶连翘
学　名：*Hypericum perforatum* L.
别　名：贯叶金丝桃、千层楼
科　属：藤黄科　金丝桃属

▶ 形态特征

多年生草本植物，高 20 ～ 60 cm。叶无柄，叶片椭圆形至线形，先端钝形，边缘全缘，背卷，上面绿色，下面白绿色，脉网稀疏，不明显。聚伞花序，生于茎及分枝顶端，苞片及小苞片线形，萼片长圆形或披针形，花瓣黄色，长圆形或长圆状椭圆形，两侧不相等，雄蕊多数，花药黄色。蒴果长圆状卵珠形，种子黑褐色，圆柱形。花期 7 ～ 8 月，果期 9 ～ 10 月。

▶ 分布区

分布于中国河北、山西、陕西、甘肃、新疆、山东、江苏、江西、河南、湖北、湖南、四川及贵州。

▶ 生态习性

贯叶连翘喜光、喜温、耐寒，在向阳、坡度平缓、土层深厚、疏松的沙质壤土生长较好。

◉ 观赏特点

因其花形美观，颜色艳丽，花盛开时金灿灿，可用作观花植物，贯叶连翘叶较密集呈绿色，与黄色的花相呼应，对花的观赏起到很好的衬托作用，硕果累累挂满枝头，具一定的观赏价值。

◉ 园林应用价值

贯叶连翘花形美观，花色艳丽，花盛开时金灿灿，可用于花境配置，也可作盆栽观赏。

◉ 繁殖与培育特点

可采用播种、分株的繁殖方式。对于播种繁殖，可采用直播或育苗移栽，生产上以直播为主。播后 7 ～ 10 天即可出苗。选择生长健壮、多分枝、花果量大的植株作为采种母株；贯叶连翘分蘖能力较强，可在冬季或春季从老株边挖取带根的分蘖苗栽种，每株应有 1 ～ 2 个芽，一般应选阴雨天进行，并尽量多带泥土，随分随栽，以提高移栽成活率。

◉ 园林养护技术

贯叶连翘第 1 年生长缓慢，须中耕除草 3 ～ 5 次；施肥时，要控制氮肥施用量，增施磷、钾肥。生长过程中，忌用任何农药。

296 ▶ 野西瓜苗

◉ 名　称

中文名：野西瓜苗

学　名：*Hibiscus trionum* L.

别　名：秃汉头、野芝麻、和尚头

科　属：锦葵科　木槿属

◉ 形态特征

一年生直立或平卧草本，高 25 ～ 70 cm。茎柔软，被白色星状粗毛。叶二型，下部的叶圆形，不分裂，上部的叶掌状 3 ～ 5 深裂，上面疏被粗硬毛或无毛，下面疏被星状粗刺毛；叶柄长 2 ～ 4 cm，被星状粗硬毛和星状柔毛；托叶线形，

长约 7 mm，被星状粗硬毛。花单生于叶腋，花淡黄色，内面基部紫色，蒴果长圆状球形，被粗硬毛，果皮薄，黑色；种子肾形，黑色，具腺状突起。花期 7 ～ 10 月。

▶ 分布区

产全国各地，无论平原、山野、丘陵或田埂，处处有之，是常见的田间杂草。原产非洲中部，分布欧洲至亚洲各地。

▶ 生态习性

生长于海拔约 1 800 m 的山坡灌丛或栽培。性喜温暖和阳光照射，能耐寒冷、耐干旱、耐贫瘠，忌水涝。在自然界中，能在山石缝隙处生长。

▶ 观赏特点

果实像带毛的灯笼或铃铛，花型类似秋葵，在众多野草中，野西瓜苗的叶、花、果清新脱俗。

▶ 园林应用价值

野西瓜苗花型奇特，可运用于花境配置，也可用于贫瘠的路边或绿化带边缘。有时也常与狗尾草、虎尾草等混生在紫花苜蓿、红豆草等人工草地中。

▶ 繁殖与培育特点

野西瓜苗的繁育系统属专性自交类型，可采用播种繁殖，或由其自播繁衍。

▶ 园林养护技术

耐粗放管理，但在人工栽培的野西瓜苗生长期，以不同浓度的植物生长调节剂多效唑进行喷施处理，可以对其株高、主茎、一级分枝、二级分枝的节间长度产生明显的抑制作用。对提高野西瓜苗的观赏性提供了有效的解决方法。

297 ▶ 蜀 葵

▶ 名 称

中文名：蜀葵

学 名：*Althaea rosea* (Linn.) Cavan.

别 名：一丈红、大蜀季、戎葵

科 属：锦葵科 蜀葵属

▶ 形态特征

二年生直立草本，高达 2 m。茎枝密被刺毛。叶近圆心形，上面疏被星状柔毛，粗糙，下面被星状长硬毛或茸毛；叶柄长 5 ～ 15 cm，被星状长硬毛；托叶卵形，先端具 3 尖。花腋生、单生或近簇生，排列成总状花序式；花大，有红、紫、白、粉红、黄和黑紫等色，单瓣或重瓣，花瓣倒卵状三角形，先端凹缺；雄蕊柱无毛，花丝纤细。果盘状，具纵槽；花期为 2 ～ 8 月。

▶ 分布区

原产中国西南地区，在中国分布很广，陕西、华东、华中、华北、华南地区均有分布。世界各地广泛栽培。

▶ 生态习性

蜀葵喜阳光充足，耐半阴，但忌涝。

耐盐碱能力强。耐寒冷，在华北地区可以安全露地越冬。在疏松肥沃，排水良好，富含有机质的沙质土壤中生长良好。

◐ 观赏特点

花大，花瓣轻盈鲜艳，花色丰富，花秆常大成序，给人以清新的感觉，深受人喜爱。

◐ 园林应用价值

蜀葵特别适合种植在院落、路侧、场地布置花镜环境，而且还可组成繁花似锦的花篱、花墙，花海。园艺品种较多，宜种植于建筑旁、假山旁或点缀花坛、草坪，成列或成丛种植。矮生品种则可作盆花栽培，陈列于门前，不宜久置室内，也可剪取作切花，供瓶插或作花篮、花束等用。

◐ 繁殖与培育特点

蜀葵通常采用播种法繁殖，也可进行分株和扦插法繁殖。分株繁殖在春季进行，扦插法仅用于繁殖某些优良品种。生产中多以播种繁殖为主，在华北地区以春播为主；分株繁殖可在 8～9 月份进行，将老株挖起，分割带须根的茎芽进行更新栽植，栽后马上浇透水，翌年可开花；扦插可在春季宜选用基部萌蘗的茎条作插穗。

◐ 园林养护技术

开花前结合中耕除草施追肥 1～2 次，追肥以磷、钾肥为好。播种苗经 1 次移栽后，可于 11 月定植。幼苗生长期，施 2～3 次液肥，以氮肥为主。同时经常松土、除草，以利于植株生长健壮。当蜀葵叶腋形成花芽后，追施 1 次磷、钾肥。为延长花期，应保持充足的水分。花后及时将地上部分剪掉，还可萌发新芽。

298▶ 紫花地丁

◐ 名　称

中文名：紫花地丁

学　名：*Viola philippica* Cav.

别　名：辽董菜、野董菜、光萼董菜

科　属：董菜科　董菜属

▶ 形态特征

多年生草本，有毛或近无毛。叶多数，基生，莲座状；叶片矩圆状披针形或卵状披针形，基部截形、微心形或宽楔形，叶柄常带紫色，与叶片近等长。花中等大，紫堇色或淡紫色，稀呈白色，两侧对称，下瓣距圆筒状，常向顶部渐细。蒴果长圆形，无毛，熟时三裂；花期4月中旬至5月中旬，果期4～9月。

▶ 分布区

分布于东北、华北，山东、陕西、甘肃、长江流域以南，西至西藏东部；朝鲜、日本、印度、缅甸也有分布。

▶ 生态习性

性喜光，喜湿润的环境，耐阴也耐寒，不择土壤，适应性极强，在地势高、排水良好处有自然群落分布。喜温暖、凉爽气候，怕涝，土壤以排水良好的沙质壤土、黏壤土生长为好。

▶ 观赏特点

紫花地丁花期早且集中；植株低矮，生长整齐，株丛紧密，常在早春形成成片深浅变化的紫色花海，异常美观；植株绿期很长，秋后茎叶仍鲜绿如初，植株长有绿色蒴果，直至初冬，地上部分才开始枯萎。

▶ 园林应用价值

可用于花坛、花境或早春模纹花坛的布置，也可做盆栽观赏；因其自繁能力强，园林中可大面积群植于庭园作为缀花地被代替草坪。

▶ 繁殖与培育特点

该植株自播繁殖能力极强，可用播种、分株以及组织培养等方式繁殖。播种繁殖时，可用撒播法，覆土厚度以盖住种子为宜，分株移植时保留根系的紫花地丁在连续3天各一次浇水后便可返青。最好于雨季进行分株移植。

▶ 园林养护技术

目前野生紫花地丁已引种到城市园林中作为地被应用，其自播繁衍能力强，抗逆性强，适应性强，耐粗放管理。可根据需要合理控制其生长面积。

299 鸡腿堇菜

名　称

中文名：鸡腿堇菜

学　名：*Viola acuminata* Ledeb.

别　名：鸡腿菜、胡森堇菜、红铧头草

科　属：堇菜科　堇菜属

形态特征

多年生草本，通常无基生叶，高10～40 cm。叶片心形、卵状心形或卵形，边缘具钝锯齿及短缘毛，两面密生褐色腺点，沿叶脉被疏柔毛；花淡紫色或近白色，具长梗；花梗细，被细柔毛，通常均超出于叶，中部以上或在花附近具2枚线形小苞片；蒴果椭圆形，长约1 cm，无毛，通常有黄褐色腺点，先端渐尖。花果期5～9月。

分布区

产黑龙江、吉林、辽宁、内蒙古、河北、山西、陕西、甘肃、山东、江苏、安徽、浙江、河南。

生态习性

耐阴性强，喜冷凉及腐殖土，不耐旱，喜半光。多生于杂木林林下、林缘、灌丛、山坡草地或溪谷湿地等处。

观赏特点

株型雅致，叶形多样，托叶形状奇特，是极有价值的观叶植物。花淡紫色至白色，成片效果良好。

园林应用价值

可做早春花坛、花境和缀花草坪。花期早、花期长、花色艳丽多彩、花型美观、株型雅致、抗性强，可以弥补目前北方地区早春花坛宿根花卉种类贫乏

的不足，为城市早春花坛良好的本地植物资源。同时，由于其管理粗放，也是花境和缀花草坪的良好材料。也可以用作地被植物，也可作盆栽观赏。

▶ 繁殖与培育特点

主要采用播种繁殖。播种后保持基质温度 18～22℃，避光遮阴，5～7天陆续出苗。播后一周内必须始终保持基质湿润。双层遮阴，一方面保证土壤湿润，另一方面因种子发芽后，直接见光，容易造成根系生长不良。

▶ 园林养护技术

同紫花地丁，但对湿度要求相对较高，宜在冷凉的疏林、林缘栽植。

300 ▶ 斑叶堇菜

▶ 名 称

中文名：斑叶堇菜

学 名：*Viola variegata* Fisch ex Link

别 名：天蹄

科 属：堇菜科 堇菜属

▶ 形态特征

多年生草本，无地上茎。叶均基生，呈莲座状，叶片圆形或圆卵形，先端圆形或钝，基部明显呈心形，边缘具平面圆的钝齿，上面暗绿色或绿色，沿叶脉有明显的白色斑纹，下面通常稍带紫红色；花红紫色或暗紫色，下部通常色较

淡；花梗长短不等，超出于叶或较叶稍短，通常带紫红色，有短毛或近无毛；花瓣倒卵形，蒴果椭圆形。花期4月下旬至8月，果期6～9月。

▶ 分布区

产黑龙江、吉林、辽宁、内蒙古（锡林郭勒盟）、河北、山西、陕西、甘肃（平凉、庆阳）、安徽。生于山坡草地、林下、灌丛中或阴处岩石缝隙中。

▶ 生态习性

喜阴，耐旱，抗病、抗寒、抗热能力强，不择土壤。喜温暖干燥和阳光充足的环境，怕积水。生长期可放在空气流通、光线明亮处养护。

▶ 观赏特点

观叶，包括叶色和叶形。长长的叶柄上叶片近心形，边缘有圆齿，叶片暗绿或绿色，白色的斑纹沿叶脉伸展，形成苍白的脉带，叶背面紫红色。

▶ 园林应用价值

斑叶堇菜喜阴，适宜种在乔、灌木下或较阴湿地方。条件好时叶片发育丰

满，斑纹清晰美观。可做地被、花径或花坛镶边，盆栽效果也很好。

▶ 繁殖与培育特点

主要采用播种繁殖。播种后保持基质温度 18～22℃，避光遮阴，5～7天陆续出苗。播后一周内必须始终保持基质湿润。双层遮阴，一方面保证土壤湿润，另一方面因种子发芽后，直接见光，容易造成根系生长不良。

▶ 园林养护技术

斑叶堇菜的引种驯化和栽培养护都比较简单，管理相对粗放。除夏季高温时稍加遮阴外，其他季节都要尽量多接受阳光的照射。春、秋季节是生长旺季，每半个月施一次肥即可。

301▶ 诸葛菜

▶ 名 称

中文名：诸葛菜

学 名：*Orychophragmus violaceus* (Linnaeus) O. E. Schulz

别 名：二月兰、紫金菜、菜子花

科 属：十字花科 诸葛菜属

▶ 形态特征

一年生或二年生草本，高达 50 cm，茎直立，单一或上部分枝。基生叶心形，锯齿不整齐，柄长 7～9 cm；全缘、有牙齿、钝齿或缺刻，基部心形，有不规

则钝齿，侧裂片斜卵形、卵状心形或三角形，全缘或有齿；上部叶长圆形或窄卵形，基部耳状抱茎，锯齿不整齐。花紫或白色，紫色；花瓣宽倒卵形，长角果线形。种子卵圆形或长圆形，黑棕色，有纵条纹。花期 4～5 月，果期 5～6 月。

▶ 分布区

产辽宁、河北、山西、山东、河南、安徽、江苏、浙江、湖北、江西、陕西、甘肃、四川。朝鲜有分布。

▶ 生态习性

适应性、耐寒性强，少有病虫害，诸葛菜，即使在冬季的时候依然绿叶葱葱，在早春时节更是花开成片。

▶ 观赏特点

花色艳，花量大，冬季的时候依然绿叶葱葱，在早春时节更是花开成片，是理想的园林阴处或林下地被植物。

▶ 园林应用价值

诸葛菜适应力很强，洒下种子就能开出花，是早春布置花坛的良好用材。也可应用于花境，亦可作盆栽观赏。也可以栽种在林下、公园、林缘、山坡、草地等处作地被。

▶ 繁殖与培育特点

诸葛菜的繁殖方法是种子繁殖法，一般采用撒播法和条播法两种方式进行。

▶ 园林养护技术

诸葛菜有一定的耐寒能力，但在幼苗时期还是要注意保暖，从而保证幼苗成活。幼芽生长为幼苗时要增加施肥（给予它们生长需要的营养），并且在诸葛菜成长中相应增加一些光照（照射增加光合作用促进植物生长）。

302 ▶ 珍珠菜

▶ 名 称

中文名：珍珠菜

学　名：*Lysimachia clethroides* Duby.

别　名：珍珠草、调经草、尾脊草

科　属：报春花科　珍珠菜属

▶ 形态特征

多年生草本，全株多少被黄褐色卷曲柔毛。根茎横走，淡红色。茎直立，高 40～100 cm，圆柱形，基部带红色，不分枝。叶互生，长椭圆形或阔披针形，长 6～16 cm，宽 2～5 cm，先端渐尖，基部渐狭，两面散生黑色粒状腺点，近于无柄或具长 2～10 mm 的柄。总状花序顶生，盛花期长约 6 cm，花密集，常转向一侧，后渐伸长，花冠淡紫至白色。蒴果近球形。花期 5～7 月；果期 7～10 月。

▶ 分布区

分布于我国东北、华北、华东、中南、西南及河北、陕西等地。在非洲、澳大

利亚及南美洲有少量该属物种分布；亚洲主要分布于锡金、印度、斯里兰卡、缅甸、泰国、老挝、柬埔寨等。

▶ 生态习性

喜温暖，但对温度要求不严格，有很强的耐高温和低温能力。对土壤适应性较强，但以疏松肥沃、灌溉良好的壤土生长为好。常生于荒地、山坡、草地、路边、田边和草木丛中。

▶ 观赏特点

花小、白色如同串串珍珠，密集或略松散地排列组成总状花序，开花时串串白花直立或弯曲，成片、成丛，随风摇曳，特别赏心悦目。秋天的红叶也格外美丽。

▶ 园林应用价值

是建植草坪和地被的良好植物类型，可植于花境、花坛或盆栽观赏，亦可成丛、成片植于林缘、水池、沟边，与同类植物配植成错落有致的自然群落，形成特有的植物造景效果。

繁殖与培育特点

可以采用播种、扦插繁殖。扦插时期不限，全年均可进行，但以春秋两季扦插成活率较高。扦插时选健壮母株截取其带 3～5 芽约 10 cm 的枝茎，扦插于事先准备好的苗床中，入土约为茎枝的 2/3。苗床不需施肥，以沙壤土为好。

▶ 园林养护技术

珍珠菜属浅根性作物，根系吸收能力较弱，生长期间应加强肥水管理，干旱时要早晚淋水，雨季注意排水防涝。一般每隔半个月追肥 1 次，以促进植株生长。主要虫害有蛴螬、蚂蚁、蛞蝓、蜗牛等。

303 ▶ 狭叶珍珠菜

▶ 名　称

中文名：狭叶珍珠菜
学　名：*Lysimachia pentapetala* Bunge
科属名：报春花科　珍珠菜属

▶ 形态特征

一年生草本，全体无毛。茎直立，高 30～60 cm，圆柱形，多分枝，密被褐色无柄腺体。叶互生，狭披针形至线形，有褐色腺点。总状花序顶生，初时因花密集而成圆头状，后渐伸长；苞片钻形。花萼下部合生，裂片狭三角形，边缘膜质；花冠白色，基部近于分离，裂片匙形或倒披针形。子房无毛。蒴果球形。花期 7～8 月；果期 8～9 月。

▶ 分布区

产于我国东北、华北地区以及甘肃、陕西、河南、湖北、安徽、山东等省。

▶ 生态习性

喜温暖，但对温度要求不严格，有

很强的耐高温和低温能力。对土壤适应性较强，但以疏松肥沃、灌溉良好的壤土生长为好。常生于荒地、山坡、草地、路边、田边和草木丛中。

▶ 观赏特点

花小，白色如同串串珍珠，密集或略松散地排列组成总状花序，开花时串串白花直立或弯曲，成片、成丛，随风摇曳，特别赏心悦目。秋天的红叶也格外美丽。

▶ 园林应用价值

是建植草坪和地被的良好植物类型，可植于花境、花坛或盆栽观赏，亦可成丛、成片植于林缘、水池、沟边，与同类植物配植成错落有致的自然群落，形成特有的植物造景效果。

▶ 繁殖与培育特点

一般以扦插繁殖为主。扦插时期不限，全年均可进行，但以春秋两季扦插成活率较高。扦插时选健壮母株截取其带 3 ～ 5 芽约 10 cm 的枝茎，扦插于事先准备好的苗床中，入土约为茎枝的 2/3。苗床不需施肥，以沙壤土为好。插后浇透水，保湿。春季约 10 天发根，冬季需 2 ～ 3 周才能发根。也可采用分株繁殖，分株繁殖时选取健壮株，挖出植株，用刀把各分枝切割开，即可定植。

▶ 园林养护技术

同珍珠菜。

304 ▶ 狼尾花

▶ 名　称

中文名：狼尾花

学　名：*Lysimachia barystachys* Bunge

别　名：虎尾草、重穗排草

科　属：报春花科　珍珠菜属

▶ 形态特征

多年生草本，具横走的根茎，全株密被卷曲柔毛。茎直立，叶互生或近对生，长圆状披针形、倒披针形以至线形。总状花序顶生，花密集，常转向一侧；花序轴长 4 ～ 6 cm，后渐伸长，果时长可达 30 cm；苞片线状钻形，通常稍短于苞片；花萼分裂近达基部，裂片长圆

形，周边膜质，顶端圆形，略呈啮蚀状；花冠白色，先端钝或微凹，常有暗紫色短腺条。蒴果球形。花期5～8月；果期8～10月。

● 分布区

产于黑龙江、吉林、辽宁、内蒙古、河北、山西、陕西、甘肃、四川、云南、贵州、湖北、河南、安徽、山东、江苏、浙江等省。俄罗斯、朝鲜、日本有分布。

● 生态习性

适应性强、较耐寒和干旱，对土壤要求不严，微碱性土壤和微酸性土壤都能生长良好。

● 观赏特点

白色花蕾像一粒粒珍珠，盛开的花朵紧密地排列在花序轴上，花朵密集精巧，具有很好的观赏性。

● 园林应用价值

可丛植、片植或带植于公园、林缘、溪水边、岩石旁等处形成花镜、花带、花丛等自然景观；也可盆栽作室内观赏花卉。由于花穗长大而洁白，外形美观，还可开发作切花装饰花篮、花环、瓶插。

● 繁殖与培育特点

一般以扦插繁殖为主，也可采用分株繁殖。扦插时期不限，但以春秋两季扦插成活率较高；分株繁殖时选取健壮株，挖出植株，用刀把各分枝切割开，即可定植。

● 园林养护技术

同珍珠菜。

305 ▷ 瓦 松

● 名 称

中文名：瓦松

学　名：*Orostachys fimbriata*
　　　　(Turczaninow) A. Berger

别　名：流苏瓦松、瓦花、瓦塔

科　属：景天科　瓦松属

● 形态特征

二年生草本。第一年生莲座叶，基部叶呈莲座状，莲座叶线形，先端增大，为白色软骨质，半圆形，有齿，茎生叶互生，疏生，有刺，线形至披针形，第二年抽茎。花序总状，紧密或下部分枝，呈金字塔形，苞片线状渐尖，花瓣5，红色，披针状椭圆形。种子多数，卵形，细小。花期8～9月，果期9～10月。

▶分布区

国内主要分布于东北、华北、西北、华东各省区，产于湖北、安徽、江苏、浙江、青海、宁夏、甘肃、陕西、河南、山西、山东、河北、内蒙古、辽宁、黑龙江等地。

▶生态习性

瓦松适应性强，性喜强光怕荫蔽，耐旱耐寒。喜干燥、通风良好的环境，广泛分布在深山向阳石质山坡、岩石上和岩石隙间，古老瓦房和草房顶上也有生长。

▶观赏特点

花朵繁密，花色丰富，有白、粉、红等颜色，叶肉质紧密，较可爱。植物莲座状，观赏性强。

▶园林应用价值

瓦松植于山坡、岩石园或屋顶，是一种颇具开发价值的野生花卉。瓦松可以和其他地被植物组合形成丰富多彩的地被植物景观，也可作盆栽观赏，用于花境栽培。

▶繁殖与培育特点

瓦松可采用种子繁殖、分株繁殖和扦插繁殖三种形式。适宜秋季成熟后采收种子播种，在温室播种一年四季均可，可将种子洒在苗床上，浅浅覆上一层土，浇透水后覆盖，发芽成株后移栽；植株正常生长半年后，母株周围会产生子株，分株后可用于繁殖，将植株上长出的幼苗剥离下来，有根的直接上盆，无根的待伤口晾干，扦插在沙土中，生根后就可栽种。

▶园林养护技术

日常浇水按"不干不浇，浇则浇透"的原则，避免土壤长期过湿或积水，造成烂根；虽然非常耐旱，干不死会涝死，植株萎蔫时一浇水会很快恢复，但也不能过于干旱缺水，否则植株生长缓慢，叶色暗淡、缺乏生机；生长期不需太多的营养，平日可不施肥。

306▶ 八宝景天

▶名 称

中文名：八宝景天

学 名：*Hylotelephium erythrostictum* (Bor.) H. Ohba

别 名：八宝、活血三七、对叶景天

科 属：景天科 八宝属

▶形态特征

多年生草本，块根胡萝卜状。茎直立，高30～70 cm，不分枝。叶对生，少有互生或3叶轮生，长圆形至卵状长圆形，先端急尖、钝，基部渐狭，边缘有疏锯齿，无柄。伞房状花序顶生；花瓣5，白色或粉红色，宽披针形，渐尖；雄蕊10，与花瓣同长或稍短，花药紫色。花期7～9月。

▶分布区

原产中国东北地区以及河北、河南、安徽、山东等；日本也有分布。生于海

拔450～1 800 m的山坡草地或沟边。

▶生态习性

八宝景天性喜强光和干燥、通风良好的环境，耐贫瘠和干旱，忌雨涝积水。在荫蔽处多生长不良，植株不茂盛，枝叶细长、稀疏。耐寒性强，能耐-20℃的低温。

◎ 观赏特点

花期在 7 ～ 9 月，色彩丰富，常见栽培的有白色、紫红色、玫红色品种。可以做各种造型的花坛装饰效果。冬季枯干及干花序亦有一定可赏性。

◎ 园林应用价值

八宝景天植株相对低矮、整齐一致，生长期较长，宜作地被植物，是布置花坛、花境和点缀草坪、岩石园的好材料，宜丛植或片植。八宝景天还可以盆栽观赏，或作为切花或保鲜花材料。

◎ 繁殖与培育特点

一般采用扦插，也可以采用分株繁殖、组织培养、播种繁殖的方式。因该品种极易成活，可在圃地直接扦插浇水即可；分株繁殖在早春萌芽前将植株连根挖出，根据植株大小分成若干小植株，分栽入事先准备好的、施有底肥的种植穴中，保持土壤湿润即可成活。

◎ 园林养护技术

生长季节浇水不可过多。宜在土表层完全干燥后再浇水，忌积水，否则易引发根腐烂和病害。生长期要给予充足的水分，尤其夏秋季除经常保持盆土湿润外，还须经常向叶面喷水，以降温保湿。八宝景天喜肥，栽植时要施入适量的农家肥做基肥；八宝景天的虫害主要是蚜虫和介壳虫危害。

307 ▷ 三七景天

◎ 名　称

中文名：三七景天

学　名：*Sedum aizoon* L.

别　名：费菜、土三七、四季还阳

科　属：景天科　八宝属

◎ 形态特征

多年生草本。根状茎短，粗茎高 20 ～ 50 cm。叶互生，狭披针形、椭圆状披针形至卵状倒披针形，先端渐尖，基部楔形，边缘有不整齐的锯齿。叶坚实，近革质。聚伞花序有多花，水平分枝，平展，下托以苞叶。萼片 5，线形，肉质，不等长，先端钝；花瓣 5，黄色，

长圆形至椭圆状披针形，有短尖；雄蕊10，较花瓣短。种子椭圆形。花期6～7月，果期8～9月。

▶分布区

产四川、湖北、江西、安徽、浙江、江苏、青海、宁夏、甘肃、内蒙古、河南、山西、陕西、河北、山东、辽宁、吉林、黑龙江。

▶生态习性

费菜耐酷寒炎热，耐寒性很强，属于很耐寒的观花地被植物；也较耐热，能适应冬夏温差大的环境，对温度变化的适应幅度较强。

▶观赏特点

费菜株型低矮、整齐，花期长，观赏价值突出。其花序为顶生聚伞花序，分枝平展，多花密集形成整齐的花相；花色金黄，盛开于夏季，花期长达2个月。

▶园林应用价值

费菜应用栽植方式多样，既可地植、片植、行植、丛植于绿地或公园，又可盆植于庭院摆放于室内，还可作为屋顶绿化材料植于屋顶，亦可用于地被、花境、模纹花坛、护坡等大面积视觉景观。

▶繁殖与培育特点

常采用扦插与播种繁殖。相较于其他地被植物，费菜栽植技术简便，夏季繁殖定植成活率可达98%，茎存放一个月栽植仍可成活。分蘖能力特别强，种1株可不断扦插繁殖形成上百株。成活苗木，经过半年时间，就可形成整齐平整的绿色地被、黄色花海。

▶园林养护技术

浇水做到"见干见湿，不干不浇，浇则浇透。" 施肥要做到少施、勤施，即每次追肥量要少，追肥次数要勤。费菜有较强的生命力，冬季露地可越冬或上面覆盖稻草，下雪后盖一些雪，让其休眠越冬，第2年春季发出的新芽比当年生的植株更加健壮。病害主要是白粉病，虫害较少。

308▶落新妇

▶名　称

中文名：落新妇

学　名：*Astilbe chinensis* (Maxim.) Franch. et Savat.

别　名：小生麻、红升麻、金毛三七

科　属：虎耳草科　落新妇属

▶形态特征

多年生草本，根状茎粗大，暗褐色，须根多数。茎直立，基生叶一回三出复叶。花小，花序长，主要观赏其顶生圆锥花序。园艺品种花色丰富，有紫色、紫红色、粉红色、白色等。花期5～7月。

▶分布区

全世界原生种约有 20 种，大部分起源于东亚，北美洲也有几个种，其中 7 个产于热带地区的品种很少栽培。我国原产 7 种，南北都有，主要分布在华东华中和西南。

▶生态习性

喜半阴、潮湿而排水良好的环境。耐寒，喜疏松肥沃、富含腐殖质的酸性或中性土壤，轻碱地也能生长。酷暑时进入半休眠状态。适应性较强。生于海拔 400 ～ 2 000 m 的山谷、溪边、阔叶林下和草甸子上。

▶观赏特点

落新妇花序紧密，呈火焰状，花色丰富、艳丽，有众多品种类型。

▶园林应用价值

宜栽种在半荫处。园林中可用于花坛、花境和疏林下栽植，亦可布置岩石园。北美和欧洲各国应用比较广泛。现在大部分作盆花或切花销售，也用于室内花卉装饰。

▶繁殖与培育特点

落新妇繁殖比较简便，最常用的方法是分株与播种。分株常于秋季进行。先将植株掘出，剪去地上部分，再分成带有 3 ～ 4 个芽的小丛重新栽植，施堆肥、油粕等做基肥。播种在春秋进行均可，以春播为宜。

▶园林养护技术

栽培落新妇宜用肥沃、疏松的土壤，较贫瘠的土地栽前应施足基肥。落新妇的根系分布很浅，只有 25 cm 左右，一般生长 3 ～ 4 年后，植株周围土壤的养分便耗尽，使老根木质化或枯死，根系活动能力明显减弱，因此要及时分栽，更新复壮。

309 ▶ 黄毛草莓

▶名 称

中文名：黄毛草莓

学 名：*Fragaria nilgerrensis* Schltdl.

别 名：锈毛草莓

科属名：蔷薇科 草莓属

◎形态特征

多年生草本，粗壮，密集成丛，高5～25 cm，茎密被黄棕色绢状柔毛，几与叶等长；叶三出，小叶具短柄，质地较厚，小叶片倒卵形或椭圆形，边缘具缺刻状锯齿；叶柄长4～18 cm，密被黄棕色绢状柔毛。聚伞花序2～5朵；花两性，直径1～2 cm；萼片卵状披针形；花瓣白色，圆形，基部有短爪；聚合果圆形，白色、淡白黄色或红色。花期4～7月，果期6～8月。

◎分布区

产陕西、湖北、四川、云南、湖南、贵州、台湾。生山坡草地或沟边林下，海拔700～3 000 m。尼泊尔、锡金、印度东部、越南北部也有分布。

◎生态习性

喜光植物，但又有较强的耐阴性，喜温凉气候，对水分要求严格，宜生长于肥沃、疏松中性或微酸性壤土中，过于黏重土壤不宜栽培。

◎观赏特点

该草莓的聚合果为白色，与常见的红色聚合果的草莓大不相同。叶形奇特，能提高地被植物的观赏性。

◎园林应用价值

可作地被植物，应用于缀花草坪、花境及花坛，亦可开发作小盆栽，还可用于岩石园布置。

◎繁殖与培育特点

播种、分株繁殖及组织培养。分株

可结合压条完成，组培技术可参考商品草莓的基础培养基。

◉园林养护技术

栽培相对简单，定植前施足基肥，成活后注意勿积水，适当除杂草。

310 ▶ 野草莓

◉名　称

中文名：野草莓

学　名：*Fragaria vesca* L.

别　名：欧洲草莓、瓢子

科属名：蔷薇科　草莓属

◉形态特征

多年生草本。高 5 ～ 30 cm，茎被开展柔毛，稀脱落。3 小叶稀羽状 5 小叶，小叶片倒卵圆形，椭圆形或宽卵圆形，长 1 ～ 5 cm，宽 0.6 ～ 4 cm，顶端圆钝，顶生小叶基部宽楔形，侧生小叶基部楔形，边缘具缺刻状锯齿；叶柄长 3 ～ 20 cm。花序聚伞状，有花 2 ～ 4 朵；萼片卵状披针形，顶端尾尖，副萼片窄披针形或钻形，花瓣白色，倒卵形。聚合果卵球形，红色。花期 4 ～ 6 月，果期 6 ～ 9 月。

◉分布区

产吉林、陕西、甘肃、新疆、四川、云南、贵州。生于山坡、草地、林下。广布北温带，欧洲、北美均有记录。

◉生态习性

喜光，有较强的耐阴性，喜温凉气候，对水分要求严格。

◉观赏特点

白花红果，叶形奇特，是较好的地被观赏植物。

◉园林应用价值

可作地被植物，应用于缀花草坪、花境及花坛，亦可开发作小盆栽，还可应用于岩石园布置。

◉繁殖与培育特点

播种、分株繁殖及组织培养。分株可结合压条完成，组培技术可参考商品草莓的基础培养基。

◉园林养护技术

病虫害主要有黄萎病、灰霉病等。

311▶ 委陵菜

◗ 名　称

中文名：委陵菜

学　名：*Potentilla chinensis* Ser

别　名：白草、白头翁、朝天委陵菜

科属名：蔷薇科　委陵菜属

◗ 形态特征

多年生草本，高 30 ～ 60 cm。茎粗壮，直立或斜生，密被白色茸毛。羽状复叶互生，基生叶丛生，小叶 15 ～ 30，叶柄长；小叶羽状深裂；小裂片三角状披针形，边缘稍外卷，上面绿色，被短柔毛或脱落几无毛，中脉下陷，下面被白色茸毛；伞房状聚伞花序，多花；花梗长，被柔毛；花瓣黄色。花萼宿存，瘦果多数近卵形，微有皱纹，无毛，聚生在褐色、被毛花托上。瘦果卵球形，深褐色，有明显皱纹。花果期 4 ～ 10 月。

◗ 分布区

产黑龙江、吉林、内蒙古、河北、山西、陕西、甘肃、山东等地。可生长

于山坡草地、沟谷、林缘、灌丛或疏林下，海拔 400 ～ 3 200 m。俄罗斯远东地区、日本、朝鲜也有分布。

◗ 生态习性

喜光，耐半荫，喜湿，耐干旱，耐热，适生于疏林和开阔地生长，喜微酸性至中性、排水良好的湿润土壤，也耐干旱瘠薄。

◗ 观赏特点

植株紧密，枝叶秀丽，花色艳丽，花期长，是良好阴生和观花地被植物。

◗ 园林应用价值

植株低矮，地面覆盖表现好，是优良观花、观叶地被植物。可作为开阔地、疏林地地被绿化，亦可作为绿化隔离带及高速公路两侧绿化材料。也可以作花境、盆栽。

◗ 繁殖与培育特点

适宜播种、分株两种繁殖方式，也可用茎段压条扦插。委陵菜为肉质根，

应选土质疏松、土壤肥沃、灌溉便利的地块。发芽期应视土壤墒情进行浇水，使土壤保持湿润疏松以利于种子发芽，保证苗齐、苗全。

▶ 园林养护技术

管理粗放，忌积水。

312 ▶ 绢毛委陵菜

▶ 名 称

中文名：绢毛委陵菜

学　名：*Potentilla sericea* L.

别　名：毛叶委陵菜、白毛小委陵菜

科属名：蔷薇科　委陵菜属

▶ 形态特征

多年生草本。花茎直立或上升，高5～20 cm。基生叶为羽状复叶；小叶片长圆形，边缘羽状深裂，裂片带形，呈篦齿排列，边缘反卷，上面绿色，伏生绢毛，下面密被白色茸毛，茸毛上密

盖一层白色绢毛。聚伞花序疏散；花梗长1～2 cm，密被短柔毛及长柔毛；萼片三角卵形，副萼片披针形，顶端圆钝；花瓣黄色，倒卵形，比萼片稍长。瘦果长圆卵形，褐色，有皱纹。花果期5～9月。

▶ 分布区

产黑龙江、吉林、内蒙古、陕西、甘肃、青海、新疆、西藏。生山坡草地、沙地、草原、河漫滩及林缘，海拔600～4 100 m。苏联、蒙古也有分布。

▶ 生态习性

喜光，耐阴，耐寒，喜肥沃湿润土壤。

▶ 观赏特点

植株紧密，花色艳丽，花期长，是良好阴生和观花地被植物。

▶ 园林应用价值

同委陵菜。

▶ 繁殖与培育特点

同委陵菜。

▶ 园林养护技术

管理粗放，忌积水。

313 ▶ 匍枝委陵菜

▶ 名　称

中文名：匍枝委陵菜

学　名：*Potentilla flagellaris* Willd. ex Schlecht.

别　名：蔓委陵菜、鸡儿头苗

科属名：蔷薇科　委陵菜属

▶ 形态特征

多年生匍匐草本。根细而簇生。匍匐枝长 8 ～ 60 cm，被伏生短柔毛或疏柔毛。基生叶掌状 5 出复叶；小叶片披针形、卵状披针形或长椭圆形，长 1.5 ～ 3 cm，宽 0.7 ～ 1.5 cm，边缘有 3 ～ 6 缺刻状大小不等急尖锯齿，两面绿色，伏生稀疏短毛；基生叶托叶膜质，褐色，外面被稀疏长硬毛，纤细匍匐枝上托叶草质、绿色，卵披针形，常深裂。单花与叶对生；花直径 1 ～ 1.5 cm；萼片卵状长圆形；花瓣黄色，顶端微凹或圆钝，比萼片稍长；花柱近顶生，基部细，柱头稍微扩大。成熟瘦果长圆状卵形表面呈泡状突起。花果期 5 ～ 9 月。

▶ 分布区

产黑龙江、吉林、辽宁、河北、山西、甘肃、山东、陕西。

▷ 生态习性

匍枝委陵菜喜温暖湿润环境，较耐阴，耐高温干旱。

▷ 观赏特点

匍枝委陵菜花黄色，精致小巧，叶形独特，花期长，是非常好的园林地被植物。

▷ 园林应用价值

匍枝委陵菜在园林上常作为地被与花境应用。

▷ 繁殖与培育特点

常使用扦插，播种繁殖。2月下旬在温室内穴盘播种，10天左右出苗，从播种到成品 50 ～ 70 天，4月下旬可上盆或移栽容器。4 ～ 9 月均可进行分株繁殖，分成冠幅约 10 cm 的植株，50 天后冠幅可达 25 ～ 30 cm。

▷ 园林养护技术

匍枝委陵菜耐粗放管理，无需太多特殊管理。

314▶ 路边青

▷ 名 称

中文名：路边青

学 名：*Geum aleppicum* Jacq.

别 名：水杨梅、兰布政、追风七

科属名：蔷薇科 路边青属

▷ 形态特征

多年生草本，直立，高 30 ～ 100 cm。基生叶为大头羽状复叶，通常有小叶 2 ～ 6 对，顶生小叶最大，菱状广卵形或宽扁圆形，边缘常浅裂；茎生叶羽状复叶，有时重复分裂，卵形，边缘有不规则粗大锯齿。花序顶生，疏散排列，花梗被短柔毛或微硬毛；花直径 1 ～ 1.7 cm；花瓣黄色，几圆形，萼片卵状三角形。聚合果倒卵球形，长约 1 mm。花果期 7 ～ 10 月。

▷ 分布区

产黑龙江、吉林、辽宁、内蒙古、山西、陕西、甘肃、新疆、西藏等地。生山坡草地、沟边、地边、河滩、林间隙地及林缘，海拔 200 ～ 3 500 m。广布北半球温带及暖温带。

▶ 生态习性

喜光，耐寒，喜湿润，耐旱，喜肥沃土壤。

▶ 观赏特点

观花，花黄色或橘黄色。

▶ 园林应用价值

路边青可用于地被，基生叶可很好地覆盖裸露环境和空地；可作花境或盆栽。

▶ 繁殖与培育特点

播种繁殖。定植前对苗子进行浇水，且定植时除去外面的营养袋连带土球一起定植大田，可以提高移植成活率。在栽培管理期间注意要摘心，剪除残花与花葶及水分管理。

▶ 园林养护技术

忌强光，干旱。其他管理相对简单。

315 ▶ 地 榆

▶ 名 称

中文名：地榆
学 名：*Sanguisorba officinalis* L.
别 名：黄瓜香、玉札、山枣子
科属名：蔷薇科 地榆属

▶ 形态特征

多年生草本，高 30 ～ 120 cm。根粗壮，多呈纺锤形，棕褐色或紫褐色，

有纵皱及横裂纹。基生叶为羽状复叶，有小叶 4 ～ 6 对；小叶片有短柄，卵形或长圆状卵形，长 1 ～ 7 cm，宽 0.5 ～ 3 cm，边缘有锯齿；茎生叶较少，长圆披针形。穗状花序椭圆形，圆柱形或卵球形；苞片膜质，披针形；萼片 4 枚，紫红色，椭圆形至宽卵形。果实藏在宿存萼筒内。花期 7 ～ 9 月，果期 8 ～ 10 月。

▶ 分布区

产黑龙江、吉林、辽宁、内蒙古、河北、山西、西藏等地。生草原、草甸、山坡草地、灌丛中、疏林下，为林缘草甸的优势种和建群种，海拔 30 ～ 3 000 m。广布于欧洲、亚洲北温带。

▶ 生态习性

喜光，抗寒，耐旱，喜沙性土壤，在贫瘠、干旱的土壤中生长更旺。

观赏特点

地榆株型紧凑，花量繁多，穗状花序紫红色、飘逸动感，叶色深绿，是优良的园林地被植物。

园林应用价值

可植于花坛、花境、花丛、组合盆栽。宜应用于药用观赏植物专类园、滨水绿化、屋顶绿化、庭院绿化、道路绿化、建筑、小品绿化等，亦可作干花。

繁殖与培育特点

以播种繁殖为主，也可分株繁殖。

园林养护技术

种植前，选择排水良好、土层深厚、疏松肥沃的土地，施足基肥，浇透水；待幼苗生长2个月，即可移栽于营养钵内，在温室或大棚内炼苗、缓苗；露地播种苗的定植最好5月底6月初进行；要加强肥水管理；病害有病毒病、叶斑病等。

316 龙牙草

名 称

中文名：龙牙草
学 名：*Agrimonia pilosa* Ldb.
别 名：龙芽草、路边黄、仙鹤草
科属名：蔷薇科 龙牙草属

形态特征

多年生草本；根状茎短，基部常有

1至数个地下芽；茎高达1.2 m，被疏柔毛及短柔毛，稀下部被长硬毛；叶为间断奇数羽状复叶，常有3～4对小叶，杂有小型小叶；小叶倒卵形至倒卵状披针形，具锯齿；穗状总状花序，花瓣黄色，长圆形；雄蕊5至多枚，花柱2；瘦果倒卵状圆锥形，顶端有数层钩刺；花果期5～12月。

分布区

我国南北各省均产，中欧至亚洲东部均有分布。

生态习性

常生于溪边、路旁、草地、灌丛、林缘及疏林下，海拔100～3 800 m。

观赏特点

开黄色小花，竖线条花卉，体型较小，果实较奇特，易招蜂引蝶。

▶ **园林应用价值**

常作盆栽花卉和花境花卉，生命力顽强，可连年观赏。

▶ **繁殖与培育特点**

可用种子繁殖或分株繁殖，春秋两季均可进行。苗高 3 ～ 5 cm 时开始间苗、补苗，拔去过密的小苗、弱苗，苗高 15 cm 时；按株距 15 cm 左右定苗 1 ～ 2 株。

▶ **园林养护技术**

小苗定植后主要是松土除杂草，同时每年秋季可地面平茬后施肥或春季追肥。主要害虫为红蜘蛛，刺吸茎叶。

317 ▶ 斜茎黄耆

▶ **名　　称**

中文名：斜茎黄耆

学　名：*Astragalus laxmannii* Jacquin

别　名：直立黄耆、沙打旺、直立黄耆

科属名：豆科　黄耆属

▶ **形态特征**

多年生草本，高 20 ～ 100 cm。羽状复叶，叶柄较叶轴短；托叶三角形；小叶长圆形至狭长圆形，上面疏被伏贴毛，下面较密。总状花序长圆柱状、穗状；总花梗生于茎的上部；苞片狭披针形至三角形；花萼管状钟形，被黑褐色或白色毛，萼齿狭披针形；花冠近

蓝色或红紫色，倒卵圆形。子房被密毛，有短柄。荚果长圆形。花期 4 ～ 5 月；果期 6 ～ 8 月。

▶ **分布区**

我国各地均有分布。苏联、蒙古、日本、朝鲜和北美温带地区都有分布。常生于向阳山坡灌丛及林缘地带。

▶ **生态习性**

斜茎黄耆适应性较强；根系发达，能吸收土壤深层水分，故抗盐、抗旱，怕水淹，在排水不良或积水的地方，易烂根死亡。

▶ **观赏特点**

斜茎黄耆观赏性不强，成片栽植可营造荒漠景观，花期可观赏到具有野趣的紫绿相间景观。

▶ **园林应用价值**

斜茎黄耆分枝多，生长第二年即可覆盖大地，减少地表蒸发和水土流失。

在园林中可作为干旱地块的地被植物，快速实现地表绿化，或做花境增添自然趣味。

◐ 繁殖与培育特点

斜茎黄耆播种方式有条播、撒播或点播。此外，播种前还应进行种子清选和处理，清选出杂草种子和杂质，以提高种子的纯度。斜茎黄耆除单播外，还可与苜蓿、胡枝子混播。

◐ 园林养护技术

斜茎黄耆是北方地区最重要的飞播草种，常用于飞播种草，改良荒山草坡。斜茎黄耆幼苗期生长缓慢，易受杂草危害，要注意及时清除杂草，补播改良草地时，播前要清除部分原有植被，削减原有植被的竞争能力。斜茎黄耆很耐瘠薄，耐旱而不耐涝。当土壤水分过多时，要及时排水，生长期间若发生根腐病、白粉病、叶斑病及蚜虫危害时，要及时防治。

318 ▶ 达乌里黄耆

◐ 名 称

中文名：达乌里黄耆
学 名：*Astragalus dahuricus* (Pall.) DC.
别 名：兴安黄耆
科属名：豆科 黄耆属

◐ 形态特征

一年生或二年生草本，被开展、白色柔毛。茎直立，有细棱。羽状复叶；托叶狭披针形或钻形；小叶倒卵状长圆形至长圆状椭圆形。总状花序较密；苞片线形或刚毛状；花萼斜钟状；花冠紫色，旗瓣近倒卵形，龙骨瓣片近倒卵形。子房有柄，被毛；荚果线形，先端凸尖喙状；种子淡褐色或褐色，肾形，有斑点，平滑。花期 7～9 月，果期 8～10 月。

◐ 分布区

全国各地均有分布。苏联、蒙古、朝鲜也有分布。生于海拔 400～2 500 m 的山坡和河滩草地。

◐ 生态习性

同斜茎黄耆。

◐ 观赏特点

达乌里黄耆观赏性不强，园林较少应用。

◐ 园林应用价值

可作花境材料，增添自然意趣。

▶繁殖与培育特点

一般是播种繁殖。分春播、夏播和秋播。春播于 4 月中旬至 5 月上旬，伏播于 6 月下旬至 7 月上旬，秋播于 9 月下旬至 10 月上旬；春播应注意土壤墒情。当苗高 7 ～ 10 cm 时进行疏苗，按 15 ～ 20 cm 株距定苗。

▶园林养护技术

达乌里黄耆当年苗出齐后即可松土除草，一般进行 2 ～ 3 次。以后每年于生长期视土壤板结和杂草长势，进行松土除草，可结合中耕除草适当追施磷钾肥料，出苗和返青期需水分较多，如遇干旱，应及时进行灌水。常见病害有白粉病、根腐病，虫害有蚜虫、豆荚螟。

倒卵状长圆形、倒心形至匙形。荚果长圆形或卵状长圆形；种子椭圆状卵形，棕色。花期 6 ～ 9 月，果期 8 ～ 10 月。

▶分布区

产东北、华北各地及甘肃、山东、四川及陕西等地。蒙古、俄罗斯（西伯利亚、远东地区）也有分布。生于草原、沙地、河岸及沙砾质土壤的山坡旷野。

319▶ 花苜蓿

▶名　称

中文名：花苜蓿
学　名：*Medicago ruthenica* (L.) Trautv.
别　名：奇尔克、扁豆子、苜蓿草
科属名：豆科　花苜蓿属

▶形态特征

多年生草本，高 20 ～ 70（100）cm。主根深入土中，根系发达；茎直立或上升，四棱形，基部分枝。羽状三出复叶；小叶形状变化大；花序伞形；总花梗腋生；苞片刺毛状；萼钟形被柔毛。花冠黄褐色，中央深红色至紫色条纹，旗瓣

生态习性

豆科温带植物，种子在 5 ～ 6 ℃即发芽，生长最适温度是日平均气温 15 ～ 21 ℃，耐寒能力较强，停止生长的温度为 3 ℃左右；花苜蓿一般喜中性或微碱性土壤，不喜酸性土壤，pH6 以下时，影响根瘤的形成及苜蓿的生长。

▶观赏特点

花朵颜色鲜艳，星星点点装饰于茎叶之中。

▶园林应用价值

多用作中药材，在园林中可作为改良土壤植物或在水景园，岩石园当地被等。

◎繁殖与培育特点

　　种子繁殖。再生性强，每年可收割 3～4次，最后一次收割不要太晚，否则影响养分积累，不利于安全越冬。一般收割后要留出40～50天的生长期。

◎园林养护技术

　　花苜蓿最适宜的条件是土质松软的沙质壤土，轻度盐碱地上可以种植；花苜蓿耗水量大，在冬前、返青后、干旱时要浇水，滨海、低注地要注意雨季排水；常见病虫害有霜霉病、白粉病和苜蓿锈病。

320▶ 绣球小冠花

◎名　　称

中文名：绣球小冠花
学　名：*Coronilla varia* L.
别　名：多变小冠花、小冠花
科属名：豆科　小冠花属

◎形态特征

　　多年生草本，茎直立，粗壮，多分枝，疏展。茎、小枝圆柱形，具条棱，髓心白色。奇数羽状复叶；托叶小，膜质，披针形；小叶薄纸质，椭圆形或长圆形。伞形花序腋生；花密集排列成绣球状；花冠紫色、淡红色或白色，有明显紫色条纹；旗瓣近圆形，翼瓣近长圆形。荚果细长圆柱形，具4棱。种子光滑，黄褐色。花期6～7月，果期8～9月。

◎分布区

　　原产欧洲地中海地区。我国东北南部有栽培。

◎生态习性

　　抗逆性强，抗旱、耐寒、耐瘠薄、耐盐碱。对土壤要求不高，能耐中等酸性和瘠薄土壤，但耐湿性差，在排水不良的水渍地，根系容易腐烂死亡。

◎观赏特点

　　小冠花，花朵众多，花姿优美，花色鲜艳，花期长，茎叶茂密，草层覆盖度大，绿色期长。此外，小冠花生性强健，花期时整株为花覆盖，叶秀花美。

◎园林应用价值

　　该种的花期长达5个月之久，也是很好的蜜源植物。另外，其花多而鲜艳，枝叶繁茂，可作为美化庭院、净化环境的观赏植物，广泛应用于花境、水土保持、公路铁路护坡、护堤以及采矿破坏区和其他地被受毁坏地区的绿化美化，也是优良的多年生牛、羊饲草。

▶ 繁殖与培育特点

可用种子繁殖、组织培养、扦插繁殖和分根繁殖。

▶ 园林养护技术

种植的土地需要深耕，清除杂草，精细整地，在有条件的地方应灌足底墒水，以利出苗及苗期生长。小冠花耐湿性差，在排水不良的水渍地，根系容易腐烂死亡，积水地块要及时排水防渍，保持适宜的土壤水分；小冠花栽培时，除播种前施足底肥外，生长期每亩应追施氮肥，促进生长。

321 ▶ 红车轴草

▶ 名　称

中文名：龙柏

学　名：*Trifolium pratense* L.

别　名：红菽草、三叶草、红三叶草

科属名：豆科　车轴草属

▶ 形态特征

短期多年生草本。掌状三出复叶；托叶近卵形，膜质，每侧具脉纹8～9条，基部抱茎，先端离生部分渐尖，具锥刺状尖头；叶柄较长，茎上部的叶柄短，被伸展毛或秃净；小叶卵状椭圆形至倒卵形。花序球状或卵状，顶生；无总花梗或具甚短总花梗，包于顶生叶的托叶内，托叶扩展成焰苞状，具花30～70朵，花冠紫红色至淡红色。荚果卵形；通常有1粒扁圆形种子。

◎ 分布区

中国东北、华北、西南、安徽、江苏、江西、浙江等地，中国新疆、云南、贵州、吉林、陕西、湖北鄂西地区均有野生种。

◎ 生态习性

喜凉爽湿润气候，夏天不过于炎热、冬天不十分寒冷的地区最适宜生长。气温超过35℃生长受到抑制，40℃以上则出现黄化或死亡，冬季最低气温达 –15℃则难以越冬。耐湿性良好，但耐旱能力差。

◎ 观赏特点

花序球状，紫红色，颇为美丽，成片种植，极富自然野趣。

◎ 园林应用价值

红车轴草常用于花坛镶边或布置花境、缀花草坪、机场、高速公路、庭园绿化及江堤湖岸等固土护坡绿化中，可与其他冷季型和暖季型草混播，也可单播，既能赏花，又能观叶，同时覆盖地面效果好。

◎ 繁殖与培育特点

常播种繁殖。可春播或秋播，春播以4～5月为宜，秋播以9～10月为宜；在高寒山区以春播为好，冬季霜冻少并且有灌溉条件的地区以秋播为好。播种时，种子与细沙以1：5的比例混合撒播，覆土厚度2～3 cm，不宜过厚，踩实保墒，这样出苗整齐。

◎ 园林养护技术

红车轴草较耐粗放管理，雨季注意排水。红车轴草易发生病毒病，尤其是高温干旱季节发病严重，要防止草坪过分干旱。高温多雨季节易发生白叶病，发病初期可用50% 甲基托布津800 ～ 1 000 倍液喷雾防治。

322 ▶ 苦 参

◎ 名 称

中文名：苦参
学 名：*Sophora flavescens* Alt.
别 名：地槐、好汉枝、山槐子
科属名：豆科 槐属

◎ 形态特征

草本或亚灌木，高1 m；茎具纹棱。

羽状复叶；托叶披针状线形，渐尖；小叶互生或近对生，纸质。总状花序顶生；苞片线形；花萼钟状，明显歪斜；花冠白色或淡黄白色，旗瓣倒卵状匙形；雄蕊分离或近基部稍连合。子房被淡黄白色柔毛。荚果种子间稍缢缩，稍四棱形；种子长卵形，深红褐色或紫褐色。花期6～8月，果期7～10月。

▶ 分布区

我国各地均有分布。印度、日本、朝鲜、俄罗斯西伯利亚地区也有分布。

▶ 生态习性

苦参可生长于海拔 1 500 m 以下的阴坡、半阴坡和丘陵，也可生长于沙漠湿地，且苦参具有喜沙耐黏、喜肥耐瘠、喜湿又耐旱、喜光稍耐阴、耐寒，耐高温等特点，具有较强的适应性。

▶ 观赏特点

花序为总状竖线条，花朵密集，花香，招蝶。

▶ 园林应用价值

主要为经济作物、药用，园林中应用可作花境，增添田园自然之感。

▶ 繁殖与培育特点

主要为种子繁殖和组织培养，还可分生繁殖。幼苗期及时中耕除草，齐苗后进行1次中耕除草，以后每隔30天中耕除草1次，秋季采取耕沟底、留垄背，免伤水平地中茎芽的方法（半耕半拔出），整个生长季中耕除草3～5次，定植后第2年春季地下茎延伸头全部伸出地面时，再进行中耕管理；每年施肥3次，分别在5月、7月和秋后。

▶ 园林养护技术

较粗放栽培。苦参病害主要有白粉病、叶斑病、根腐病、叶枯病和白锈病等，虫害主要有芫菁、蚜虫、草地螟、小地老虎、蝼蛄、钻心虫和食心虫等。

---

323 ▶ 千屈菜

▶ 名　称

中文名：千屈菜

学　名：*Lythrum salicaria* L.

别　名：水柳、中型千屈菜、光千屈菜

科属名：千屈菜科　千屈菜属

▶ 形态特征

多年生草本，根茎横卧于地下，粗壮。茎直立，多分枝，具4棱，全株青绿色。叶对生或三叶轮生，披针形或阔披针形。小聚伞花序，簇生，形似大型穗状花序；苞片阔披针形至三角状卵形；花瓣6，红紫色或淡紫色，倒披针状长椭圆形，基部楔形，着生于萼筒上部，有短爪，稍皱缩；雄蕊伸出萼筒之外。子房2室，花柱长短不一。蒴果扁圆形。

◎ 分布区

我国各地有栽培，分布于亚洲、欧洲、非洲的阿尔及利亚、北美和澳大利亚东南部。

◎ 生态习性

生于河岸、湖畔、溪沟边和潮湿草地；喜强光，耐寒性强，喜水湿，对土壤要求不严，在深厚、富含腐殖质的土壤上生长更好。

◎ 观赏特点

株丛整齐，耸立而清秀，花朵繁茂，花序长，花期长，是水景和花镜中优良的竖线条材料。

◎ 园林应用价值

最宜在浅水岸边丛植或池中栽植，也可作花境材料及切花。亦可盆栽或沼泽园用。

◎ 繁殖与培育特点

分株繁殖为主，也可播种或扦插繁殖。早春或秋季分株，春季播种及嫩枝扦插。

◎ 园林养护技术

栽培以肥沃土壤为佳，每年中耕除草 3 ~ 4 次，春、夏季各施 1 次氮肥或复合肥，秋后追施 1 次堆肥或厩肥，经常保持土壤潮湿。

324▶ 大 戟

◎ 名 称

中文名：大戟

学　名：*Euphorbia pekinensis* Rupr.

别　名：湖北大戟、京大戟、北京大戟

科属名：大戟科　大戟属

◎ 形态特征

多年生草本。茎高达 90 cm。叶互生，椭圆形，稀披针形或披针状椭圆形，全缘，两面无毛或有时下面具柔毛。总苞叶 4 ~ 7，长椭圆形；苞叶 2，近圆形。花序单生二歧分枝顶端，无梗；总苞杯状，边缘 4 裂，裂片半圆形，半圆形或肾状圆形，淡褐色。雄花多数，伸出总苞。蒴果球形。种子卵圆形，暗褐色。花期 5 ~ 8 月，果期 6 ~ 9 月。

◉ 分布区

除台湾、云南、西藏和新疆，全国各地均有分布，北方尤为普遍。

◉ 生态习性

大戟喜温暖湿润气候，耐旱、耐寒喜潮湿。对土壤要求不严，以土层深厚、疏松肥沃、排水良好的沙质壤上或黏质壤上栽培为好。生于山坡、灌丛、路旁、荒地、草丛、林缘和疏林内。

◉ 观赏特点

观叶植物。

◉ 园林应用价值

适合做花境和盆栽。宿根花卉，可植于岩石庭院、屋顶花园等。目前主要为药用，园林应用较少。

◉ 繁殖与培育特点

可用播种、分根繁殖，育苗移栽法。4月上旬将种子均匀播下，覆薄细土，稍加镇压，浇水，保持床土湿润。约经2～3星期出苗。播种7～9周后移植到花盆。分根繁殖在秋季后或早春萌芽前，挖掘根部，进行分根，每根带有2～3个芽。幼苗定植后，如有缺株，应及时补栽。

◉ 园林养护技术

生长发育适温为12～15℃。户外栽培需覆盖，植株需遮阴。春季植株开始在12～15℃的条件下生长。开花需经过春化处理。温度保持在10℃以上，有利于提高植株品质并促进其分枝。移植到花盆里2周之后，开始每周均衡施肥。病害防治方面要注意叶斑病，枯萎病，虫害防治注意柑橘粉介壳虫，盾介壳虫等。

325 ▶ 乳浆大戟

◉ 名　称

中文名：乳浆大戟

学　名：*Euphorbia esula* L.

别　名：乳浆草、宽叶乳浆大戟、松叶乳汁大戟

科属名：大戟科　大戟属

◉ 形态特征

多年生草本。根圆柱状，不分枝或分枝。茎单生或丛生，单生时自基部多

分枝，高 30 ～ 60 cm。叶线形至卵形，变化极不稳定，先端尖或钝尖，基部楔形至平截。花序单生于二歧分枝的顶端，基部无柄；总苞钟状。蒴果三棱状球形；花柱宿存；成熟时分裂为 3 个分果爿。种子卵球状，成熟时黄褐色；种阜盾状，无柄。花果期 4 ～ 10 月。

▶ 分布区

在我国除海南、贵州、云南和西藏外，其余各省均有分布。

▶ 生态习性

生于海拔 200 ～ 3 000 m，大戟喜温暖湿润气候，耐旱、耐寒喜潮湿。对土壤要求不严，以土层深厚、疏松肥沃、排水良好的沙质壤上或黏质壤上栽培为好。

▶ 观赏特点

叶片奇特，具有很高的观赏效果。

▶ 园林应用价值

观赏药用植物在我国北方地区城市园林中应用的很普遍，是园林建设不可缺少的组成成分，而属于草本植物的乳浆大戟可作地被丛植或花镜片植。

▶ 繁殖与培育特点

种子繁殖。4 月上旬育苗，撒播或条播，将种子均匀播下，覆薄细土，稍加镇压，浇水，保持床土湿润。约经 2 ～ 3 星期出苗。

▶ 园林养护技术

出苗后，苗高 10 ～ 15 cm 进行间苗，每穴留 1 株或 2 株，通风透光。发现病株应及时拔除，根部病害拔除后，在穴内撒上石灰，病株烧掉。

326 ▶ 凤仙花

▶ 名　称

中文名：凤仙花

学　名：*Impatiens balsamina* L.

别　名：指甲花、小桃红、急性子

科属名：凤仙花科　凤仙花属

▶ 形态特征

一年生草本，高 60 ～ 100 cm。茎粗壮，肉质，直立，浅绿或晕红褐色。

叶互生，最下部叶有时对生；叶片披针形、狭椭圆形或倒披针形，边缘有锐锯齿；叶柄长 1～3 cm，上面有浅沟，两侧具数对具柄的腺体。花单生，花色为紫红、朱红、桃红、粉、雪青，单瓣或重瓣。蒴果宽纺锤形，长 10～20 mm；两端尖，密被柔毛。种子多数，圆球形，直径 1.5～3 mm，黑褐色。花期为 7～9 月，果熟期为 6～8 月。

◉ 分布区

主要产于热带及温带山地，中国南北各地均有栽培。药材主产于江苏、浙江、河北、安徽等地。

◉ 生态习性

凤仙花喜生长于全光或微阴环境。喜温暖，不耐寒，怕霜冻。喜阳光充足，稍适微阴，对土壤适应性强，适宜肥沃、深厚、排水良好的微酸性土壤，不耐干旱。

◉ 观赏特点

花色多，有紫红、朱红、桃红、粉、雪青、白及杂色，有时瓣上具条纹和斑点。有的品种甚至在一株上有多种颜色，造型十分亮丽。

◉ 园林应用价值

因其花色品种极为丰富，是花坛、花境应用的好材料，也可作花丛和花群栽植，高型品种可栽在篱边庭前，矮型品种亦可以盆栽。园林用途多为花坛、花境、花篱、盆花。

◉ 繁殖与培育特点

凤仙花以播种方式繁殖，是典型的春播花卉。育苗时，每年 3 月下旬至 5 月上旬均可播种，北方地区需在温室或温床中播种，5 月份后期即可移植露地栽培。从播种至开花，一般需要 3 个月时间。播种时用普通床土，地温低时应在电热温床上播种。播种后一周出苗，凤仙花出苗后幼苗生长迅速，应及早分苗。

▶ 园林养护技术

要求种植地高燥通风,否则易染白粉病。全株水分含量高,因此不耐干燥和干旱,水分不足时,易落花落叶,影响生长。定植后应及时灌水,但雨水过多应注意排水防涝,否则根茎容易腐烂。耐移植,盛开时仍可移植,恢复容易。对易分枝而又直生长的品种可进行摘心,促发侧芽,要求种植地高燥通风,否则易染白粉病。

327 ▶ 秦艽

▶ 名 称

中文名:秦艽

学　名:*Gentiana macrophylla* Pall.

别　名:左拧根、大叶龙胆、大叶秦艽

科属名:龙胆科　龙胆属

▶ 形态特征

多年生草本,高 30 ～ 60 cm,全株光滑无毛。枝少数丛生,直立或斜升,黄绿色或有时上部带紫红色,近圆形。莲座丛叶卵状椭圆形或狭椭圆形;茎生叶椭圆状披针形或狭椭圆形。花多数,无花梗,簇生枝顶呈头状或腋生作轮状;花萼筒膜质;花冠筒部黄绿色,冠淡蓝色或蓝紫色,壶形;花丝线状钻形;子房无柄,椭圆状披针形或狭椭圆形。蒴果卵状椭圆形;种子红褐色。花果期7 ～ 10 月。

▶ 分布区

产新疆、宁夏、陕西、山西、河北、内蒙古及东北地区。生于河滩、路旁、水沟边、山坡草地、草甸、林下及林缘,海拔 400 ～ 2 400 m。

▶ 生态习性

喜湿润、凉爽气候,耐寒。怕积水,忌强光。适宜在土层深厚、肥沃的壤土或沙壤土上生长;积水涝洼盐碱地不宜栽培。

▶ 观赏特点

秦艽的花呈现美丽的蓝紫色,簇生枝顶或轮状腋生,开花时清新自然,呈现出良好的观赏效果。

◗园林应用价值

宜作地被植物，亦可用于花境与盆栽。常与其他观花花卉或地被植物配合栽植。

◗繁殖与培育特点

秦艽以种子育苗繁殖为主，也可用组织培养。秋季选择生长健壮、叶片粗大、无病虫害的植株，在种皮变硬、种子变得饱满，颜色变深成棕褐色，充分成熟时收割。秦艽可秋播，也可春播，秋播于8～9月进行，当年即可出苗。春播时秦艽种子自然发芽率低，春播的种子最好进行沙藏处理，用3倍种子量的湿沙，将沙与种子混匀，埋于室外，经低温处理，春季解冻后播种。

◗园林养护技术

播种后至出苗前要经常浇水，使表土层保持湿润状态。以90%敌百虫或乐果15倍液拌麦麸堆在畦四周边，诱杀蝼蛄。当幼苗长到2对真叶时去掉一半左右覆盖物，4片真叶时再去掉全部稻草或松针，干旱、高温天气可迟些撤除覆盖物，以利保墒。要及时除草，保持田间无杂草。当气温较高、土壤20 cm以下出现干土层时进行浇灌，最好采用滴灌。秦艽生产中易受锈病、叶斑病、蚜虫危害，影响植株光合作用的进行，导致产量降低，生产中应注意防治。

328 ▶ 粗茎秦艽

◗名　称

中文名：粗茎秦艽

学　名：*Gentiana crassicaulis* Duthie ex Burk.

科属名：龙胆科　龙胆属

◗形态特征

多年生草本，高30～40 cm，全株光滑无毛。莲座丛叶卵状椭圆形或狭椭圆形，先端钝或急尖，基部渐尖，边缘微粗糙，叶脉5～7条；茎生叶卵状椭圆形至卵状披针形，先端钝至急尖，基部钝，边缘微粗糙，叶脉3～5条，在两面均明显，并在下面突起，叶柄宽，近无柄至长达3 cm，愈向茎上部叶愈大，至最上部叶密集呈苞叶状包被花序。花多数，无花梗，花冠檐紫色或蓝紫色。蒴果内藏，无柄，椭圆形；种子红褐色，有光泽，矩圆形，表面具细网纹。花果期6～10月。

◗分布区

产西藏东南部、云南、陕西、四川、

贵州西北部、青海东南部、甘肃南部，在云南丽江有栽培。生于山坡草地、山坡路旁、高山草甸、撂荒地、灌丛中、林下及林缘，海拔 2 100 ～ 4 500 m。

▶生态习性

对生长环境要求不太严格，但喜冷凉湿润、日照充足的气候，耐寒冷，怕积水，幼苗忌强光。对土壤要求不严，以疏松、肥沃和土层深厚的腐殖土和沙质壤土为宜。

▶观赏特点

花多数，在茎顶簇生呈头状，花形奇特，花冠檐紫色或深蓝色，在绿色叶的衬托下，颇为奇特。

▶园林应用价值

粗茎秦艽以根入药，是典型的药用植物，尚未由人工引种栽培，鉴于其独特的观赏性，可开发作园林地被应用。

▶繁殖与培育特点

常采用播种繁殖，在 9 月中旬至 10 月上旬进行。采用开厢育苗，厢面撒施优质有机肥，尿素，过磷酸钙或磷酸二铵。播种前厢面用清水浇透。将处理后的种子均匀撒在厢面，盖 1 ～ 2 cm 细土。厢面搭小拱棚盖膜保温保湿。苗长到 4 ～ 6 片真叶时，揭膜炼苗。育苗后第 2 年雨季来临时壮苗可移栽，弱苗生长一年后移栽。

▶园林养护技术

主要病害为叶斑病和锈病，叶斑病一般多在 6 ～ 7 月发生，危害叶片，初生为灰白色圆形小斑，严重时植株枯萎死亡。发现病株时，及时清除病叶集中烧毁；在高海拔地区粗茎秦艽易发生锈病，特别是在 7 ～ 8 月高原地区空气温度高，又遇连续降雨天气。发病初期，立即用 2% 戊唑醇或 25% 粉锈宁可湿性粉剂喷雾防治，7 ～ 10 天一次，连续 3 次，效果明显。

329 ▶ 达乌里秦艽

▶名 称

中文名：达乌里秦艽

学 名：*Gentiana dahurica* Fisch.

别 名：小叶秦艽、小秦艽

科属名：龙胆科 龙胆属

▶形态特征

多年生草本，高 10 ～ 25 cm，全株光滑无毛。枝多数丛生，斜升，黄绿色或紫红色，近圆形，光滑。莲座丛叶披针形或线状椭圆形。先端渐尖，基部渐

狭，边缘粗糙。聚伞花序顶生及腋生，排列成疏松的花序；花梗斜伸，黄绿色或紫红色；花萼筒膜质；花冠深蓝色，有时喉部具多数黄色斑点，筒形或漏斗形；子房无柄，披针形或线形，花柱线形，柱头2裂。蒴果内藏，狭椭圆形，种子淡褐色。花果期7～9月。

▶分布区

产四川北部、陕西及西北部、西北、华北、东北等地区。生于田边、路旁、河滩、湖边沙地、水沟边、向阳山坡及干草原等地，海拔870～4 500 m。

▶生态习性

喜生长在潮湿和冷凉的气候条件下，耐寒，忍强光，怕积水，对土壤条件要求不严，但在土壤较湿润、腐殖质较高的地方生长较好。

▶观赏特点

蓝紫花开优雅美丽。

▶园林应用价值

在园林中可引入栽培，作地被或花境与盆栽。

▶繁殖与培育特点

采用种子繁殖，也可采用组织培养。选择生长健壮、长势一致的3～4年生达乌里秦艽作为留种田。从9月上中旬开始采种，以种荚呈浅黄色为度，将果实带部分茎秆割回，置于通风处，待后熟后，晒干脱粒，除净杂质，选籽粒饱满而有褐色光泽的优良种子备用。通过雪藏或低温处理后，6月中旬至7月初，将种子中掺入10～20倍体积的细沙，人工均匀撒播，在未出苗之前保持苗床湿润，在苗床面上覆草帘或者遮阳网，小苗出土后去除草帘或遮阳网。

▶ 园林养护技术

播种后，每天检查苗床一次，观察苗床墒情和出芽情况。苗田杂草及时清除。结合灌溉可追加施硫酸铵 52.5～105 kg/hm²、过磷酸钙 52.5 kg/hm²。秋季可平茬促使二年生枝新叶萌发。

330▶ 獐牙菜

▶ 名 称

中文名：獐牙菜

学 名：*Swertia bimaculata* (Sieb. et Zucc.) Hook. f. et Thoms.

别 名：双斑西伯菜、双斑享乐菜

科属名：龙胆科 獐牙菜属

▶ 形态特征

高可达 2 m。根细，茎直立，圆形，

中空，叶片椭圆形至卵状披针形，叶脉弧形，大型圆锥状复聚伞花序疏松，开展，多花；花梗较粗，花萼绿色，裂片狭倒披针形或狭椭圆形，花冠黄色，裂片椭圆形或长圆形，花丝线形，花药长圆形，子房无柄，披针形，花柱短，柱头小，头状，蒴果无柄，狭卵形，6～11 月开花结果。

▶ 分布区

全国各地均有分布。生于河滩、山坡草地、林下、灌丛中、沼泽地，海拔 250～3 000 m 处。

▶ 生态习性

喜温暖湿润气候和深厚土壤环境。

▶ 观赏特点

可观赏秀雅的花朵，花色清新淡雅，有画龙点睛之妙趣。

▶ 园林应用价值

可用于花坛、花境。适合公园、河边、绿地等路边、墙边栽培观赏。

▶ 繁殖与培育特点

可以种子繁殖和组织培养。组织培养时将采集的野生成熟种子经无菌处理，然后接种于诱导培养基上，待其长成小苗后可以取其不带芽茎段、叶和带芽茎段作为外植体。

▷园林养护技术

几乎未开发应用，结合园林需要养护。

331▷ 北方獐牙菜

▷名　称

中文名：北方獐牙菜

学　名：*Swertia diluta* (Turcz.) Benth. et Hook. f.

别　名：兴安獐牙菜、獐牙菜、当药

科属名：龙胆科　獐牙菜属

▷形态特征

一年生草本，高 20 ～ 70 cm。根黄色。茎直立，四棱形，棱上具窄翅，多分枝，枝细瘦，斜升。叶无柄，线状披针形至线形。圆锥状复聚伞花序具多数花；花梗直立，四棱形；花 5 数，花萼绿色，长于或等于花冠；花冠浅蓝色，裂片椭圆状披针形，先端急尖；花丝线形，花药狭矩圆形；子房无柄，花柱粗

短，柱头 2 裂。蒴果卵形；种子深褐色。花果期 8 ～ 10 月。

▷分布区

产四川北部、青海、甘肃、陕西、内蒙古、山西、河北、河南、山东、黑龙江、辽宁、吉林。生于阴湿山坡、山坡林下、田边、谷地，海拔 150 ～ 2 600 m 处。

▷生态习性

喜光，稍耐阴，喜沙质土壤，较耐寒。

▷观赏特点

淡蓝色花冠优雅可爱，花丝线形如流苏，有着奇特的观赏价值。

▷园林应用价值

可用作花境，也可盆栽。

▷繁殖与培育特点

可采用种子繁殖。培育特点同獐牙菜。

▷园林养护技术

同獐牙菜。

332▷ 针叶天蓝绣球

▷名　称

中文名：针叶天蓝绣球

学　名：*Phlox subulata* L.

别　名：芝樱、丛生福禄考

科属名：花葱科　福禄考属

▶ 形态特征

多年生矮小草本。茎丛生、铺散、多分枝，被柔毛。叶对生或簇生于节上，钻状线形或线状披针形，锐尖，被开展的短缘毛；无叶柄。花数朵生枝顶，成简单的聚伞花序，花梗纤细，密被短柔毛；花萼外密被短柔毛，萼齿线状披针形，与萼筒近等长；花冠高脚碟状，淡红、紫色或白色，裂片倒卵形，凹头，短于花冠管，蒴果长圆形。

▶ 分布区

中国华东地区有引种栽培，陕西也有栽培。

▶ 生态习性

针叶天蓝绣球主要聚集在草原和河堤之上，喜温暖、湿润及光照充足的环境。不耐热、耐寒、耐瘠薄、耐旱、耐盐碱，生长适温为 15～26℃，不择土壤，但以疏松、排水良好的壤土为佳。

▶ 观赏特点

针叶天蓝绣球花期长，花色丰富，且美丽芳香，具有较好的观赏价值。

▶ 园林应用价值

宜大面积片植于公园、岩石园和庭院等处作草坪、花境或地被栽植，亦可与其他花木搭配形成彩纹图案造型。

▶ 繁殖与培育特点

针叶天蓝绣球一般采用扦插繁殖，分株繁殖和压条繁殖。最为合适的扦插时间是花期之后。通常选择当年生的旺盛枝条，以及花期结束之后修剪的枝条来大量繁殖。在每年的初春时节或是秋天，针叶天蓝绣球的根部会有分蘖，此时将其和根一起挖起，去掉根系周围的泥质，使用专门的工具分割成很多单株，分开种植就能够长成很多新的植被。亦可以选择生长良好的下方枝条堆土压条。

▶园林养护技术

　　针叶天蓝绣球在花期以磷肥为主，这样有利于枝叶繁茂，花朵鲜艳。当成片生长能够将地表覆盖时，不需要使用专门的机具来除草。如果有杂草，可以人工去除，禁止喷洒除草药物。6月花期结束之后，针叶天蓝绣球进入生长阶段，单株植被可以分生出很多枝条，其最怕湿热环境。夏季气温较高，出现烂根现象的概率非常高，严重影响美观。此时要适当地将花期过后的枝条去除，确保植株的通风性良好。可以使用剪草机处理，注意使用机械稍稍平茬，剪去植株尖梢开花部位。针叶天蓝绣球最常见的害虫为红蜘蛛。

333▶ 酸浆

▶名　称

中文名：酸浆
学　名：*Physalis alkekengi* L.
别　名：菇茑、挂金灯、姑娘儿
科属名：茄科　酸浆属

▶形态特征

　　多年生直立草本植物。叶互生，叶

片卵形。花5基数，单生于叶腋内，每株5～10朵。花萼绿色，5浅裂，花后自膨大成卵囊状，基部稍内凹，薄革质，成熟时橙红色或火红色；花冠辐射状，白色，雄蕊5，花药黄色，长0.3～0.35 cm，子房上位，2心皮2室，柱头头状。萼内浆果橙红色。花期5～9月，果期6～10月。

▶分布区

　　分布于欧亚大陆；我国产于甘肃、陕西、黑龙江、河南、湖北、四川、贵州和云南。

▶生态习性

　　适应性很强，耐寒、耐热，喜凉爽、湿润气候。喜阳光。对土壤要求不严。

▶观赏特点

　　花萼花后自膨大成卵囊状，成熟时

橙红色或火红色，网脉明显，如悬挂的灯笼。

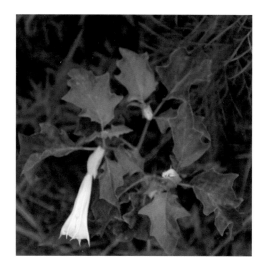

◉ 园林应用价值

可布置于花境和篱笆，也可盆栽观赏。

◉ 繁殖与培育特点

采用播种繁殖。种子可用 45℃的温水浸种，或用 0.01% 的高锰酸钾溶液浸泡 10 分钟，防止种子携带病毒等病菌。然后用清水浸种 12 小时，捞出，放在 20 ～ 30℃的温度条件下催芽。待 80% 的种子露白后播种。撒种后覆土 0.5 ～ 1 cm。

◉ 园林养护技术

酸浆分枝多、匍匐性强，须进行搭架。一般用竹竿插入土中，搭成人字架或篱壁架。植株每长 30 cm 长即人工绑蔓一次。为了抑制营养生长，促进生殖生长，避免枝叶过多影响通风透光，避免结果延迟，应及时进行整枝打杈。

334 ▶ 曼陀罗

◉ 名 称

中文名：曼陀罗
学 名：*Datura stramonium* Linn.
别 名：曼荼罗、满达、曼扎
科属名：茄科 曼陀罗属

◉ 形态特征

茄科野生直立木质一年生草本植物，草本或半灌木状，高 0.5 ～ 1.5 m。叶广卵形，顶端渐尖，边缘有不规则波状浅裂，裂片顶端急尖，长 8 ～ 17 cm，宽 4 ～ 12 cm。花单生于枝杈间或叶腋，直立。花冠漏斗状，下半部带绿色，上部白色或淡紫色。蒴果直立生，卵状，表面生有坚硬针刺或有时无刺而近平滑。种子卵圆形，稍扁，黑色。花期 6 ～ 10 月，果期 7 ～ 11 月。

◉ 分布区

分布广，中国各省区都有分布。

◉ 生态习性

曼陀罗喜光，适应性强，不选择土壤，但以富含有机质和石灰质的土壤生长良好。常生长于住宅旁、路边或草地上。

◉ 观赏特点

曼陀罗花形奇特，花朵大而美丽，具有很高的观赏价值。

●园林应用价值

可作花境和盆花，可种植于花园、庭院中，美化环境，宜配植于水溪边、园路边或做花坛、花境点缀材料。

●繁殖与培育特点

通常通过播种和扦插繁殖。在 4 月中、下旬选择温暖、向阳的地块，施入腐熟肥料、耕翻平整土地后做床，撒播、条播均可，播后撒入细土，以盖严种子为宜，再盖一薄层稻草保湿。用喷壶浇透水，可在半月内出苗，出苗后除去稻草。在幼苗长至 4 ～ 6 片真叶时利用早、晚进行带土移栽。

●园林养护技术

曼陀罗种植以休闲地、豆科和禾本科作物为前作物为好。选好地后，施入腐熟的农家肥 2 500 kg，把地耕好，起垄待播。由于曼陀罗适生于较开阔的地块里，田间杂草多或者幼苗过密均会抑制植株生长，分叉高，植株瘦小影响产量。所以在幼苗阶段应特别注意田间管理。主要病害有黑斑病，虫害有烟青虫、二十八星瓢虫等。

335▶ 狭苞斑种草

●名　称

中文名：狭苞斑种草

学　名：*Bothriospermum kusnezowii* Bunge

科属名：紫草科　斑种草属

●形态特征

一年生草本，高 15 ～ 40 cm。茎数条丛生，直立或平卧，被开展的硬毛及短伏毛，下部多分枝。基生叶莲座状，倒披针形或匙形，长 4 ～ 7 cm，宽 0.5 ～ 1 cm，先端钝，基部渐狭成柄，边缘有波状小齿；花序长 5 ～ 20 cm，具苞片；苞片线形或线状披针形，花冠淡蓝色、蓝色或紫色，钟状，长 3.5 ～ 4 mm，檐部直径约 5 mm，小坚果椭圆形，密生疣状突起，腹面的环状凹陷圆形，增厚的边缘全缘。花果期 5 ～ 7 月。

●分布区

产河北、山西、内蒙古、宁夏、甘肃、陕西、青海及吉林、黑龙江。

●生态习性

不耐阴，不耐积水，适应性强。

◑ 观赏特点

花蓝色，小巧美丽，具有一定观赏价值。

◑ 园林应用价值

宜配植于水溪边、园路边作草坪形成具有野趣的自然景观。

◑ 繁殖与培育特点

通常通过播种繁殖。繁殖简易可自播繁衍。

◑ 园林养护技术

管理粗放，可结合景观应用适当地进行修剪，增加其观赏性；病虫害较少，可能有杂食性的卷叶虫、小蝗虫等为害。

336▶ 柳叶马鞭草

◑ 名　称

中文名：柳叶马鞭草

学　名：*Verbena bonariensis* L.

别　名：南美马鞭草、长茎马鞭草、
　　　　高茎马鞭草

科属名：马鞭草科　马鞭草属

◑ 形态特征

株高 60 ～ 150 cm，多分枝。茎四方形，叶对生，卵圆形至矩圆形或长圆状披针形；基生叶边缘常有粗锯齿及缺刻，通常 3 深裂，裂片边缘有不整齐的

锯齿，两面有粗毛。穗状花序顶生或腋生，细长如马鞭；花小，花冠淡紫色或蓝色。果为蒴果状，长约 0.2 cm，外果皮薄，成熟时开裂，内含 4 枚小坚果。花期 5 ～ 9 月。

◑ 分布区

原产于南美洲（巴西、阿根廷等地），现在国内广泛栽培。

◑ 生态习性

喜阳光充足环境，怕雨涝。性喜温暖气候，生长适温为 20 ～ 30℃，不耐寒，10℃以下生长较迟缓。对土壤条件适应性好，耐旱能力强，需水量中等。

◐ 观赏特点

柳叶马鞭草花期长，花序清香且花葶直立，呈现如梦似幻的淡紫色，叶似柳状，群体种植效果壮观。

◐ 园林应用价值

可作花境和盆花，其造型和花色，繁茂而长久的观赏期，尤其适合与其他植物配置，作花境的背景材料；也可用大面积片植的方式，让柳叶马鞭草呈现出花海盛大、怒放的气势，形成震撼又辽阔的视觉体验。

◐ 繁殖与培育特点

通常通过播种、扦插及切根繁殖。播种发芽适温为 20～25℃，春季播种，开花观赏时间最长。

◐ 园林养护技术

柳叶马鞭草是一个非常耐旱的花卉品种，所以养护过程中不可过湿。若后期生长不旺可适当补给尿素。见草即除，保证田间无杂草。多雨季节注意田间排水、雨后及时松土，防止表土板结而影响植株的生长。柳叶马鞭草处于 0℃以下根部无法越冬，冬天需将柳叶马鞭草根部以上割除后，对其根部一部分直接覆膜，另一部分则采用搭拱棚的方法以改善土壤的物理性状，使柳叶马鞭草的根部不受冻害。主要病害有缺铁症，虫害有红蜘蛛、蓟马等。

337 ▶ 蓝花鼠尾草

◐ 名　称

中文名：蓝花鼠尾草

学　名：*Salvia farinacea* Benth.

别　名：粉萼鼠尾草、一串蓝、蓝丝线

科属名：唇形科　鼠尾草属

◐ 形态特征

多年生草本。丛生，株高 30～60 cm。分枝较多，有毛，茎下部叶为二回羽状复叶，茎上部叶为一回羽状复叶，具短柄。轮伞花序 2～6 朵花，组成顶生假总状或圆锥花序，长约 20～35 cm，花色为蓝色、淡蓝色、淡紫色、淡红色或白色。唇形花，上唇瓣小，下唇瓣大，花谢后宿存。花期 4～10 月。

◐ 分布区

主要分布于中国华东、湖北、陕西、广东及广西。

◎生态习性

性喜温暖及全日照环境，较耐热，不耐寒，耐瘠薄，但以肥沃、排水良好的壤土为佳；生长适温 15～28℃。

◎观赏特点

花朵呈紫、青色，有时白色，有观赏价值并且具有强烈芳香。

◎园林应用价值

可作花境、花坛、盆花，可用于公园、植物园、绿地等成片种植，或用于花境与其他观花植物搭配种植，也可用于岩石旁、墙边、庭院点缀。

◎繁殖与培育特点

通常通过播种繁殖。主要采用穴盘育苗，穴盘育苗节省种子，便于管理，有利于幼苗健壮生长，移植后无缓苗期，成苗率高，可以缩短生产周期。

◎园林养护技术

蓝花鼠尾草耐瘠薄，但以肥沃、排水良好的壤土为佳。定植后肥水要充足，雨季注意排水防涝，气温高达 35℃ 时注意遮阴避光。在初霜时进行适当修剪，剪去嫩枝，选取木质化高的枝条，保留 10～15 cm，在土壤封冻前浇足水，覆盖塑料布，保证其能越冬。常见病害主要有猝倒病、叶斑病，虫害有粉虱、蚜虫等。

338▶ 林荫鼠尾草

◎名　称

中文名：林荫鼠尾草

学　名：*Salvia nemorosa* L.

别　名：森林鼠尾草

科属名：唇形科　鼠尾草属

◎形态特征

多年生草本，株高 50～90 cm；叶对生，长椭圆状或近披针形，叶面皱，

先端尖，具柄；轮伞花序再组成穗状花序，长达 30 ～ 50 cm，花冠二唇形，略等长，下唇反折，蓝紫色、粉红色。苞片比花萼长，密覆瓦状，淡紫色，下部稀为紫色。花序劲直，具短或长的分枝。雄蕊内藏或比花柱稍伸出。植株无腺毛或下部具腺毛。花期 5 ～ 7 月。

◉ 分布区

产欧洲及俄罗斯，现在国内广泛栽培其品种。

◉ 生态习性

喜温暖，不耐寒，耐瘠薄，全光照及半荫环境下均能生长良好，耐阴能力很强。

◉ 观赏特点

花朵成串开放，蓝紫色，花期很长，花繁叶茂、花叶相互映衬。

◉ 园林应用价值

可作花境、花坛和盆花；缀在岩石旁感觉幽静，数丛点缀则典雅别致，而片植时在盛花期如置身蓝紫色的花海。由于其很强的耐阴性，也非常适宜在林下种植。

◉ 繁殖与培育特点

通常通过播种繁殖。播种时一般在春、秋两季。育苗期为每年的 9 月到翌年 4 月。种子发芽适宜温度为 20 ～ 25 ℃。一般 10 ～ 15 天出苗，直播或育苗移栽均可。

◉ 园林养护技术

为使植株根系健壮和枝叶茂盛，在生长期每半月施肥 1 次，可喷施磷酸二氢钾稀释液，保持地面或盆土湿润，花前增施磷钾肥 1 次。植株长出 4 对真叶时留 2 对真叶摘心，促发侧枝，花后摘除花序，仍能抽枝继续开花。主要病害有叶斑病、立枯病、猝倒病等。主要的虫害有：蚜虫、粉虱等。

339 ▶ 京黄芩

▶ 名　称

中文名：京黄芩

学　名：*Scutellaria pekinensis* Maxim.

别　名：丹参、筋骨草、北京黄芩

科属名：唇形科　黄芩属

▶ 形态特征

一年生草本；根茎细长。茎高 24 ～ 40 cm，直立，四棱形，粗 0.8 ～ 1.5 mm，绿色，基部通常带紫色，不分枝或分枝，疏被上曲的白色小柔毛，以茎上部者较密。叶草质，卵圆形或三角状卵圆形，长 1.4 ～ 4.7 cm，宽 1.2 ～ 3.5 cm。花对生，排列成顶生长 4.5 ～ 11.5 cm 的总状花序；花长约 2.5 mm，与序轴密被上曲的白色小柔毛。成熟小坚果栗色或黑栗色，卵形，直径约 1 mm，具瘤，腹面中下部具一果脐。花期 6 ～ 8 月，果期 7 ～ 10 月。

▶ 分布区

产吉林，河北，山东，河南，陕西，浙江等地。

▶ 生态习性

喜阳，耐半阴，喜冷凉。

▶ 观赏特点

花蓝色，总状花序成一束，有一定的观赏价值。

▶ 园林应用价值

可作花境、花坛和盆花，适合于花带、花境、花坛边缘栽植，路边、林缘草地片植，在私家花园设计中可与岩石园点缀栽植配合使用，可播种后作为林下观赏植物应用于园林当中。

▶ 繁殖与培育特点

通常通过播种繁殖。于 3 月下旬至

4月上旬土壤湿度适宜时,采用条播或直播的方式进行播种,播种时采用大行距、宽播幅的株行距搭配方式,行距40 cm开沟播种,覆土3～4 cm,轻度打耱镇压。

▶园林养护技术

在苗高4～5 cm时拔除过密苗和弱苗,当苗高7～8 cm时,按株距12～15 cm定苗,幼苗喜湿润的环境,但定苗后土壤水分不易过高,适当干旱有助于蹲苗和壮苗。根据实际生长情况适时进行多次修剪。病害主要有:叶枯病、根腐病,虫害主要有:黄芩舞毒蛾等。

340▶ 风轮菜

▶名　称

中文名:风轮菜

学　名:*Clinopodium chinense* (Benth.) O. Ktze.

别　名:风车草、红九塔花、九层塔

科属名:唇形科　风轮菜属

▶形态特征

多年生草本。茎基部匍匐生根,上部上升,多分枝,高可达1 m。叶卵圆形,不偏斜,长2～4 cm,宽1.3～2.6 cm,边缘具大小均匀的圆齿状锯齿,侧脉5～7对,网脉在下面清晰可见。轮伞花序多花密集,半球状;花冠紫红色,长约9 mm,外面被微柔毛,内面在下唇下方

喉部具二列毛茸,冠筒伸出。小坚果倒卵形,长约1.2 mm,宽约0.9 mm,黄褐色。花期5～8月,果期8～10月。

▶分布区

分布于日本、中国。中国产山东、陕西、浙江、江苏、安徽、江西、福建、台湾、湖南、湖北、广东、广西及云南东北部。

▶生态习性

风轮菜喜欢肥沃、疏松、排水良好的土壤,喜光,喜温,不耐0℃以下低温;生于山坡、草丛、路边、沟边、灌丛、林下,海拔在1 000 m以下。

▶观赏特点

风轮菜花色紫红,多花密集,是美丽的观花草本。

▶ **园林应用价值**

可作花境、花坛，地被，形成缀花草坪。可布置于山坡、草丛、路边、沟边、灌丛、林下。

▶ **繁殖与培育特点**

通常通过播种繁殖。在我国北方地区，可于4月下旬至5月份露地播种，或于3月底在温室内育苗，5月中下旬定植露地，或于9月育苗，温室内生产，保证冬季供应。

▶ **园林养护技术**

风轮菜修剪可结合景观应用适当地进行，增加其观赏性。常见病虫害有蚜虫与影响根部生长的根际线虫。

341 ▶ 香青兰

▶ **名　称**

中文名：香青兰

学　名：*Dracocephalum moldavica* L.

别　名：青兰、摩眼子、枝子花

科属名：唇形科　青兰属

▶ **形态特征**

一年生草本，高6～40 cm；直根圆柱形。茎数个，直立或渐升。基生叶卵圆状三角形，草质，先端圆钝，基部心形；下部茎生叶与基生叶近似，叶片披针形至线状披针形，先端钝，基部圆形或宽楔形，轮伞花序生于茎或分枝上部5～12节处，占长度3～11 cm，疏松，通常具4花；花冠淡蓝紫色，长1.5～2.5 cm，小坚果长约2.5 mm，长圆形，顶平截，光滑。花期7～8月，果期8～9月。

▶ **分布区**

生于海拔200～2 700 m的干旱山坡、河滩多石处、荒地或草原。分布于黑龙江、吉林、辽宁、内蒙古、河北、山西、陕西、宁夏、甘肃、青海、新疆等地。

▶ **生态习性**

香青兰为喜光植物，光照不足会降低产量；对水分要求不严，耐干旱；以土层深厚，有机质含量丰富的沙壤土为好。

▶ **观赏特点**

株型十分美观，花色一般为淡紫色，

给人一种清新脱俗的感觉。

◉ 园林应用价值

宜作花镜，片植点缀于路边、岩石旁或林缘下。亦可与紫花地丁等低矮草花混播，形成自然景观。

◉ 繁殖与培育特点

通常通过播种繁殖。可以在 3 月进行春播，直接将准备的种子播种到土壤上，然后浇水保持苗床湿润。待播种的幼苗长到 10 cm 左右就可以上盆移栽了，3 月播种的可以在 5 月定植或盆栽，生长期每半月施肥 1 次，并保持土壤湿润，株高 20 cm 时进行摘心，促进分枝。

◉ 园林养护技术

香青兰修剪可结合景观应用适当地进行，增加其观赏性。常见的虫害有：蚜虫和红蜘蛛。

342 ▶ 香薷

◉ 名　称

中文名：香薷

学　名：*Elsholtzia ciliata* (Thunb.) Hyland.

别　名：水荆芥、臭荆芥、野苏麻

科属名：唇形科　香薷属

◉ 形态特征

直立草本，叶卵形或椭圆状披针形，长 3 ～ 9 cm，宽 1 ～ 4 cm，先端渐尖，基部楔状下延成狭翅，边缘具锯齿。穗状花序长 2 ～ 7 cm，宽达 1.3 cm，偏向一侧，由多花的轮伞花序组成；花冠淡紫色，约为花萼长之 3 倍，外面被柔毛，上部夹生有稀疏腺点；小坚果长圆形，长约 1 mm，棕黄色，光滑。花期 7 ～ 10 月，果期 10 月至翌年 1 月。

◉ 分布区

除新疆、青海外几乎产全国各地。生于路旁、山坡、荒地、林内、河岸，海拔达 3 400 m。

◉ 生态习性

对土壤要求不严格，一般土地都可以栽培，黏土生长较差，碱土不宜栽培，怕旱，不宜重茬。

◉ 观赏特点

株型十分美观，花朵有一定的观赏性。

◉ 园林应用价值

可作花境、花坛和盆花，作为花境材料时，可以与其他植物进行搭配，起到点缀的作用。也适于做公路、铁路、护坡、路旁绿化。

◉ 繁殖与培育特点

通常通过播种和扦插繁殖。播种时，宜播方式有条播或撒播。具体播种时间由香薷上市时间来决定。春季播种在终霜结束前 6 ～ 8 天为好。播种地要保证土壤有一定的湿度，覆土要浅，要镇压。

◉ 园林养护技术

香薷对土壤要求不严格，一般土壤都可以栽培，但碱土、沙土不宜栽培；香薷生育期较短，应及时追肥，以在机肥为主，并注意有机肥与无机肥配施，以条施为好；香薷喜湿，但又怕根系积水。如降雨量过大，应及时开沟排水，避免田间积水。常见的病害有：根腐病、锈病，常见的虫害有：小地老虎等。

343▶ 假龙头

◉ 名 称

中文名：假龙头

学 名：*Physostegia virginiana* (L.) Benth.

别 名：假龙头草、随意草

科属名：唇形科 假龙头花属

◉ 形态特征

多年生宿根草本花卉，茎丛生而直立，四棱形，株高可达 0.8 m。单叶对生，披针形，亮绿色，边缘具锯齿。穗状花序顶生，长 20 ～ 30 cm。每轮有花 2 朵，花筒长约 2.5 cm，唇瓣短花茎上无叶，苞片极小，花萼筒状钟形，有三角形锐齿，上生黏性腺毛，唇口部膨大，排列紧密，夏季开花，花色有粉色、白色，花期 8 ～ 10 月。

◉ 分布区

产北美洲、我国各地常见栽培。

◉ 生态习性

喜疏松、肥沃、排水良好的沙质壤土，夏季干燥则生长不良；生性强健，地下匍匐茎易生幼苗；生长适温 15 ～ 25℃。

▶观赏特点

假龙头花叶秀花艳，成株丛生，盛开的花穗迎风摇曳，婀娜多姿，花期较长，有一定的观赏价值。

▶园林应用价值

可作花境、花坛和盆花；宜布置花境、花坛背景或野趣园中丛植，也适合大型盆栽或切花。

▶繁殖与培育特点

通常通过播种和扦插繁殖。北方高寒地区，通常在3月上旬，在温室或大棚里，制作长5～6 m，宽1.2 m，高25～30 cm的苗床，床面翻松打碎整平，让其在太阳下暴晒儿天，再把苗土消毒。播种及苗期管理将假龙头花种子撒播在苗床上，覆沙土约种子直径2倍，平时保持苗床湿润，在16～21℃条件下6～7天可以出苗，3～4片真叶时可以分苗，移栽。

▶园林养护技术

在夏季高温季节，要注意及时浇水，保持土壤或盆土湿润。生长缓慢时可适当追施氮肥，花芽分化后至开花期应施磷肥。施肥宜勤，薄施为好，每15天施一次氮、磷、钾复合肥，使其花大花多，一般在10对单叶左右即可开花，为了提前开花，也可进行促成栽培。对假龙头花进行适当的摘心，可以达到株形丰满，降低植株高度的效果。虫害主要防治蚜虫。

344 ▶ 藿香

▶名 称

中文名：藿香

学 名：*Agastache rugosa*
　　　　(Fisch. et Mey.)O. Ktze.

别 名：紫苏草、鱼香、白薄荷

科属名：唇形科 藿香属

▶ 形态特征

多年生草本。茎直立,高 0.5 ～ 1.5 m。叶心状卵形至长圆状披针形,边缘具粗齿。穗状花序密集;苞叶披针状线形;花萼稍带淡紫或紫红色,管状倒锥形,萼齿三角状披针形;花冠淡紫蓝色,上唇先端微缺,下唇中裂片边缘波状,侧裂片半圆形。小坚果褐色,卵球状长圆形,长 1.8 mm,腹面具棱,顶端被微硬毛。花期 6 ～ 9 月,果期 9 ～ 11 月。

▶ 分布区

各地广泛分布,常见栽培。

▶ 生态习性

喜高温、阳光充足环境,在荫蔽处生长欠佳,喜欢生长在湿润、多雨的环境,怕干旱,对土壤要求不严,一般土壤均可生长,但以土层深厚肥沃而疏松的沙质壤土或壤土为佳。

▶ 观赏特点

紫色穗状花序,形态优美,全株都具有香味,是园林中较好的观花类芳香植物。

▶ 园林应用价值

藿香可与其他具有芳香味的植物进行搭配,运用到一些盲人服务绿地,可以提高盲人对植物界的认识,也可用于花径、池畔和庭院成片栽植。

▶ 繁殖与培育特点

藿香多用播种、宿根繁殖。播种为当年收集种子,当年播种;宿根繁殖(老藿香),一般采用留种的新藿香收过种子后,让其老根在原地越冬,翌春新苗出土后移至大田而获全草。

▶ 园林养护技术

旱季要及时浇水,抗旱保苗,雨季及时疏沟排水,防止积水引起植株烂根。藿香茎叶均作药用,施肥以“全肥”为好。病害主要有根腐病、枯萎病、角斑病、褐斑病,虫害主要有蚜虫、红蜘蛛、地老虎、蝼蛄等。

345 ▶ 细叶益母草

▶ 名　称

中文名:细叶益母草

学　名:*Leonurus sibiricus* L.

别　名:四美草、风葫芦草、龙串彩

科属名:唇形科　益母草属

▶ 形态特征

一年生或二年生草本,主根圆锥形。茎直立,高 20 ～ 80 cm,钝四棱形,不分枝。下部叶早落,中部叶卵形;花序最上部的苞叶菱形,全裂成狭裂片。轮伞花序腋生,花时轮廓为圆球形,向顶渐次密集组成长穗状。花萼管状钟形。花冠粉红至紫红色。雄蕊花丝丝状,扁平,中部疏被鳞状毛,花药卵圆形。小坚果长圆状三棱形,褐色。花期 7 ～ 9 月,果期 9 月。

▷分布区

我国在内蒙古，河北北部，山西及陕西北部有分布。

▷生态习性

生于石质及砂质草地上及松林中，海拔可达 1 500 m。

▷观赏特点

花粉红，叶秀美，植株挺拔，实用与美观兼有。

▷园林应用价值

在园林中可作花坛、花境。

▷繁殖与培育特点

一般均采用种子繁殖，以直播方法种植，育苗移栽者亦有，但产量较低，仅为直播的 60%，故多不采用。

▷园林养护技术

养护简单粗放，一般园林中皆可自播繁衍。雨季雨水集中时，要防止积水，应注意适时排水。

346▷ 阿拉伯婆婆纳

▷名　称

中文名：阿拉伯婆婆纳

学　名：*Veronica persica* poir.

别　名：波斯婆婆纳、肾子草

科属名：玄参科　婆婆纳属

▷形态特征

铺散多分枝草本，高 10 ～ 50 cm。茎密生两列多细胞柔毛。叶 2 ～ 4 对（腋内生花的称苞片），具短柄，卵形或圆形，长 6 ～ 20 mm，宽 5 ～ 18 mm。总状花序很长，苞片互生，与叶同形且几乎等大；花冠蓝色、紫色或蓝紫色，

长 4 ～ 6 mm，裂片卵形至圆形，喉部疏被毛；雄蕊短于花冠。蒴果肾形，长约 5 mm，宽约 7 mm，被腺毛，成熟后几乎无毛，网脉明显。种子背面具深的横纹，长约 1.6 mm。花期 3 ～ 5 月。

▶ 分布区

分布于华东、华中及贵州、云南、西藏东部及新疆，生于路边及荒野杂草，原产于亚洲西部及欧洲。

▶ 生态习性

喜光，稍耐阴，耐寒。在干燥与阴湿的环境条件下均发育良好，对环境要求不高。

▶ 观赏特点

花朵蓝色、蓝紫色，花期时间较长，不开花时整个植株为深绿色，有一定的观赏价值。

▶ 园林应用价值

可代替草坪作地被；宜植于水溪边、园路边或林下营造自然景观。也适于做公路、铁路、护坡、路旁绿化。

▶ 繁殖与培育特点

一般采用播种繁殖。阿拉伯婆婆纳容易进行种子繁殖，种子结果量大，生活史很短，生长速度快，生长期长，具有极强的无性繁殖能力，匍匐茎着土易生不定根。

▶ 园林养护技术

阿拉伯婆婆纳修剪可结合景观应用适当地进行，增加其观赏性，管理较为粗放。

347 ▶ 水蔓菁

▶ 名 称

中文名：水蔓菁

学 名：*Veronica linariifolia* subsp. *dilatata* (Nakai et Kitagawa) D. Y. Hong

别 名：追风草

科属名：玄参科 婆婆纳属

▶ 形态特征

水蔓菁为一年生草本，茎直立，常单生，不分枝，少 2 支丛生。通常株高 30 ～ 80 cm，植株被白色卷曲的柔毛。叶互生，下部叶片对生，叶几乎全部对生，叶片条形至条状长椭圆形，下端全

缘，中上端边缘有三角状锯齿，全缘少见，两面无毛或被白柔毛。总状花序长穗状，单枝或数枝复出；花梗被柔毛；花冠蓝紫色或蓝色，蒴果。花期 7 ～ 8 月，果期 9 ～ 10 月。

◉ 分布区

广布于甘肃至云南以东、陕西、山西和河北以南各省区。

◉ 生态习性

喜温暖，耐寒性较强，生长适温 15 ～ 25℃，喜光，耐半阴，忌冬季湿涝。对水肥条件要求不高，但喜肥沃、深厚的土壤。

◉ 观赏特点

竖线条花卉。高穗状的植株亭亭玉立、淡蓝色的花序典雅、神秘，花在盛花期有很好的观赏效果，花紫色丰富园林色彩。

◉ 园林应用价值

用于花境，可与其他植物材料配植成花坛或花境，丰富园林景观。观赏药用植物在我国北方地区城市园林中应用的很普遍，是园林建设不可缺少的组成成分。

◉ 繁殖与培育特点

可采用分株、播种繁殖。以分株为主。可用种子盆播或露地直接播种，盆播在 3 ～ 4 月进行，将盆装满培养土浸水后撒播，播后在上面覆盖 1 层细土，盖上玻璃。在 20℃条件下，约 20 天发芽。露地播种于 4 ～ 5 月进行，播种后需浇水，并用塑料薄膜覆盖约 30 天可发芽。待苗长成后可定植于种植地。

◉ 园林养护技术

要及时去除残花，以利于营养的保存和地下部分的生长发育。因此在进入末花期时要注意修剪。在进入越冬期后，浇 1 次冻水，整个冬季不用再采取其他管理方法。等地面温度升到 0℃以上，大约是早春 3 月初的时候，把根部以上枯萎变黄的部分剪掉，浇 1 次返青水。一般不发生病虫害。但有时会感染白粉病。可于发病初期用 70% 的甲基托布津可湿性粉剂 1 000 倍液，或 50% 的多菌

灵可湿性粉剂 500 倍液，交替喷洒植株，
每隔 7 ~ 10 天喷 1 次，连续 2 ~ 3 次。

348 ▶ 地 黄

▶名 称

中文名：地黄

学　名：*Rehmannia glutinosa* (Gaetn.)
　　　　Libosch. ex Fisch. et Mey.

别　名：糖葫芦、怀庆地黄、生地

科属名：列当科　地黄属

▶形态特征

　　叶通常在茎基部集成莲座状，向上
则强烈缩小成苞片，或逐渐缩小而在茎
上互生；叶卵形或长椭圆形，上面绿色，
下面稍带紫色或紫红色，长 2 ~ 13 cm，
边缘具不规则圆齿或钝锯齿至牙齿；基
部渐窄成柄。花序上升或弯曲，在茎顶
部略排成总状花序，或全部单生叶腋。
花冠筒多少弓曲，外面紫红色，被长柔
毛，花冠裂片 5，先端钝或微凹，内面
黄紫色，外面紫红色，两面均被多细胞
长柔毛，蒴果卵圆形或长卵圆形，长
1 ~ 1.5 cm，花果期 4 ~ 7 月。

▶分布区

　　分布于辽宁、河北、河南、山东、
山西、陕西、甘肃等省区。

▶生态习性

　　喜光，喜疏松肥沃的沙质壤土，黏性

大的红壤土、黄壤土或水稻土不宜种植。

▶观赏特点

　　株型丰满，富有野趣，花小，黄紫色，
形态雅致。

▶园林应用价值

　　宜作花境和盆花；可广泛应用于花
坛、花境、岩石园、草坪、地被、基础
栽植、园路镶边等。也可以通过和其他
园林植物的合理配置，形成丰富多彩具

有天然群落和自然野趣的宿根花卉植物群落景观。

▶繁殖与培育特点

一般采用播种繁殖。春季播种。

▶园林养护技术

地黄有"三怕"，即怕旱、怕涝和怕病虫害。因其根系少，吸水能力差，稍微干旱即易凋萎；土壤水分过多则肉质根茎易腐烂，所以得适当的灌溉。主要的病害有：斑枯病、地黄枯萎病、大豆孢囊线虫、轮纹病等。主要的虫害有：棉红蜘蛛。

349▶ 松 蒿

▶名 称

中文名：松蒿

学 名：*Phtheirospermum japonicum* (Thunb.) Kanitz

科属名：列当科 松蒿属

▶形态特征

一年生草本，高可达 100 cm，但有时高仅 5 cm 即开花。茎直立或弯曲而后上升，通常多分枝。叶片长三角状卵形，近基部的羽状全裂，向上则为羽状深裂；小裂片长卵形或卵圆形，多少歪斜，边缘具重锯齿或深裂。花具梗；花冠紫红色至淡紫红色，外被柔毛；上唇裂片三角状卵形，下唇裂片先端圆钝。蒴果卵珠形。种子卵圆形，扁平。花果期 6 ～ 10 月。

▶分布区

分布于我国除新疆、青海以外各省区。生于海拔 150 ～ 1 900 m 之间山坡灌丛阴处。

▶生态习性

喜阳，稍耐阴，耐干旱贫瘠、耐寒，耐盐碱，适应性较强。

▶观赏特点

花冠紫红色至淡紫红色，群体野趣可爱。

▶ 园林应用价值

宜作花境、盆栽。可用于林缘、疏林、护坡、道路路缘、岩石园等，应用较广泛。

▶ 繁殖与培育特点

松蒿一般采用播种繁殖。种子需适当浸泡和沙藏后播种，出苗率较高。

▶ 园林养护技术

适应性强管理粗放。如果做地被应用，由于结实量大，传播效率高，基本通过自播繁衍就可维持景观的稳定，夏季适当的注意除杂草。

350 ▶ 旋蒴苣苔

▶ 名　称

中文名：旋蒴苣苔

学　名：*Rehmannia glutinosa* (Bunge) R. Br.

别　名：猫耳朵、牛耳草、八宝茶

科属名：苦苣苔科　旋蒴苣苔属

▶ 形态特征

多年生草本。叶全部基生，莲座状，无柄，近圆形，圆卵形，卵形，长 1.8 ~ 7 cm，宽 1.2 ~ 5.5 cm，上面被白色长柔毛，下面被白色或淡褐色长茸毛，边缘具牙齿或波状浅齿，叶脉不明显。聚伞花序伞状，2 ~ 5 条，每花序具 2 ~ 5 花；花序梗长 10 ~ 18 cm，被淡褐色短柔毛和腺状柔毛；苞片 2，

极小或不明显。花冠淡蓝紫色。蒴果长圆形，外面被短柔毛，螺旋状卷曲。种子卵圆形。花期 7 ~ 8 月，果期 9 月。

▶ 分布区

分布于浙江、福建、江西、广东、广西、湖南、陕西、四川及云南等地。

▶ 生态习性

复苏植物，耐极度干旱、寒冷，以脱水休眠的方式度过旱期，水分适宜时恢复生活力。

▶ 观赏特点

旋蒴苣苔花朵淡蓝紫色，玲珑可爱，叶色碧绿，株型优美。尤其是能生在岩石上。

▶ 园林应用价值

可作盆花或应用于岩石园和假山绿

化。是良好的室内花卉材料，提高观赏性的同时净化环境。

▶ 繁殖与培育特点

一般采用播种和扦插繁殖。种子繁殖需在 8 ～ 9 月采收，采后即可播种。

▶ 园林养护技术

栽培时尽量栽在半阴处石壁上，石壁应有一定坡度，避免积水。石面上应有腐殖土或苔藓类，以利根系附着。生长季节干旱时不必浇水，利用自然降水存活，家庭盆栽用浅盆、腐殖土，置于通风良好、可见阳光的半阴处。常见病害为白粉病。

4 cm，径 2.5 cm；蒴果淡绿色，细圆柱形，顶端尾尖。种子扁圆形，细小，四周具透明膜质翅，顶端具缺刻。花期 5 ～ 9 月，果期 10 ～ 11 月。

▶ 分布区

产东北、河北、河南、山东、山西、陕西、宁夏、青海、内蒙古、甘肃西部、四川北部、云南西北部、西藏东南部。

▶ 生态习性

角蒿喜生长在阳光充足的山坡灌丛中、草地上或河沟边、林地边，对土壤要求不严，有较强的耐干旱能力。多年生者，地上部入冬枯死，以地下根及根茎越冬。

▶ 观赏特点

绿茎直立洒脱，叶似青蒿丝丝翠绿

351▶ 角 蒿

▶ 名 称

中文名：角蒿

学　名：*Incarvillea sinensis* Lam.

别　名：羊角草、羊角透骨草、羊角蒿

科属名：紫葳科　角蒿属

▶ 形态特征

一年生至多年生草本，高达 80 cm。叶互生，二至三回羽状细裂，长 4 ～ 6 cm，小叶不规则细裂，小裂片线状披针形，具细齿或全缘。顶生总状花序，疏散，长达 20 cm。花梗长 1 ～ 5 mm；小苞片绿色，花冠淡玫瑰色或粉红色，有时带紫色，钟状漏斗形，基部细筒长约欲滴，钟状花冠大色艳，花开花谢自春至秋，花期悠悠绵长，极具观赏价值。

▶ 园林应用价值

可作花境、花坛和盆花；或者点缀草坪、园路，或与其他建筑小品如山石、亭阁等配植，或用于庭院建筑物周围的美化和绿化。

▶ 繁殖与培育特点

一般采用播种繁殖。角蒿种子无休眠期，但由于种子细小，发芽率和活力较低。

▶ 园林养护技术

角蒿生长期几乎没有病虫为害，苗期受杂草影响，故苗期加强管理与养护即可。于幼苗出土后松土；定苗后锄杂草 2 ~ 4 次；及时培土，以防倒伏。苗期注意浇水，干透浇透即可。当年播种当年即可开花观赏。

352▶ 黄花角蒿

▶ 名　称

中文名：黄花角蒿

学　名：*Incarvillea sinensis* var. *przewalskii* (Batalin) C.Y.Wu et W.C.Yi

别　名：黄波罗花、土生地、圆麻参

科属名：紫葳科 角蒿属

▶ 形态特征

多年生草本，具茎，高达 1 m，全株被淡褐色细柔毛；根肉质，粗 1 ~ 2 cm。叶 1 回羽状分裂，多数着生于茎的下部，长 12 ~ 27 cm；侧生小叶 6 ~ 9 对，下面的几对较长大，椭圆状披针形，长 5 ~ 9 cm，宽 1.5 ~ 3 cm。顶生总状花序有花 5 ~ 12 朵，着生于茎的近顶端。花冠黄色，基部深黄色至淡黄色，具紫色斑点及褐色条纹。蒴果木质，披针形，淡褐色。种子卵形或圆形。花期 7 ~ 9 月，果期 9 ~ 10 月。

▶ 分布区

产陕西、云南、四川、西藏。

▶ 生态习性

喜生于山坡干燥地或岩石上，要求阳光充足，不太耐寒，土壤为排水良好的沙质壤土。

▶ 观赏特点

花朵黄色，花期较长，有一定的观赏价值。

▶ 园林应用价值

同角蒿。

▶ 繁殖与培育特点

同角蒿。

▶ 园林养护技术

栽植地宜高燥，生长季注意排水，不宜过湿。病虫害较少。

353 ▶ 轮叶沙参

▶ 名　称

中文名：轮叶沙参

学　名：*Adenophora tetraphylla* (Thunb.) Fisch.

别　名：四叶沙参、南沙参

科属名：桔梗科　沙参属

▶ 形态特征

多年生草本，含有白色乳汁，茎高大，可达 1.5 m，不分枝。茎生叶 3 ～ 6 枚轮生，无柄或有不明显叶柄，叶片卵圆形至条状披针形，长 2 ～ 14 cm，边缘有锯齿。花序狭圆锥状，花序分枝大多轮生，生数朵花或单花。花萼无毛，筒部倒圆锥状，裂片钻状；花冠筒状细钟形，蓝色、蓝紫色；花盘细管状，长 2 ～ 4 mm；花柱长约 20 mm。蒴果球状圆锥形或卵圆状圆锥形，长 5 ～ 7 mm。种子黄棕色，矩圆状圆锥形，稍扁。花期 7 ～ 9 月。

▶ 分布区

产东北、内蒙古、河北、山西、山东、华东各省、广东、广西、云南、四川、贵州。

▶ 生态习性

喜光，喜凉爽气候，宜栽培在肥沃湿润、排水良好的土壤。

▶ 观赏特点

蓝紫色钟状花，淡雅，花量大，花期较长，极具观赏价值。

▶ 园林应用价值

可作花境、花坛和盆花；也可以点缀草坪、园路，或与其他建筑小品，或用于庭院建筑物周围的美化和绿化。

▶ 繁殖与培育特点

一般采用播种繁殖。分春播和秋播，秋播时要注意保温越冬，苗期要注意除杂草。

▶ 园林养护技术

适宜生长在较疏松的土壤中，以半阴半阳的地势为最佳，平地栽培要有良好的排水条件。常见病害有：根腐病、褐斑病，虫害有蚜虫、地老虎等。

354▶ 石沙参

▶ 名　称

中文名：石沙参
学　名：*Adenophora polyantha* Nakai
科属名：桔梗科 沙参属

▶ 形态特征

茎1至数支发自一条茎基上，常不分枝，高20～100 cm，无毛或有各种疏密程度的短毛。基生叶叶片心状肾形，边缘具不规则粗锯齿。花序常不分枝而成假总状花序，或有短的分枝而组成狭圆锥花序。花冠紫色或深蓝色，钟状，喉部常稍稍收缢。蒴果卵状椭圆形。种子黄棕色，卵状椭圆形，稍扁，有一条

带翅的棱。花期8～10月。

▶ 分布区

产我国大部分省份。

▶ 生态习性

喜光耐半阴。喜温暖或凉爽气候，耐寒。虽耐干旱，但在生长期中也需要适量水分。以土层深厚肥沃、富含腐殖质、排水良好的沙质壤土栽培为宜。

▶ 观赏特点

石沙参植物属多年生草本，茎、叶翠绿挺拔，花期长、花大、形如钟状，常悬垂，花常为蓝色或浅蓝色，属于难得的蓝色花卉；圆锥花序舒展或紧缩，整体宛如一串串风铃，观赏价值突出。

◉园林应用价值

沙参属野生花卉，在园林景观设计中可用于布置花台、花境和点缀石景园等。

◉繁殖与培育特点

种子繁殖。分春播与冬播，中国北方春播4月，冬播在上冻以前。整地施足基肥，每1公顷施堆肥或厩肥4 500～60 000 kg。整地后，作畦宽1 m，按行距40 cm开浅沟，把种子均匀撒入沟内，覆土1～1.5 cm，稍镇压，浇水，并经常保持土壤湿润，春播种子约两星期后出苗。冬播种子第2年春季出苗。

◉园林养护技术

播种后2～3年采收，秋季挖取根部，除去茎叶及须根，洗净泥土，乘新鲜时用竹片刮去外皮，切片，晒干。常见的病害有根腐病，可用退菌特50%可湿性粉剂500倍液喷射。褐斑病可用代森锌65%可湿性粉剂500倍液喷射，虫害有蚜虫、地老虎等为害。

355▶ 败 酱

◉名 称

中文名：败酱

学　名：*Patrinia scabiosifolia* Fisch. ex Trev.

别　名：苦苣菜、野芹、野黄花

科属名：败酱科　败酱属

◉形态特征

多年生草本。叶宽卵形至披针形，常羽状深裂或全裂，具2～3对侧裂片。花序为聚伞花序组成的大型伞房花序，顶生，具5～6级分枝；花序梗仅上方一侧被开展白色粗糙毛；总苞线形，甚小；苞片小；花小，花冠钟形，黄色，冠筒基部一侧囊肿不明显，内具白色长柔毛，花冠裂片卵形。瘦果长圆形，不具增大膜质苞片。花期7～9月。

◉分布区

分布很广，除宁夏、青海、新疆、西藏和海南外，全国各地均有分布。常生于海拔400～2 100 m的山坡林下、林缘和灌丛中以及路边、田埂边的草丛中。

◉生态习性

较耐寒，喜湿不耐旱，耐阴，忌暴晒。以腐殖质丰富的壤土或沙壤土为适。

◇ 观赏特点

花黄色，花量大，花朵繁密，横向线条感较明显，富有野趣。

◇ 园林应用价值

宜作花境材料或布置岩石园，可植于林下、林缘。

◇ 繁殖与培育特点

采用分株、扦插、播种繁殖均可。分株繁殖是取匍匐茎节部生根且生长健壮而有萌蘖枝芽的枝条，剪去过长的枝条与须根，每丛留 2～3 条健壮茎枝。扦插用嫩枝与老枝均可，以健壮枝条顶端上部带 2～3 节的枝段作为插穗。播种育苗种子发芽率低，只有 15% 左右。

◇ 园林养护技术

保持土壤湿润，及时中耕、除草、松土。夏季高温干旱要经常浇水保湿，栽苗成活即可追肥。病害主要有根腐病、叶斑病、白绢病，虫害主要有蛴螬、蝼蛄、斜纹夜蛾。

356 ▶ 糙叶败酱

◇ 名　称

中文名：糙叶败酱

学　名：*Patrinia scabra* (Bunge) H. J. Wang.

别　名：墓头回、鸡粪草、箭头风

科属名：败酱科　败酱属

◇ 形态特征

多年生草本；茎多数丛生，叶片较坚挺，倒卵长圆形、长圆形、卵形或倒卵形，羽状浅裂、深裂至全裂或不分裂，有缺刻状钝齿。花密生，顶生伞房状聚伞花序具 3～7 级对生分枝；花冠黄色，漏斗状钟形；果苞较宽大，长圆形、卵形、卵状长圆形或倒卵状长圆形、倒卵圆形或倒卵形，网脉常具 2 条主脉，极少为 3 主脉。

◇ 分布区

产黑龙江、吉林、辽宁、内蒙古、河北、山西、山东、河南、陕西、宁夏、甘肃和青海。生于草原带、森林草原带的石质丘陵坡地石缝或较干燥的阳坡草丛中，海拔 500 ～ 1 700 m。

▶ 生态习性

较耐寒，田间栽培在零下 6℃仍能正常生长，但以 20 ～ 30℃生长最适宜。喜湿不耐旱，根系发达，土壤保水透气需兼顾。耐阴，忌暴晒。以腐殖质丰富的壤土或沙壤土为适，pH6 ～ 6.5。

▶ 观赏特点

花朵繁密，黄色花序明艳动人，叶片坚挺。

▶ 园林应用价值

在园林中可用作地被、花境、花坛或盆花，也可在岩石园中与山石搭配应用。

▶ 繁殖与培育特点

采用分株、扦插、播种繁殖均可。分株繁殖是取匍匐茎节部生根且生长健壮而有萌蘖枝芽的枝条，剪去过长的枝条与须根，每丛留 2 ～ 3 条健壮茎枝。扦插用嫩枝与老枝均可，以健壮枝条顶端上部带 2 ～ 3 节的枝段作为插穗。播种育苗种子发芽率低，只有 15% 左右。

▶ 园林养护技术

保持土壤湿润，及时中耕、除草、松土。夏季高温干旱要经常浇水保湿，栽苗成活即可追肥。病害主要有根腐病、叶斑病、白绢病，虫害主要有蛴螬、蝼蛄、斜纹夜蛾。

357 ▶ 川续断

▶ 名　称

中文名：川续断

学　名：*Dipsacus asperoides* C. Y. Cheng et T. M. Ai

科属名：川续断科　川续断属

▶ 形态特征

多年生草本，高达 2 m；茎中空，具 6 ～ 8 条棱，棱上疏生下弯粗短的硬刺。叶片琴状羽裂，两侧裂片 3 ～ 4 对，侧裂片一般为倒卵形或匙形，叶面被白色刺毛或乳头状刺毛，背面沿脉密被刺毛。头状花序球形；总苞片 5 ～ 7 枚，披针形或线形，被硬毛；花冠淡黄色或白色；雄蕊明显超出花冠。花期 7 ～ 9 月，果期 9 ～ 11 月。

▶ 分布区

产湖北、湖南、江西、广西、云南、贵州、四川和西藏等省区。生于沟边、草丛、林缘和田野路旁。

▶ 生态习性

喜阳，喜凉爽湿润，耐寒忌高温；对土壤的适应范围广，但宜选湿润肥沃、

保水保肥力较强、质地疏松、排灌良好、酸碱反应呈中性的沙质土壤或壤土种植。

▶观赏特点

头状花序大，形状奇特，宿存，白色小花呈环状渐次开放，总苞片细长，观赏期长，观赏价值高。

▶园林应用价值

宜在花境丛植或花后采切作干花。

▶繁殖与培育特点

采用播种繁殖或分株繁殖。播种前用40℃温水浸泡10小时，捞出摊于盆内或放在纱布袋中，置温暖处催芽，催芽期间每天浇水1～2次，待芽萌动时播种。可春播或秋播。分株繁殖分蘖苗的叶片可剪去部分，留下叶柄、心叶，以减少水分的蒸发，提高成活率。

▶园林养护技术

花境中种植无需过多养护，使其自然生长表现野趣。病害主要有猝倒病、根腐病与茎基腐病、叶斑病、病毒病。

358▶ 菊 花

▶名　称

中文名：菊花

学　名：*Chrysanthemum × morifolium* (Ramat.) Hemsl.

别　名：秋菊

科属名：菊科　菊属

▶形态特征

多年生草本植物。茎直立粗壮、多分枝、呈棱状、半木质化，节间长短不一。叶型大，互生，呈绿色或浓绿色。头状花序，花单生或数朵聚生，边缘为舌状花，中间为筒状花，共同着生在花盘上，也有全是舌状花或筒状花的。花序的颜色、形状、大小变化很大。形状有球形、卷散形、松针形、莲座形、翎管形。花色有黄、白、红、粉、紫、绿等几大分类色系。四季皆有开花的品种。

▶分布区

主产于浙江、河南、安徽、四川、陕西等省份。

▶生态习性

喜温暖和阳光充足的环境，忌荫蔽，能耐寒，耐旱，怕涝。菊花为短日照植物，对日照长短敏感，每天不超过 10 ～ 12 小时的光照，才能够正常现蕾开花。菊花最适生长温度 20℃左右。菊花喜肥，适宜在肥沃、疏松、排水良好、含腐殖质丰富的沙壤土中生长。

▶ 观赏特点

菊花经过人们长期栽培和大力选育，发展至今，已有三千多个品种，十几种花色，除了传统的黄、白、红、紫、间色外，有粉色、绿色、墨紫、泥金及檀香色等。而菊花的花期则分布于四个季节，不论春夏秋冬，皆可以欣赏到菊花艳丽的色彩和婀娜的身姿。艺菊造型花样也不断翻新。

▶ 园林应用价值

菊花在传统栽培中多为盆栽艺菊，用来装饰广场街道或城市园林；也可植于花坛、花境。亦可用于菊花的切花生产，作为插花艺术、花篮、花束等用花。

▶ 繁殖与培育特点

常采用扦插繁殖，也用组织培养，育种时也用播种繁殖。扦插繁殖一般在 4 ～ 5 月份进行，选粗壮、无病虫害的新枝作插条，截成 10 ～ 12 cm 长，摘下部叶片，插条下端切斜面，随剪随插。插时苗床不宜过湿，最适宜插条生根的温度为 15 ～ 18℃，约 20 天就可生根。

▶ 园林养护技术

菊花是一种一年生短日照植物，适宜在通风较好、凉爽且日照不宜过多处，栽种于肥沃湿润的壤土中，再适当加强灌溉及施肥；主要的病害有叶斑病、白粉病，虫害有蚜虫、赤峡蝶、二星叶蝉、灰巴蜗牛、橘天牛、星白灯蛾等。

359 ▶ 野 菊

▶ 名 称

中文名：野菊

学　名：*Chrysanthemum indicum* L.

别　名：油菊、疟疾草、苦薏

科属名：菊科　菊属

▶ 形态特征

多年生草本，高 0.25 ～ 1 m，有地下长或短匍匐茎。中部茎叶卵形、长卵形或椭圆状卵形，长 3 ～ 7（10）cm，

宽 2 ～ 4（7）cm，羽状半裂、浅裂或分裂不明显而边缘有浅锯齿。头状花序直径 1.5 ～ 2.5 cm，多数在茎枝顶端排成疏松的伞房圆锥花序或少数在茎顶排成伞房花序。全部苞片边缘白色或褐色宽膜质，顶端钝或圆。舌状花黄色，舌片长 10 ～ 13 mm，顶端全缘或 2 ～ 3 齿。瘦果长 1.5 ～ 1.8 mm。花期 6 ～ 11 月。

▶ 分布区

分布于印度、日本、朝鲜、俄罗斯；全国各地均有分布。

▶ 生态习性

野菊喜阳光充足，忌烈日照射，为短日照植物，在短日照条件下会由营养生长转向生殖生长，较耐寒。

▶ 观赏特点

可观赏秀雅的花朵与枝叶，花色艳丽丰富，有浓淡适宜的色彩。

▶ 园林应用价值

可用于花坛、花境、花篱、组团造景、点缀花展等方式绿化、美化环境。

▶ 繁殖与培育特点

以种子繁殖为主，分株繁殖法成活率高，但长期采用分株法繁殖，植株的生理年龄相对老些，对采集花蕾有利，采集的叶片药性相对较差，所以以收获花蕾为目的的单位或个人可采用分株繁殖的方法。

▶ 园林养护技术

要做到勤除杂草，防止草害，否则容易伤根；适当施肥管理。常见的病害有根腐病，虫害有蚜虫、地老虎。

360 ▶ 小红菊

▶ 名 称

中文名：小红菊

学　名：*Chrysanthemum chanetii* H. Léveillé

科属名：菊科　菊属

▶ 形态特征

多年生草本，高 15～60 cm，有地下匍匐根状茎。中部茎叶肾形、半圆形、近圆形或宽卵形，长 2～5 cm，通常 3～5 掌状或掌式羽状浅裂或半裂，少有深裂的；侧裂片椭圆形，顶裂片较大，全部裂片边缘钝齿、尖齿或芒状尖齿。根生叶及下部茎叶与茎中部叶同形，但较小；上部茎叶椭圆形或长椭圆形。头状花序直径 2.5～5 cm。总苞碟形，直径 8～15 mm；总苞片 4～5 层。全部苞片边缘白色或褐色膜质。舌状花白色、粉红色或紫色。瘦果长 2 mm，顶端斜截，下部收窄，花果期 7～10 月。

▶ 分布区

产黑龙江、吉林、辽宁、河北、山东、山西、内蒙古、陕西、甘肃、青海（东部）。生于草原、山坡林缘、灌丛及河滩与沟边。苏联、朝鲜也有分布。

▶ 生态习性

喜阳光充足、气候凉爽、地势高燥、通风良好的环境条件。

▶ 观赏特点

小红菊群体花期很长、花色从白到粉，淡雅美丽，有一定的观赏价值。

▶ 园林应用价值

可作地被植物、花境和花坛等。适宜栽植于大面积裸露的平地和坡地，可防止水土流失；也可植于公园或庭院、古城墙脚下，增加景观的野趣性；适于丛植、群植或用作花带，还可装饰林缘，或作为低矮花卉的背景材料。

▶ 繁殖与培育特点

可种子繁殖、扦插繁殖和分株繁殖。小红菊产种量较大，种子繁殖系数高，且育苗移栽出苗整齐，但其缺点是收集种子较费工，周期长，不能保持品种的优良性状；分株繁殖虽然生根率高，但其繁殖系数较低，有时间限制，不适合大面积生产使用。扦插繁殖方法可以保持植株的优良特性，又可减少育苗周期，而且繁殖系数较高，再生能力强，扦插简单易行，成活率高。

▶ 园林养护技术

小红菊抗逆性和适应性强，管理较粗放。菊科植物的病害有煤污病、白粉病、枯萎病、灰霉病、褐斑病、花叶病、锈病、菌核病等，害虫主要有红蜘蛛、白粉虱、蚜虫等。

361 ▶ 漏 芦

▶ 名 称

中文名：漏芦

学 名：*Rhaponticum uniflorum* (L.)DC

别 名：和尚头、大口袋花、牛馒土

科属名：菊科　漏芦属

▶ 形态特征

多年生草本。茎直立，不分枝，簇

生或单生。基生叶及下部茎叶全为椭圆形、长椭圆形或倒披针形，羽状深裂或几全裂。头状花序单生茎顶，花序梗粗壮，裸露或有少数钻形小叶。总苞半球形。总苞片约9层，覆瓦状排列。全部小花两性，管状，花冠紫红色。瘦果3～4棱，楔状，顶端有果缘，果缘边缘细尖齿，侧生着生面。花果期4～9月。

▶ 分布区

分布黑龙江、吉林、辽宁、河北、内蒙古、陕西、甘肃、青海、山西、河南、四川、山东等地。生于山坡丘陵地、松林下或桦木林下、海拔390～2 700 m。

▶ 生态习性

喜温暖低湿气候，耐寒、耐旱、怕热，忌涝，适宜生长温度18～22℃，耐贫瘠，对土壤要求不严，以沙质壤土为佳。

▶ 观赏特点

花大，花序紫色，穗状，细腻优雅；苞片奇特，覆瓦状排列，未开放时如松塔。

▶ 园林应用价值

宜在花境中丛植。

▶ 繁殖与培育特点

常采用播种繁殖。夏季种子成熟后即采即播，将饱满的种子均匀地撒于床面，覆土1～1.5 cm，7～10天出苗，10～20天长出两片真叶后可移栽。

▶ 园林养护技术

管理粗放，保持土壤疏松；一年施肥2次；秋季平茬。病害主要为根腐病，主要虫害为蛴螬、蝼蛄（咬食根部）等。

362 ▶ 三褶脉紫菀

▶ 名 称

中文名：三褶脉紫菀

学 名：*Aster trinervius* subsp. *ageratoides* (Turczaninow) Grierson

别 名：鸡儿肠、三脉紫菀、马兰

科属名：菊科 紫菀属

▶ 形态特征

多年生草本，根状茎粗壮，有丛生的茎和莲座状叶丛。茎直立，高40～100 cm，不分枝，下部叶在花期枯落，叶片宽卵圆形，急狭成长柄；中部叶椭

圆形或长圆状披针形，中部以上急狭成楔形具宽翅的柄，顶端渐尖，边缘有 3～7 对浅或深锯齿；上部叶渐小，有浅齿或全缘，全部叶纸质，三出脉。头状花序径 1.5～2 cm，排列成伞房或圆锥伞房状，舌状花紫色、淡红色或白色，管状花黄色。花果期 7～12 月。

◉ 分布区

广泛分布于中国东北部、北部、东部、南部至西部、西南部及西藏南部。也分布于喜马拉雅南部、朝鲜、日本及亚洲东北部。

◉ 生态习性

喜光，喜温暖湿润，耐寒性较强；耐涝，怕旱；对土壤适应能力强，除盐碱地外均可栽培，但以选择质地肥沃、排水性好的沙壤土作为栽培地块为佳。

◉ 观赏特点

株型十分美观，花色一般为白色，给人一种清新脱俗的感觉。

◉ 园林应用价值

可用于布置花境，也可盆栽观赏。

◉ 繁殖与培育特点

常用播种繁殖。可以在 3 月进行春播，直接将准备的种子播种到土壤上，然后浇水保持土壤湿润。等到播种的幼苗高到 10 cm 左右就可以上盆移栽了，3 月播种的可以在 5 月定植或盆栽，生长期每半月施肥 1 次，并保持土壤湿润，株高 20 cm 时进行摘心，促进分枝。

◉ 园林养护技术

栽培期间需定时浇水，天气炎热干旱时可增加浇水次数，以保证成长所需的水分。病害主要有根腐病、黑斑病。虫害主要有银纹夜蛾。

363 ▶ 全叶马兰

◉ 名　称

中文名：全叶马兰

学　名：*Aster pekinensis* (Hance) Kitag.

别　名：全叶鸡儿肠

科属名：菊科　紫菀属

◉ 形态特征

多年生草本。茎直立，单生或数个

丛生，中部以上有近直立的帚状分枝。下部叶在花期枯萎；中部叶多而密，条状披针形、倒披针形或矩圆形；上部叶较小，条形；全部叶下面灰绿，两面密被粉状短茸毛。头状花序单生枝端且排成疏伞房状。总苞半球形；总苞片 3 层，覆瓦状排列。舌状花 1 层；舌片淡紫色。瘦果倒卵形。花期 6 ～ 10 月，果期 7 ～ 11 月。

▶ 分布区

广泛分布于我国西部、中部、东部、北部及东北部。也分布于朝鲜、日本、俄罗斯。

▶ 生态习性

喜光，喜湿润，耐涝，耐寒性较强。

▶ 观赏特点

花淡紫色或白色，花期长，花量大，盛花期如繁星点点。

▶ 园林应用价值

可用于建植缀花草坪，富有野趣。

▶ 繁殖与培育特点

适宜扦插繁殖。春季选择粗壮、节密而短、具休眠芽的根状茎作种栽，取其中段，截成 5 ～ 7 cm 的小段，每段有 2 ～ 3 个休眠芽，随切随栽。

▶ 园林养护技术

适应性强，养护管理粗放。秋季平茬。主要病虫害有根腐病、黑斑病、银纹夜蛾等。

364 ▶ 蓍

▶ 名　称

中文名：蓍

学　名：*Achillea millefolium* L.

别　名：蚰蜒草、千叶蓍、蓍

科属名：菊科　蓍属

▶ 形态特征

多年生草本；叶披针形、长圆状披针形或近线形，二至三回羽状全裂；头状花序多数，密集成复伞房状；总苞长圆形或近卵圆形，疏生柔毛，总苞片 3 层，覆瓦状排列，椭圆形，边缘膜质，棕或淡黄色，背面散生黄色亮腺点，上部被柔毛；舌状花 5，舌片近圆形，白、粉红或淡紫红色，先端 2 ～ 3 齿；盘花管状，黄色，冠檐 5 齿裂，具腺点；花果期 7 ～ 9 月。

▶ 分布区

广泛分布于欧洲、非洲北部、伊朗、蒙古、俄罗斯（西伯利亚）；我国各地常有栽培。

▶ 生态习性

耐寒，喜温暖、湿润；阳光充足及半阴处皆可正常生长。对土壤要求不严，但在排水良好、富含有机质及石灰质的沙壤土上生长良好。

▶ 观赏特点

花序繁密，颜色淡雅，横向线条明显。

▶ 园林应用价值

宜用于花境、花坛布置，也可盆栽观赏。

▶ 繁殖与培育特点

常采用播种繁殖。一般于 9 ～ 10 月采收种子，于春季播种，在 4 月中下旬，条播，按 30 ～ 35 cm 的行距开沟，沟深 1.5 cm 左右，将种子均匀撒入沟中，覆盖薄薄一层细土，稍加镇压，防止种子被冲出，用喷雾器洒一遍水，保持土壤湿润，一般 15 天左右即可出苗。

▶ 园林养护技术

养护管理粗放，适当松土及除杂草。主要病害有枯死病、根腐病、锈病，主要虫害为蚜虫。

365 ▶ 云南蓍

▶ 名　称

中文名：云南蓍

学　名：*Achillea wilsoniana* Heimerl ex Hand.-Mazz.

别　名：一支蒿、蓍草、云南芪

科属名：菊科　蓍属

▶ 形态特征

多年生草本。茎直立；叶二回羽状全裂；头状花序多数，集成复伞房花序；总苞宽钟形或半球形；总苞片 3 层，覆瓦状排列；边花 6 ～ 16 朵；舌片白色，偶有淡粉红色边缘，顶端具深或浅的 3 齿，管部与舌片近等长，翅状压扁，具少数腺点；管状花淡黄色或白色，长约 3 mm，管部压扁具腺点。花果期 7 ～ 9 月。

▶ 分布区

分布于云南、四川、贵州、湖南、湖北、河南、山西、陕西、甘肃等省。

▶ 生态习性

适应性强，耐寒，喜温暖、湿润、喜向阳，喜肥沃、疏松、排水良好的土壤。

▶ 观赏特点

植株低矮，枝叶秀丽，开花早，花色素雅、花姿美丽且绿期长，观赏价值高。

▶ 园林应用价值

适宜于庭院、公共绿地、道路绿岛的绿化，还是布置花坛的好材料，也适宜花境应用，可做地被，还可以盆栽观赏。

▶ 繁殖与培育特点

同蓍。

▶ 园林养护技术

养护管理粗放，适当松土及除杂草。主要病害有枯死病、根腐病、锈病，主要虫害为蚜虫。

366▶ 火绒草

▶ 名 称

中文名：火绒草

学 名：*Leontopodium leontopodioides* (Willd.) Beauv.

别 名：火绒蒿、大头毛香、海哥斯梭利

科属名：菊科 火绒草属

▶ 形态特征

多年生草本。花茎直立。叶直立，在花后有时开展，线形或线状披针形。苞叶少数，较上部叶稍短，常较宽，长圆形或线形。头状花序大，3 ～ 7 个密集，稀 1 个或较多，雌株常有较长的花序梗

面排列成伞房状。总苞半球形；总苞片约4层，无色或褐色。小花雌雄异株，稀同株；花果期：7～10月。

分布区

广泛分布于新疆、青海、甘肃、陕西、山西、内蒙古、河北、辽宁、吉林、黑龙江以及山东半岛。也分布于蒙古、朝鲜、日本和西伯利亚。

生态习性

喜阳，耐寒、耐旱、耐瘠薄，稍耐湿。

观赏特点

株形小巧玲珑，叶片银灰绚靓，白色花序如雪，有淡香。

园林应用价值

用于岩石园栽植或盆栽观赏及做干花欣赏，也可用于花坛、花境布置。

繁殖与培育特点

火绒草常用分株繁殖和播种繁殖。分株繁殖常在春季进行，将丛生状的火线草扒开可直接盆栽。播种繁殖以春播为主，种子发芽适温为15～20℃，播后10～12天发芽。

园林养护技术

生长期时盆土不宜过湿，忌积水。施肥宜每月施一次肥，肥液勿沾染叶片。冬季的时候盆土保持稍干燥。

367 ▶ 绢茸火绒草

名　称

中文名：绢绒火绒

草　名：*Leontopodium smithianum* Hand.-Mazz.

科属名：菊科　火绒草属

形态特征

多年生草本；叶线状披针形；苞

叶 3 ～ 10，长椭圆形或线状披针形，边缘常反卷，两面被白或灰白色柔毛，形成苞叶群或分苞叶群；花茎被灰白色或上部被白色茸毛或绢毛；头状花序常 3 ～ 25 密集，稀 1 个，或有花序梗成伞房状：总苞被白色密绵毛，总包片 3 ～ 4 层，褐色；小花异型，有少数雄花；雄花花冠管状漏斗状，雌花花冠丝状。花期 6 ～ 8 月，果期 8 ～ 10 月。

◎ 分布区

产甘肃西南部和南部、陕西中部、山西中部及北部、河北北部和内蒙古南部。

◎ 生态习性

喜阳，耐寒、耐旱、耐瘠薄，稍耐湿。

◎ 观赏特点

花、叶并美，株形小巧，叶片银灰绚靓，白色花序如雪，朴实大方。

◎ 园林应用价值

用于岩石园栽植或盆栽观赏及做干花欣赏，也可用于花坛、花境布置。

◎ 繁殖与培育特点

常用分株繁殖和播种繁殖。分株繁殖常在春季进行，将丛生状的火绒草扒开可直接盆栽。播种繁殖以春播为主，种子发芽适温为 15 ～ 20℃，播后 10 ～ 12 天发芽。

◎ 园林养护技术

生长期时盆土不宜过湿，忌积水。施肥宜每月施一次，肥液勿沾染叶片。冬季的时候盆土保持稍干燥。

368 ▶ 风毛菊

◎ 名 称

中文名：风毛菊

学 名：*Saussurea japonica* Thunb. DC.

别 名：八棱麻、八楞麻、三棱草

科属名：菊科 风毛菊属

◎ 形态特征

二年生草本，高 50 ～ 150（200）cm。叶片长椭圆形或披针形，羽状深裂。头状花序多数，在茎枝顶端排成伞房状或伞房圆锥花序，有小花梗。总苞圆柱状，

被白色稀疏的蛛丝状毛；总苞片 6 层，外层长卵形，顶端微扩大，紫红色，中层与内层倒披针形或线形，顶端有扁圆形的紫红色的膜质附片，附片边缘有锯齿。小花紫色，花果期 6 ～ 11 月。

◉ 分布区

分布北京、辽宁、河北、山西、内蒙古、陕西、甘肃等地。朝鲜、日本也有分布。

◉ 生态习性

喜光也耐阴，喜温暖湿润的气候和深厚肥沃沙质壤土。耐寒，耐旱，耐瘠薄，对土壤的要求不严，抗烟尘和有毒气体。

◉ 观赏特点

植株较高，开花繁盛，花和茎干枯后仍不倒。

◉ 园林应用价值

宜用于布置花境，也可盆栽观赏，采切作干花效果亦佳。

◉ 繁殖与培育特点

常采用播种繁殖。

◉ 园林养护技术

养护管理粗放。勿过于荫蔽。病害主要有灰霉病。

369 ▶ 蒲公英

◉ 名　称

中文名：蒲公英

学　名：*Taraxacum mongolicum* Hand.-Mazz.

别　名：花地丁、婆婆丁、华花郎

科属名：菊科　蒲公英属

◉ 形态特征

多年生草本；叶倒卵状披针形、倒披针形或长圆状披针形，边缘有时具波状齿或羽状深裂；花葶 1 至数个，上部紫红色，密被总苞钟状，淡绿色，总苞

片 2 ～ 3 层；瘦果倒卵状披针形，暗褐色，上部具小刺，下部具成行小瘤，纤细；冠毛白色，春花期为 4 ～ 9 月，果期 5 ～ 10 月。

▶ 分布区

产黑龙江、吉林、辽宁、内蒙古、河北、山西、陕西、甘肃、青海、山东、江苏、安徽、浙江等省区。朝鲜、蒙古、俄罗斯也有分布。生于中、低海拔地区的山坡草地、路边、田野、河滩。

▶ 生态习性

适应性强，抗逆性强。抗寒又耐热，早春地温 1 ～ 2℃时即可萌发。抗旱、抗涝能力较强。可在各种类型的土壤条件下生长，但最适在肥沃、湿润、疏松、有机质含量高的土壤上栽培。

▶ 观赏特点

蒲公英的花朴实无华，长势极旺，颇为壮观。春、秋两次开花，春季花期极早。花虽不及牡丹、玫瑰、樱花之艳丽，但其花量大而纯，别具一格，也颇受人们喜爱。花开后成絮，随风而飞。

▶ 园林应用价值

可布置花坛或缀花草坪，亦可植于园林中铺装路面的砖、石缝中，呈现野趣。

▶ 繁殖与培育特点

采用种子繁殖。种子无休眠期，成熟采收后的种子，从春到秋可随时播种。根据市场需求，冬季也可在温室内播种。

▶ 园林养护技术

蒲公英自播繁衍能力强，应用于花境、花坛等限定范围内时应注意及时去残花，防止结实，自播生为杂草。蒲公英生长期少病虫害。

370 ▶ 大花金挖耳

▶ 名 称

中文名：大花金挖耳

学　名：*Carpesium macrocephalum* Franch. et Sav.

别　名：香油罐、千日草、神灵草

科属名：菊科　天名精属

▶ 形态特征

多年生草本，茎高 60 ～ 140 cm。茎叶于花前枯萎，基下部叶大，具长柄，柄长 15 ～ 18 cm，具狭翅，向叶基部渐宽，叶片广卵形至椭圆形，先端锐尖，

基部骤然收缩成楔形，下延，边缘具粗大不规整的重牙齿，齿端有腺体状胼胝，上面深绿色，下面淡绿色，两面均被短柔毛，沿叶脉较密。头状花序单生于茎端及枝端，开花时下垂；两性花筒状。瘦果长 5～6 mm。花期为 7～8 月，果期 9～10 月。

◐ 分布区

产于中国东北、华北、陕西、甘肃南部和四川北部等地。日本、朝鲜、苏联远东地区均有分布。

◐ 生态习性

耐水湿，常生长于海拔 800～1 000 m 的山坡草丛中及水沟边，灌丛中或山坡路旁草地。

◐ 观赏特点

头状花序单生于茎端及枝端，花大，黄色，开花时下垂，观赏效果俱佳。

◐ 园林应用价值

尚未由人工引种栽培。东北民间用作治吐血药服用。花及果实可提芳香油。从大花金挖耳的花和果实中提制的香精可用于化妆品。可开发作为花境材料。

◐ 繁殖与培育特点

常常采用播种和组织培养的方式繁殖。播种期有秋播和春播，南方宜秋播，北方宜春播，播种后应注意中耕除草。研究表明，大花金挖耳无菌苗的根是诱导愈伤组织的理想外植体，光照长度在

每日 12 小时下较适宜于大花金挖耳愈伤组织的生长及保存。

◐ 园林养护技术

适时浇水、控制杂草，夏季注意降温和排涝，施肥以有机肥为主、化学肥料为辅，其次，追肥是重要的肥料补充手段，花期需要进行 1～2 次追肥，注意病虫害防治，大花金挖耳常见的病害为炭疽病，可于发病期用 50% 托布津 1 000 倍液或 80% 炭疽镁 800 倍液喷雾防治。

371 ▶ 额河千里光

◐ 名 称

中文名：额河千里光

学 名：*Senecio argunensis* Turcz.

别 名：大蓬蒿、羽叶千里光

科属名：菊科 千里光属

◇ 形态特征

多年生根状茎草本，根状茎斜升，径 7 mm，具多数纤维状根。茎单生，直立，30 ～ 60（80）cm，被蛛丝状柔毛，有时多少脱毛，上部有花序枝。基生叶和下部茎叶在花期枯萎，通常凋落；中部茎叶较密集，无柄，全形卵状长圆形至长圆形。头状花序有舌状花，多数，排列成顶生复伞房花序；花冠黄色，长 6 mm，管部长 2 ～ 2.5 mm，檐部漏斗状。瘦果圆柱形。花期 8 ～ 10 月。

◇ 分布区

产黑龙江、吉林、辽宁、内蒙古、河北、青海、山西、陕西、甘肃、湖北、四川。朝鲜、俄罗斯（西伯利亚）及远东地区、蒙古、日本也有。

◇ 生态习性

生于海拔 500 ～ 3 300 m 的林缘、草甸、草坡、田边、沟畔及灌丛中。

◇ 观赏特点

主要用于观花，花期长，颜色明丽。

◇ 园林应用价值

可用于花镜、切花、盆栽等。

◇ 繁殖与培育特点

繁殖方法有种子繁殖、扦插及压条繁殖等，以种子繁殖为主。播种繁殖于 3 月下旬进行；扦插通常在 7 ～ 9 月开花前，选择粗壮无病虫枝条，剪成带 2 个节的 10 ～ 12 cm 长的茎段，其斜形剪口应距离茎节 0.5 ～ 0.8 cm，苗床要选择有遮阴物且土质疏松的地段；压条于 8 ～ 9 月，在母株上选择粗壮无病虫害的枝条，留基部 3 ～ 4 节的茎节，将上部枝条培土并加压泥块，枝梢要外露，当节上发根后，再与母株剪断分离，进行移植。

◇ 园林养护技术

养护管理粗放，及时清除杂草，结合景观需要，适当修剪。

372 ▶ 阿尔泰狗娃花

◇ 名　称

中文名：阿尔泰狗娃花

学　名：*Heteropappus altaicus* Willd.

别　名：阿尔泰紫菀、野菊花

科属名：菊科　狗娃花属

◇ 形态特征

多年生草本，有横走或垂直的根。茎直立，高可达 100 cm，基部叶在花期枯萎；下部叶条形或矩圆状披针形，倒披针形，或近匙形，全缘或有疏浅齿；上部叶片渐狭小，条形。头状花序，单生枝端或排成伞房状。总苞半球形，总苞片近等长或外层稍短，矩圆状披针形或条形，舌状花，有微毛；舌片浅蓝紫色，矩圆状条形，裂片不等大。瘦果扁，倒卵状矩圆形，灰绿色或浅褐色，被绢毛，花果期 5 ～ 9 月。

◎ 分布区

主要分布于青海、西藏、陕西等地。

◎ 生态习性

有一定的耐盐和较强的抗旱能力。常生于草原，荒漠地，沙地及干旱山地。海拔从滨海到 4 000 m。

◎ 观赏特点

可观赏秀雅的花朵，花色清新淡雅，花朵高低错落，富有野趣。

◎ 园林应用价值

可用于花坛、花境。应用于草原，荒漠地，沙地及干旱山地，形成野态，不失精致的景观。

◎ 繁殖与培育特点

可以种子繁殖。目前人工尚未进行引种繁殖。

◎ 园林养护技术

园林中应用较少，多野生于城乡结合部，管理粗放。

373 ▶ 半夏

◎ 名　称

中文名：半夏

学　名：*Pinellia ternata* (Thunb.) Breit.

别　名：三叶半夏、三步跳、麻芋果

科属名：天南星科　半夏属

◎ 形态特征

块茎圆球形。叶 2 ~ 5 枚，有时 1 枚。叶柄基部具鞘，鞘内、鞘部以上或叶片

基部有珠芽；老株叶片 3 全裂，长圆状椭圆形或披针形。佛焰苞绿色或绿白色，管部狭圆柱形；檐部长圆形，绿色，有时边缘青紫色，钝或锐尖。肉穗花序，附属器绿色变青紫色，直立，有时"S"形弯曲。浆果卵圆形，黄绿色，先端渐狭为明显的花柱。花期 5 ～ 7 月，果 8 月成熟。

◉ 分布区

除内蒙古、新疆、青海、西藏尚未发现野生的外，全国各地广布。朝鲜、日本也有。

◉ 生态习性

喜暖温潮湿，不耐涝或干旱，耐荫蔽。适应于多种土壤类型，但难以在盐碱土、砾土或黏性太大的土壤中生长，以水分、有机质含量丰富的土壤为佳。

◉ 观赏特点

佛焰苞绿色，高挑优雅，形状奇特，珠芽和三出复叶亦具观赏价值。

◉ 园林应用价值

在园林中可用于点缀阴生园景、林下及山谷溪滩的石隙间。亦可作为花境种植材料或盆栽观赏。

◉ 繁殖与培育特点

一是块茎繁殖。半夏栽培 2 ～ 3 年，可于每年 6 月、8 月、10 月倒苗后挖取地下块茎。选生长健壮、无病虫害的中、小块茎作种。将其拌以干湿适中的细沙土，贮藏于通风阴凉处，于当年冬季或翌年春季取出栽种。二是株芽繁殖。夏秋间利用叶柄下成熟的珠芽进行条栽，覆土厚 1.6 cm。三是种子繁殖。二年生以上的半夏，从初夏至秋冬，能陆续开花结果。从秋季开花后约 10 天佛焰苞枯萎采收成熟的种子，放在湿沙中贮存。

◉ 园林养护技术

半夏喜肥，夏季球茎生长迅速，需要水肥较多。做好排灌和培土。高温和土壤干燥，往往会引起植株枯黄，甚至倒苗，直接影响块茎生长。因此，在半夏的整个生长发育期内，要经常保持土壤湿润，以促进植株和块根生长；雨季要抓好排水工作，防止球茎腐烂。半夏繁殖力强，株芽落地后，生长极快，不易清除，需及时收集。病害主要有白星病、叶斑病，虫害有红天蛾。

374 ▶ 菖蒲

▶ 名 称

中文名：菖蒲

学　名：*Acorus calamus* L.

别　名：臭草、大菖蒲、剑菖蒲

科属名：天南星科　菖蒲属

▶ 形态特征

多年生草本。根茎横走。叶基生。叶片剑状线形，草质，绿色，光亮；中肋在两面均明显隆起，侧脉 3 ～ 5 对，平行，纤弱，大都伸延至叶尖。花序柄三棱形；叶状佛焰苞剑状线形；肉穗花序斜向上或近直立，狭锥状圆柱形。花黄绿色；子房长圆柱形。浆果长圆形，红色。花期 6 ～ 9 月。

▶ 分布区

全国各省区均产。生于海拔 2 600 m 以下的水边、沼泽湿地或湖泊浮岛上，也常有栽培。南北两半球的温带、亚热带都有分布。

▶ 生态习性

喜冷凉湿润气候，阴湿环境，耐寒，忌干旱。最适宜生长的温度 20 ～ 25℃，10℃以下停止生长。

▶ 观赏特点

叶色嫩绿，端庄秀丽。利用它直线的翠绿叶片，表现初夏的清凉感觉。

▶ 园林应用价值

是园林绿化中常用的水生植物。宜作水景岸及水体绿化，可丛植或片植于

湖、塘、溪水等岸边，亦可点缀于庭园水景和临水假山一隅，均具有良好的观赏价值。

▶繁殖与培育特点

播种或分株繁殖。将收集到的成熟的红色浆果清洗干净，放于保持潮湿的土壤或浅水中，在20℃左右的条件下陆续发芽，后进行分离培养，待苗生长健壮时可移栽定植。或在早春或生长期内用铁锨将地下茎挖出，洗干净，去除老根、茎及枯叶、茎，再用快刀将地下茎切成若干块状，每块保留3～4个新芽，进行分株繁殖。在分株时要注意保持好嫩叶及芽、新生根。

▶园林养护技术

菖蒲在生长季节的适应性较强，可进行粗放管理。在生长期内保持一定的水位或潮湿。

375▶ 黄背草

▶名　称

中文名：黄背草

学　名：*Themeda japoinca* (Willd.) Tanaka

科属名：禾本科　菅属

▶形态特征

多年生，簇生草本。叶片线形。大型伪圆锥花序多回复出，由具佛焰苞的总状花序组成；总状花序由7小穗组成。

下部总苞状小穗对轮生于一平面，长圆状披针形。无柄小穗两性，1枚，纺锤状圆柱形；颖果长圆形，胚线形，长为颖果的1/2。有柄小穗形似总苞状小穗。花果期6～12月。

▶分布区

中国除新疆、青海、内蒙古等省区以外均有分布。日本、朝鲜等地亦有分布。

▶生态习性

喜光，适应性强，生长力强，耐旱，耐贫瘠。

▶观赏特点

小穗美丽，秆部颜色别致。

▶园林应用价值

可在园林中用作观赏草，丛植在林缘、路边、海边，或作花境、岩石园材料。

▶ 繁殖与培育特点

采用播种繁殖。多是秋末播种，春夏出苗。即在 9 月下旬 10 月上旬期间，将黄背草收割后，利用种子自落特点，进行压草播种或是耢草播种（不经过人工播种和动土播种）。夏播的出苗最好。

▶ 园林养护技术

黄背草以封山育草为主，人工栽培比较容易，一般在雨季可边整地边栽植，株行距 0.2 m × 0.5 cm，栽植深度 10 ～ 15 cm，栽后踏实，无需特殊技术。

376 ▶ 苇状羊茅

▶ 名　称

中文名：苇状羊茅

学　名：*Festuca arundinacea* Schreb.

科属名：禾本科　羊茅属

▶ 形态特征

多年生。叶鞘通常无毛；叶片基部具披针形镰状边缘无纤毛的叶耳，叶横切面具维管束 11 ～ 21；圆锥花序疏散，每节具 2 稀 4 ～ 5 分枝，下部 1/3 裸露，中、上部着生多数小穗；小穗轴微粗糙；小穗具 4 ～ 5 小花；颖片披针形，先端尖或渐尖，第一颖具 1 脉，第二颖具 3 脉；外稃背部上部及边缘粗糙，先端无芒或具短尖；内稃稍短于外稃；子房顶端无毛；花期 7 ～ 9 月。

▶ 分布区

产新疆。内蒙古、陕西、甘肃、青海、江苏等地引种栽培。分布于欧亚大陆温带。生于海拔 700 ～ 1 200 m 的河谷阶地、灌丛、林缘等潮湿处。

▶ 生态习性

苇状羊茅适应性很强，耐寒又耐热。早春返青早，生长快，夏季当多数牧草受到高湿影响而生长受到抑制时，苇状羊茅仍茎繁叶茂，长势不减。对土壤适应性很广，在 pH4.7 ～ 9.5 范围内均能生长繁茂，最适 pH 为 5.7 ～ 6.0。

▶ 观赏特点

茎叶繁茂，叶色嫩绿，果序飘逸。

▶ 园林应用价值

宜用于建植草坪。

◎繁殖与培育特点

可用种子繁殖，也可用分蘖株繁殖。若用种子繁殖，采用条播、撒播和窝播均可，一般以条播为好。种植密度根据利用目的而定。播种前精细整地，施有机肥作底肥，配施适量的磷肥，出苗后用少量氮肥追施提苗。若收种子，还需施用适量的钾肥，以利开花结籽，种子饱满，产量高。播种深度 2 ～ 3 cm，覆土不宜过深，以免影响出苗。

◎园林养护技术

播前需精细整地、施足底肥。苇状羊茅苗期生长缓慢，应注意中耕除草，生长期间适当灌溉，并结合追肥。抗病性强，少病虫害。

377 ▶ 白 茅

◎名 称

中文名：白茅
学 名：*Imperata cylindrica* (L.) Beauv.
别 名：毛启莲、红色男爵白茅
科属名：禾本科 白茅属

◎形态特征

多年生，具粗壮的长根状茎。秆直立。叶鞘聚集于秆基，甚长于其节间，质地较厚，老后破碎呈纤维状；叶舌膜质，紧贴其背部或鞘口具柔毛；秆生叶片，窄线形，通常内卷。圆锥花序稠密；两颖草质及边缘膜质，近相等，常具纤

毛，第一外稃卵状披针形，透明膜质，第二外稃与其内稃近相等，卵圆形，顶端具齿裂及纤毛。颖果椭圆形。花果期4 ～ 6 月。

◎分布区

产于辽宁、河北、山西、山东、陕西、新疆等北方地区。也分布于非洲北部、土耳其、伊拉克、伊朗、中亚、高加索及地中海区域。

◎生态习性

喜光，稍耐阴，喜肥又极耐瘠薄，喜疏松湿润土壤，相当耐水淹，也耐干旱，适应各种土壤，以疏松沙质土地生长最好。

◉ 观赏特点

植株体量大，新叶红色，果穗稠密，雪白曼妙，随风摇曳。

◉ 园林应用价值

在园林绿化中宜布置花境或丛植于水岸边、林缘、路边等处营造自然景观。也可在恶劣环境中用作地被。

◉ 繁殖与培育特点

白茅主要靠根茎扩展营养性繁殖，也可用种子繁殖。

◉ 园林养护技术

根茎粗壮，生长、再生能力强，侵略能力强，用于花境布置时宜容器种植连盆埋入土中，并定时分株，去除强劲根茎。

两侧缘毛长 3 ～ 5 mm，易脱落；叶片披针状线形。圆锥花序大型，着生稠密下垂的小穗；小穗柄长 2 ～ 4 mm，无毛；小穗长约 12 mm，含 4 花；颖具 3 脉；内稃长约 3 mm，两脊粗糙；雄蕊 3，花药黄色；颖果长约 1.5 mm。为高多倍体和非整倍体的植物；花期 4 ～ 6 月。

378 ▶ 芦苇

◉ 名　称

中文名：芦苇

学　名：*Phragmites australis* (Cav.) Trin. ex Steud

别　名：苇、葭、兼

科　属：禾本科　芦苇属

◉ 形态特征

多年生，根状茎十分发达，秆直立。叶鞘下部者短于而上部者，长于其节间；叶舌边缘密生一圈长约 1 mm 的短纤毛，

◉ 分布区

产于全国各地，为全球广泛分布的多型种。

◉ 生态习性

喜光，喜湿润环境，耐寒，生命力强。常生于江河湖泽、池塘沟渠沿岸和低湿地。除森林生境不生长外，各种有水源的空旷地带，常以其迅速扩展的繁殖能

力，形成连片的芦苇群落。

◉ 观赏特点

黄色羽状花序形态轻盈，观赏价值高；茎秆直立，植株高大，片状效果极佳。

◉ 园林应用价值

可以用于花境配置，也可单独成景，芦苇是园林水景和水体生态系统的重要组成部分，在湖中种植芦苇等水生植物点缀水面，形成倒影、暗香浮动、清新自然；在池中少量配植几株芦苇，使得景色幽静而有意境；驳岸配置芦苇，既能使陆地和水融为一体，又对水面空间的景观起主导作用。

◉ 繁殖与培育特点

芦苇的繁殖分为有性繁殖和无性繁殖。有性繁殖主要是利用芦苇的种子，在适宜的季节进行育苗和移栽；无性繁殖当气温达到 5℃以上时，从田间挖取芦苇根状茎，截取 30 cm 为一段，运往田间，进行栽植。

◉ 园林养护技术

当苗高达到 30 cm 以上时，可进行浅水灌溉，并根据芦苇需水规律和生长速度，逐渐加深水层，最深不超过 50 cm。有条件的可进行施肥，肥料品种以氮肥为主；芦苇虫害主要是蚜虫，一般严重发生季节在 6 ～ 7 月之间，草害主要有达氏蒲草、狭叶蒲草、苔草等。

379 ▶ 芒

◉ 名 称

中文名：芒

学 名：*Miscanthus sinensis* Anderss.

别 名：高山鬼芒、金平芒

科属名：禾本科 芒属

◉ 形态特征

多年生苇状草本。叶鞘无毛，长于其节间；叶舌膜质，顶端及其后面具纤毛；叶片线形，下面疏生柔毛及被白粉。圆锥花序直立；小穗披针形，黄色有光泽，基盘具等长于小穗的白色或淡黄色的丝状毛；雄蕊 3 枚，先雌蕊而成熟；柱头羽状，紫褐色，从小

穗中部之两侧伸出。颖果长圆形，暗紫色。花果期 7 ～ 12 月。

▶分布区

产于江苏、浙江、江西、湖南、福建、台湾、广东、海南、广西、四川、贵州、云南等省区。也分布于朝鲜、日本。

▶生态习性

对环境适应性强，为广布性植物。喜温暖湿润的气候环境，喜水分充足，也能耐干旱瘠薄，对土壤要求不严，但在湿润、肥沃的土壤中生长良好。

▶观赏特点

株丛圆整，叶线形，四散下垂，果序轻柔，随风飘摇。

▶园林应用价值

作为大型观赏草布置花境或丛植于水边、湿地。

▶繁殖与培育特点

宜采用茎秆扦插或分株繁殖。扦插时间是 7 月至 8 月，选取芽点饱满的健壮茎秆，剪成长度为 3 ～ 5 cm 的小段，每段带有 1 个芽点，将茎秆竖直插入基质中，芽点在基质表面以下 1 cm 左右。分株时间是 4 月至 10 月，选取健壮植株作为母株，剪掉茎秆，留茬高度 10 ～ 15 cm。带土挖取母株，分成数个分株，每个分株保留 3 个以上分蘖。

▶园林养护技术

适应性强，管理粗放。种植后至郁闭前，适时清除杂草。每年返青前剪除地上部枯黄茎叶。

380▶ 拂子茅

▶名　称

中文名：拂子茅

学　名：*Calamagrostis epigeios* (L.) Roth

科　属：禾本科　拂子茅属

▶形态特征

多年生草本。秆直立，平滑无毛或花序下稍粗糙；圆锥花序紧密，圆筒形，劲直、具间断，长 10 ～ 30 cm；小穗长 5 ～ 7 mm，淡绿色或带淡紫色。花果期 5 ～ 9 月。

和延续的主要手段，主要通过根茎营养繁殖或分蘖繁殖来实现种群繁衍。

> ▶ **园林养护技术**

同假苇拂子茅。

381▶ 假苇拂子茅

> ▶ **分布区**

分布遍及全国。一般生于沟渠边坡、沟渠滞洪区、浅水滩地、田埂等中生或湿生环境，海拔 160 ～ 3 900 m。欧亚大陆温带地区皆有。

> ▶ **生态习性**

拂子茅较耐阴，能忍受遮阴度为48.5%的轻度遮阴环境，有耐旱、耐盐碱、耐践踏等特点。

> ▶ **观赏特点**

观赏部位全株，主要为花，花序雍容华贵，尤其秋冬季节效果非常突出。

> ▶ **园林应用价值**

成片种植时大量的花序几乎处于同一高度，给人产生强烈的竖线条感。亦可作为观赏草用于花境，或者作为护岸固坡植物种植在河湖边缘；也可做盆栽观赏。花果序可作为干花。

> ▶ **繁殖与培育特点**

拂子茅可以采用播种繁殖，也可用无性繁殖。无性繁殖是该种群实现扩展

> ▶ **名　称**

中文名：假苇拂子茅

学　名：*Calamagrostis pseudophragmites* (Haller f.) Koeler

别　名：假苇子

科　属：禾本科　拂子茅属

> ▶ **形态特征**

拂子茅秆直立，高 40 ～ 100 cm，径 1.5 ～ 4 mm。叶鞘平滑无毛，或稍粗糙，短于节间，有时在下部者长于节间；叶舌膜质，长 4 ～ 9 mm，长圆形，顶端钝而易破碎；叶片长 10 ～ 30 cm，宽1.5 ～ 5（7）mm，扁平或内卷，上面及边缘粗糙，下面平滑。圆锥花序长圆状披针形，疏松开展，分枝簇生，直立，

细弱，稍糙涩；小穗草黄色或紫色。花期4～7月，果期5～9月。

▶分布区

广布于我国陕西、四川、云南、贵州、湖北等地区诸省。欧亚大陆温带区域都有分布。

▶生态习性

喜生于平原绿洲，常见于水分条件良好的农田、地埂、河边及山地，土壤常轻度至中度盐渍化。是组成平原草甸和山地河谷草甸的建群种。

▶观赏特点

羽毛状的花穗，雍容华贵。尤其秋冬季节，成片种植时，金黄色的花穗如同麦浪，再搭配平整的草坪，视觉效果会非常壮观。

▶园林应用价值

羽毛状的花穗，极为美丽，可片植或丛植点缀应用于花境，也可做盆栽观赏。其根状茎发达，能护提固岸、稳定河床，是良好的水土保持植物。花果序可作为干花。

▶繁殖与培育特点

可以采用播种繁殖，也可用分生繁殖。主要通过根茎营养器官繁殖或分蘖繁殖。

▶园林养护技术

较粗放管理。春季萌芽期注意防草蚜虫病，秋季可平茬促使第二年萌发新叶。

382 ▶ 小香蒲

▶名　称

中文名：小香蒲

学　名：*Typha minima* Funck.

别　名：水烛

科属名：香蒲科　香蒲属

▶形态特征

多年生湿生或水生草本。根状茎姜黄色或黄褐色，先端乳白色。地上茎直立、细弱、矮小，高16～65 cm。叶通常基生，鞘状，无叶片，叶鞘边缘膜质。雌雄花序远离，花序轴无毛，基部具一叶状苞片，脱落；雌花序叶状苞片宽于

叶片。雌花无花被，雌蕊单生，有时2～3合生；雌花具小苞片；孕性雌花子房纺锤形；不孕花子房倒圆锥形，白色丝状毛先端膨大呈圆形，生于子房柄基部。小坚果椭圆形。种子黄褐色，椭圆形。花果期5～8月。

▶分布区

全国广泛分布。巴基斯坦，俄罗斯，亚洲北部及欧洲有分布。

▶生态习性

喜光照，适应性强，耐盐性较好，但怕强风。生于池塘、水泡子、水沟边浅水处，亦常见于一些水体干枯后的湿地及低洼处。

▶观赏特点

夏季植株高大，整齐茂密，油绿色，果穗褐色，点缀在绿草丛层中，景观奇特。

▶园林应用价值

常片植或丛植，用于点缀园林水池、湖畔，水景。宜做花境、水景背景材料。也可盆栽布置庭院。

▶繁殖与培育特点

有播种和分株2种方法，栽培过程中多采用分株法。分株具体时间因各地气温变化规律而定，一般在气温达到15℃以上时，将根状茎挖出、洗净，用利刀截成带3～5个芽的茎段，分别定植即可。播种多于春季进行。播种前先进行催芽处理，然后播于苗床，注意保持苗床湿润，夏季小苗成形后移栽。

▶园林养护技术

栽植时如种苗叶片过长，可适度剪去部分以防风吹摆动。狭叶香蒲喜浅水环境，栽培时要保持水层适中，栽植初期保持10 cm左右的水深即可，有助于提高土壤温度，促进种苗生长；随着植株长高，水也可适度加深。栽植过程切记不可缺水出现干旱。在种植地整地时要施足基肥。为保持其生长旺盛，可在栽植1个月后追肥1次，主要施用农家肥；同时，为使肉穗充分发育增强观赏性，可于花期前后及花序膨大期追施磷酸二铵。小香蒲不易患病，但易遭蚜虫为害，因此要及时去除黄叶、病叶，对其过密处进行修剪，保证植株通风良好。

383 紫萼

◎ 名　称

中文名：紫萼

学　名：*Hosta ventricosa*

别　名：紫萼玉簪

科属名：百合科　玉簪属

◎ 形态特征

叶卵状心形、卵形至卵圆形，先端通常近短尾状或骤尖，基部心形或近截形，极少叶片基部下延而略呈楔形，具7～11对侧脉。花葶具10～30朵花；苞片矩圆状披针形，白色，膜质；花单生，盛开时从花被管向上骤然作近漏斗状扩大，紫红色；雄蕊伸出花被之外，完全离生。蒴果圆柱状，有三棱；花期6～7月，果期7～9月。

◎ 分布区

产江苏、安徽、浙江、福建、江西、广东、广西、贵州、云南、四川、湖北、湖南和陕西。

◎ 生态习性

耐寒冷，喜阴湿环境，不耐强烈日光照射。生于林下、草坡或路旁，海拔500～2 400 m。各地常见栽培。

◎ 观赏特点

本种园艺品种很多，叶大、心形，层层叠叠，株型整齐，花亦可观。

◎ 园林应用价值

紫萼是阴生观叶植物，宜配植于花镜、花坛和岩石园，可成片种植在林下、建筑物北侧或其他裸露的背阴处，也可布置盆栽观赏。

◎ 繁殖与培育特点

常分株繁殖，在春季取紫萼的根状茎，截成长5～6 cm的带芽茎段，截面用0.5%的高锰酸钾溶液蘸涂，埋入预先准备好的苗床沟内，然后覆盖3 cm左右的焦泥灰或腐殖土，保持土壤湿润，15天左右可出苗。生产上也用扦插或组织培养。

◎ 园林养护技术

地栽一般3～5年分栽一次，盆栽3年分栽一次。栽种前要施足基肥，盆栽用中性培养土。每年于萌芽前及开花前后各施一次追肥，入冬前施一次腐熟的有机肥。生长期间遇干旱应及时浇水，保持土壤湿润,雨季注意排水。置蔽阴处养护,避免强光直射。花谢后及时剪除残花莛,秋后除去地上茎叶。

384 ▶ 天门冬

▶ 名　称

中文名:天门冬
学　名:*Asparagus cochinchinensis*
　　　　(Lour.)Merr.
别　名:三百棒、丝冬、老虎尾巴根
科属名:百合科　天门冬属

▶ 形态特征

多年生草本,攀援植物。叶状枝通常每3枚成簇,扁平或由于中脉龙骨状而略呈锐三棱形,稍镰刀状;茎上的鳞片状叶基部延伸为硬刺,在分枝上的刺较短或不明显。花通常每2朵腋生,淡绿色。浆果熟时红色,有1颗种子。根在中部或近末端成纺锤状膨大。茎平滑,常弯曲或扭曲,分枝具棱或狭翅。花期5~6月,果期8~10月。

▶ 分布区

在朝鲜、日本、老挝和越南有所分布。在我国,从河北、山西、陕西、甘肃等省的南部至华东、中南、西南各省区都有分布。

▶ 生态习性

喜温暖,不耐严寒,忌高温,喜阴,怕强光,适宜在土层深厚、疏松肥沃、湿润且排水良好的沙壤土(黑沙土)或腐殖质丰富的土中生长。

▶ 观赏特点

株型秀丽,茎叶蔓生悬垂,青翠碧绿,秀逸潇洒;淡绿色花;后结浆果如黄豆大、球形,未成熟时嫩绿色,成熟后鲜红色,状如珊瑚珠,且能在枝上存留两个月以供观赏。

▶ 园林应用价值

可用于布置花坛、花境或盆栽观赏,也可切取枝条作插花的陪衬材料。

▶ 繁殖与培育特点

常用播种繁殖。春播在3~4月,秋播在8~9月。天门冬种子为嫌光性种子,不含水溶性萌发抑制物质,40~60℃水浸泡种子能明显缩短发芽时间,提高发芽率,使发芽整齐而集中。畦面开沟行距15 cm、深3 cm,将种子均匀撒入沟中,盖上少量细土,加盖一层薄草保湿,并进行遮阴。约1年,当幼苗长出2~3个块根,可进行移栽。苗分级后在整好的畦面上按株行距60 cm×60 cm、深6~8 cm穴栽,每穴内栽植1株苗。也可用扦插繁殖和组织培养。

▶园林养护技术

天门冬喜湿润环境，怕水涝。干旱时，及时浇水，保持土壤湿润；雨季及时排水，以免积水。当茎蔓长到 50 cm 左右时，要设支架，支撑天门冬茎藤缠绕生长，以防倒伏。天门冬的主要虫害有地老虎、蟋蟀、红蜘蛛、蚜虫等，病害主要有立枯病等。

385▶ 山 丹

▶名 称

中文名：山丹

学 名：*Lilium pumilum* DC.

别 名：细叶百合、山丹丹、红百合

科属名：百合科 百合属

▶形态特征

球根植物，鳞茎卵形或圆锥形；鳞片矩圆形或长卵形，白色。茎有小乳头状突起，有的带紫色条纹。叶散生于茎中部，条形。花单生或数朵排成总状花序，鲜红色，通常无斑点，有时有少数斑点，下垂；花被片反卷；花丝无毛，花药长椭圆形，黄色，花粉近红色；子房圆柱形；花柱稍长于子房或长 1 倍多，柱头膨大，3 裂。蒴果矩圆形。花期 7 ~ 8 月，果期 9 ~ 10 月。

▶分布区

产河北、河南、山西、陕西、宁夏、山东、青海、甘肃、内蒙古、黑龙江、辽宁和吉林。俄罗斯、朝鲜、蒙古也有分布。

▶生态习性

抗病，抗寒，耐旱，抗盐碱，耐半阴，喜土层深厚、疏松、肥沃、湿润、排水良好的沙质壤土或腐殖土。在半阴半阳、微酸性土质的斜坡上及阴坡开阔地生长良好。

▶观赏特点

山丹花大，花色红、娇艳，钟状花形美观，植株体矮小、紧凑，非常惹人喜爱。

▶园林应用价值

适合于花境、花坛布置或盆栽观赏。可直接栽种于庭院、做自然式缀花草坪，散植于疏林草地，形成独具乡土特色的城市园林景观，极具观赏魅力。亦可用于培育抗寒耐旱的百合花品种。

繁殖与培育特点

主要有鳞茎分株、鳞瓣扦插和种子播种等几种方法。2～3年生以上的鳞茎，其四周生有许多小鳞茎。在秋季休眠期，挖出并分株栽植，就能生长为新株；利用肉质鳞瓣的再生能力进行无性繁殖，扦插基质一般采用细沙土，经消毒后即可扦插；山丹雌雄同株，开花后，约8月中旬种子就成熟。种子未散落前采收，阴干，并干燥保存，春季气候温暖时播种，可采用条播、点播、散播。也可采用组织培养。

园林养护技术

栽植宜深，最好深翻后施入大量腐熟堆肥、腐叶土、粗沙等以利通气。生长季不需特殊管理。注意茎生根分布浅，不要损伤。一般3～4年分栽一次，不宜多年种植一处不移动。

386 山 韭

名 称

中文名：山韭

学 名：*Allium senescens* L.

科属名：百合科 葱属

形态特征

具粗壮的横生根状茎。鳞茎单生或

数枚聚生。叶狭条形至宽条形，肥厚，基部近半圆柱状，上部扁平。花葶圆柱状，常具2纵棱，高度变化很大，有的不到10 cm，而有的则可高达65 cm，下部被叶鞘；总苞2裂，宿存；伞形花序半球状至近球状，具多而稍密集的花；小花梗近等长，比花被片长2～4倍，稀更短，基部具小苞片，稀无小苞片；

花紫红色至淡紫色；子房倒如状球形至近球状，基部无凹陷的蜜穴；花柱伸出花被外。花果期 7 ～ 9 月。

▶ 分布区

产黑龙江、吉林、辽宁、河北、山西、陕西、内蒙古、甘肃、新疆和河南。

▶ 生态习性

山韭喜冷凉不耐炎热，耐旱不耐涝，喜中度光，对土壤适应力强。

▶ 观赏特点

山韭花紫红色，花形奇特，如棒棒糖一样，是良好的园林绿化材料。

▶ 园林应用价值

山韭在园林上可作为地被与花境应用。

▶ 繁殖与培育特点

山韭一般采用播种繁殖，分为秋播和春播育苗两种。秋播应选择土壤肥沃、能灌能排、在 3 ～ 4 年内未种过葱蒜类蔬菜的地块。每亩育苗床撒施充分腐熟的农家肥 2 500 kg，深耕细耙，做成 100 cm 宽的平畦。秋播一般在秋天旬平均气温 16.5 ～ 17.0℃为适宜播种期。春播宜在 3 月下旬至 4 月下旬。一般采用条播法播种，行距 15 ～ 20 cm，每亩下种 3 ～ 4 kg。

▶ 园林养护技术

山韭播种后苗床应注意保湿，播种后覆盖地膜出苗时及时揭去，苗床浇水应视土壤情况而定。一般出齐苗后浇一次小水，土壤封冻前浇越冬水。浇封冻水后，可在育苗畦上撒一层马粪、土杂肥或草木灰 1 ～ 2 cm，以利防寒保湿，幼苗安全越冬。来年春天土壤化冻后要及时将覆盖物去掉，当秧苗长出 3 片真叶后，结合浇水追肥 2 ～ 3 次，每次用硫酸铵 15 kg 左右，或尿素 6 ～ 7 kg。同时，返青后要及时拔除杂草进行二次间苗；定植前 7 天左右，停止浇水，进行炼苗，提高定植成活率。主要病害有锈病、炭疽病，虫害有葱蓟马、葱线虫病、潜蝇、夜蛾等。

387 ▶ 茖葱

▶ 名 称

中文名：茖葱
学 名：*Allium victorialis* L.
别 名：茖韭、山葱、天韭
科属名：百合科 葱属

▶ 形态特征

多年生草本植物。鳞茎单生或 2-3 枚聚生，近圆柱状；叶 2 ～ 3 枚，倒披针状椭圆形至椭圆形。花葶圆柱状；高 25 ～ 80 cm；总苞 2 裂，宿存；伞形花序球状，具多而密集的花；花白色或带绿色，极稀带红色；内轮花被片椭圆状卵形，先端钝圆，常具小齿；外轮的狭而短，舟状；花丝比花被片长 1/4 至 1 倍，基部合生并与花被片贴生。花果期 6 ～ 8 月。

▶分布区

产黑龙江、吉林、辽宁、河北、山西、内蒙古、陕西、甘肃、四川、湖北、河南和浙江。也分布于欧洲、高加索、西伯利亚、蒙古、克什米尔地区、喜马拉雅地区和朝鲜等地。

▶生态习性

喜凉爽阴湿，生长季气温宜在8～20℃之间，气温较高时会发生枯叶现象，适宜生长在土壤 pH 为 5.3 的弱酸性阔叶腐殖土中。

▶观赏特点

叶似玉簪，微团，叶中撺葶似蒜，梢头结骨朵，花似韭，微开白花，结子黑色。

▶园林应用价值

宜用于布置花境、花坛，或盆栽观赏。

▶繁殖与培育特点

常用种子繁殖，一般温度 22℃上下浮动 2℃，湿度为 70%。在种球顶部的绿果有三分之一开裂露黑时立刻采种；最好即采即种（储存会导致水分丢失发芽率降低）；种子播下后，应立即覆土并压实，做好保墒保温、遮光防晒（暗环境有利于种子早发芽、快发芽，提高荟葱种子发芽率）。也可用分蘖、不定芽繁殖和组培快繁。

▶园林养护技术

幼苗需在凉爽、遮阴的条件下生长，温度过高、光照过强会导致提前休眠。植株生长期间忌强光，直接暴露在阳光下的叶片会引起日灼，影响植株生长。人工栽培需要遮阴，遮阴程度以30%～40%为宜。荟葱施肥最好用农家肥做底肥，追肥时也可用化肥。荟葱生长旺盛的春夏季，易干旱，需灌水。早春育苗期有灰霉病和猝倒病，应注意防治。

388▶ 玉竹

▶名　称

中文名：玉竹

学　名：*Polygonatum odoratum* (Mill.)Druce

别　名：萎、地管子、尾参

科属名：百合科　黄精属

▶形态特征

根状茎圆柱形。茎，具 7～12 叶。

叶互生、椭圆形至卵状矩圆形，先端尖，下面带灰白色，下面脉上平滑至呈乳头状粗糙。花序具 1～8 朵花，总花梗无苞片或有条状披针形苞片；花被黄绿色至白色，花被筒较直；花丝丝状，近平滑至具乳头状突起。花期 5～6 月，果期 7～9 月。

▶ 分布区

欧亚大陆温带地区广布。国内分布于黑龙江、吉林、辽宁、河北、山西、内蒙古、甘肃、青海、山东、河南、湖北、湖南、安徽、江西、江苏、陕西、台湾。

▶ 生态习性

喜阴湿、凉爽气候，耐寒、耐阴湿，忌强光直射与多风，宜选上层深厚、肥沃、排水良好、微酸性沙质壤土栽培。

▶ 观赏特点

玉竹可观叶、观花。玉竹整株低矮紧凑，其株形纤细雅致，茎叶挺拔，叶似竹叶，色彩素雅，花朵钟状、浅白绿色，清雅美丽，宛若一串串晶莹剔透的铃铛，秀气又可人，花期可达 20 天左右。

▶ 园林应用价值

玉竹适宜作为家庭盆栽或园林造景之用。可应用于各公园绿地、庭院小区，既可片植、丛植，也可搭配花境布置应用，是良好的耐阴地被及园林观赏花卉植物。

▶ 繁殖与培育特点

可采用种子繁殖。在 9 月份左右采收野生的果实，放于水中浸泡，将果皮和果肉搓去，与湿润的沙子混拌在一起进行沙藏，放置到第二年春季取出播种。在土壤上垒好土床，相距 10 cm 左右开沟，然后将种子均匀地播种到沟内，覆盖土约 2 cm 厚，稍微镇压即可。也可采用扦插和组织培养繁殖。

▶ 园林养护技术

幼苗生长期间，根系入土浅，不耐干旱，发生干旱要及时浇水。但是玉竹又最忌积水，在多雨季节到来以前，要疏通畦沟以利排水。需种植遮阴作物，或搭设荫棚。注意防寒，于一年生小苗枯萎后至结冻前盖防寒物，可覆盖树叶、草或粪土，以保证幼苗安全越冬。

389 ▶ 华重楼

▶ 名 称

中文名：华重楼

学 名：*Paris polyphylla* Smith var. *chinensis* (Franch.) Hara

别 名：七叶一枝花

科属名：百合科 重楼属

▶ 形态特征

植株高 35 ～ 100 cm，无毛；根状茎粗厚，叶 5 ～ 8 枚轮生，通常 7 枚，倒卵状披针形、矩圆状披针形或倒披针形，基部通常楔形；外轮花被片绿色，狭卵状披针形，内轮花被片狭条形，通常中部以上变宽；雄蕊 8 ～ 10 枚；蒴果紫色；种子多数，具鲜红色多浆汁的外种皮。花期 5 ～ 7 月；果期 8 ～ 10 月。

▶ 分布区

全国各地均有分布。

▶ 生态习性

属阴性植物，喜温，喜湿，喜荫蔽，但也抗寒、耐旱、惧怕霜冻和阳光。宜在有机质、腐殖质含量较高的沙土和壤土种植。

▶ 观赏特点

叶层状轮生如登台，中央顶生一枝花，苞片大，绿色，内轮花被片细长高挑，

雄蕊黄色，明显，果假种皮红色。

▶ 园林应用价值

宜用于布置花境、花坛，也可盆栽观赏。

▶ 繁殖与培育特点

一般采用播种繁殖和组织培养。种子休眠期长，自然发芽率低，可通过人工方法打破休眠，提高发芽率，缩短生长周期。

▶ 园林养护技术

生长期间要及时除草、松土和浇水。追肥可在第二年春季出苗后进行，以氮肥、磷肥为主。七叶一枝花尚未发现虫害，这与其有轻度毒性有关。但遇到低温多雨或高温高湿天气，则较易发病，须及早防治。病害有立枯病、菌核病、黑斑病、茎腐病，虫害有金龟子。

390▶ 大花萱草

▶ 名 称

中文名：大花萱草

学 名：*Hemerocallis hybridus* Hort.

别 名：杂种萱草、萱草杂交品种

科属名：百合科 萱草属

▶ 形态特征

多年生宿根草本植物，肉质根。叶基生、宽线形、对排成列，背面有龙骨

突起，嫩绿色。花葶由叶丛中抽出，聚伞花序或圆锥花序，有花枝，花色模式有单色、复色和混合色。花大，漏斗形、钟形、星形等，外花被裂片倒披针形或长圆形，内花被裂片倒披针形或卵形，花药黄色、红色、橙色或紫色等多种颜色。5～10月开花。

▶ 分布区

分布于亚洲温带至亚热带地区，日本、朝鲜和俄罗斯。中国北京、上海、湖南、黑龙江、江苏及陕西等省市均对大花萱草进行引种栽培。

▶ 生态习性

耐旱、耐寒、耐积水、耐半阴、耐盐碱和耐瘠薄。

▶ 观赏特点

品种繁多，株型低矮紧凑，线条型的叶形美观，叶色碧绿，花期长，花型美丽，花色丰富，可谓色形兼备，是优良的观叶、观花地被植物。

▶ 园林应用价值

宜作地被，可片植或带植，应用在花坛、花境、路缘、草坪、树林、草坡等处营造自然景观，也可用作切花、盆花来美化家居。

▶ 繁殖与培育特点

分株是最常用的繁殖方法。多在春季萌芽前或秋季落叶后进行。栽植应选在晴天进行，边挖苗，边分苗，边栽苗，尽量少伤根。一般 2 ～ 3 年分株一次，以保证植株旺盛的生长势。生产上常采用组培快繁。

▶ 园林养护技术

大花萱草花期较长，对氮磷钾的需求量较大，施足基肥外，应根据不同生长阶段的不同需求进行根外追肥，一般施肥每年分 3 ～ 4 次进行。大花萱草抗旱能力较强，营养生长期需水量不大，如遇到夏季极端干旱天气，为保证开花良好可进行灌溉。

上凋谢，无香味，橘红色至橘黄色，内花被裂片下部一般彩斑。花期 5 至 11 月，单花开放 5 ～ 7 天。

391 ▶ '金娃娃'萱草

▶ 名 称

中文名：'金娃娃'萱草
学 名：_Hemerocallis fulva_ 'Golden Doll'
别 名：黄百合
科属名：百合科 萱草属

▶ 形态特征

是萱草人工栽培的园艺品种。根近肉质，中下部有纺锤状膨大。叶自根基丛生，狭长成线形叶脉平行，主脉明显，基部交互裹抱，叶一般较宽；花葶由叶丛抽出，上部分枝，螺旋状聚伞花序，花 7 ～ 10 朵，花大黄色。花早上开晚

▶ 分布区

原产美国，20 世纪经中国科学院引进至北京。在中国江苏、河南、山东、浙江、河北、北京及陕西等地都有分布。

▶ 生态习性

喜光，耐干旱、湿润与半阴，对土壤适应性强，但以土壤深厚、富含腐殖质、排水良好、肥沃的沙质壤土为好。病虫害少，在中性、偏碱性土壤中均能生长良好。性耐寒，地下根茎能耐 −20℃的低温。

▶ 观赏特点

绿地点缀"金娃娃"萱草，花期长

达半年之久，且早春叶片萌发早，丛绿的叶子，鲜艳的黄花，甚为美观。

◉园林应用价值

主要用作地被植物，也可布置花坛和花境，或盆栽观赏。

◉繁殖与培育特点

可用组织培养、分株繁殖方法。分株可在休眠期进行。于春季 2～3 月将 2 年生以上的植株挖起，一芽分成一株，每株须带有完整的芽头，然后按行距 40 cm，株距 25 cm，种植穴深10～12 cm，先将基肥施入坑中，略盖细土，然后栽上，栽后覆土4～5cm，压实，然后再浇透水。

◉园林养护技术

北方需在下霜前将地下块茎挖起，贮藏在温度为 5℃左右的环境中。稀植观赏效果不好，密植影响通风和分生。在肥水管理上要求施足基肥，盛花期后要追施有机肥和复合肥。病害主要有锈病、叶斑病和叶枯病。

392 ▶ 鸢尾

◉名　称

中文名：鸢尾
学　名：*Iris tectorum* Maxim.
别　名：乌鸢、屋顶鸢尾、蓝蝴蝶
科属名：鸢尾科　鸢尾属

◉形态特征

叶基生，黄绿色，宽剑形。花茎顶部常有 1～2 侧枝；苞片 2～3，绿色，草质，披针形，包 1～2 花；花蓝紫色，花被筒细长，上端喇叭形；外花被裂片圆形或圆卵形，有紫褐色花斑，中脉有白色鸡冠状附属物，内花被裂片椭圆形，爪部细；花药鲜黄色；花柱分枝扁平，淡蓝色，顶端裂片四方形，子房纺锤状柱形。蒴果长椭圆形或倒卵圆形。花期4～5 月，果期6～8 月。

▶分布区

集中分布在北温带，全国各地均有分布。

▶生态习性

喜阳光充足，但也耐阴，喜肥沃、适度湿润、排水良好、含石灰质的微碱性土壤。抗高温（可耐 40℃高温）、抗寒（可耐零下 30℃低温）。

▶观赏特点

鸢尾种类繁多，株型低矮紧凑，线条型的叶形美观，叶色碧绿青翠，花姿奇特，花大而艳丽，色彩丰富，适应性强，是优良的观叶观花植物。园艺上久负盛名的花卉。

▶园林应用价值

在园林中宜作地被，可丛植、片植或带植于公园、溪水边、路边、湖塘边、岩石园等处，亦可以作花境镶嵌于林缘或建植鸢尾为主的鸢尾专类园中。

▶繁殖与培育特点

以分株法和播种繁殖为主，繁育周期较长，也可采用组织培养。

▶园林养护技术

需防治种球腐烂病、冠腐、镰孢性基腐病、灰霉病、丝核菌病、根腐病、软腐病、西红柿斑萎病毒、白花病及芽裂病等，虫害有根线虫病。

393▶ 德国鸢尾

▶名 称

中文名：德国鸢尾

学 名：*Iris germanica* L.

别 名：有髯鸢尾

科属名：鸢尾科 鸢尾属

▶形态特征

多年生草本。根状茎粗壮而肥厚，常分枝。叶直立或略弯曲，淡绿色、灰绿色或深绿色，常具白粉，剑形，顶端渐尖，基部鞘状，常带红褐色，无明显的中脉。花色因栽培品种而异，多为淡紫色、蓝紫色、深紫色或白色，有香味。中脉上密生黄色的须毛状附属物。蒴果三棱状圆柱形，顶端生有黄白色的附属物。花期 4～5 月，果期 6～8 月。

▶分布区

原产欧洲。我国各地均有分布。

▶生态习性

耐阴，比较抗旱，耐寒。

▶观赏特点

该种类有着色泽各异的髯毛，同时，其花型较大、花色浓艳、花形奇特。

▶园林应用价值

多用于基础片植绿化、花坛丛植点缀，可做滨水植物配置，在道路景观节

点中运用较多，多用于花境，既可以作为盆栽植物摆放观赏，也可以作为高档切花切叶美化环境。

● 繁殖与培育特点

分株繁殖或组培繁殖。德国鸢尾花粉通常无活性，只能够每隔 3 ～ 4 年进行一次分株繁殖，最佳繁殖时间是根系活动即将开始之前，即秋季休眠后（9月份最好）或春季萌芽前（4月份最好）。德国鸢尾组培快繁的最佳外植体是幼嫩叶片。

● 园林养护技术

德国鸢尾喜腐殖质丰富、排水性良好的微碱性（pH 7.0 ～ 7.2）轻壤土或沙壤土。栽植前，不可施用大量基肥，但需在开花前和开花后各追施一次二磷酸盐。可以根据生长态势对德国鸢尾进行灵活地摘叶或摘花修剪。德国鸢尾抗病虫害能力较强，以软腐病和蛴螬危害较为严重。

394 ▶ 黄菖蒲

● 名 称

中文名：黄菖蒲

学 名：*Iris pseudacorus* L.

别 名：黄花鸢尾、水生鸢尾、黄鸢尾

科属名：鸢尾科 鸢尾属

● 形态特征

多年生草本，植株基部围有少量老叶残留的纤维。根状茎粗壮，斜伸。基生叶灰绿色，宽剑形，长 40 ～ 60 cm，宽 1.5 ～ 3 cm，顶端渐尖，基部鞘状，色淡，中脉较明显。花茎粗壮，高 60 ～ 70 cm，直径 4 ～ 6 mm，茎生叶比

基生叶短而窄；花黄色，直径 10～11 cm；花被管长 1.5 cm，外花被裂片卵圆形或倒卵形，长约 7 cm，宽 4.5～5 cm，爪部狭楔形，中央下陷呈沟状，有黑褐色的条纹，内花被裂片较小，倒披针形，直立，长 2.7 cm，宽约 5 mm；雄蕊长约 3 cm，花丝黄白色，花药黑紫色；子房绿色，三棱状柱形。花期 5 月、果期 6～8 月。

▶ 分布区

我国各地常见栽培。

▶ 生态习性

黄菖蒲喜光，也较耐阴，喜温暖湿润环境，喜肥沃泥土，耐寒性强。喜生于河湖沿岸的湿地或沼泽地上。

▶ 观赏特点

黄菖蒲花黄色，花形独特，植株亭亭玉立，是非常好的园林花卉。

▶ 园林应用价值

黄菖蒲可丛植、片植在水边，亦可陆地作地被栽植，是少有的水生和陆生兼备的花卉，观赏价值很高。

▶ 繁殖与培育特点

黄菖蒲常使用分株与播种繁殖。分株繁殖主要用于中小规模的生产和庭园绿化中使用，尤其庭园绿化中，更为经济适用。经过多年生长的黄菖蒲，已经长成大丛，把它分成若干株栽植，当年即可开花。分株可在春、秋两季进行。分株繁殖多在春季（5 月 1 日前）进行；如果是秋季分株，最好在 8 月上旬进行。

▶ 园林养护技术

黄菖蒲播后虽然当年不出苗，也要注意保墒。翌年春末，种子开始萌芽，要浇水保持湿润。苗期根系浅，耐旱力差，干旱时更要及时浇水。苗期要及时松土、除草，促进根系生长。整个生长季节进行 3～4 次除草，除草应以化学除草

和人工除草相结合的方式进行。当苗高
10 cm 左右开始追肥。采用垄上条播种植
的黄菖蒲，可在垄的一侧开小沟，撒施
尿素后，埋土；采用垄上穴播种植的黄
菖蒲，可以在两穴中间刨坑，施肥后覆
盖土。霜降后浇灌封冻水，冬季以雪覆
盖，翌年春季雪化后，去除地上部枯叶，
萌动后及时浇返青水。稍干后，及时松
土保墒。常见病害有种球腐烂病、灰霉
病、冠腐等。

395▶ 马蔺

◉ 名　称

中文名：马蔺

学　名：*Iris lactea* Pall var. *chinensis*
　　　　(Fisch.) Koidz.

别　名：马莲、紫蓝草、蠡实

科属名：鸢尾科　鸢尾属

◉ 形态特征

多年生密丛草本。叶基生，灰绿色，
质坚韧，线形。苞片 3 ～ 5，草质，绿色，
边缘膜质，白色，包 2 ～ 4 花。花蓝紫
色或乳白色；花被筒短，长约 3 mm；
外花被裂片倒披针形，内花被裂片窄倒
披针形；花药黄色；子房纺锤形。蒴果
长椭圆状柱形，有短喙，有 6 肋。种子
多面体形，棕褐色，有光泽；花期 5 ～ 6
月，果期 6 ～ 9 月。

◉ 分布区

原产中国及中亚细亚。全国各地均
有分布，也产于朝鲜、苏联及印度。

◉ 生态习性

喜全光，耐半阴，对土壤要求不严，
耐盐碱、耐践踏、耐寒、耐旱、耐热、
耐水湿。

◉ 观赏特点

马蔺在北方地区绿期可达 280 天以
上，株型低矮紧凑，线条型的叶形美观
整齐，叶片翠绿柔软，蓝紫色的花淡雅
美丽，花蜜清香，花期长达 50 天，可
形成美丽的园林景观。

◉ 园林应用价值

宜作园林地被植物或镶边植物，可

丛植、带植或片植于公园、岩石园、水边等，亦可栽植于路旁、分车带、坡地、堤坝及盐碱地绿化。

◎繁殖与培育特点

播种或分株繁殖。分株繁殖带土连根挖出，分成几个小丛栽植。种子直播根据工程要求可采用穴播、垄播、漫播等形式，覆土厚度不能低于 5 cm。

◎园林养护技术

栽培管理较粗放。病害主要有种球腐烂病，丝核菌病，虫害有根际线虫等。

396 ▶ 射 干

◎名 称

中文名：射干
学 名：*Belamcanda chinensis* (L.)Redouté
别 名：乌扇、乌蒲、黄远
科属名：鸢尾科 射干属

◎形态特征

多年生草本。叶互生，嵌叠状排列，剑形，基部鞘状抱茎，顶端渐尖，无中脉。花序顶生，叉状分枝，每分枝的顶端聚生有数朵花；花梗细；花橙红色，散生紫褐色的斑点。蒴果倒卵形或长椭圆形，黄绿色。种子圆球形，黑紫色，有光泽，生在果轴上。花期6～8月，果期7～9月。

◎分布区

分布于全世界的热带、亚热带及温带地区，分布中心在非洲南部及美洲热带。我国各地均有分布。

◎生态习性

喜温暖和阳光，耐干旱和寒冷，对土壤要求不严，以肥沃疏松。地势较高、排水良好的沙质壤土为好。中性壤土或微碱性适宜，忌低洼地和盐碱地。

◎观赏特点

射干花形优美，色味雅淡，花序顶生、分枝，每分枝的顶端聚生有数朵花，花色橙红，散生紫褐色的斑点，花径4～5 cm。最佳观赏期在6～8月。

◎园林应用价值

宜作地被，可丛植、片植或带植布

置花境、花径、花坛或岩石园等，也可盆栽观赏。

◉ 繁殖与培育特点

射干多采用根茎繁殖，也可用种子繁殖。种子繁殖采用直播和育苗移栽均可，播种时期因露地和地膜覆盖而有所不同。

◉ 园林养护技术

需要中耕除草，使土壤表层疏松，通透性好，促进养分的分解转化，保持水分，提高地温，控制浅根生长，促根下扎，防止土壤板结，防除田间杂草，控制病虫害传播。

397 ▶ 银 兰

◉ 名 称

中文名：银兰

学　名：*Cephalanthera erecta*
　　　　(Thunb. ex A. Murray) Bl.

科属名：兰科　头蕊兰属

◉ 形态特征

地生草本，高达 30 cm。茎纤细，具 2 ～ 5 叶。叶椭圆形或卵状披针形，长 2 ～ 8 cm，背面平滑，基部窄抱茎。花序长达 8 cm，具 3 ～ 10 朵花；蒴果窄椭圆形或宽圆筒形，长约 1.5 cm。花期 4 ～ 6 月，果期 8 ～ 9 月。

◉ 分布区

产陕西南部、甘肃南部、安徽、浙江、江西、台湾、湖北、广东北部、广西北部、四川和贵州。日本和朝鲜半岛也有分布。

◉ 生态习性

喜阴，忌阳光直射，喜湿润，忌干燥，适合采用富含腐殖质的沙质壤土，排水良好，应选用腐叶土或含腐殖质较多的山土。

◉ 观赏特点

花白色，花型清丽优雅，有香味。

◉ 园林应用价值

在园林中宜片植于疏林下、建筑物北侧等做花境，亦可盆栽观赏。

◉ 繁殖与培育特点

可用播种繁殖，但种子繁殖的植株到开花时间长，生产上宜用组培快繁。

◉ 园林养护技术

夏季温度高于30℃需移入兰棚越夏。浇水应本着"干则浇，湿则停，适当偏干"的原则。施肥以叶面喷肥为主，既可通过叶吸收补充兰株的营养，又不会使肥接触根部引起肥害，施肥要勤施薄施。病害主要有鞘锈菌、白绢病、炭疽病，虫害有介壳虫。

398▶ 二叶兜被兰

◉ 名　称

中文名：二叶兜被兰
学　名：*Neottianthe cucullata* (L.) Schltr.
别　名：兜被兰
科属名：兰科　兜被兰属

◉ 形态特征

多年生陆生草本。植株高4～24 cm。块茎圆球形或卵形。茎直立或近直立，其上具2枚近对生的叶。叶近平展或直立伸展，叶片卵形、卵状披针形或椭圆形，叶上面有时具少数或多而密的紫红色斑点。总状花序具几朵至10余朵花，常偏向一侧；花紫红色或粉红色；花瓣披针状线形，先端急尖，具1脉，与萼片贴生；唇瓣向前伸展，上面和边缘具细乳突，基部楔形，中部3裂。花期8～9月。

◉ 分布区

产于陕西南部和甘肃东南部。

◉ 生态习性

喜阴，忌阳光直射，喜湿润，忌干燥。适合采用富含腐殖质的沙质壤土，排水良好，应选用腐叶土或含腐殖质较多的山土。

◉ 观赏特点

花、叶型奇特，花紫粉色，花瓣线形，具有较高的观赏价值。

◉ 园林应用价值

可用作布置花境或盆栽观赏。

◉ 繁殖与培育特点

二叶兜被兰自然条件下靠无性繁殖为主，同时也兼有性繁殖，由于自花不育，结实率非常低，果实很难采到，种子发芽率也极低，因此宜采用分株或组培快繁。

▷园林养护技术

同银兰。

399▶ 蜻蜓兰

▷名　称

中文名：蜻蜓兰

学　名：*Platanthera souliei* Kraenzl.

别　名：蜻蜓舌唇兰

科属名：兰科　蜻蜓兰属

▷形态特征

植株高 20～60 cm。根状茎指状，肉质，细长。茎粗壮，直立，茎部具 1～2 枚筒状鞘，鞘之上具叶，茎下部的 2（～3）枚叶较大，大叶片倒卵形或椭圆形，直立伸展，先端钝，基部收狭成抱茎的鞘，在大叶之上具 1 至几枚苞片状小叶。总状花序狭长，具多数密生的花；侧萼片斜椭圆形，张开，较中萼片稍长而狭，两侧边缘多少向后反折，先端钝，具 3 脉；花瓣直立，斜椭圆状披针形，与中萼片相靠合且较窄多，先端钝；唇瓣向前伸展，多少下垂，舌状披针形。花期 6～8 月。果期 9～10 月。

▷分布区

产黑龙江、吉林、辽宁、内蒙古、河北、山西、陕西、甘肃、青海东部、山东、河南、四川、云南西北部。朝鲜半岛、俄罗斯西伯利亚和日本也有。

▷生态习性

喜阴，忌阳光直射，喜湿润，忌干燥。适合采用富含腐殖质的沙质壤土，排水良好，应选用腐叶土或含腐殖质较多的山土。

▷观赏特点

花黄绿色，花型奇特，清秀小巧。

▷园林应用价值

宜布置花境或盆栽观赏。

▷繁殖与培育特点

宜采用播种或组织培养。

◎ **园林养护技术**

同银兰。

400 ▶ **毛杓兰**

◎ **名 称**

中文名：毛杓兰

学 名：*Cypripedium franchetii* E. H. Wilson

别 名：凤凰抱蛋、排骨七、牌楼七

科属名：兰科 杓兰属

◎ **形态特征**

多年生草本植物，植株高 20 ～ 35 cm，具粗壮、较短的根状茎。茎直立，密被长柔毛，基部具数枚鞘，鞘上方有 3 ～ 5 枚叶。叶片椭圆形或卵状椭圆形。花序顶生，具 1 花；花淡紫红色至粉红色，有深色脉纹；花瓣披针形，长 5 ～ 6 cm，宽 1 ～ 1.5 cm，先端渐尖，内表面基部被长柔毛；唇瓣深囊状，椭圆形或近球形。花期 5 月至 7 月。

◎ **分布区**

产甘肃南部、山西南部、陕西南部、河南西部、湖北西部和四川东北部至西北部。

◎ **生态习性**

喜阴，忌阳光直射，喜湿润，忌干燥。该物种对环境变化敏感，只能在特

定海拔、土壤、遮阴率等条件下生存。常生于海拔 1 500 ～ 3 700 m 的疏林下或灌木林中湿润、腐殖质丰富和排水良好的地方，也见于湿润草坡上。

◎ **观赏特点**

叶终年鲜绿，刚柔兼备，姿态优美，即使不是花期，也像是一件艺术品。花大而艳丽，带有条纹或纯色，观赏价值较高。

◎ **园林应用价值**

可用于布置林下花境或盆栽种植。

◎ **繁殖与培育特点**

宜采用播种繁殖或组培快繁。

◎ **园林养护技术**

同银兰。

401 ▶ 火烧兰

▶ 名　称

中文名：火烧兰

学　名：*Epipactis helleborine* (L.) Crantz

别　名：台湾铃兰、小花火烧兰、
　　　　台湾火烧兰

科属名：兰科　火烧兰属

▶ 形态特征

地生草本，高 20 ～ 70 cm；根状茎粗短。叶片卵圆形、卵形至椭圆状披针形，罕有披针形。总状花序长 10 ～ 30 cm，通常具 3 ～ 40 朵花；花苞片叶状，线状披针形；花绿色或淡紫色；中萼片卵状披针形；花瓣椭圆形；唇瓣中部明显缢缩；下唇兜状；上唇近三角形或近扁圆形；蕊柱长约 2 ～ 5 mm。蒴果倒卵状椭圆状。花期 7 月，果期 9 月。

▶ 分布区

产辽宁、河北、山西、陕西、甘肃、青海、新疆、安徽、湖北、四川、贵州、云南和西藏等地。

▶ 生态习性

喜阴，忌阳光直射，喜湿润，忌干燥，15 ～ 30℃ 最宜生长，喜微酸性的松土或含铁质的土壤，pH 以 5.5 ～ 6.5 为宜。

▶ 观赏特点

火烧兰高洁、清雅、幽香，叶姿优美，花香幽远。

▶ 园林应用价值

宜栽植于林下多用作花镜或点缀花坛与盆栽观赏。

▶ 繁殖与培育特点

常使用播种、分株、组织培养繁殖。分株繁殖在春秋两季均可进行，一般每隔三年分株一次，分株后每丛至少要保存有 5 个连结在一起的假球茎；分株前要减少灌水，使盆土较干。分株后上盆时，先以碎瓦片覆在盆底孔上，再铺上粗石子，占盆深度 1/5 至 1/4，再放粗粒土及少量细土，然后用富含腐殖质的沙质壤土栽植；栽植深度以将假球茎刚刚埋入土中为度，盆边缘留 2 cm 沿口，上铺翠云草或细石子，最后浇透水，置阴处 10 ～ 15 天，保持土壤潮湿。

▶园林养护技术

浇水在生长盛期，夏季一旦缺水，则生长不良，兰花需八分干、二分湿。浇水必须浇透，不可浇半截水。冬季先将水放置在室内一段时间，或稍加温水，使水温升到 15℃左右再浇花；夏季应避免在烈日暴晒下和中午高温时浇水；春、秋、冬三季，上午 10 点左右和下午 4 点以后是浇花的最适宜时间。火烧兰在发育生长期需要的肥料不多，对生长旺盛的健壮兰株，可每隔 10 ～ 15 天施一次稀薄液肥，以天然有机物为主。病害主要有鞘锈菌、白绢病、炭疽病，虫害有介壳虫。

附　录

附表　延安市园林植物资源分布情况一览表

类别	序号	种名	科名	属名	拉丁学名	市域内分布区域	植物调查地海拔（m）	国内植物生长海拔及生境
蕨类植物	1	中华卷柏	卷柏科	卷柏属	*Selaginella sinensis* (Desv.) Spring	延安植物园及各林区	1 060	生于灌丛中、岩石上或土坡上，海拔100～1 000（～2 800）m
	2	蕨	蕨科	蕨属	*Pteridium aquilinum* var. *latiusculum*	黄陵、黄龙		生山地阴坡及森林边缘阳光充足的地方，海拔200～830 m
	3	问荆	木贼科	木贼属	*Equisetum arvense* L.	市域内广泛分布	1 125.2～1 185.6	生于海拔0～3 700 m
	4	华北蹄盖蕨	蹄盖蕨科	蹄盖蕨属	*Anisocampium niponicum* (Mettenius) Yea C. Liu, W. L. Chiou et M. Kato	黄陵、黄龙林区		生杂木林下、溪边、阴湿山坡，灌丛或草坡上，海拔10～2 600 m
常绿针叶树	5	云杉	松科	云杉属	*Picea asperata* Mast.	市区各类绿地内大量栽植应用		生于海拔1 600～2 800 m
	6	青杆	松科	云杉属	*Picea wilsonii* Mast.	市区各类绿地内大量栽植应用	1 125.2～1 185.6	生长于海拔1 600～2 700 m的地区，常生于山坡云杉林中或阴坡
	7	白杆	松科	云杉属	*Picea meyeri* Rehd.	市区各类绿地内大量栽植应用	1 125.2～1 185.6	生于黑龙江大兴安岭海拔400～900 m山地
	8	白皮松	松科	松属	*Pinus bungeana* Zucc.	宜川有自然林分布，市域内广泛应用	1 584～1 926	分布于大、小兴安岭海拔300～1 200 m地带
	9	油松	松科	松属	*Pinus tabuliformis* Carr.	市域范围内广泛分布	1 210	生于海拔1100～3 300 m
	10	华山松	松科	松属	*Pinus armandii* Franch.	子长河堤公园有栽植	1 125.2～1 182.5	生于海拔500～1 800 m
	11	樟子松	松科	松属	*Pinus sylvestris* var. *mongolica* Litv.	市区各类绿地内大量栽植应用	924.1～1 182.5	生于海拔100～2 600 m地带，多组成单纯林
	12	红豆杉	红豆杉科	红豆杉属	*Taxus wallichiana* var. *chinensis* (Pilger) Florin	子长龙虎山风景区内有栽植	1 426.5～1 492.6	生于海拔1 000～1 200 m以上的高山上部

续表

类别	序号	种名	科名	属名	拉丁学名	市域内分布区域	植物调查地海拔（m）	国内植物生长地海拔及生境
常绿针叶树	13	侧柏	柏科	侧柏属	*Platycladus orientalis* (L.) Franco	市域内广泛分布	992.1～1 028.2	生于海拔250～3 300 m
	14	洒金（侧）柏	柏科	圆柏属	*Platycladus orientalis* 'Beverleyensis'	黄龙大岭沿线、百米大道绿地内	1 326.8～1 458.3	是侧柏的一个变种
	15	圆柏	柏科	圆柏属	*Sabina chinensis* (L.) Ant.	市域内广泛栽植应用	924.1～1 182.5	生于中性土、钙质土及微酸性土上，海拔1 000 m以下
	16	龙柏	柏科	圆柏属	*Sabina chinensis* 'Kaizuca'	市区公园、小区内大量应用	1 125.2～1 182.5	栽培品种
	17	沙地柏	柏科	圆柏属	*Sabina vulgaris* Ant. (J.sabina L.)	市域内广泛栽植应用	1 286.8～1 294.2	生于海拔1 100～2 800 m地带的多石山坡，或生于针叶树或针叶树阔叶树混交林内，或生于砂丘上
	18	铺地柏	柏科	圆柏属	*Sabina procumbens* (Endl.) Iwata et Kusaka	市域内广泛栽植应用	1 125.2～1 185.6	引入栽培品种
	19	刺柏	柏科	刺柏属	*Juniperus formosana* Hayata	市域内广泛分布	924.1～930.8	多散生于林中，海拔1 300～2 300 m
	20	蜀桧（塔柏）	柏科	刺柏属	*Juniperus komarovii* Florin	市域内广泛分布	926	栽培品种
	21	杜松	柏科	刺柏属	*Juniperus rigida* S. et Z.	枣园旧址		生于海拔2 200 m以下
落叶乔木	22	落叶松	松科	落叶松属	*Larix gmelinii* (Rupr.) Kuzen.	黄陵双龙兴隆关及黄龙林区有自然分布	924.1～930.8	生于海拔2 400～3 600 m地带
	23	水杉	（杉）柏科	水杉属	*Metasequoia glyptostroboides* Hu et Cheng	河庄坪长庆石油小区	928.4	生于海拔750～1 500 m
	24	银杏	银杏科	银杏属	*Ginkgo biloba* L.	市域范围内广泛栽植应用	1 125.2～1 185.6	仅浙江天目山有野生状态的树木，生于海拔500～1 000 m

续表

类别	序号	种名	科名	属名	拉丁学名	市域内分布区域	植物调查地海拔（m）	国内植物生长地海拔及生境
落叶乔木	25	玉兰	木兰科	玉兰属	Yulania denudata (Desr.) D. L. Fu	市区内有少量栽植		生于海拔 500～1 000 m 的林中
	26	木兰	木兰科	木兰属	Magnolia liliflora Desr	黄龙神道岭风景区及市区内有少量栽植	1 664.6～1 717.8	原产我国中部，现全国各省区均有栽培。
	27	三桠乌药	樟科	山胡椒属	Lindera obtusiloba Bl.	黄陵建庄林场	1 125.2～1 185.6	生于海拔 20～3 000 m 的山谷、密林灌丛
	28	黄芦木	小檗科	小檗属	Berberis amurensis Rupr.	黄陵、黄龙林区内均有分布，延安植物园有栽植	1 019.2～1 185.6	生于山地灌丛中、沟谷、林缘、疏林中、溪旁或岩石旁。海拔 1 100～2 850 m
	29	杜仲	杜仲科	杜仲属	Eucommia ulmoides Oliver	白马滩镇尧河村		生长于海拔 300～500 m 的低山、谷地或低坡的疏林里
	30	榔榆	榆科	榆属	Ulmus parvifolia Jacq	东关、延安万花、黄陵店头	924.1～1 369.4	生于平原、丘陵、山坡及谷地
	31	（中华）金叶榆	榆科	榆属	Ulmus pumila 'Jin Ye'	市域范围内广泛栽植应用	1 019.2～1 185.6	白榆变种
	32	春榆	榆科	榆属	Ulmus davidiana Planch. var. japonica (Rehd.) Nakai	万花南泥湾	1 134.8.2～1 369.4	生于河岸、溪旁、沟谷、山麓及排水良好的冲积地和山坡
	33	白榆	榆科	榆属	Ulmus pumila L.	黄龙大岭林场	1 326.8～1 458.3	生于海拔 1 000～2 500 m 以下之山坡、山谷、川地、丘陵及沙岗等处
	34	大果榆	榆科	榆属	Ulmus macrocarpa Hance	黄龙大岭林场、吴起树木园	1 286.8～1 589.9	生于海拔 700～1 800 m 地带之山坡、谷地、台地、黄土丘陵
	35	刺榆	榆科	刺榆属	Hemiptelea davidii (Hance) Planch.	白马滩林场	831.9～1 098.3	生于海拔 2 000 m 以下的坡地次生林中
	36	大叶朴	榆科	朴属	Celtis koraiensis Nakai	新区有少量栽植	1 019.2～1 182.5	多生于山坡、沟谷林中，海拔 100～1 500 m

续表

类别	序号	种名	科名	属名	拉丁学名	市域内分布区域	植物调查地海拔（m）	国内植物生长地海拔及生境
落叶乔木	37	小叶朴	榆科	朴属	*Celtis bungeana* Bl.	黄龙大岭林场、石堡镇林场	1 236.8～1 589.9	生于路旁、山坡、灌丛或林边，海拔150～2 300 m
	38	紫弹树	榆科	朴属	*Celtis biondii* Pamp.	甘泉付村林场	1 209.4～1 400.8	多生于山地灌丛或杂木林中，可生于石灰岩上，海拔50～2 000 m
	39	糙叶树	榆科	糙叶树属	*Aphananthe aspera* (Thunb.) Planch	延安植物园	1 019.2～1 182.5	生于海拔150～1 000 m 的山谷、溪边、林中
	40	构树	桑科	构属	*Broussonetia papyrifera* (L.) L' Hér. ex Vent	黄龙白裕村、白马滩镇尧河村、黄龙大岭林场	994.4～1 589.9	多生于石灰岩山地
	41	桑	桑科	桑属	*Morus alba* L.	市域范围内广泛分布	1 125.2～1 185.6	栽培品种
	42	龙爪桑	桑科	桑属	*Morus alba* 'Tortuosa'	吴起树木园	1 286.8～1 294.2	栽培品种
	43	蒙桑	桑科	桑属	*Morus mongolica* (Bureau) Schneid	黄龙白裕村	994.4～1 289.6	生于海拔800～1 500 山地或林中
	44	鸡桑	桑科	桑属	*Morus australis* Pori.a	宜川蟒头山国家森林公园	1 278.4～1428.6	生于海拔500～1 000 m 岩山地或林缘及荒地
	45	柘	桑科	柘属	*Maclura tricuspidata* (Carr.) Bur. ex Lavalle	黄龙白马滩镇尧河村	1 125.2～1 185.6	生于海拔500～2 200 m，阳光充足的山地或林缘
	46	核桃楸	胡桃科	胡桃属	*Juglans mandshurica* Maxim	黄龙神道岭风景区	1 664.2～1 578.6	生于海拔400～1 000 m 的中、下部山坡和向阳的沟谷
	47	野核桃	胡桃科	胡桃属	*Juglans cathayensis* Dode	黄龙神道岭风景区、黄龙沙曲河沿线	1 236.6～1 758.6	生于海拔800～2 800 的杂木林中
	48	山核桃	胡桃科	山核桃属	*Carya cathayensis* Sarg.	黄陵建庄林场	1 125.2～1 185.6	生于山麓疏林中或腐殖质丰富的山谷，海拔可达400～1 200 m
	49	栓皮栎	壳斗科	栎属	*Quercus variabilis* Bl.	各林区均有分布	994.4～1 289.6	生于海拔3 000 m 以下的阳坡

续表

类别	序号	种名	科名	属名	拉丁学名	市域内分布区域	植物调查地海拔（m）	国内植物生长地海拔及生境
落叶乔木	50	麻栎	壳斗科	栎属	Quercus acutissima Carr.	各林区均有分布	924.1～1218.2	生于海拔60～2200 m 的山地阳坡，成小片纯林或混交林
	51	槲栎	壳斗科	栎属	Quercus aliena Bl.	各林区均有分布	1664.6～1717.8	生于海拔100～2000 m 的向阳山坡，常与其他树种组成混交林或成小片纯林
	52	锐齿槲栎	壳斗科	栎属	Quercus aliena Bl. var. acuteserrata Maxim.	宜川薛家坪、黄陵柳芽林场、黄陵大岔	831.9～1098.3	生于海拔100～2700 m 的山地杂木林中，或形成小片纯林
	53	蒙古栎	壳斗科	栎属	Quercus mongolica Fisch. ex Lebeb.	各林区均有分布	1664.6～1717.8	生于海拔200～2100m 的山地
	54	辽东栎	壳斗科	栎属	Quercus wutaishansea H. Mayr.	各林区均有分布	1664.6～1717.8	生于阴坡、半阳坡，成小片纯林或混交林，海拔600～2500 m
	55	白栎	壳斗科	栎属	Quercus fabri Hance	黄龙白滩瓮合村		生于海拔50～1900 m 的丘陵、山地杂木林中
	56	夏栎	壳斗科	栎属	Quercus robur L.	白马滩镇瓮河村		生于海拔2000 m 以下，土质比较疏松而肥沃的向阳山坡或疏林中
	57	板栗	壳斗科	栗属	Castanea mollissima Bl. (C. bungeana Bl.)	白马滩镇瓮河村		见于平地至海拔2800 m 山地
	58	白桦	桦木科	桦木属	Betula platyphylla Suk.	市域范围内林区广泛分布	1140.6～1218.2	生海拔400～4100 m 的山坡或林中
	59	鹅耳枥	桦木科	鹅耳枥属	Carpinus turczaninowii Hance	黄龙神道岭风景区、黄陵建庄、双龙	1125.2～1717.8	生于海拔500～2000 m 的山坡或山谷林中，山顶及山脊山坡亦能生长
	60	椴树	椴树科	椴树属	Tilia tuan Szyszyl.	黄龙白裕村、吴起树木园	994.4～1589.9	生于山坡或山谷杂木林中

续表

类别	序号	种名	科名	属名	拉丁学名	市域内分布区域	植物调查地海拔（m）	国内植物生长地海拔及生境
落叶乔木	61	蒙椴	椴树科	椴树属	Tilia mongolica Maxim.	黄龙、黄陵林区内均有分布，河庄坪小区内有栽植	1 125.2～1 185.6	适宜山沟、山坡或平原生长
	62	木槿	锦葵科	木槿属	Hibiscus syriacus L.	人民公园，百米大道	924.1～1 182.5	栽培种
	63	毛泡桐	玄参科	泡桐属	Paulownia tomentosa (Thunb.) Steud.	河庄坪长庆石油小区	928.4～1 050	生长海拔可达 1 800 m
	64	悬铃木	悬铃木科	悬铃木属	Platanus orientalis L.	市区内有少量栽植		引入栽培品种
	65	钻天杨	杨柳科	杨柳属	Populus nigra var. italica (Moench)	市域范围内广泛栽植应用	1 126.4～1 148.5	栽培品种
	66	新疆杨	杨柳科	杨属	Populus bolleana Lauche	市域范围内广泛栽植应用	1 019.2～1 182.5	栽培品种
	67	河北杨	杨柳科	杨属	Populus hopeiensis Hu et Chow	市域范围内广泛栽植应用	928.4	多生于海拔 700～1 600 m 的河流两岸、沟谷阴坡及冲积阶地上，海拔 3 800 m 以下
	68	小叶杨	杨柳科	杨属	Populus simonii Car.	市域范围内广泛栽植应用	924.1～930.8	垂直分布一般多生在 2 000 m 以下，最高可达 2 500 m；沿溪沟可见
	69	山杨	杨柳科	杨属	Populus davidiana Dode	黄龙、黄陵林区均有分布		多生于山坡、山脊和沟谷地带，海拔 3 800 m 以下
	70	响叶杨	杨柳科	杨属	Populus adenopoda Maxim.	甘泉村村林场	1 209.4～1 400.8	生于海拔 300～2 500 m 阴坡灌丛中、杂木林中，或沿河两旁
	71	银白杨	杨柳科	杨属	Populus alba L.	市域范围内广泛栽植应用		栽培品种
	72	垂柳	杨柳科	柳属	Salix babylonica L.	市域范围内广泛栽植应用	924.1～930.8	栽培品种

续表

类别	序号	种名	科名	属名	拉丁学名	市域内分布区域	植物调查地海拔（m）	国内植物生长地海拔及生境
落叶乔木	73	旱柳	杨柳科	杨柳属	*Salix matsudana* Koidz.	市域范围内广泛栽植应用	1 096.2.27 ～ 1 185.6	栽培品种
	74	中国黄花柳	杨柳科	柳属	*Salix sinica* (Hao) C. Wang et C. F. Fang	甘泉付村村林场、黄龙神道岭	1 209.4 ～ 1 717.8	生于山坡或林中
	75	柿	柿科	柿属	*Diospyros kaki* Thunb.	白马滩镇尧河村		栽培品种
	76	君迁子	柿科	柿属	*Diospyros lotus* L.	白马滩镇尧河村		生于海拔 500 ～ 2 300 m 的山地、山坡、山谷的灌丛中，或在林缘
	77	山楂	蔷薇科	山楂属	*Crataegus pinnatifida* Bge.	市域范围内广泛栽植	1 019.2 ～ 1 182.5	生于山坡林边灌木丛中。海拔 100 ～ 1 500 m
	78	甘肃山楂	蔷薇科	山楂属	*Crataegus kansuensis* Wils.	市域范围内各林区均有分布，绿地内有栽植	1 092.0 ～ 1 926.0	生于杂木林中、山坡阴处及山沟旁，海拔 1 000 ～ 3 000 m
	79	山里红	蔷薇科	山楂属	*Crataegus pinnatifida* var. *major* N. E. Br.	黄龙大岭林场	1 503.7 ～ 1 589.9	生于山坡林边灌木丛中。海拔 100 ～ 1 500 m
	80	瓜木	八角枫科	八角枫属	*Alangium platanifolium* (Sieb. et Zucc.) Harms	白马滩镇尧河村	1 125.2 ～ 1 185.6	栽培种
	81	海棠	蔷薇科	苹果属	*Malus spectabilis* (Ait.) Borkh.	黄龙神道岭风景区、人民公园	1 125.2.0 ～ 1 717.8	生于平原或山地，海拔 50 ～ 2 000 m
	82	西府海棠	蔷薇科	苹果属	*Malus × micromalus* Mak.	市区范围内有少量栽植	924.1	海拔 100 ～ 2 400 m
	83	北美海棠	蔷薇科	苹果属	*Malus* 'American'	延安新区各类绿地内有大量栽植	1 125.2.0 ～ 1 185.6.0	引入栽培品种
	84	垂丝海棠	蔷薇科	苹果属	*Malus halliana* Koehne	市区范围内有少量栽植	1 125.2.0 ～ 1 185.6	生于山坡丛林中或山溪边，海拔 50 ～ 1 200 m

续表

类别	序号	种名	科名	属名	拉丁学名	市域内分布区域	植物调查地海拔（m）	国内植物生长地海拔及生境
落叶乔木	85	木瓜海棠	蔷薇科	木瓜属	*Chaenomeles cathayensis* (Hemsl.) Schneid.	黄龙石堡镇沙曲河	1 236.8～1 318.6	生于山坡、林边、道旁、栽培或野生，海拔900～2 500 m
	86	北京花楸	蔷薇科	花楸属	*Sorbus discolor* (Maxim.) Maxim.	黄龙神道岭风景区、黄龙大岭林场	1 503.7～1 717.8	生于山地阴坡阔叶混交林中，海拔1 500～2 500 m
	87	石灰花楸	蔷薇科	花楸属	*Sorbus folgneri* (Schneid.) Rehd.	黄龙白裕村	994.4～1289.6	生于山坡杂木林中，海拔800～2 000 m
	88	李	蔷薇科	李属	*Prunus salicina* Lindl.	市域范围内广泛分布		生于山坡灌丛中，山谷疏林中或水边、沟底、路旁等处。海拔400～2 600 m
	89	紫叶李	蔷薇科	李属	*Prunus cerasifera* 'Pissardii'	市域范围内广泛栽植应用	1 096.2～1 185.6	生于山坡林中或多石砾的坡地以及峡谷水边等处，海拔800～2 000 m
	90	稠李	蔷薇科	李属	*Padus avium* Mill.	黄陵店头林场、黄龙大岭林场	1 140.6～1 589.9	生于山坡、山谷或灌丛中，海拔880～2 500 m
	91	山杏	蔷薇科	李属	*Prunus sibirica* L.	市域范围内广泛应用	1 096.2～1 182.5	生于干燥向阳山坡上、丘陵草原或与落叶乔灌木混生，海拔700～2 000 m
	92	杏树	蔷薇科	李属	*Prunus armeniaca* L.	市域范围内广泛栽植应用	1 096.2～1 182.5	栽培品种，海拔可达3 000 m
	93	桃	蔷薇科	李属	*Prunus persica* (L.) Batsh	市域范围内广泛栽植应用	924.1～930.8	栽培品种
	94	山桃	蔷薇科	李属	*Prunus davidiana* (Carr.) Franch	市域范围内广泛栽植应用	1 089.7～1 185.6	生于山坡、山谷沟底或荒野疏林及灌丛内，海拔800～3 200 m
	95	碧桃	蔷薇科	李属	*Prunus persica* 'Duplex'	市域范围内广泛栽植应用	1 096.2～1 182.5	栽培品种

续表

类别	序号	种名	科名	属名	拉丁学名	市域内分布区域	植物调查地海拔（m）	国内植物生长地海拔及生境
落叶乔木	96	帚桃	蔷薇科	李属	Prunus persica 'Pyramidalis'	人民公园		栽培品种
	97	紫叶桃	蔷薇科	李属	Prunus persica 'Atropurpurea'	市域范围内广泛栽植应用	1 125.2～1 185.6	栽培品种
	98	日本晚樱	蔷薇科	李属	Prunus lannersiana Carri.	市域范围内广泛栽植应用	924.1～930.8	引入栽培品种
	99	樱桃	蔷薇科	李属	Prunus pseudocerasus Lindl.	市域范围内有少量栽植		生于山坡阳处或沟边，常栽培，海拔300～600 m
	100	紫叶稠李	蔷薇科	李属	Prunus virginiana 'Canada Red'	市域范围内有少量栽植		引入栽培品种
	101	紫荆	豆科	紫荆属	Cercis chinensis Bunge	市区各类绿地内有少量栽植	1 096.2～1 185.6	栽培品种
	102	合欢	豆科	合欢属	Albizia julibrissin Durazz.	子长、黄陵、黄龙、延安有少量栽植		生于海拔2 000 m以下的林下、灌丛中、路旁、河谷或山坡上。
	103	国槐	豆科	槐属	Sophora japonicum L.	市域内广泛栽植应用		常见华北平原及黄土高原海拔1 000 m高地带均能生长
	104	金枝国槐	豆科	槐属	Sophora japonica 'Chrysoclada'	吴起、延安有少量栽植	1 286.8～1 294.2	槐属的变种植物。分布于中国北方地区。
	105	香花槐	豆科	槐属	Robinia pseudoacacia 'Idaho'	各类绿地内大量栽植应用	996.5	主要生于平原地区，也见于山坡下部、丘陵和海滨，喜生于含盐的钙质土或砂地
	106	蝴蝶槐	豆科	槐属	Sophora japonica 'Oligophylla'	吴起、延安有少量栽植	1 286.8～1 294.2	槐树的变型植物
	107	龙爪槐	豆科	槐属	Sophora japonica 'Pendula'	市域内广泛栽植应用	924.1～930.8	槐树的变型植物
	108	刺槐	豆科	刺槐属	Robinia pseudoacacia L.	市域范围内广泛分布	924.1～930.8	原产欧洲法国、意大利等地，引入品种

续表

类别	序号	种名	科名	属名	拉丁学名	市域内分布区域	植物调查地海拔（m）	国内植物生长地海拔及生境
落叶乔木	109	皂荚	豆科	皂荚属	*Gleditsia sinensis* Lam.	市区各类绿地内有少量栽植	1 168.6	生于山坡林中或山谷地、路旁，海拔自平地至 2 500 m
	110	翅果油树	胡颓子科	胡颓子属	*Elaeagnus mollis* Diels	延安植物园	1 019.2 ～ 1 182.5	生于海拔 700 ～ 1 300 m 的阳坡和半阴坡的山沟谷地和潮湿地区
	111	沙棘	胡颓子科	沙棘属	*Hippophae rhamnoides* L.	吴起有大量栽植	1 240.8 ～ 1 563.2	生于海拔 800 ～ 3 600 m 温带地区向阳的山嘴、谷地、干涸河床地或阴坡山坡，多砾石或沙质土壤或黄土上
	112	紫薇	千屈菜科	紫薇属	*Lagerstroemia indica* L.	市区范围内有少量栽植	928.4	引入栽培品种
	113	八角枫	八角枫科	八角枫属	*Alangium chinense* (Lour.) Harms	黄陵生态公园	1 242.1 ～ 1 442.3	生于 1 800 m 以下的山地或疏林中
	114	瓜木	八角枫科	八角枫属	*Alangium platanifolium* (Sieb. et Zucc.) Harms	白马滩镇尧河村	1 125.2 ～ 1 185.6	栽培种
	115	山茱萸	山茱萸科	山茱萸属	*Cornus officinalis* Sieb. et Zucc.	白马滩镇尧河村		生于海拔 400 ～ 1 500 m，稀达 2 100 m 的林缘或森林中
	116	毛梾	山茱萸科	梾木属	*Swida walteri* Sojak.	黄龙、黄陵、甘泉等林区内均有分布	831.9 ～ 1 717.8	生于海拔 300 ～ 1 800 m，稀达 2 600 ～ 3 300 m 的杂木林下或密林中
	117	梾木	山茱萸科	梾木属	*Swida macrophylla* Wall.	白马滩镇尧河村		生于海拔 72 ～ 3 000 m 的山谷森林中。
	118	白杜（丝绵木）	卫矛科	卫矛属	*Euonymus maackii* Rupr.	市域范围内林区广泛分布，绿地内大量栽植应用	1 019.2 ～ 1 218.2	

续表

类别	序号	种名	科名	属名	拉丁学名	市域内分布区域	植物调查地海拔（m）	国内植物生长地海拔及生境
落叶乔木	119	鼠李	鼠李科	鼠李属	Rhamnus davurica Pall.	黄龙神道岭风景区，黄龙沙曲河沿线，黄陵店头林场	1 089.7～1 717.8	生于山坡林下、灌丛或林缘和沟边阴湿处，海拔1 800 m以下
	120	小叶鼠李	鼠李科	鼠李属	Rhamnus parvifolia Bunge	黄陵（店头、双龙、建庄）、黄龙神道岭、甘泉崂山森林公园	1 025.6～1 717.8	生于向阳山坡、草丛或灌丛中，海拔400～2 300 m
	121	柳叶鼠李	鼠李科	鼠李属	Rhamnus erythroxylum Pallas	甘泉付村村林场，黄陵店头林场	1 140.6.0～1 400.8	生于旱平沙丘、荒坡或乱石中或灌丛中，海拔1 000～2 100 m
	122	锐齿鼠李	鼠李科	鼠李属	Rhamnus arguta Maxim.	黄陵店头、双龙、黄龙神道岭、石堡镇	1 128.6～1 717.8	生于山坡灌丛中，海拔2 000 m以下
	123	冻绿	鼠李科	鼠李属	Rhamnus utilis Decne.	市域范围内各林区均有分布	1 125.2.0～1 185.6.0	生于海拔1 500 m以下的山地、丘陵，山坡草丛、灌丛或疏林下
	124	少脉雀梅藤	鼠李科	雀梅藤属	Sageretia paucicostata Maxim.	黄龙白裕村	994.4～1 289.6	生于山坡或山谷灌丛或疏林中
	125	枣树	鼠李科	枣属	Ziziphus jujuba Mill.	市域范围内广泛分布	1 019.2～1 182.5	生长于海拔1 700 m以下的山区、丘陵或平原
	126	膀胱果	省沽油科	省沽油属	Staphylea holocarpa Hemsl.	延安植物园	1 019.2～1 182.5	生于海拔1 000～1 800 m的疏林及灌丛内
	127	栾树	无患子科	栾树属	Koelreuteria paniculata Laxm.	市域范围内广泛分布	1 140.6～1 218.2	多分布在海拔1 500 m以下的低山及平原，最高可达海拔2 600 m
	128	文冠果	无患子科	文冠果属	Xanthoceras sorbifolia Bunge	市域范围内广泛分布	1 140.6～1 218.2	生于丘陵山坡等处
	129	无患子	无患子科	无患子属	Sapindus mukorossi Gaertn.	黄龙白马滩林场	831.9～1 098.3	栽培品种

续表

类别	序号	种名	科名	属名	拉丁学名	市域内分布区域	植物调查地海拔（m）	国内植物生长地海拔及生境
落叶乔木	130	七叶树	七叶树科	七叶树属	Aesculus chinensis Bunge	市区各类绿地内有少量栽植	924.1～1182.5	河北南部、山西南部、河南北部，陕西南部均有栽培，秦岭有野生
	131	元宝槭	槭树科	槭属	Acer truncatum Bunge	市域范围内广泛分布	1664.6～1717.8	生于海拔400～1000 m的疏林中
	132	青榨槭	槭树科	槭属	Acer davidii Franch.	市域范围内各林区均有分布，绿地内有栽植	994.4～1723.2	生于海拔500～1500 m的疏林中
	133	血皮槭	槭树科	槭属	Acer griseum (franch.) Pax	吴起树木园	1286.8～1294.2	生于海拔1500～2000 m的疏林中
	134	细裂槭（细裂枫）	槭树科	槭属	Acer stenlolbum Rehd.	黄陵、黄龙林区内有分布，万花山公园内有栽植	1134.8～1465.3	生于海拔1000～1500 m比较阴湿的山坡或沟底
	135	三角槭（三角枫）	槭树科	槭属	Acer buergerianum Miq.	河庄坪长庆石油小区有栽植	998.9～1182.5	生于海拔300～1000 m的阔叶林中
	136	五角枫	槭树科	槭属	Acer mono Maxim.	黄陵建庄林场	1125.2～1185.6	生于海拔800～1500 m的山坡或山谷疏林中
	137	银红槭	槭树科	槭属	Acer rubrum 'Red Maple'	新区各类绿地有少量栽植	1125.2.0～1185.6.0	引入栽培品种
	138	红枫	槭树科	槭属	Acer palmatum 'Atropurpureum'	各类绿地内少量栽植应用	1096.2～1182.5	槭树科鸡爪槭的变种
	139	茶条槭	槭树科	槭属	Acer ginnala Maxim.	市域范围内各林区均有分布，绿地内有栽植	1140.6～1717.8	生于海拔800 m以下的丛林中
	140	鸡爪槭	槭树科	槭属	Acer palmatum Thunb.	各类绿地内少量栽植应用	1125.2.0～1185.6.0	生于海拔200～1200 m的林边或疏林中

续表

类别	序号	种名	科名	属名	拉丁学名	市域内分布区域	植物调查地海拔（m）	国内植物生长地海拔及生境
落叶乔木	141	金叶复叶槭	槭树科	槭属	*Acer negundo* 'Aureum'	各类绿地内大量栽植应用	1 125.2.0 ~ 1 185.6.0	引入栽培品种
	142	盐肤木（五倍子）	漆树科	盐肤木属	*Rhus chinensis* Mill.	黄龙神道岭风景区，宜川薛家坪	831.9 ~ 1 717.8	生于海拔 170 ~ 2 700 m 的向阳山坡、沟谷，溪边的疏林或灌丛中
	143	青麸杨	漆树科	盐肤木属	*Rhus potaninii* Maxim.	黄陵建庄林场、白马滩镇尧河村	1 125.2 ~ 1 185.6	生于海拔 900 ~ 2 500 m 的山坡疏林或灌木林中。
	144	火炬树	漆树科	盐肤木属	*Rhus typhina* L.	市域范围内广泛分布	1 125.2 ~ 1 185.6	生于海拔 550 ~ 3 500 m
	145	黄栌	漆树科	黄栌属	*Cotinus coggygria* Scop. var. *cinerea* Engl.	黄龙、黄陵林区均有分布，市内公园有栽植	1 096.2 ~ 1 182.5	生于海拔 700 ~ 1 620 m 的向阳山坡林中
	146	红栌	漆树科	黄栌属	*Cotinus coggygria* var. *pubescens* Engl.	延安新区公园有少量栽植	1 019.2 ~ 1 182.5	引入栽培品种
	147	黄连木	漆树科	黄连木属	*Pistacia chinensis* Bunge	黄龙大岭林场、白马滩镇尧河村，吴起树木园	1 286.8 ~ 1 589.9	生于海拔 140 ~ 3 550 m 的石山林中
	148	漆树	漆树科	漆属	*Toxicodendron verniciiluum* (Stokes) F. A. Barkl.	黄龙、黄陵各林区均有分布	1 664.6 ~ 1 717.8	生于海拔 700 ~ 1 620 m 的向阳山坡林中
	149	苦树	苦木科	苦木属	*Picrasma quassioides* (D.Don) Benn.	黄陵生态公园	1 242.1 ~ 1 298.6	生于海拔 1 400 ~ 2 400 m 的山地杂木林中
	150	臭椿	苦木科	臭椿属	*Ailanthus altissima* (Mill.) Swingle	市域范围内广泛分布	1 664.6 ~ 1 717.8	本种在石灰岩地区生长良好
	151	楝树	楝科	楝属	*Melia azedarach* L.	延安植物园	1 019.2 ~ 1 182.5	生于低海拔旷野、路旁或疏林中。目前已广泛引为栽培
	152	花椒	芸香科	花椒属	*Zanthoxylum bungeanum* Maxim.	市域范围内广泛栽植应用	994.4 ~ 1 289.6	生于平原至海拔较高的山地，在青海，见于海拔 2 500 m 的坡地

续表

类别	序号	种名	科名	属名	拉丁学名	市域内分布区域	植物调查地海拔 (m)	国内植物生长地海拔及生境
落叶乔木	153	黄檗	芸香科	黄檗属	*Phellodendron amurense* Rupr.	黄龙大岭林场	1 326.8~1 458.3	多生于山地杂木林中或山区河谷沿岸
	154	臭檀吴萸	芸香科	吴茱萸属	*Tetradium daniellii* (Benn.) Hemsl.	黄龙林区有少量分布		生于山崖或山坡上
	155	吴茱萸	芸香科	吴茱萸属	*Tetradium ruticarpum* (A. Juss.) T. G. Hartley	甘泉付村、黄陵店头、黄龙神道岭、白马滩等地均有分布	1 140.6.2~1 717.8	生于平地至海拔1 500 m 山地疏林或灌木丛中，多见于向阳坡地
	156	刺楸	五加科	刺楸属	*Kalopanax septemlobus* (Thunb.) Koidz.	白马滩镇尧河村		垂直分布自海拔数十米起至千余米，在云南可达2 500 m
	157	白蜡	木犀科	白蜡属	*Fraxinus chinensis* Roxb.	市域范围内广泛栽植应用	1 125.2~1 717.8	产于南北各省区。多为栽培，也见于海拔800~1 600 m 山地杂木林中
	158	象蜡树	木犀科	梣属	*Fraxinus platypoda* Oliver	吴起树木园	1 286.8~1 294.2	生于海拔1 200~2 500 m 山坡与溪谷的杂木林中
	159	水曲柳	木犀科	梣属	*Fraxinus mandshurica* Rupr.	延安植物园	1 019.2~1 182.5	生于海拔700~2 100 m 的山坡疏林中或河谷平缓山地
	160	暴马丁香	木犀科	丁香属	*Syringa reticulata* ssp. *amurensis* (Rupr.) P. S. Green et M. C. Chang	黄龙神道岭风景区及市区绿地内有少量栽植	924~1 717.8	生于山坡灌丛或林边、草地、沟边，或针、阔叶混交林中，海拔10~1 200 m
	161	北京丁香	木犀科	丁香属	*Syringa reticulata* ssp. *pekinensis* (Rupr.) P. S. Green et M. C. Chang	各林区广泛分布		生山坡灌丛、疏林、密林或沟边林下，海拔600~2 400 m
	162	流苏	木犀科	流苏树属	*Chionanthus retusus* Lindl. et Paxt.	黄陵建民林场、白马滩镇尧河村	1 125.2~1 185.6	生于海拔3 000 m 以下的稀疏混交林中或灌丛中，或山坡、河边。各地有栽培

续表

类别	序号	种名	科名	属名	拉丁学名	市域内分布区域	植物调查地海拔（m）	国内植物生长地海拔及生境
落叶乔木	163	雪柳	木犀科	雪柳属	*Fontanesia fortunei* Carr.	延安植物园	1 019.2～1 182.5	生于水沟、溪边或林中，海拔在800 m以下
	164	楸树	紫葳科	梓属	*Catalpa bungei* C.A. Mey.	市区范围内有少量栽植		栽培品种
	165	梓树	紫葳科	梓属	*Catalpa ovata* G.Don	市区范围内有少量栽植	924.1～930.8	多栽培于村庄附近及公路两旁，野生者已不可见，海拔500～2 500 m
	166	石榴	石榴科	石榴属	*Punica granatum* L.	市区小区内有极少量栽植		栽培品种
灌木	167	灌木铁线莲	毛茛科	铁线莲属	*Clematis fruticosa* Turcz.	延安万花、南泥湾等林区内有分布	1 134.8～1 369.4	生于山坡灌丛中或路旁
	168	紫叶小檗	小檗科	小檗属	*Berberis thunbergii* 'atropurpurea'	市域范围内广泛栽植应用	924.1～930.8	多生于海拔1 000 m左右的林缘或疏林空地
	169	榛子	桦木科	榛属	*Corylus heterophylla* Fisch. ex Trautv.	市域范围内林区广泛分布	1 125.2～1 717.8	生于海拔200～1 000 m的山地阴坡灌丛中
	170	虎榛子	桦木科	虎榛子属	*Ostryopsis davidiana* Decaisne	黄陵建庄、黄龙神道岭风景区	1 125.2～1 717.8	常见于海拔800～2 400 m的山坡，为黄土高原的优势灌木，也见于杂木林及油松林下
	171	扁担杆	椴树科	扁担杆属	*Grewia biloba* G. Don	黄龙白裕村	994.4～1 289.6	生于海拔300～2 500 m
	172	柽柳	柽柳科	柽柳属	*Tamarix chinensis* Lour.	市域范围内林区有分布，绿地内有栽植	1 357.3～1 589.9	生于向阳草坡地、休荒地上，海拔60～2 000 m
	173	茶藨子	虎耳草科	茶藨子属	*Ribes nigrum* L.	黄陵建庄林场	1 125.2～1 185.6	生于湿润谷底、沟边或坡地云杉林、落叶松林或针、阔混交林下
	174	东北茶藨子	虎耳草科	茶藨子属	*Ribes mandshuricum* (Maxim.) Kom.	黄龙大岭林场	1 503.7～1 589.9	生于山坡或山谷针、阔叶林内，或林下或杂木林内，海拔300～1 800 m

续表

类别	序号	种名	科名	属名	拉丁学名	市域内分布区域	植物调查地海拔（m）	国内植物生长地海拔及生境
灌木	175	溲疏	虎耳草科	溲疏属	*Deutzia crenata* Sieb. et Zucc.	黄陵建庄林场	1 125.2～1 185.6	多见于山谷、路边、岩缝及丘陵低山灌丛中
	176	大花溲疏	虎耳草科	溲疏属	*Deutzia grandiflora* Bunge	黄龙、黄陵林区内有大量分布	1 094～1 125.2	生于海拔800～1 600 m山坡、山谷和路旁灌丛中
	177	山梅花	虎耳草科	山梅花属	*Philadelphus incanus* Koehne	黄龙、黄陵林区内有大量分布	1 664.6～1 717.8	生于海拔1 200～1 700 m林缘灌丛中
	178	太平花	虎耳草科	山梅花属	*Philadelphus pekinensis* Rupr.	黄龙、黄陵林区内有大量分布	700～900 m山坡杂木林中或灌丛中	生于海拔700～900 m山坡杂木林中或灌丛中
	179	八仙花	虎耳草科	八仙花属	*Hydrangea macrophylla* (Thunb.) Ser.	黄龙白马滩尧合村		园艺种
	180	东陵绣球	虎耳草科	绣球属	*Hydrangea bretschneideri* Dipp.	黄龙白马滩镇尧合村		生于山谷溪边或山坡密林或疏林中，海拔1 200～2 800 m
	181	粉花绣线菊	蔷薇科	绣线菊属	*Spiraea japonica* L.f	市域范围内广泛栽植应用		引入栽培种
	182	土庄绣线菊	蔷薇科	绣线菊属	*Spiraea pubescens* Turcz.	黄龙大岭林场	1 503.7～1 589.9	生于干燥岩石坡地，向阳半阴处、杂木林内，海拔200～2 500 m
	183	三桠绣线菊	蔷薇科	绣线菊属	*Spiraea trilobata* L.	宜川蟒头山山国家森林公园	1 278.4～1 428.6	生于多岩石向阳坡地灌木丛中，海拔450～2 400 m
	184	金山绣线菊	蔷薇科	绣线菊属	*Spiraea × bumalda* 'Goalden Mound'	市域范围内广泛栽植应用		引入栽培品种
	185	菱叶绣线菊	蔷薇科	绣线菊属	*Spiraea × vanhouttei* (C. Briot) Zab.	黄龙白络村	994.4～1 289.6	麻叶绣线菊和三裂绣线菊的杂交种
	186	楼斗菜叶绣线菊	蔷薇科	绣线菊属	*Spiraea aquilegiifolia* Pallas	黄龙神道岭风景区，黄陵建庄	1 125.2.0～1 717.8	生于多石砾坡地或干草地中，海拔600～1 300 m

续表

类别	序号	种名	科名	属名	拉丁学名	市域内分布区域	植物调查地海拔（m）	国内植物生长地海拔及生境
灌木	187	麻叶绣线菊	蔷薇科	绣线菊属	*Spiraea cantoniensis* Lour.	市域范围内广泛分布	1 664.6～1 717.8	生于疏林、山坡草地中，海拔500～2 000 m
	188	绣线梅	蔷薇科	绣线梅属	*Neillia thyrsiflora* D. Don	黄陵店头林场、黄陵双龙镇王村沟	1 025.0～1 218.2.0	生于山地丛林中，海拔1 000～3 000 m
	189	高丛珍珠梅	蔷薇科	珍珠梅属	*Sorbaria arborea* Schneid.	市域范围内广泛栽植应用	998.8～1 318.6	生于山坡林边、山溪沟边，海拔2 500～3 500 m
	190	珍珠梅（东北）	蔷薇科	珍珠梅属	*Sorbaria sorbifolia* (L.) A. Br.	市域范围内广泛栽植应用	1 294.2～1 318.6	生于山坡疏林中，海拔250～1 500 m
	191	金叶风箱果	蔷薇科	风箱果属	*Physocarpus opulifolius* 'luteus'	市域范围内有少量栽植	1 236.8～1 318.6	是无毛风箱果的变种
	192	紫叶风箱果	蔷薇科	风箱果属	*Physocarpus opulifolius* 'purpurea'	市域范围内有少量栽植		引入栽培品种
	193	栒子	蔷薇科	栒子属	*Cotoneaster hissaricus* Pojark.	市域范围内广泛分布	998.8～1 218.2.0	生于沟谷、山坡杂木林中，海拔1 200～3 500 m
	194	水栒子	蔷薇科	栒子属	*Cotoneaster multiflorus* Bunge	市域范围内广泛分布	1 140.6～1 717.8	生于山坡、山麓、山沟及丛林中，海拔1 400～3 700 m
	195	灰栒子	蔷薇科	栒子属	*Cotoneaster acutifolius* Turcz.	甘泉崂山森林公园	1 209.4～1 412.5	生于灌木丛中或岩石坡上，海拔2 000～3 500 m
	196	平枝栒子	蔷薇科	栒子属	*Cotoneaster horizontalis* Decne.	甘泉崂山森林公园	1 209.4～1 412.5	生于灌木丛石坡上，海拔2 000～3 500 m
	197	棣棠花	蔷薇科	棣棠属	*Kerria japonica* (L.) DC	市区范围内有少量栽植		生于山坡灌丛中，海拔200～3 000 m
	198	贴梗海棠	蔷薇科	木瓜属	*Chaenomeles speciosa* (Sweet) Nakai (C. lagenaria.K)	市域范围内广泛栽植应用	924.1～930.8	栽培品种
	199	黄蔷薇	蔷薇科	蔷薇属	*Rosa hugonis* Hemsl.	市域范围内广泛分布并栽植应用	924.1～1 125.2.4	生于山坡向阳处、灌丛中，海拔600～2 300 m

续表

类别	序号	种名	科名	属名	拉丁学名	市域内分布区域	植物调查地海拔（m）	国内植物生长地海拔及生境
	200	美蔷薇	蔷薇科	蔷薇属	*Rosa bella* Rehd. et Wils.	子长虎头山风景区	1 426.5 ～ 1 492.6	多生于灌丛中，山脚下或河沟旁等处。海拔可达 1 700 m
	201	黄刺玫	蔷薇科	蔷薇属	*Rosa xanthina* Lindl.	市域范围内广泛栽植应用	1 503.7 ～ 1 589.9	单瓣种生于向阳山坡或灌木丛中，重瓣种为栽培品种
	202	山刺玫	蔷薇科	蔷薇属	*Rosa davurica* Pall.	吴起铁公白豹镇	1 240.8 ～ 1 563.2	多生于山坡阳处或杂木林边、丘陵草地，海拔 430 ～ 2 500 m
	203	月季	蔷薇科	蔷薇属	*Rosa* cvs.	市域范围内广泛栽植应用	1 125.2 ～ 1 185.6	栽培品种
	204	丰花月季	蔷薇科	蔷薇属	*Rosa* cvs.	市域范围内广泛栽植应用		栽培品种
	205	榆叶梅	蔷薇科	李属	*Prunus triloba* Lindl.	市域范围内广泛栽植应用	924.1 ～ 930.8	生于低至中海拔的坡地或沟旁乔、灌木林下或林缘
灌木	206	紫叶矮樱	蔷薇科	李属	*Prunus ×cistena* 'pissardii'	市域范围内广泛栽植应用	924.1 ～ 1 185.6	紫叶李和矮樱杂交种
	207	毛樱桃	蔷薇科	樱属	*Cerasus tomentosa* Wall.	市域范围内广泛分布，绿地内有少量栽植	1 140.6.0 ～ 1 218.2.0	生于山坡林中、林缘、灌丛中或草地，海拔 100 ～ 3 200 m
	208	欧李	蔷薇科	樱属	*Prunus humilis* Bunge	黄陵、黄龙林区均有分布	1 025.0 ～ 1 209.4.0	生于阳坡砂地、山地灌丛中，或庭园栽培，海拔 100 ～ 1 800 m
	209	野山楂	蔷薇科	山楂属	*Crataegus cuneata* Sieb. et Zucc.	市域范围内各林区均有分布，绿地内有栽植	1 218.2.18 ～ 1 717.8	生于山谷、多石湿地或山地灌木丛中，海拔 250 ～ 2 000 m
	210	石楠	蔷薇科	石楠属	*Photinia serratifolia* Kalkman	河庄坪金延安	1 096.2 ～ 1 182.5	生于杂木林中，海拔 1 000 ～ 2 500 m

续表

类别	序号	种名	科名	属名	拉丁学名	市域内分布区域	植物调查地海拔（m）	国内植物生长地海拔及生境
灌木	211	重瓣榆叶梅	蔷薇科	桃属	Prunus triloba 'Plena'	市域范围内广泛栽植应用		栽培品种
	212	茅莓	蔷薇科	悬钩子属	Rubus parvifolius L.	市域范围内广泛分布	831.9～1 098.3	生于山坡杂木林下，向阳山谷、路旁或荒野，海拔400～2 600 m
	213	美丽悬钩子	蔷薇科	悬钩子属	Rubus amabilis Focke	市域范围内广泛分布	1 168.6.5～1 228.6	生于海拔150～1 000 m的山坡、林缘、灌丛及杂木林间
	214	胡枝子	豆科	胡枝子属	Lespedeza bicolor Turcz.	甘泉、黄龙、黄陵等各林区有分布	1 089.7～1 563.2	生于海拔1 300 m以下的石质山坡
	215	多花胡枝子	豆科	胡枝子属	Lespedeza floribunda Bunge	甘泉、黄龙、黄陵等各林区有分布	1 209.4～1 400.8	生于荒漠草原、草原带的沙质山坡
	216	牛枝子	豆科	胡枝子属	Lespedeza potaninii Vass.	甘泉、黄龙、黄陵等各林区有分布	1 107.6～1 218.2	生于荒漠草原，草原带的丘陵地、砾石地、石质地、石质山坡及山麓
	217	绒毛胡枝子	豆科	胡枝子属	Lespedeza tomentosa (Thunb.) Sieb. ex Maxim	甘泉、黄龙、黄陵等各林区有分布	1 240.8～1 563.2	生于海拔1 000 m以下的干山坡草地及灌丛间
	218	达乌里胡枝子	豆科	胡枝子属	Lespedeza davurica (Laxmann) Schindler	甘泉、黄龙、黄陵等各林区有分布	1 236.8～1 318.6	生于森林草原和草原地带的干山坡、丘陵坡地、沙质坡地，为草原群落的次优势成分或优势伴生成分
	219	美丽胡枝子	豆科	胡枝子属	Lespedeza floribunda (Vog.) Koehne	甘泉、黄龙、黄陵等各林区有分布	1 236.8～1 318.6	生于海拔2 800 m以下山坡、路旁及林缘灌丛中
	220	截叶铁扫帚	豆科	胡枝子属	Lespedeza cuneata (Dum.–Cours.) G. Don	市域范围内广泛分布	1 025.2～1 209.4	生于海拔2 500 m以下的山坡路旁
	221	木蓝	豆科	木蓝属	Indigofera tinctoria L.	黄龙神道岭风景区、黄龙界头庙	1 357.3～1 758.6	生于荒山、山坡灌丛及疏林内或岩石缝中

续表

类别	序号	种名	科名	属名	拉丁学名	市域内分布区域	植物调查地海拔（m）	国内植物生长生地海拔及生境
灌木	222	花木蓝	豆科	木蓝属	Indigofera kirilowii Maxim. ex Palib.	市域内广泛分布		生于山坡灌丛内及疏林内或岩缝中
	223	多花木蓝	豆科	木蓝属	Indigofera amblyantha Craib	市域内广泛分布	1 125.2～1 185.6	生于山坡草地、沟边、路旁灌丛中及林缘，海拔600～1 600 m
	224	河北木蓝	豆科	木蓝属	Indigofera bungeana Walp.	市域内广泛分布		生于山坡、草地或河滩地，海拔600～1 000 m
	225	白刺花	豆科	槐属	Sophora davidii (Franch.) Skeels	吴起铁边城镇	1 240.8～1 563.2	生于河谷沙丘和山坡路边的灌木丛中，海拔2 500 m以下
	226	苦参	豆科	槐属	Sophora flavescens Alt.	黄龙白裕村、白马滩林场	831.9～1 589.9	生于山坡、沙地草坡灌木林中或田野附近，海拔1 500 m以下
	227	苦豆子	豆科	槐属	Sophora alopecuroides L.	黄龙界头庙	1 357.3～1 589.9	多生于干旱沙漠和草原边缘地带
	228	柠条	豆科	锦鸡儿属	Caragana korshinskii Kom.	市域内广泛分布	1 134.8～1 369.4	生于半固定和固定沙地
	229	杭子梢	豆科	杭子梢属	Campylotropis macrocarpa (Bunge) Rehd.	各林区内广泛分布	1 426.5～1 492.6	生于山坡或栽培
	230	紫穗槐	豆科	紫穗槐属	Amorpha fruticosa L.	市域内广泛栽植应用		引入栽培品种
	231	红瑞木	山茱萸科	山茱萸属	Swida alba Opiz.	市域范围内广泛栽植应用	1 125.2.0～1 717.8	生于海拔600～1 700 m（在甘肃可高达2 700 m）的杂木林或针阔叶混交林中
	232	卫矛	卫矛科	卫矛属	Euonymus alatus (Thunb.) Sieb.	黄龙、黄陵各林区均有分布	831.9～1 589.9	生长于山坡、沟地边沿
	233	胶东卫矛	卫矛科	卫矛属	Euonymus kiautschovicus Loes.	市域范围内广泛栽植应用	1 125.2～1 218.2	引入栽培品种

续表

类别	序号	种名	科名	属名	拉丁学名	市域内分布区域	植物调查地海拔（m）	国内植物生长地海拔及生境
灌木	234	栓翅卫矛	卫矛科	卫矛属	Euonymus phellomanus Loes.	黄龙、黄陵各林区均有分布	1 218.2.18 ～ 1 465.3	生长于山谷林中，在靠近南方各省区，都分布于 2 000 m 以上的高海拔地带
	235	冬青卫矛	卫矛科	卫矛属	Euonymus japonicus Thunb.	市区范围内有少量栽植	924.1 ～ 1 182.5	引入栽培品种
	236	陕西卫矛	卫矛科	卫矛属	Euonymus schensianus Maxim.	黄龙神道岭风景区、黄龙沙区河、黄陵大岔	1 128.6 ～ 1 717.8	生长于海拔 600 ～ 1 000 m 沟边丛林中
	237	扶芳藤	卫矛科	卫矛属	Euonymus fortunei (Turcz.) Hand.–Mazz.	黄龙白马滩林场	831.9 ～ 1 098.3	生长于山坡丛林、林缘或攀援于树上或墙壁上
	238	小叶黄杨	黄杨科	黄杨属	Bucus microphylla Sieb. et Zucc.	市区各类绿地内大量栽植应用	1 125.2 ～ 1 185.6	生于岩上，海拔 1 000 m
	239	酸枣	鼠李科	枣属	Ziziphus jujuba Mill. var. spinosa (Bunge) Hu et H. F. Chow	市域范围内广泛分布	1 025.2 ～ 1 209.4	生于向阳、干燥山坡、丘陵、岗地或平原
	240	省沽油	省沽油科	省沽油属	Staphylea bumalda DC.	黄龙大岭林场	1 503.7 ～ 1 589.9	生于路旁、山地或丛林中
	241	刺五加	五加科	五加属	Eleutherococcus senticosus (Rupr. et Maxim.) Maxim.	黄龙神道岭风景区、崂山森林公园、黄陵上畛子等地均有分布	1 209.4 ～ 1 717.8	生于森林或灌丛中，海拔数百米至 2 000 m
	242	金叶莸	马鞭草科	莸属	Caryopteris clandonensis 'Worcester Gold'	人民公园、新区文化公园等绿地内有栽植	1 096.2 ～ 1 185.6	人工培育栽培品种
	243	荆条	马鞭草科	牡荆属	Vitex negundo L. var. heterophylla (Franch.) Rehd.	延安植物园、黄龙白裕村等林区内均有分布	994.4 ～ 1 589.9	生于山坡路旁
	244	海州常山	马鞭草科	大青属	Clerodendrum trichotomum Thunb.	白马滩镇尧河村		生于海拔 2 400 m 以下的山坡灌丛中

续表

类别	序号	种名	科名	属名	拉丁学名	市域内分布区域	植物调查地海拔（m）	国内植物生长地海拔及生境
灌木	245	连翘	木犀科	连翘属	Forsythia suspensa (Thunb.) Vahl	市域范围内广泛分布并大量栽植应用	924.1～1 182.5	生于山坡灌丛、林下或草丛中，或山谷、山沟疏林中，海拔250～2 200 m
	246	紫丁香	木犀科	丁香属	Syringa oblata Lindl.	市域范围内广泛分布并大量栽植应用	924.1～1 589.9	生于山坡丛林、山沟溪边、山谷路旁及滩地水边，海拔300～2 400 m
	247	羽叶丁香	木犀科	丁香属	Syringa pinnatifolia Hemsl	吴起树木园	1 286.8～1 294.2	生于山坡灌丛，海拔2 600～3 100 m
	248	花叶丁香	木犀科	丁香属	Syringa × persica L	河庄坪长庆石油小区	928.4	产于中亚、西亚、地中海地区至欧洲，我国北部地区有栽培
	249	巧玲花	木犀科	丁香属	Syringa pubescens Turcz	黄龙神道岭风景区	1 664.6～1 717.8	生于山坡、山谷灌丛中或河沟旁，海拔900～2 100 m
	250	金叶女贞	木犀科	女贞属	Ligustrum × vicaryi Rehd.	市域范围内广泛应用	924.1～1 182.5	杂交种
	251	水蜡	木犀科	女贞属	Ligustrum obtusifolium Sieb. et Zucc	市域范围内广泛栽植应用	1 019.2～1 182.5	生于海拔60～600 m的山坡、山沟石缝、山涧林下和田边、水沟旁
	252	迎春花	木犀科	素馨属	Jasminum nudiflorum Lindl.	市域范围内有少量栽植	924.1～1 182.5	生于山坡灌丛中，海拔800～2 000 m
	253	探春花	木犀科	茉莉属	Jasminum floridum Bunge	黄陵双龙镇王村沟及黄龙林区均有少量分布	1 025.2～1 209.4	生于海拔2 000 m以下的坡地、山谷或林中
	254	桦叶荚蒾	忍冬科	荚蒾属	Viburnum betulifolium Batal.	河庄坪长庆石油小区、黄陵店头林场	998.8～1 218.2.0	生于山谷林中或疏山坡灌丛中，海拔1 300～3 100 m
	255	蒙古荚蒾	忍冬科	荚蒾属	Viburnum mongolicum (Pall.) Rehd.	黄陵、黄龙各林区均有分布	1 125.2.0～1 589.0	生于山坡疏林下或河滩地，海拔800～2 400 m

续表

类别	序号	种名	科名	属名	拉丁学名	市域内分布区域	植物调查地海拔（m）	国内植物生长海拔及生境
灌木	256	陕西荚蒾	忍冬科	荚蒾属	*Viburnum schensianum* Maxim.	黄龙白（神道岭、白裕村、白马滩）	839.94～1 589.0	生于山谷混交林和松林下或山坡灌丛中，海拔 700～2 200 m
	257	鸡树条荚蒾	忍冬科	荚蒾属	*Viburnum sargenii* Koehne	河庄坪长庆石油小区	998.8～	生于溪谷边疏林下或灌丛中，海拔 1 000～1 650 m
	258	荚蒾	忍冬科	荚蒾属	*Viburnum dilatatum* Thunb.	黄陵、黄龙各林区均有分布	1 140.6.0～1 218.2.0	生于山坡或山谷疏林下、林缘及山脚灌丛中，海拔 100～1 000 m
	259	金银木	忍冬科	忍冬属	*Lonicera maackii* (Rupr.) Maxim.	市域范围内广泛分布，绿地内有少量栽植	1 089.7～1 717.8	生于林中或林缘溪流附近的灌木丛中，海拔达 1 800 m（云南和西藏达 3 000 m）
	260	葱皮忍冬	忍冬科	忍冬属	*Lonicera ferdinandii* Franch.	黄龙神道岭风景区、黄陵双龙镇王村沟	1 025～1 717.8	生于向阳山坡中或林缘灌丛中，海拔 200～2 000 m
	261	北京忍冬	忍冬科	忍冬属	*Lonicera elisae* Franch.	黄龙（神道岭、白裕村、沙曲河、大岭）、黄陵（店头、双龙、建庄、大岔）	1 089.7～1 717.8	生于沟谷或山坡丛林或灌丛中，海拔 500～1 600 m，陕西和甘肃可达 2 300 m
	262	陇塞忍冬	忍冬科	忍冬属	*Lonicera tangutica* Maxim.	黄陵建庄林场	1 125.2.0～1 185.6.0	生于云杉、落叶松、栎和竹等林下或混交林中及山坡草地，或溪边灌丛中，海拔 1 600～3 900 m
	263	苦糖果	忍冬科	忍冬属	*Lonicera fragrantissima* ssp. *standishii* (Carr.) Hsu et H.J.Wang	黄陵店头林场、黄龙神道岭风景区	1 140.6.0～1 717.8	生于山坡灌丛中，海拔 200～700 m
	264	红王子锦带花	忍冬科	锦带花属	*Weigela florida* 'Red Prince'	市域范围内广泛栽植应用	1 125.2～1 185.6	栽培品种
	265	锦带花	忍冬科	锦带花属	*Weigela florida* (Bunge) A. DC.	延安植物园		生于海拔 100～1 450 m 的杂木林下或山顶灌木丛中

续表

类别	序号	种名	科名	属名	拉丁学名	市域内分布区域	植物调查地海拔（m）	国内植物生长地海拔及生境
灌木	266	毛核木	忍冬科	毛核木属	Symphoricarpos sinensis Rehd.	吴起树木园	1 286.8 ～ 1 294.2	生于海拔 610 ～ 2 200 m 的山坡灌木林中
	267	六道木	忍冬科	六道木属	Abelia biflora Turcz.	黄龙大岭林场、延安植物园	1 503.7 ～ 1 589.9	生于海拔 1 000 ～ 2 000 m 的山坡灌丛、林下及沟边
	268	接骨木	忍冬科	接骨木属	Sambucus williamsii Hance.	黄陵建庄林场、白马滩镇尧河村	1 125.2 ～ 1 185.6	生于海拔 540 ～ 1 600 m 的山坡、灌丛、沟边、路旁、宅边等地
	269	河朔荛花	瑞香科	荛花属	Wikstroemia chamaedaphne Meisn.	延川乾坤湾	502.5 ～ 587.6	生于海拔 500 ～ 1 900 m 的山坡及路旁
	270	薄皮木	茜草科	野丁香属	Leptodermis oblonga Bunge.	黄龙白裕村、延川乾坤湾	502.5 ～ 1 589.9	生于山坡、路边等向阳处，亦见于灌丛中
	271	胡颓子	胡颓子科	胡颓子属	Elaeagnus pungens Thunb.	市域内广泛分布	1 134.8 ～ 1 758.6	生于海拔 1 000 m 以下的向阳山坡或路旁
	272	杠柳	萝藦科	杠柳属	Periploca sepium Bunge.	市域范围内广泛分布	1 140.6 ～ 1 218.2	生于平原及低山丘的林缘、沟坡、河边沙质地或地埂等处
	273	牡丹	芍药科	芍药属	Paeonia suffruticosa Andr.	市域范围内广泛栽植应用		生山坡疏林中。目前全国栽培甚广，在栽培类型中，主要根据花的颜色，可分成上百个品种。
	274	枸杞	茄科	枸杞属	Lycium chinense Mill.	市域范围内广泛分布		生于山坡、荒地、丘陵地、盐碱地、路旁及村边宅旁
	275	金丝桃	藤黄科	金丝桃属	Hypericum monogynum L.	市域范围内广泛分布	1 326.8 ～ 1 458.3	生于山坡、路旁或灌丛中，沿海地区海拔 0 ～ 150 m
	276	秦岭木姜子	樟科	木姜子属	Litsea tsinlingensis Yang et P. H. Huang	黄陵建庄林场	1 125.2 ～ 1 185.6	生于山坡或山沟灌丛中，海拔 1 000 ～ 2 400 m

续表

类别	序号	种名	科名	属名	拉丁学名	市域内分布区域	植物调查地海拔（m）	国内植物生长地海拔及生境
藤本植物	277	短尾铁线莲	毛茛科	铁线莲属	Clematis brevicaudata DC.	黄龙石堡镇林场、黄陵生态公园	1 236.8～1 318.6	生于山地灌丛或疏林中、海拔460～3 200 m
	278	铁线莲	毛茛科	铁线莲属	Clematis florida Thunb.	黄龙神道岭风景区、黄龙大岭林场、白马滩镇尧河村等林区内均有分布	1 503.7～1 717.8	生于低山区的丘陵灌丛中、山谷、路旁及小溪边
	279	甘青铁线莲	毛茛科	铁线莲属	Clematis tangutica (Maxim.) Korsh.	黄龙白裕村	994.4～1 589.9	生于高原草地或灌丛中、海拔1 370～4 900 m
	280	黄花铁线莲	毛茛科	铁线莲属	Clematis intricata Bunge.	吴起铁边城	1 368.6～1 436.9	生于山坡、路旁或灌丛中、海拔1 600～2 600 m
	281	松潘乌头	毛茛科	乌头属	Aconitum sungpanense Hand. Mazz.	宜川薛家坪	831.9～1 098.3.0	生于海拔1 400～3 000 m间山地林中或林边灌丛或灌丛中
	282	小木通	毛茛科	铁线莲属	Clematis armandii Franch.	黄龙神道岭风景区	1 664.6～1 717.8	生于山坡、山谷、路边灌丛中、林边或水沟旁、海拔100～2 400 m
	283	啤酒花	桑科	葎草属	Humulus lupulus Linn.	市域范围内广泛分布	831.9～1 098.3	生长于光照较好的山地林缘、灌丛或河流两岸的湿地
	284	何首乌	蓼科	何首乌属	Fallopia multiflora (Thunb.) Harald.	黄龙沙曲河沿线	1 089.7～1 125.2.4	生山谷灌丛、山坡林下、沟边石隙、海拔200～3 000 m
	285	黑蕊猕猴桃	猕猴桃科	猕猴桃属	Actinidia melanandra Franch. var. melanandra	白马滩镇尧河村		生于海拔1 000～1 600 m山地阔叶林中湿润处
	286	软枣猕猴桃	猕猴桃科	猕猴桃属	Actinidia arguta (Siebold & Zucc.) Planch. ex Miq.	黄陵双龙王村沟	1 025.2～1 209.4	本种分化强烈，分布广阔。从最北的黑龙江岸至南方广西境内的五岭山地都有分布，一共分为6个变种。生于海拔700～3 600 m 的山林中、溪旁或湿润处

续表

类别	序号	种名	科名	属名	拉丁学名	市域内分布区域	植物调查地海拔（m）	国内植物生长地海拔及生境
藤本植物	287	紫藤	豆科	紫藤属	*Wisteria sinensis* (Sims) Sweet	市域内广泛栽植应用	1 125.2～1 185.6	栽培品种
	288	葛	豆科	葛属	*Pueraria lobata* (Wild.) Ohwi	黄龙白裕村	994.4～1 289.6	生于山坡、灌丛、林缘、山谷沟边及林中，海拔 150～1 900 m，稀达 2 000 m 以上。
	289	南蛇藤	卫矛科	南蛇藤属	*Celastrus orbiculatus* Thunb.	市域范围内林区广泛分布	1 134.8～1 369	生长于海拔 450～2 200 m 山坡灌丛
	290	苦皮藤	卫矛科	南蛇藤属	*Celastrus angulatus* Maxim.	黄陵建庄林场	1 125.2～1 185.6	生长于海拔 1 000～2 500 m 山地丛林及山坡灌丛中
	291	短梗南蛇藤	卫矛科	南蛇藤属	*Celastrus rosthornianus* Loes.	黄龙、黄陵各林区均有分布		生于干海拔 500～1 800 m 山坡林缘和丛林下，有时高达 3 100 m 处
	292	变叶葡萄	葡萄科	葡萄属	*Vitis piasezkii* Maxim	黄龙虎虎沟门国有生态林场	1 128.18～1 242.1.3	生于山坡、河边灌丛或林中。海拔 1 000～2 000 m
	293	葎叶蛇葡萄	葡萄科	蛇葡萄属	*Ampelopsis humulifolia* Bunge	延安大学、延安万花山、黄龙石堡镇林场	928.2～1 318.6	生于山沟地边或灌丛林缘或林中，海拔 400～1 100 m
	294	蛇葡萄	葡萄科	蛇葡萄属	*Vitis glandulosa* Wall.	黄龙白裕村	994.4～1 589.9	生于山谷林中或山坡山坡灌丛荫处，海拔 200～3 000 m
	295	五叶地锦	葡萄科	地锦属	*Parthenocissus quinquefolia* (L.) Planch.	市域范围内广泛栽植应用	924.1～930.8	引入栽培品种
	296	金银花	忍冬科	忍冬属	*Lonicera japonica* Thunb.	市域范围内林区有分布，可广泛栽植	1 089.7～1 717.8	生于山坡灌丛或疏林中、乱石堆、山胸路旁及村庄篱笆边，海拔最高达 1 500 m
	297	穿龙薯蓣	薯蓣科	薯蓣属	*Dioscorea nipponica* Makino	市域范围内广泛分布	1 664.6～1 717.8	生于山腰的河谷两侧半阴半阳的山坡灌木丛中和稀疏杂木林内及林缘，海拔 100～1 700 m，集中在 300～900 m 之间

续表

类别	序号	种名	科名	属名	拉丁学名	市域内分布区域	植物调查地海拔（m）	国内植物生长地海拔及生境
竹类	298	早园竹	禾本科	刚竹属	*Phyllostachys propinqua* McCl.	延安市区单位小区内、延川有栽植	928.4 ～	
草本植物	299	毛茛	毛茛科	毛茛属	*Ranunculus japonicus* Thunb.	市域范围内广泛分布	1 140.6 ～ 1 218.2	生于田沟旁和林缘路边的湿草地上，海拔 200 ～ 2 500 m
	300	白头翁	毛茛科	白头翁属	*Pulsatilla chinensis* (Bunge) Regel.	市域范围内广泛分布	1 209.4.0 ～ 1 400.8.0	生于海拔 200 ～ 3 200 m 的平原和低山山坡山草丛中、林边或干旱多石的坡地
	301	棉团铁线莲	毛茛科	铁线莲属	*Clematis hexapetala* Pall.	黄龙界头庙	1 357.3 ～ 1 589.9	生于固定沙丘、干山坡或山坡草地，尤以东北及内蒙古草原地区较为普遍
	302	野棉花	毛茛科	银莲花属	*Anemone vitifolia.* Buch.–Ham.ex DC	市域范围内广泛分布	1 209.4.0 ～ 1 400.8.0	生于山地草坡、沟边或疏林中，海拔 1 200 ～ 2 700 m
	303	唐松草	毛茛科	唐松草属	*Thalictrum aquilegiifolium* var. *sibiricum* Linnaeus	黄龙、黄陵、富县各林区内均有分布	831.9 ～ 1 589.9	生于海拔 500 ～ 1 800 m 间草原、山地林边草坡或林中
	304	东亚唐松草	毛茛科	唐松草属	*Thalictrum minus* var. *hypoleucum* (Sieb.et Zucc.) Miq.	黄龙、黄陵、富县各林区内均有分布	1 503.7 ～ 1 589.9	生于海拔 1 400 ～ 2 700 m 间的山地草坡、田边、灌丛中或林中
	305	长喙唐松草	毛茛科	唐松草属	*Thalictrum macrorhynchum* Franch.	黄龙、黄陵、富县各林区内均有分布		生于海拔 850 ～ 2 900 m 间山地林中或山谷灌丛中
	306	华北耧斗菜	毛茛科	耧斗菜属	*Aquilegia yabeana* kitag.	黄陵生态公园	1 242.1 ～ 1 442.3	生于山地草坡或林边
	307	芍药	毛茛科	芍药属	*Paeonia lactiflora* Pall.	市域范围内广泛栽植应用		生于海拔 480 ～ 2 300 m 的山坡草地及林下
	308	石竹	石竹科	石竹属	*Dianthus chinensis* L.	市域范围内可广泛栽植	1 140.6.0 ～ 1 218.2.0	生于草原和山坡草地
	309	突脉金丝桃	藤黄科	金丝桃属	*Hypericum przewalskii* Maxim.	市域范围内广泛分布	1 326.8 ～ 1 458.3	生于山坡及河边灌丛等处，海拔 2 740 ～ 3 400 m

续表

类别	序号	种名	科名	属名	拉丁学名	市域内分布区域	植物调查地海拔（m）	国内植物生长地海拔及生境
草本植物	310	贯叶连翘	藤黄科	金丝桃属	Hypericum perforatum L.	市域范围内广泛分布	1 503.7～1 589.9	生于山坡、路旁、草地、林下及河边等处，海拔500～2 100 m
	311	野西瓜苗	锦葵科	木槿属	Hibiscus trionum L.	市域范围内广泛分布	1 240.8～1 563.2	平原、山野、丘陵或田埂、处处有之
	312	蜀葵	锦葵科	蜀葵属	Althaea rosea (Linn.) Cavan	市域内广泛种植应用	924.1	栽培种
	313	紫花地丁	堇菜科	堇菜属	Viola philippica Cav.	市域范围内广泛分布	1 664.6～1 717.8	生于田间、荒地、山坡草丛、林缘或灌丛中
	314	鸡腿堇菜	堇菜科	堇菜属	Viola acuminata Ledeb.	市域范围内广泛分布	1 236.8～1 589	生于杂木林下、林缘、灌丛、山坡草地或溪谷湿地等处
	315	堇菜	堇菜科	堇菜属	Viola verecumda A.Gray	市域范围内广泛分布	1 664.6～1 717.8	生于湿草地、山坡草丛、灌丛、杂木林缘、田野、宅旁等处
	316	斑叶堇菜	堇菜科	堇菜属	Viola variegata Fisch ex Link	市域范围内广泛分布	1 503.7～1 589.9	生于山坡草地、林下、灌丛中或阴处岩石缝隙中
	317	诸葛菜	十字花科	诸葛菜属	Orychophragmus violaceus (Linnaeus) O. E. Schulz	市域范围内可广泛种植	1 236.8～1 458.3	生于平原、山地、路旁或地边
	318	珍珠菜	报春花科	珍珠菜属	Lysimachia clethroides Duby	黄陵店头林场、黄龙大岭林场	1 368.6～1 436.9	生于多石山地、斜坡、山谷、山沟、路旁及杂草丛中，海拔1 100～3 600 m
	319	狭叶珍珠菜	报春花科	珍珠菜属	Lysimachia pentapetala Bunge	黄龙大岭林场		喜生于河流冲积平原、海滨、滩头、潮湿盐碱地和沙荒地
	320	狼尾花	报春花科	珍珠菜属	Lysimachia barystachys Bunge	黄龙石堡镇林场	1 128.18～1 242.1.3	生于草地、沟边、河岸湿地、田边、路旁或村边空旷处，海拔3 000～3 200 m

续表

类别	序号	种名	科名	属名	拉丁学名	市域内分布区域	植物调查地海拔（m）	国内植物生长地海拔及生境
草本植物	321	点地梅	报春花科	点地梅属	Androsace umbellata (Lour.) Merr.	市域范围内广泛分布	1 140.6～1 589.9	生于林下湿润处或溪边近水潮湿处，海拔 300～1 700 m
	322	瓦松	景天科	瓦松属	Orostachys fimbriata (Tur czaninow) A. Berger	吴起铁边城、延川清水湾、黄陵生态公园有自然分布	502.5～1 436	生于海拔 3 500 m 以下的山坡石上或屋瓦上
	323	八宝景天	景天科	八宝属	Hylotelephium erythrostictum (Bor.) H. Ohba	市域内广泛栽植应用	1 096.2～1 182.5	生于海拔 450～1 800 m 的山坡草地或沟边
	324	轮叶八宝	景天科	八宝属	Hylotelephium verticillatum (L.) H. Ohba	市域各类绿地内有少量栽植	1 503.7～1 589.9	生于海拔 900～2 900 m 的山坡丛草丛中或沟边阴湿处
	325	费菜	景天科	八宝属	Sedum aizoon L.	市域各类绿地内有少量栽植	831.9～1 294.2	生于海拔 1 350 m 左右山坡阴地
	326	落新妇	虎耳草科	落新妇属	Astilbe chinensis (Maxim.) Franch. et Savat.	黄陵建庄林场	1 125.2～1 185.6	生于海拔 390～3 600 m 的山谷、溪边、林下，林缘和草甸等处
	327	野草莓	蔷薇科	草莓属	Fragaria vesca L.	市域范围内广泛分布	1 236.8～1 318.6	生于山坡、草地、林下
	328	朝天委陵菜	蔷薇科	委陵菜属	Potentilla supina L.	市域范围内广泛分布	1 503.7～1 589.9	生于田边、荒地、河岸沙地、草甸、山坡湿地，海拔 100～2 000 m
	329	菊叶委陵菜	蔷薇科	委陵菜属	Potentilla tanacetifolia Willd. ex Schlecht.	市域范围内广泛分布	1 140.6.0～1 289.4	生于山坡草地、低洼地、草原、丛林边及黄土高原，海拔 400～2 600 m
	330	蛇含委陵菜	蔷薇科	委陵菜属	Potentilla kleiniana Wight et Arn.	市域范围内广泛分布	1 326.8～1 458.3	生于田边、水旁、草甸及山坡草地，海拔 400～3 000 m
	331	绢毛委陵菜	蔷薇科	委陵菜属	Potentilla sericea L.	市域范围内广泛分布	1 357.3～1 589.9	生于山坡草地、草原、沙地、河漫滩及林缘，海拔 600～4 100 m

类别	序号	种名	科名	属名	拉丁学名	市域内分布区域	植物调查地海拔（m）	国内植物生长地海拔及生境
	332	路边青	蔷薇科	路边青属	*Geum aleppicum* Jacq.	市域范围内广泛分布	1 503.7 ～ 1 589.9	生于山坡草地、沟边、地边、河滩、林间隙地及林缘，海拔 200 ～ 3 500 m
	333	蛇莓	蔷薇科	蛇莓属	*Duchesnea indica* (Andr.) Focke	市域范围内广泛分布	1 368.6 ～ 1 717.8	生于山坡、河岸、草地、潮湿的地方，海拔 1 800 m 以下
	334	翻白草	蔷薇科	委陵菜属	*Potentilla discolor* Bunge	市域范围内广泛分布	1 025.2 ～ 1 209.4	生于荒地、山谷、沟边、山坡草地、草甸及疏林下，海拔 100 ～ 1 850 m
	335	地榆	蔷薇科	地榆属	*Sanguisorba officinalis* L.	市域范围内广泛分布	1 025 ～ 1 218.2	生于草原、草甸、山坡草地、灌丛中、疏林下，海拔 30 ～ 3 000 m
草本植物	336	斜茎黄耆	豆科	黄耆属	*Astragalus laxmannii* Jacquin	市域内广泛分布	1 240.8 ～ 1 563.2	生于向阳山坡灌丛及林缘地带
	337	达乌里黄耆	豆科	黄耆属	*Astragalus dahuricus* (Pall.) DC.	甘泉付村林场	1 209.4 ～ 1 400.8	生于海拔 400 ～ 2 500 m 的山坡和河滩草地
	338	紫花苜蓿	豆科	苜蓿属	*Medicago sativa* L.	市域内广泛种植应用		生于田边、路旁、旷野、草原、河岸及沟谷等地
	339	绣球小冠花	豆科	小冠花属	*Coronilla varia* L.	市域内广泛种植应用	1 019.2 ～ 1 182.5	引入栽培品种
	340	白车轴草	豆科	车轴草属	*Trifolium repens* L.	黄龙大岭圪垯乡	994.4 ～ 1289.6	生于山地疏林或密林中
	341	硬毛棘豆	豆科	棘豆属	*Oxytropis fetissovii* Bunge	市域内广泛分布	1 357.3 ～ 1 589.9	生于石质山坡
	342	歪头菜	豆科	野豌豆属	*Vicia unijuga* A. Br.	黄陵生态公园	1 242.1 ～ 1 442.3	生于低海拔至 4 000 m 山地、林缘、草地、沟边及灌丛
	343	千屈菜	千屈菜科	千屈菜属	*Lythrum salicaria* L.	市域范围内可广泛种植	1 140.6.0 ～ 1 589.9	引入栽培品种
	344	大戟	大戟科	大戟属	*Euphorbia pekinensis* Rupr.	市域范围内广泛分布		原产美国东部。18 世纪引入我国，现全国各地广泛栽植

续表

类别	序号	种名	科名	属名	拉丁学名	市域内分布区域	植物调查地海拔（m）	国内植物生长地海拔及生境
草本植物	345	乳浆大戟	大戟科	大戟属	Euphorbia esula L.	市域范围内广泛分布		栽培变种
	346	蓖麻	大戟科	蓖麻属	Ricinus communis L.	甘泉付村林场	1 326.8 ～ 1 458.3	常见于栽植，并在湿润草地、河岸、路边呈半自生状态
	347	凤仙花	凤仙花科	凤仙花属	Impatiens balsamina L.	市域内有少量栽植		庭院栽培品种
	348	秦艽	龙胆科	龙胆属	Gentiana macrophylla Pall.	黄龙大岭林场	1 503.7 ～ 1 589.9	生于河滩、路旁、水沟边、山坡草地、草甸、林下及林缘，海拔 400 ～ 2 400 m
	349	达乌里秦艽	龙胆科	龙胆属	Gentiana dahurica Fisch.	黄龙界头庙、吴起铁边城、白豹镇	1 240.8 ～ 1 589.9	生于田边、路旁、河滩、湖边沙地、水沟边、向阳山坡及干草原等地，海拔 870 ～ 4 500 m
	350	北方獐牙菜	龙胆科	獐牙菜属	Swertia diluta (Turcz.) Benth. et Hook. f.	宜川英旺乡李树沟村	1 124.6.6 ～ 1 183.4	生于阴湿山坡、山坡林下、田边、谷地，海拔 150 ～ 2 600 m
	351	柳叶马鞭草	马鞭草科	马鞭草属	Verbena bonariensis L.	市域范围内可广泛种植	1 134.8 ～ 1 369.4	栽培品种
	352	水棘针	马鞭草科	水棘针属	Amethystea caerulea L.	宜川薛家坪	831.9 ～ 1098.3	生于田边旷野、河岸沙地、开阔路边及溪旁，海拔 200 ～ 3 400 m。
	353	老鹳草	牻牛儿苗科	老鹳草属	Geranium wilfordii Maxim.	黄龙沙曲河沿线	1 089.7 ～ 1 125.2.4	生于海拔 1 800 m 以下的低山林下、草甸
	354	丛生福禄考	花荵科	福禄考属	Phlox subulata L.	市区内广泛栽植应用	1 019.2 ～ 1 182.5	引种栽培品种
	355	酸浆	茄科	酸浆属	Physalis alkekengi L.	新区文化公园	1 096.2 ～ 1 182.5	生长于空旷地或山坡
	356	林荫鼠尾草	唇形科	鼠尾草属	Salvia nemorosa L.	各类绿地内大量应用		生于路旁、山坡、荒地、林内、河岸，海拔达 3 400 m
	357	荫生鼠尾草	唇形科	鼠尾草属	Salvia umbratica Hance	各类绿地内大量应用	1 503.7 ～ 1 589.9	生于石质、砂质草地上及松林中，海拔可达 1 500 m

续表

类别	序号	种名	科名	属名	拉丁学名	市域内分布区域	植物调查地海拔（m）	国内植物生长地海拔及生境
草本植物	358	黄芩	唇形科	黄芩属	Scutellaria baicalensis Georgi	黄龙大岭林场、黄龙界头庙	1 368.6～1 436.9	生于干燥山地、山谷、河滩多石处，海拔220～1 600 m（青海至2 700 m）
	359	京黄芩	唇形科	黄芩属	Scutellaria pekinensis Maxim.	白马滩林场	1 096.2～1 182.5	生于草丛、山坡或路旁
	360	风轮菜	唇形科	风轮菜属	Clinopodium chinense (Benth.) O. Ktze.	黄龙大岭林场、黄陵柳牙、宜川薛家坪林场	1 124.6～1 138	各地广泛分布，常见栽培，供药用
	361	香青兰	唇形科	青兰属	Dracocephalum moldavica L.	吴起铁边城	1 140.6～1 218.2	生于山坡、路旁、沟边、田野潮湿的土壤上，海拔可至2 800 m
	362	香薷	唇形科	香薷属	Elsholtzia ciliata (Thunb.) Hyland	各林区内均有分布	831.9～1 098.3	生长于多种生境，尤以阴处为多，海拔可高达3 400 m
	363	华北香薷	唇形科	香薷属	Elsholtzia stauntonii Benth.	各林区内均有分布	1 209.4～1 400.8	栽培作物，生于海拔20～2 300 m村旁疏林或河流两岸冲积地常有野生。
	364	百里香	唇形科	百里香属	Thymus mongolicus Ronn.	吴起铁边城、延安植物园	831.9～1 098.3	生于海拔600～1 800 m间的石坡、潮湿谷地或林下
	365	藿香	唇形科	藿香属	Agastache rugosa (Fisch. et Mey.)O. Ktze	黄陵柳牙、宜川薛家坪	1 096.2～1 182.5	产欧洲中部及西部，引入品种
	366	细叶益母草	唇形科	益母草属	Leonurus sibiricus L.	各林区内均有分布	1 168.6.5～1 228.6	生于山坡、灌丛、路旁、荒地、草丛、林缘和疏林内
	367	益母草	唇形科	益母草属	Leonurus artemisia (Laur.) S. Y. Hu F	各林区内均有分布	1 026.6～1 256.3	生于路旁、山坡、杂草丛、林下、河沟边、荒山、沙丘及草地
	368	单叶丹参	唇形科	鼠尾草属	Salvia miltiorrhiza var. charbonnelii (Levl.) C.Y.Wu	新区文化公园	1 096.2～1 182.5	生于山坡、各地或路旁，海拔600～2 000 m

续表

类别	序号	种名	科名	属名	拉丁学名	市域内分布区域	植物调查地海拔（m）	国内植物生长地海拔及生境
	369	雪见草	唇形科	鼠尾草属	*Salvia plebeia* R. Br.	黄陵店头林场		生于肥沃湿润而排水良好的壤土
	370	阿拉伯婆婆纳	玄参科	婆婆纳属	*Veronica persica* poir.	市域范围内广泛分布	1 096.2 ～ 1 185.6	生于荒地
	371	地黄	列当科	地黄属	*Rehmannia glutinosa* (Gaetn.) Libosch. ex Fisch. et Mey.	黄龙石堡镇沙曲河	1 236.8 ～ 1 285.4	生于海拔 50 ～ 1 100 m 之沙质壤土、荒山坡、山脚、墙边、路旁等处
	372	旋蒴苣苔	苦苣苔科	旋蒴苣苔属	*Rehmannia glutinosa* (Bunge) R. Br.	黄龙白裕村	994.4 ～ 1 289.6	生于山坡路旁岩石上、海拔 200 ～ 1 320 m
草本植物	373	角蒿	紫葳科	角蒿属	*Incarvillea sinensis* Lam.	市域范围内广泛分布	1 019.2 ～ 1 182.5	生于山坡、田野、海拔 500 ～ 3 850 m
	374	黄花角蒿	紫葳科	角蒿属	*Incarvillea sinensis* var. *przewalskii* (Batalin) C.Y.Wu et W.C.Yi	市域范围内广泛分布	1 368.6 ～ 1 436.9	生于山坡、田野、海拔 500 ～ 3 850 m
	375	轮叶沙参	桔梗科	沙参属	*Adenophora tetraphylla* (Thunb.) Fisch.	甘泉付村村林场、延安万花山	1 209.4 ～ 1 369.4	生于草地和灌丛中、在南方可至海拔 2 000 m 的地方
	376	杏叶沙参	桔梗科	沙参属	*Adenophora hunanensis* Nannf.	黄龙界头庙	1 357.3 ～ 1 589.9	生于海拔 2 000 m 以下的山坡草地和林缘草地
	377	糙叶败酱	败酱科	败酱属	*Patrinia scabra* (Bunge) H. J. Wang.	市域范围内广泛分布	1 236.8 ～ 1 318.6	多生于路旁荒野、河岸沙地、土墙及房顶上. 海拔可达 3 700 m
	378	异叶败酱	败酱科	败酱属	*Patrinia heterophylla* Bunge	市域范围内广泛分布	1 326.8 ～ 1 458.3	生于山坡荒地、路旁、田边和疏林下。
	379	甘菊	菊科	菊属	*Chrysanthemum lavandulifolium* (Fisch. ex Trautv.) Makino	市域范围内广泛分布	831.9 ～ 1 589.9	生山坡、岩石上、河谷、河岸、荒地及黄土丘陵地、海拔 630 ～ 2 800 m

续表

类别	序号	种名	科名	属名	拉丁学名	市域内分布区域	植物调查地海拔（m）	国内植物生长地海拔及生境
	380	野菊	菊科	菊属	*Chrysanthemum indicum* L.	市域范围内广泛分布		生于山坡草地、灌丛、河边水湿地、滨海盐渍地、田边及路旁
	381	漏芦	菊科	漏芦属	*Rhaponticum uniflorum* (L.) DC.	市域范围内广泛分布		生于山坡丘陵地、松林下或桦木林下，海拔 390～2 700 m
	382	马兰	菊科	马兰属	*Aster indicus* L.	市域范围内广泛分布	831.9～1242.1	生于荒地、路旁、山坡草地，尤以过度放牧的盐碱化草场上生长较多
	383	三脉紫菀	菊科	紫菀属	*Aster trinervius* subsp. *ageratoides* (Turczaninow) Grierson	市域范围内广泛分布	1 240.8～1 563.2	生于林下、林缘、灌丛及山谷湿地。海拔 100～3 350 m
	384	紫菀	菊科	紫菀属	*Aster tataricus* L. f.	市域范围内广泛分布	1 242.1～1 386.4	生于低山阴坡湿地、山顶和低山草地及沼泽地，海拔 400～2 000 m
	385	云南蓍	菊科	蓍属	*Achillea wilsoniana* (Heimerl ex Hand. F407Mazz.) Heimerl in Hand.Mazz.	市域范围内广泛分布	1 503.7～1 589.9	生于山坡草地或灌丛中
	386	绢茸火绒草	菊科	火绒草属	*Leontopodium smithianum* Hand.–Mazz.	延安植物园、黄龙大岭林场、黄龙界头庙	1 019.2～1 589.9	生于荒草地、路边、森林草地、山坡、草原、盐碱地、河堤、沙丘、湖边、水边，海拔 510～3 200 m
	387	草地风毛菊	菊科	风毛菊属	*Saussurea amara* (L.) DC.	市域范围内广泛分布	1 140.6～1 563.2	生于山坡、山谷、林下、山坡灌丛、荒坡、水旁、田中，海拔 200～2 800 m
草本植物	388	风毛菊	菊科	风毛菊属	*Saussurea japonica* Thunb. DC.	市域范围内广泛分布	1 240.8～1 717.8	生于山坡、山谷、林下、山坡灌丛、荒坡、水旁、田中，海拔 200～2 800 m

续表

类别	序号	种名	科名	属名	拉丁学名	市域内分布区域	植物调查地海拔（m）	国内植物生长地海拔及生境
草本植物	389	蒲公英	菊科	蒲公英属	Taraxacum mongolicum Hand.-Mazz.	市域范围内广泛分布	831.9～1098.3	广泛生于中、低海拔地区的山坡草地、路边、田野、河滩
	390	额河千里光	菊科	千里光属	Senecio argunensis Turcz.	市域范围内广泛分布	1124.6～1162.2	生于草坡、山地草甸、海拔500～3300m
	391	阿尔泰狗娃花	菊科	狗娃花属	Heteropappus altaicus Willd.	市域范围内广泛分布		生于草原、草甸、山地、戈壁滩地、河岸路旁
	392	大丽花	菊科	大丽花属	Dahlia pinnata Cav.	市域范围内有少量栽植		栽培品种
	393	黄秋英	菊科	秋英属	Cosmos sulphureus Cav.	市域范围内广泛分布	1124.6.6～1183.4	栽培品种
	394	兔儿伞	菊科	兔儿草属	Syneilesis aconitifolia (Bunge) Maxim.	黄龙大岭林场	1503.7～1589.9	生于山坡荒地林缘或路旁，海拔500～1800m
	395	掌叶橐吾	菊科	橐吾属	Ligularia przewalskii (Maxim.) Diels	黄龙大岭林场	1503.7～1589.9	生于海拔1100～3700m的河滩、山麓、林缘、林下及灌丛
	396	黄腺香青	菊科	香青属	Anaphalis aureopunctata Lingelsh. et Borza	黄陵柳芽林场	1218.2.6～1289.4	生于林下、林缘、草地、河谷、泛滥地及石砾地，海拔1700～3600m
	397	半夏	天南星科	半夏属	Pinellia ternata (Thunb.) Breit.	白马滩林场	831.9～1098.3	生于草坡、荒地、玉m地、田边或疏林下，海拔2500m以下
	398	菖蒲	天南星科	菖蒲属	Acorus calamus L.	延安鲁艺生态公园	1136.8～1178.4	生于海拔2600m以下的水边、沼泽湿地或湖泊浮岛上
	399	天南星	天南星科	天南星属	Arisaema heterophyllum Blume	黄陵建庄林场	1125.2～1185.6	生于海拔2700m以下、生于林下，灌丛或草地。
	400	香蒲	香蒲科	香蒲属	Typha orientalis Presl	黄龙石堡镇孟家河风景区	1236.8～1318.6	生于湖泊、池塘、沟渠、沼泽及河流缓流带

续表

类别	序号	种名	科名	属名	拉丁学名	市域内分布区域	植物调查地海拔（m）	国内植物生长地海拔及生境
草本植物	401	芦苇	禾本科	芦苇属	Phragmites australis (Cav.) Trin. ex Steud	市域内广泛分布	1 236.8 ~ 1 318.6	生于江河湖泽、池塘沟渠沿岸和低湿地。为全球广泛分布的多型种
	402	芒	禾本科	芒属	Miscanthus sinensis Anderss.	市域内广泛分布	1 664.6 ~ 1 717.8	遍布于海拔1 800 m以下的山地、丘陵和荒坡原野，常组成优势群落
	403	拂子茅	禾本科	拂子茅属	Calamagrostis epigeios (L.) Roth	市域内广泛分布	1 357.3 ~ 1 589.9	生于潮湿地及河岸沟渠旁，海拔160 ~ 3 900 m
	404	假苇拂子茅	禾本科	拂子茅属	Calamagrostis pseudophragmites (Haller f.) Koeler	市域内广泛分布	964.1 ~ 1 166.9	生于山坡草地或河岸阴湿之处，海拔350 ~ 2 500 m
	405	狼尾草	禾本科	狼尾草属	Pennisetum alopecuroides (L.) Spreng.	市域内广泛分布	1 503.7 ~ 1 589.9	多生于海拔50 ~ 3 200 m的田岸、荒地、路旁及小山坡上
	406	荻	禾本科	荻属	Miscanthus sacchariflorus (Maximowicz) Hackel	市域内广泛分布	1 242.1 ~ 1 442.3	生于山坡草地和平原岗地、河岸湿地
	407	小香蒲	香蒲科	香蒲属	Typha minima Funck.	黄龙双拥公园	1 250	生于池塘、水泡子、水沟边浅水处，亦常见于一些水体干枯后的湿地及低洼处
	408	玉簪	百合科	玉簪属	Hosta plantaginea (Lam.) Aschers.	各类绿地内大量栽植应用	964.1 ~ 1 436.9	生于海拔200 ~ 2 500 m的小丘顶部、石质山坡岩缝、草地、草甸草原、山坡桦树林缘及杨树林下
	409	紫萼玉簪	百合科	玉簪属	Hosta ventricosa (Salisb.) Stearn	各类绿地内大量栽植应用	1 242.1 ~ 1 442.3	生于海拔300 ~ 2 600 m的山地岩缝中、草丛中、路边、沙质坡或土坡上

续表

类别	序号	种名	科名	属名	拉丁学名	市域内分布区域	植物调查地海拔（m）	国内植物生长地海拔及生境
	410	山丹	百合科	百合属	*Lilium pumilum* DC.	市域内广泛分布		生于海拔 1 500 m 以下的山坡、丘陵、山谷或草地上，极少数地区（云南和西藏）在海拔 3 000 m 的山坡上也有
	411	茖葱	百合科	葱属	*Allium victorialis* L.	市域内广泛分布		生于海拔 460～2 100 m 的阴山坡、草坡或草地上
	412	细叶韭	百合科	葱属	*Allium tenuissimum* L.	市域内广泛分布	1 125.2～1 758.6	生于山野阴坡、海拔 500～3 000 m
	413	薤白	百合科	葱属	*Allium macrostemon* Bunge	市域内广泛分布	1 503.7～1 589.9	生于海拔 1 750 m 以下的山坡、路旁、疏林下、山谷或荒地上
	414	野韭	百合科	葱属	*Allium ramosum* L.	市域内广泛分布	1 096.2～1 182.5	生于海拔较低的林下、湿地、草甸或草地上
草本植物	415	天门冬	百合科	天门冬属	*Asparagus cochinchinensis* (Lour.)Merr.	黄龙大岭林场、黄陵建庄	1 096.2～1 182.5	生于干燥的山坡、荒地、干草甸子、田边路旁
	416	玉竹	百合科	黄精属	*Polygonatum odoratum* (Mill.)Druce	黄龙、黄陵、富县林区内均有分布	1 096.2～1 182.5	人工栽培园艺品种
	417	华重楼	百合科	重楼属	*Paris polyphylla* Smith var. *chinensis* (Franch.) Hara	白马滩林场	1 664.6～1 717.8	生于林缘、草地和疏林下
	418	大花萱草	百合科	萱草属	*Hemerocallis hybridus* Hort.	各类绿地内大量栽植应用	831.9～1 098.3	生于海拔 600～3 400 m 的山坡、山谷潮湿处、沟边、灌木丛下或林下
	419	金娃娃萱草	百合科	萱草属	*Hemerocallis fulva* 'Golden Doll'	各类绿地内大量栽植应用	831.9～1 098.3	生于海拔 2 200 m 以下的林下、草坡或岩石边。
	420	菝葜	百合科	菝葜属	*Smilax china* L.	各林区内广泛分布	831.9～1 098.3	生于海拔 1 000～2 500 m 的阴湿坡山坡、林下、草地或沟边

续表

类别	序号	种名	科名	属名	拉丁学名	市域内分布区域	植物调查地海拔（m）	国内植物生长地海拔及生境
草本植物	421	鞘柄菝葜	百合科	菝葜属	Smilax stans Maxim.	黄陵建庄林场、上畛子镇等林区内均有分布	1 368.6～1 436.9	生于海拔 2 000 m 以下的山坡、草地或沙丘上
	422	金针花	百合科	萱草属	Hemerocallis citrina Baroni	新区文化公园	1 019.2～1 182.5	生于林下、草坡或路旁，海拔 500～2 400 m
	423	沿阶草	百合科	沿阶草属	Ophiopogon bodinieri Levl.	白马滩林场	831.9～1 098.3	生山坡林下，海拔 1 000～2 300 m
	424	鸢尾	鸢尾科	鸢尾属	Iris tectorum Maxim.	市域范围内广泛栽植应用	1 125.2～1 185.6	生于向阳坡地、林缘及水边湿地
	425	德国鸢尾	鸢尾科	鸢尾属	Iris germanica L.	市域范围内广泛栽植应用	1 096.2～1 185.6	引入栽培品种
	426	粗根鸢尾	鸢尾科	鸢尾属	Iris tigridia Bunge	黄龙大岭林场	1 503.7～1 589.9	生于固定砂丘、沙质草原或干山坡上
	427	马蔺	鸢尾科	鸢尾属	Iris lactea Pall var. chinensis (Fisch.) Koidz.	市域范围内广泛栽植应用	1 026.6～1 458.3	生于荒地、路旁、山坡草地，尤以过度放牧的盐碱化草地上生长较多，
	428	射干	鸢尾科	射干属	Belamcanda chinensis (L.) Redouté	黄陵店头林场、黄陵双龙镇王村沟	1 025～1 218.2	生于林缘或山坡草地，在西南山区，海拔可达 2 000～2 200 m
	429	二叶兜被兰	兰科	兜被兰属	Neottianthe cucullata (L.) Schltr.	甘泉崂山森林公园、万花山、黄陵建庄	1 052～1 589	生于海拔 400～4 100 m 的山坡林下或草地
	430	蜻蜓兰	兰科	蜻蜓兰属	Platanthera souliei Kraenzl.	甘泉崂山森林公园	1 029～1 400.8	生于海拔 400～3 800 m 的山坡林下或沟边
	431	银兰	兰科	头蕊兰属	Cephalanthera erecta (Thunb. ex A. Murray) Bl.	黄陵腰坪林场	1 232.6～1 324.2	生于海拔 850～2 300 m 的林下、灌丛中或沟边土层厚且有一定阳光处

续表

类别	序号	种名	科名	属名	拉丁学名	市域内分布区域	植物调查地海拔（m）	国内植物生长地海拔及生境
草本植物	432	毛杓兰	兰科	杓兰属	Cypripedium franchetii E. H. Wilson	黄龙店头林场	1 140.6.0 ～ 1 218.2.0	生于海拔 1 500 ～ 3 700 m 的疏林下或灌木林中湿润、腐殖质丰富和排水良好的地方，也见于湿润草坡上
	433	火烧兰	兰科	火烧兰属	Epipactis helleborine (L.) Crantz	黄陵生态公园	1 242.1 ～ 1 442.3	生于海拔 250 ～ 3 600 m 的山坡林下，草丛或沟边
	434	广布红门兰	兰科	红门兰属	Ponerorchis chusua (D. Don) Soó	黄陵双龙镇王村沟	1 025.2 ～ 1 209.4	生于海拔 500 ～ 4 500 m 的山坡林下、灌丛下、高山灌丛草地或高山草甸中
	435	斑叶兰	兰科	斑叶兰属	Goodyera schlechtendaliana Rchb. f.	黄陵双龙镇王村沟	1 025.2 ～ 1 209.4	生于海拔 500 ～ 2 800 m 的山坡或沟谷阔叶林下
	436	苔草	莎草科	薹草属	Carex spp.	黄陵店头林场等林区内有分布	1 140.6 ～ 1 218.2	生长于山地的阴坡、半阴坡
	437	商陆	商陆科	商陆属	Phytolacca acinosa Roxb	万花南泥湾	1 134.8 ～ 1 369.4	生于海拔 500 ～ 3 400 m 的沟谷、山坡林下、林缘路旁
	438	淫羊藿	小檗科	淫羊藿属	Epimedium brevicornu Maxim	黄陵建庄林场	1 125.2 ～ 1 185.6	生于林下，沟边灌丛中或山坡阴湿处。海拔 650 ～ 3 500 m
	439	打碗花	旋花科	打碗花属	Calystegia hederacea Wall.	市域范围内广泛分布		从平原至高海拔地方都有生长，为农田、荒地、路旁常见的杂草
	440	白屈菜	罂粟科	白屈菜属	Chelidonium majus L.	黄龙神道岭风景区、白马滩镇尧河村	1 664.6 ～ 1 717.8	生于海拔 500 ～ 2 200 m 的山坡、山坡林缘草地或路旁、石缝
	441	美人蕉	美人蕉科	美人蕉属	Canna indica L.	市域范围内广泛栽植应用		栽培品种

续表

类别	序号	种名	科名	属名	拉丁学名	市域内分布区域	植物调查地海拔（m）	国内植物生长地海拔及生境
	442	车前	车前科	车前属	*Plantago asiatica* L.	黄龙虎沟门国有生态林场	1 124.6 ～ 1 589.9	生于山坡、草丛、路边、沟边、灌丛、林下，海拔在 1 000 m 以下
	443	旱金莲	旱金莲科	旱金莲属	*Tropaeolum majus* L.	在市域内可广泛种植		庭院栽培品种
草本植物	444	党参	桔梗科	党参属	*Codonopsis pilosula* (Franch.) Nannf.	黄龙界头庙	1 357.3 ～ 1 589.9	生于海拔 1 560 ～ 3 100 m 的山地林边及灌丛中
	445	风铃草	桔梗科	风铃草属	*Campanula medium* L.	黄陵建庄林场	1 125.2 ～ 1 185.6	全属二百多种，几乎全在北温带，我国近 20 种，主产西南山区，少数种类产北方
	446	地肤	藜科	地肤属	*Kochia scoparia* (L.) Schrad.	市域范围内广泛分布		生于田边、路旁、荒地等处
	447	露珠草	柳叶菜科	露珠草属	*Circaea cordata* Royle	黄龙神道岭风景区	1 164.2 ～ 1 723.2	生于排水良好的落叶林，稀见于北方针叶林，垂直分布从海平面至海拔 3 500 m

备注：调查地海拔未填写的品种，是因为调查地无信号无法测量海拔，可参考国内植物生长地海拔及生境。

参考文献

[1] 中国科学院中国植物志编辑委员会 . 中国植物志 [M]. 科学出版社 ,1959–2004

[2] 中国科学院西北植物研究所 . 秦岭植物志（第一卷）[M]. 科学出版社 ,1974

[3] 谢寅堂 , 王玛丽 , 赵桂仿 . 西安植物志 [M]. 陕西科学技术出版社 ,2007

[4] 白重炎 , 贾茵 . 陕西子午岭植物图鉴 [M]. 科学技术出版社 ,2019